쉽게 배우는

공학수학

Engineering Mathematics

유주식 지음

KM 경문사

머리말

대학마다 다양한 전형 방법을 통하여 신입생을 선발함에 따라 같은 학과에 입학한 학생들의 수학 실력도 개인별 차이가 커지고 있으며, 기초 부족으로 인하여 전공 공부에 어려움을 겪고 있는 학생들이 갈수록 많아지고 있다.

이 책은 특히 기초가 부족한 학생이나 공업계열 고등학교와 같이 수학을 공부할 기회가 적었던 학생들을 위하여 수식 계산에서 가장 기본적인 내용인 '1장. 식의 계산'부터 시작한다. 즉, 중학교 때 배우는 일차식과 인수분해 등 아주 기초적인 내용부터 시작함으로써 학생들이 처음부터 수학을 배운다는 생각으로 공부할 수 있게 하였다. 책의 구성과 특징은 다음과 같다.

(1) 주요 내용과 이론을 표로써 간결하게 정리하여 핵심 내용을 알아보기 쉽게 하였다.
(2) 예제와 연습 문제는 모두 복잡한 응용문제는 지양하고 주요 개념 이해에 도움이 되는 기본적인 문제들로 구성하였다.
(3) 연습문제의 해답을 모두 수록하였다.

아무쪼록 이 책을 통하여 공학 공부에 필요한 수학적 기초를 다질 수 있게 되기를 바라는 바이다. 끝으로 책의 출판에 도움을 주신 도서출판 경문사 관계자 분들께 감사드린다.

2021년 3월
유 주 식

차례

제 1 장 | 식의 계산

제 2 장 | 방정식과 부등식

제 3 장 | 함수와 그래프

제 4 장 | 삼각함수

제 5 장 | 지수함수와 로그함수

제 6 장 | 미분

제 7 장 | 적분

제 8 장 | 1계 미분방정식

제 9 장 | 2계 미분방정식

제 1 장

식의 계산

1.1 일차식 계산

수와 문자를 사용하여 수량 사이의 관계를 나타낸 식을 문자식 혹은 간단히 식이라 한다. 문자식에서 사용하는 기본적인 용어는 다음과 같다.[1)]

1.1.1 용어의 정의

(1) 항 : 수 또는 문자의 곱으로만 이루어진 식.

(2) 상수항 : 문자가 들어있지 않고, 수로만 이루어진 항.

(3) 단항식 : 한 개의 항으로만 이루어진 식.

(4) 다항식 : 단항식들의 합(또는 차)로 이루어진 식.

(5) 계수 : 단항식에서 문자에 곱해진 수.

(6) 차수 : 항에 포함되어 있는 어떤 문자의 곱해진 개수를 그 문자에 대한 차수라고 한다.

(7) 일차식 : 차수가 1인 다항식.

(8) 동류항 : 문자 부분과 차수가 모두 같은 항. (상수항끼리도 동류항이다.)

예 [항, 계수, 상수항, 1차식, 다항식] 식 $2x-3y+4$에서

(1) 항은 $2x$, $-3y$, 4의 3개이다.

(2) x의 계수는 2, y의 계수는 -3이다.

(3) 4는 상수항이다.

(4) x에 대한 1차식, y에 대한 1차식이다.

(5) 3개의 항으로 이루어진 다항식이다.

---

1) 수학을 처음부터 배운다는 생각을 하고 시작하도록 한다. 더 이상의 기초는 초등학교 때 배우는 수의 덧셈, 뺄셈, 곱셈, 나눗셈이다.

예 [차수] 식 $2x^3+5x+4y^2-y+1$에서

$2x^3$의 x에 대한 차수는 3이고, $4y^2$의 y에 대한 차수는 2이다.

이 식은 x에 대한 3차식이고, y에 대한 2차식이다.

예 [1차식] 다음 식은 모두 1차식이다.

(1) $2x-3$ (2) $\frac{3}{2}x$ (3) $3x+4y+5$

예 [동류항] $2x-3y+4x^2+6+y-4x-7$에서

(1) $2x$와 $-4x$는 문자 부분이 x인 동류항이다.

(2) $-3y$와 y는 문자 부분이 y인 동류항이다.

(3) 6과 -7은 상수항으로 동류항이다.

(4) $2x$와 $4x^2$은 문자(x)는 같으나 차수가 다르므로 동류항이 아니다.

1.1.2 일차식 계산

(1) 동류항끼리 모아 계산한다. (같은 문자끼리 묶어서 간단히 한다.)

(2) 괄호가 있으면 분배법칙을 이용하여 괄호를 푼 다음 동류항끼리 묶어서 계산한다.[2)]

분배법칙 : $a(x+y)=ax+ay,\quad (x+y)a=ax+ay$

예 (1) $(2x-3)-(-4x+5)=2x-3+4x-5$

$=(2+4)x+(-3-5)=6x-8$

(2) $2x+3y-5-4x+2y+1=(2-4)x+(3+2)y+(-5+1)$

$=-2x+5y-4$

(3) $2(x-3)+3(x+4)=2x-6+3x+12$

$=(2+3)x+(-6+12)=5x+6$

2) 수식을 계산할 때나 계산기를 사용할 때 괄호의 특성을 잘 알아야 한다.

예제 1.1.1 다음 식을 간단히 하여라.

(1) $\frac{3}{2}\times(6x-4y)$　　　　(2) $(12x+6)\div\frac{3}{2}$

풀이 (1) $\frac{3}{2}\times(6x-4y)=\frac{3}{2}\times 6x-\frac{3}{2}\times 4y=9x-6y$

(2) $(12x+6)\div\frac{3}{2}=12x\times\frac{2}{3}+6\times\frac{2}{3}=8x+4$

예제 1.1.2 $2x-[3x-\{(x+2)-(5x-4)\}]$를 간단히 하여라.

풀이

$$\begin{aligned}2x-[3x-\{(x+2)-(5x-4)\}]&=2x-\{3x-(x+2-5x+4)\}\\&=2x-\{3x-(-4x+6)\}\\&=2x-(3x+4x-6)\\&=2x-(7x-6)\\&=2x-7x+6\\&=-5x+6\end{aligned}$$

† ( )→{ }→[ ] 순으로 괄호를 풀어서 계산한다.

예제 1.1.3 $\frac{3}{2}(-4x+2y+2)-\frac{6x-3y+9}{3}$를 간단히 하여라.

풀이

$$\begin{aligned}\frac{3}{2}(-4x+2y+2)-\frac{6x-3y+9}{3}&=-6x+3y+3-\frac{6}{3}x+\frac{3}{3}y-\frac{9}{3}\\&=(-6-2)x+(3+1)y+(3-3)\\&=-8x+4y\end{aligned}$$

예제 1.1.4 $A=2x-y-3$, $B=x+3y$일 때 다음 식(F)을 x, y에 대한 식으로 나타내어라.

$$F=3A-4B+2(-A+3B)+5$$

풀이 먼저 준 식을 A, B에 대하여 정리한 다음 x, y에 대한 식으로 구한다.

$$
\begin{aligned}
F &= 3A - 4B + 2(-A + 3B) + 5 \\
&= 3A - 4B - 2A + 6B + 5 \\
&= A + 2B + 5 \\
&= (2x - y - 3) + 2(x + 3y) + 5 \\
&= 2x - y - 3 + 2x + 6y + 5 \\
&= 4x + 5y + 2
\end{aligned}
$$

Note **수식은 언어이다. 문자로 표현된 식에 익숙해지자.**

수와 문자를 사용하여 수량 사이의 관계를 나타낸 식을 문자식 혹은 간단히 식이라고 한다. 대부분의 이공학 관련 문제를 해석할 때는 주어진 문제를 문자식으로 표현한 후, 이 식을 풀어서 필요로 하는 수량(물리량)을 구한다. 따라서 문자로 표현된 수식에 익숙해야 하며 수식을 자유자재로 계산할 수 있어야 한다.

예를 들어 뉴턴운동법칙을 말로 설명하면 다음과 같다. '물체의 가속도(a)는 물체가 받는 힘(F)에 비례하고 물체의 질량(m)에 반비례한다.' 그런데 이것을 수식으로 표현하면 '$F = ma$'로 간단하게 나타낼 수 있다. 이와 같이 수식은 이공학에서 꼭 필요한 아주 편리한 언어라는 것을 알 수 있다.

일상생활에서 대화하기 위해서는 언어를 알아야 하듯이 이공학을 공부하기 위해서는 수식을 알아야 한다는 것을 한 번 더 강조하는 바이다. 이공학도로서 필요한 수학적 기초를 확고하게 다져두자.

1.1 연습문제

1. 다음 식을 간단히 하여라.

(1) $2(x-3)+(3x+5)-(4x-1)$

(2) $\dfrac{6x-10}{-2}-\dfrac{9x+6}{3}$

(3) $-(4x-2)+\dfrac{3}{2}(2x-1)-2(-x+1)+\dfrac{1}{2}$

(4) $(x-y)-4\{-2(x-y)+(-x+y)\}$

(5) $15\left(-\dfrac{2}{3}x+\dfrac{3}{5}y-\dfrac{7}{15}\right)-21\left(\dfrac{2}{7}x-\dfrac{5}{3}y+\dfrac{4}{7}\right)$

(6) $5x-[2x+4\{x-(2x-1)\}]$

(7) $-3[-4x-2\{-3(4x-2)+y\}-4(2y-1)]+30(x-y-1)$

(8) $2(2x-3y-1)-3[-1-2\{-(2x-y-2)+3x-y\}]$

(9) $\dfrac{4}{3}(-3x+6y)-2\left\{\dfrac{2}{5}(-10x+5y)+\dfrac{3}{2}(4x-2y)\right\}$

2. $6(x+2)+(\quad)=5x+7$일 때 ( ) 안에 알맞은 식을 구하여라.

3. 다음 표에서 가로와 세로의 합이 모두 같을 때 A, B, C, D에 알맞은 식을 구하여라. (단, 대각선 방향은 고려하지 않는다.)

$4x$	$2x-1$	$-3x+2$
$5x+6$	$-3x-4$	D
A	B	C

4. $x=3$, $y=-\dfrac{1}{5}$일 때 $-\dfrac{2}{3}(4x-y+6)+\dfrac{1}{2}(5x-3y+8)$의 값을 구하여라.

5. $A=2x+3y$, $B=-(x+2y)$일 때 다음 식을 x, y를 사용한 식으로 나타내어라.

$$2(A-B)-3(A-2B)-5B$$

1.2 일차방정식

1.2.1 등식

등호(=)를 사용하여 두 수나 식이 같음을 나타내는 식을 등식이라 하고, 등식에서 등호의 왼쪽과 오른쪽 부분을 각각 좌변과 우변, 두 변을 통틀어 양변이라고 한다.

1.2.2 등식의 성질

$A=B$일 때

(1) 등식의 양변에 같은 수를 더하거나 빼도 등식은 성립한다.

$A+C=B+C$

$A-C=B-C$

(2) 등식의 양변에 같은 수를 곱하여도 등식은 성립한다.

$A\times C=B\times C$

(3) 등식의 양변을 0이 아닌 같은 수로 나누어도 등식은 성립한다.

$\dfrac{A}{C}=\dfrac{B}{C} \quad (C\neq 0)$

예 (1) $x-2=3$이면 $(x-2)+2=3+2 \quad \therefore x=5$

$x+4=5$이면 $(x+4)-4=5-4 \quad \therefore x=1$

(2) $\dfrac{1}{2}\times x=3$이면 $\left(\dfrac{1}{2}\times x\right)\times 2=3\times 2 \quad \therefore x=3\times 2=6$

(3) $2x=3$이면 $\dfrac{2x}{2}=\dfrac{3}{2} \quad \therefore x=\dfrac{3}{2}$

1.2.3 방정식과 항등식

등식에서 (미지수가 x일 때)

(1) 항등식 : 어떤 문자 (x)의 값에 관계없이 항상 성립하는 등식을 그 문자 (x)에 대한 항등식이라 한다.

(2) 방정식 : 어떤 문자 (x)가 특정한 값을 가질 때만 성립하는 등식을 그 문자 (x)에 대한 방정식이라 한다. 방정식은 문자의 값에 따라 참, 거짓이 달라진다.

† 방정식을 성립시키는 x의 값을 그 방정식의 '해' 또는 '근', 해 전체의 집합을 방정식의 '해집합'이라 하고, 방정식의 해집합을 구하는 것을 '방정식을 푼다'고 말한다.

예 (1) 항등식 : $2x+3+4x+5=6x+8$ …①

식 ①은 좌변을 동류항끼리 정리한 것이 우변이므로 x의 값에 관계없이 항상 성립한다.

(2) 방정식 : $2x+3=5$ …②

식 ②는 $x=1$일 때만 성립하고, x에 다른 값을 대입하면 성립하지 않는다. 이때 $x=1$을 이 방정식의 해라고 한다.

1.2.4 일차방정식[3)]

$ax+b=0$ (a, b는 상수, $a \neq 0$)과 같이 미지수가 하나이고, 미지수 x의 최고차항의 차수가 일차인 방정식을 x에 대한 일차방정식이라 한다.

예 $2x+a^2+3=4x+5$ …①

식 ①은 x에 대한 일차방정식이지만 a에 대해서는 이차방정식이 되므로 여러 개의 문자가 포함된 방정식은 반드시 미지수를 명시해야 한다.

---

3) 기초적인 공학 문제는 일차방정식으로 풀 수 있는 문제가 많다. 구하고자 하는 물리량을 어떤 문자(미지수)로 놓고 식을 풀어서 원하는 값을 구하는 방법에 익숙해지도록 한다.

1.2.5 일차방정식 풀이

미지수가 x일 때,

(1) x를 포함하는 항은 모두 좌변으로, 상수항은 우변으로 이항한 후 양변을 정리하여 $Ax = B$의 꼴로 만든다.

(2) $Ax = B$의 해

(i) $A \neq 0$이면 $x = \frac{B}{A}$

(ii) $A = 0$인 경우, $B = 0$이면 해는 모든 수(부정)

$B \neq 0$이면 해가 없다(불능)

† 등식의 성질을 이용하여 항의 부호를 바꾸어 다른 변으로 옮기는 것을 '이항'이라 한다.

예제 1.2.1 x에 대한 다음 방정식을 풀어라.

(1) $3(x-4)-6 = 2(-3x+4)+1$ (2) $ax-1 = 2x+3$

풀이 (1) 준 식의 괄호를 풀면

$$3x - 12 - 6 = -6x + 8 + 1$$

이다. $-6x$를 좌변으로 이항하고 상수항을 우변으로 이항하여 x를 구한다.

$$3x + 6x = 9 + 18$$
$$9x = 27$$
$$\therefore\ x = \frac{27}{9} = 3$$

(2) $2x$를 좌변으로 이항하고 상수항을 우변으로 이항하면

$$ax - 2x = 3 + 1$$
$$\therefore\ (a-2)x = 4$$

이다. 따라서 이 식의 해는 다음과 같다.

① $a \neq 2$이면 $x = \frac{4}{a-2}$

② $a = 2$이면 해가 없다(불능).

1.2.6 연립일차방정식

(1) 두 개 이상의 미지수를 포함하는 방정식을 연립방정식이라 하고, 미지수가 두 개이고 차수가 일차인 방정식을 이원 연립일차방정식이라고 한다.

(2) 이원 연립일차방정식 : $\begin{cases} ax+by=c & \cdots\cdots ① \\ a'x+b'y=c' & \cdots\cdots ② \end{cases}$

1.2.7 이원 연립일차방정식의 해의 판별

연립방정식 $\begin{cases} ax+by+c=0 & \cdots\cdots ① \\ a'x+b'y+c'=0 & \cdots\cdots ② \end{cases}$에서

(i) $\frac{a}{a'} \neq \frac{b}{b'}$일 때 한 쌍의 해를 갖는다.

(ii) $\frac{a}{a'} = \frac{b}{b'} \neq \frac{c}{c'}$일 때 해가 없다. (불능)

(iii) $\frac{a}{a'} = \frac{b}{b'} = \frac{c}{c'}$일 때 해가 무수히 많다. (부정)

예 (1) $\begin{cases} 3x+2y-7=0 & \cdots\cdots ① \\ 2x-3y+4=0 & \cdots\cdots ② \end{cases}$: 한 쌍의 해 $x=1,\ y=2$

(2) $\begin{cases} 3x+2y-7=0 & \cdots\cdots ① \\ 6x+4y+4=0 & \cdots\cdots ② \end{cases}$: 식 ②를 2로 나누면 $3x+2y+2=0$이 된다.

그런데 ①에서 $3x+2y-7=0$이므로 서로 모순되어 해가 없다.

(3) $\begin{cases} 2x+3y+4=0 & \cdots\cdots ① \\ 4x+6y+8=0 & \cdots\cdots ② \end{cases}$: 식 ②를 2로 나누면 $2x+3y+4=0$이 되어

①과 일치한다. 따라서 미지수는 2개$(x,\ y)$인데 식은 하나이므로 해가 무수히 많다.

1.2.8 이원 연립일차방정식 풀이

(1) 가감법

① 두 방정식에 적당한 수를 곱하여 두 식을 서로 빼거나 더하여 한 미지수를 소거한 후 남은 미지수의 값을 구한다.

② 구한 값을 주어진 식 중의 하나에 대입하여 다른 미지수의 값을 구한다.

(2) 대입법

① 한 방정식을 한 미지수(x 혹은 y)에 대하여 푼 후, 그것을 다른 방정식에 대입하여 남은 미지수의 값을 구한다.

② 구한 값을 한 미지수에 대하여 푼 식에 대입하여 다른 미지수의 값을 구한다.

† 두 식에서 주어진 관계식을 이용하여 한 미지수를 없애는 것을 '소거'라 한다.

예제 1.2.2 [가감법] 다음 연립방정식의 해를 구하여라.

$$\begin{cases} 3x-2y=4 & \cdots\cdots ① \\ 4x+3y=11 & \cdots\cdots ② \end{cases}$$

풀이 y를 소거하기 위해 $3\times$①$+2\times$②를 하면

$$9x+8x=12+22$$
$$17x=34$$
$$\therefore x=2$$

가 구해진다. 다음에 $x=2$를 ①에 대입하여 y를 구한다.

$$3\times2-2y=4,\quad -2y=-2 \quad \therefore y=1$$

따라서 주어진 연립방정식의 해는 $x=2$, $y=1$이다.

예제 1.2.3 [대입법] 다음 연립방정식의 해를 구하여라.

$$\begin{cases} 2x+y=4 & \cdots\cdots ① \\ x-2y=7 & \cdots\cdots ② \end{cases}$$

풀이 식 ①에서 $y=4-2x$이므로 이 식을 ②에 대입하면 x가 구해진다.

$$x-2(4-2x)=7$$
$$5x=15$$
$$\therefore\ x=3$$

다음에 $x=3$을 $y=4-2x$에 대입하여 y를 구한다.

$$y=4-2x=4-2\times 3=-2$$

따라서 연립방정식의 해는 $x=3$, $y=-2$이다.

1.2.9 방정식을 이용한 문제 풀이[4)]

(i) 구하고자 하는 양을 정하여 미지수를 선택한다.

(ii) 문제의 뜻에 맞는 방정식(미지수들의 관계식)을 세운다.
: '주어진 조건'과 '문제에 내포된 조건'을 찾아서 수식으로 표현한다.

(iii) 방정식을 풀어 미지수를 구한다.

(iv) 구한 해가 문제의 뜻에 맞는지 확인한다.

† 수학에서 미지수로 많이 사용되는 변수는 x, y 등이지만 일반적으로 공학 문제에서는 물리적인 특성을 그대로 잘 나타내는 문자(F, m, a, v, t, s, $\cdots$)를 사용한다.

예제 1.2.4 합이 37인 두 자연수가 있다. 큰 수는 작은 수의 4배보다 2가 더 크다고 할 때 두 수를 구하여라.

풀이 큰 수를 x, 작은 수를 y라고 한다.
두 수의 합이 37이므로

$$x+y=37 \qquad \cdots ①$$

이고, 큰 수는 작은 수의 4배보다 2가 더 크므로

$$x=4y+2 \qquad \cdots ②$$

이다. 여기에서 ②를 ①에 대입하면 다음과 같이 두 수가 구해진다.

$$x+y=37$$
$$(4y+2)+y=37$$

4) 주어진 조건을 수식으로 표현하고 이 식을 풀어서 필요한 값을 구할 수 있는 습관을 들이도록 한다.

$$5y = 35$$

$$\therefore \ y = 7, \ x = 4y + 2 = 30$$

예제 1.2.5 두 자리의 자연수가 있다. 이 수의 각 자리 숫자의 합은 11이고, 이 수의 십의 자리와 일의 자리를 바꾼 수는 처음 수보다 27이 더 작다고 할 때 처음 수를 구하여라.

풀이 십의 자리수를 x, 일의 자리수를 y라고 하면 처음 수의 값은 $10x + y$이고, 자리수를 바꾼 수의 값은 $10y + x$가 된다.
따라서 각 자리 숫자의 합은 11이므로

$$x + y = 11 \qquad \cdots ①$$

이고, 자리수를 바꾼 수($10y + x$)가 처음 수($10x + y$)보다 27이 더 작다는 조건은

$$10y + x = (10x + y) - 27$$
$$9x - 9y = 27$$
$$\therefore \ x - y = 3 \qquad \cdots ②$$

으로 표현된다. ①, ②를 연립하여 풀면 $x = 7$, $y = 4$가 얻어진다.
따라서 구하고자 하는 처음 수는 74이다.

† 십의 자리수가 m이고 일의 자리수가 n인 수는 $10m + n$이다.

예제 1.2.6 시속 8km의 속력으로 뛰어가다가 시속 4km의 속력으로 걸어서 2시간 30분 만에 16km의 순환 도로를 한 바퀴 돌았다. 뛰어간 거리와 걸어간 거리는 각각 몇 km인가?

풀이 뛰어간 거리를 x[km], 걸어간 거리를 y[km]라고 한다.
뛰어간 거리와 걸어간 거리를 합한 전체 거리는 16km이므로

$$x + y = 16 \qquad \cdots ①$$

이고, 총 소요 시간 2시간 30분은 $\frac{5}{2}$시간이므로

$$\frac{x}{8} + \frac{y}{4} = \frac{5}{2} \quad \left(\leftarrow t = \frac{s}{v}\right)$$

$$x + 2y = 20 \qquad \cdots ②$$

이다. 이상의 두 식 ①, ②를 연립하여 풀면 $x = 12\,[\mathrm{km}]$, $y = 4\,[\mathrm{km}]$가 구해진다.

† 속도 v, 시간 t, 거리 s의 관계는 다음과 같다 : $s = vt$, $t = \dfrac{s}{v}$, $v = \dfrac{s}{t}$

예제 1.2.7 교실에 여러 개의 긴 의자가 있다. 한 의자에 4명씩 앉으면 3명의 학생이 못 앉는다. 그리고 한 의자에 5명씩 앉으면 3명이 앉는 의자가 1개 생기고 5개의 의자가 남는다. 학생 수를 구하여라.

풀이 의자의 개수를 x라 한다.

○ 한 의자에 4명씩 앉으면 3명의 학생이 못 앉게 되므로 학생 수는 $4x+3$이다.

○ 한 의자에 5명씩 앉으면 3명이 앉는 의자가 1개 생기고 5개의 의자가 남으므로 이때 5명이 앉는 의자 수는 $(x-1-5)=(x-6)$이고, 학생 수는 $5(x-6)+3$이 된다.

여기에서 학생 수가 일정하므로 위의 조건으로부터 다음과 같이 x가 구해진다.

$$4x + 3 = 5(x-6) + 3$$
$$4x - 5x = -27 - 3$$
$$-x = -30$$
$$\therefore\ x = 30$$

따라서 학생 수는 $4x + 3 = 4 \times 30 + 3 = 123$ [명]이다.

예제 1.2.8 스프링상수가 각각 k_1, k_2인 두 개의 스프링을 직렬연결하면 합성스프링상수 k'와의 사이에는 $\dfrac{1}{k'} = \dfrac{1}{k_1} + \dfrac{1}{k_2}$의 관계식이 성립한다. 스프링상수가 $2k$, $3k$인 스프링을 직렬연결하였을 때 합성스프링상수를 구하여라.

풀이 합성스프링상수를 x라고 하면 다음과 같이 x가 구해진다.

$$\frac{1}{x} = \frac{1}{k_1} + \frac{1}{k_2}$$

$$= \frac{1}{2k} + \frac{1}{3k} = \left(\frac{1}{2} + \frac{1}{3}\right)\frac{1}{k}$$

$$= \left(\frac{3+2}{6}\right)\frac{1}{k} = \frac{5}{6k}$$

$$\therefore \quad x = \frac{6k}{5}$$

예제 1.2.9 그림과 같은 직각삼각형 ABC에서 $\overline{AB} = \overline{BC} = 12\,\text{cm}$이고, 직사각형 BDEF와 삼각형 CDE의 넓이가 같을 때 $\overline{BD}$의 길이를 구하여라.

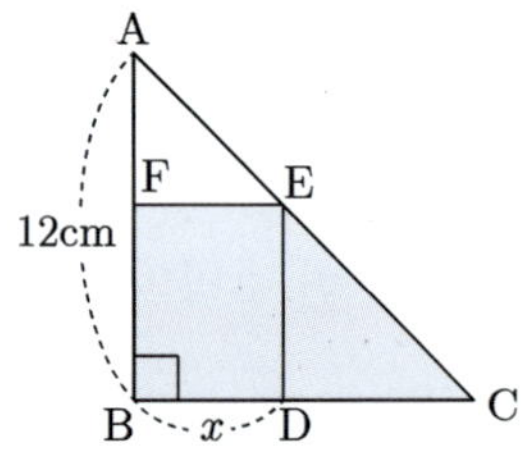

풀이 삼각형 ABC는 이등변삼각형이므로 삼각형 CDE도 이등변삼각형이다. 여기에서 $\overline{BD} = x$[cm]로 하면

$$\overline{CD} = \overline{BC} - \overline{BD} = 12 - x \ \ [\text{cm}]$$

$$\overline{DE} = \overline{CD} = 12 - x \ \ [\text{cm}]$$

이므로 직사각형 BDEF의 넓이는

$$x \times (12 - x) \ \ [\text{cm}^2]$$

이고, 삼각형 CDE의 넓이는

$$\frac{1}{2} \times (12 - x) \times (12 - x) \ \ [\text{cm}^2]$$

이다. 따라서 $x = \overline{BD}$는 다음과 같이 구해진다.

$$x \times (12 - x) = \frac{1}{2} \times (12 - x) \times (12 - x)$$

(← 양변을 $(12 - x)$로 나눈다.)

$$x = \frac{1}{2}(12 - x)$$

$$2x = 12 - x$$

$$3x = 12$$

$$\therefore \quad x = 4 \ \ [\text{cm}]$$

1.2 연습문제

1. x에 대한 다음 방정식을 풀어라. (단, a는 임의 상수이다.)

   (1) $2\{2x-3(-x+1)\} = -x+5$

   (2) $1.2(x-1)-2(2.4x-1)=-2x-1.6$

   (3) $-\dfrac{2(x-1)}{3} = \dfrac{x-1}{2}+\dfrac{(-x+5)}{6}+1$

   (4) $0.5x-\dfrac{2x-1}{4}+1 = \dfrac{3}{2}\left(\dfrac{1}{2}-0.4x\right)+0.3x$

   (5) $a(3x-2)-5x = -2(1+x)$

2. 다음 연립방정식을 만족하는 해(x, y)를 구하여라.

   (1) $\begin{cases} 3x-2y = -2 \\ 3x-4y = 2 \end{cases}$

   (2) $\begin{cases} x+y = 3 \\ 2x-3y = 6 \end{cases}$

   (3) $\begin{cases} 12+y=2(x-y) \\ 3x+4y = 1 \end{cases}$

   (4) $\begin{cases} 3x-2y-7 = 4x+2y+7 \\ 10x+8 = -7y \end{cases}$

   (5) $\begin{cases} 0.2x+0.1y+\dfrac{1}{2}=0 \\ \dfrac{x}{4}-\dfrac{y}{3}+2=0 \end{cases}$

   (6) $\begin{cases} \dfrac{y}{3}+\dfrac{1}{2}=\dfrac{x}{2}-\dfrac{2}{3} \\ \dfrac{x}{5}-\dfrac{y}{10}=\dfrac{1}{2} \end{cases}$

3. 가로의 길이가 세로의 길이보다 3m 더 길고, 둘레의 길이가 14m인 직사각형의 세로의 길이를 구하여라.

4. 연속한 세 홀수의 합이 45일 때 세 수를 구하여라.

5. 질량 m, 초기속도 v_0, 가속도 a인 물체의 t 시간 후의 속도 $v=v_0+at$이고 물체에 작용하는 힘 $F=ma$이다. 5 m/s의 속도로 운동하고 있는 질량이 10kg인 물체에 일정한 힘을 운동 방향으로 5초 동안 작용시켜 속도가 15 m/s가 되었다. 물체에 작용한 힘은 몇 N인가?

   † 힘의 단위 $1\,\text{N}=1\,\text{kg}\cdot\text{m/s}^2$이다.

6. 두 수의 합이 56이고 차가 14일 때 두 수를 구하여라.

7. 합이 32인 두 자연수가 있다. 큰 수를 작은 수로 나누면 몫이 5이고 나머지가 2일 때 두 수를 구하여라.

8. 두 자리 자연수가 있다. 이 수의 각 자리 숫자의 합은 8이고, 이 수의 십의 자리와 일의 자리를 바꾼 수는 처음 수의 2배보다 17이 더 작다고 할 때 처음 수를 구하여라.

9. 산을 올라갈 때는 시속 3km로 걷고, 내려갈 때는 올라갈 때보다 3km 더 먼 거리를 시속 4km의 속력으로 내려왔다. 이때 걸린 총 소요 시간이 6시간이면 올라간 거리는 몇 km인가?

10. 지점 A에서 B로 가는데 시속 60km로 가면 시속 70km로 갈 때보다 5분이 더 걸린다. 두 지점 A, B 사이의 거리를 구하여라.

† 속도 v, 이동거리 s, 소요 시간 t일 때 $v=\frac{s}{t}$, $t=\frac{s}{v}$이다.

11. 시속 126km의 속도로 달리는 자동차에 브레이크를 걸었을 때 자동차는 $-3.5\,\text{m/s}^2$의 등가속도 운동을 하였다. 브레이크를 건 후 자동차가 정지할 때까지 걸린 시간(s)을 구하여라. 처음 속도 v_0, 가속도 a의 등가속도 운동에서 t초 후의 물체의 속도 $v=v_0+at$이고, 시속 126km의 속도는 126km/3600s의 속도이다.

12. 10%의 소금물 500g이 있다. 여기에 몇 g의 물을 더 넣으면 8%의 소금물이 되는가?

† 소금물의 농도=$\frac{\text{소금의 양}}{\text{소금물의 양}}\times 100\,(\%)$로 정의된다. 소금물=소금+물.

13. 가로와 세로의 길이가 각각 7m, 5m인 직사각형이 있다. 세로의 길이를 2m 더 길게 하여 처음 넓이의 2배가 되는 직사각형을 만들 때 늘어난 가로의 길이를 구하여라.

14. 학교 동아리에서 필요한 물건을 구입하기 위해 회원으로부터 비용을 모으려 한다. 1인당 500원씩 모으면 1500원이 모자라고 600원씩 모으면 2000원이 남는다. 회원 수를 구하여라.

1.3 다항식 연산

1.3.1 내림차순과 오름차순

(1) 내림차순 : 한 문자에 대하여 차수가 높은 항부터 나열하는 것.

(2) 오름차순 : 한 문자에 대하여 차수가 낮은 항부터 나열하는 것.

예 $F = x^2 + 2xy + 3y^2 + 4x + 5y + 6$일 때

(1) 식 F를 x에 대해 내림차순으로 정리하면

$$F = x^2 + (2y + 4)x + 3y^2 + 5y + 6$$

이다. 이때 y는 상수와 같이 취급한다.

(2) 식 F를 x에 대해 오름차순으로 정리하면

$$F = 3y^2 + 5y + 6 + (2y + 4)x + x^2$$

으로 표현된다.

1.3.2 다항식의 덧셈과 뺄셈

(1) 동류항끼리 모아서 정리한다.

(2) 괄호가 있으면 분배법칙[$c(x+y) = cx + cy$]을 이용하여 괄호를 푼 다음 동류항끼리 모아서 정리한다.

1.3.3 다항식의 덧셈에 대한 연산법칙

세 다항식 A, B, C의 덧셈에 대하여 다음 법칙이 성립한다.

(1) 교환법칙 : $A+B=B+A$

(2) 결합법칙 : $(A+B)+C=A+(B+C)$

예 (1) $3(x+3y)-2(-x+y)=3x+9y+2x-2y=5x+7y$

(2) $x(x+2xy+1)+2x^2-x^2y+3x=x^2+2x^2y+x+2x^2-x^2y+3x$

$$=3x^2+x^2y+4x$$

1.3.4 다항식의 곱셈에 대한 연산법칙

세 다항식 A, B, C에 대하여

(1) 교환법칙 : $AB=BA$

(2) 결합법칙 : $A(BC)=(AB)C$

(3) 분배법칙 : $A(B+C)=AB+AC$, $(A+B)C=AC+BC$

1.3.5 분배법칙

(1) $a(x+y)=ax+ay$, $(x+y)a=ax+ay$

(2) $(a+b)(x+y+z)=ax+ay+az+bx+by+bz$

(3) $(a+b+c)(x+y+z)=ax+ay+az+bx+by+bz+cx+cy+cz$

1.3.6 지수법칙

자연수 m, n에 대하여 다음 지수법칙이 성립한다.

(1) $a^m\times a^n=a^{m+n}$

(2) $(a^m)^n=a^{mn}$

(3) $a^m\div a^n=\begin{cases} a^{m-n} & (m>n) \\ \dfrac{1}{a^{n-m}} & (m<n) \end{cases}$, $a^0=1\ (a\neq 0)$

(4) $(ab)^m = a^m b^m$, $\left(\dfrac{a}{b}\right)^m = \dfrac{a^m}{b^m}$ $(b \neq 0)$

† 어떤 수 a를 n번 곱한 것을 a^n으로 나타내고 a를 밑, n을 지수라 한다.

예 (1) $(2x+3)(-x+4) = 2x\times(-x) + 2x\times 4 + 3\times(-x) + 3\times 4$

$$= -2x^2 + 8x - 3x + 12 = -2x^2 + 5x + 12$$

(2) $(x+2y)(x^2-3xy+4y^2) = x^3 - 3x^2y + 4xy^2 + 2x^2y - 6xy^2 + 8y^3$

$$= x^3 - x^2y - 2xy^2 + 8y^3$$

1.3.7 곱셈공식[5)]

(1) $(a+b)^2 = a^2 + 2ab + b^2$, $(a-b)^2 = a^2 - 2ab + b^2$

(2) $(a+b)(a-b) = a^2 - b^2$

(3) $(x+a)(x+b) = x^2 + (a+b)x + ab$

(4) $(ax+b)(cx+d) = acx^2 + (ad+bc)x + bd$

(5) $(a+b+c)^2 = a^2 + b^2 + c^2 + 2ab + 2bc + 2ca$

(6) $(a+b)^3 = a^3 + 3a^2b + 3ab^2 + b^3 = a^3 + b^3 + 3ab(a+b)$

$(a-b)^3 = a^3 - 3a^2b + 3ab^2 - b^3 = a^3 - b^3 - 3ab(a-b)$

(7) $(a+b)(a^2 - ab + b^2) = a^3 + b^3$

$(a-b)(a^2 + ab + b^2) = a^3 - b^3$

(8) $(a+b+c)(a^2 + b^2 + c^2 - ab - bc - ca) = a^3 + b^3 + c^3 - 3abc$

(9) $(a^2 + ab + b^2)(a^2 - ab + b^2) = a^4 + a^2b^2 + b^4$

예 [곱셈공식 이용]

(1) $(2x+3)^2 = 4x^2 + 12x + 9$, $(2x-5)^2 = 4x^2 - 20x + 25$

(2) $(2x-3y)(2x+3y) = 4x^2 - 9y^2$

---

5) (1) ~ (7) 공식은 기억하도록 한다. 많이 사용하는 식이다.

(3) $(x-2)(x+5)=x^2+3x-10$

(4) $(2x+3)(4x+5)=8x^2+22x+15$

(5) $(x-2y+3z)^2=x^2+4y^2+9z^2-4xy-12yz+6zx$

(6) $(2x+1)^3=8x^3+12x^2+6x+1$

$(x-2)^3=x^3-6x^2+12x-8$

(7) $(2x+y)(4x^2-2xy+y^2)=8x^3+y^3$

$(x-2y)(x^2+2xy+4y^2)=x^3-8y^3$

(8) $(x-y+1)(x^2+y^2+xy-x+y+1)=x^3-y^3+3xy+1$

(9) $(x^2+2xy+4y^2)(x^2-2xy+4y^2)=x^4+4x^2y^2+16y^4$

1.3.8 다항식의 나눗셈

다항식 F를 식 $p(p\neq 0)$로 나누었을 때의 몫을 Q, 나머지를 R이라고 하면 $F=pQ+R$이 된다. 단, R의 차수는 p의 차수보다 낮다. 특히 $R=0$일 때 식 F는 p로 나누어떨어진다고 한다.

(1) 다항식÷단항식 : $(a+b)\div p=\dfrac{a}{p}+\dfrac{b}{p}$

(2) 다항식÷다항식 : 두 다항식을 내림차순으로 정리한 후 계수가 0인 항은 비워두고 계산한다.

예

(1) $(2x^2y-12xy^2)\div 2x=\dfrac{2x^2y}{2x}-\dfrac{12xy^2}{2x}=xy-6y^2$

(2) $(2x^3+3x^2-4x+5)\div(x-2)$

$$
\begin{array}{r|l}
 & 2x^2+7x+10 \\
\hline
x-2 & 2x^3+3x^2-4x+5 \\
 & 2x^3-4x^2 \\
\cline{2-2}
 & \quad 7x^2-4x+5 \\
 & \quad 7x^2-14x \\
\cline{2-2}
 & \qquad 10x+5 \\
 & \qquad 10x-20 \\
\cline{2-2}
 & \qquad\qquad 25
\end{array}
$$

식 $(2x^3+3x^2-4x+5)$를 $(x-2)$로 나누었을 때

몫은 $2x^2+7x+10$이고, 나머지는 25이다.

예제 1.3.1 식 $(2x-3)(2x+3)(4x^2+9)$를 전개하여라.

풀이 공식 $(a-b)(a+b)=a^2-b^2$을 이용한다.

$$\begin{aligned}(2x-3)(2x+3)(4x^2+9) &= \{(2x)^2-3^2\}(4x^2+9)\\ &= (4x^2-9)(4x^2+9)\\ &= (4x^2)^2-9^2\\ &= 16x^4-81\end{aligned}$$

예제 1.3.2 식 $(2x-1)^3(-3x+4)^2(-2x+3)$을 전개했을 때 계수의 총합을 구하여라.

풀이 주어진 식은 최고차항이 6차이므로 식을 전개하면

$$A_1x^6+A_2x^5+A_3x^4+A_4x^3+A_5x^2+A_6x+A_7$$

로 쓸 수 있다. 이 식에서 계수의 총합

$$A_1+A_2+A_3+A_4+A_5+A_6+A_7$$

은 $x=1$일 때의 식의 값과 같다는 것을 알 수 있다. 따라서 주어진 식을 전개했을 때 계수의 총합(S)은 다음과 같다.

$$S=(2\times1-1)^3(-3\times1+4)^2(-2\times1+3)=1$$

예제 1.3.3 $x^2-5x-1=0$일 때 다음 식의 값을 구하여라.

(1) $x^2+\dfrac{1}{x^2}$　　　　(2) $x^3-\dfrac{1}{x^3}$

풀이 먼저 주어진 식으로부터 $x-\dfrac{1}{x}$의 값을 구한다. 여기에서 $x\neq0$이므로 $x^2-5x-1=0$의 양변을 x로 나누면

$$x-5-\frac{1}{x}=0$$

이다. 따라서

$$x-\frac{1}{x}=5$$

이다. 식 (1), (2)를 $x-\dfrac{1}{x}$로 표현하여 식의 값을 구한다.

(1) $x^2+\dfrac{1}{x^2}=\left(x-\dfrac{1}{x}\right)^2+2x\times\dfrac{1}{x}=5^2+2=27$

(2) $$\begin{aligned} x^3-\frac{1}{x^3}&=\left(x-\frac{1}{x}\right)\left(x^2+x\times\frac{1}{x}+\frac{1}{x^2}\right)\\ &=\left(x-\frac{1}{x}\right)\left(x^2+1+\frac{1}{x^2}\right)\\ &=\left(x-\frac{1}{x}\right)\left\{\left(x^2+\frac{1}{x^2}\right)+1\right\}\\ &=5\times(27+1)=140 \end{aligned}$$

† $a^3-b^3=(a-b)(a^2+ab+b^2)$

예제 1.3.4 $x+y=3,\ xy=1$일 때 다음 식의 값을 구하여라.

(1) $x-y$ (2) x^2+y^2

(3) x^3+y^3 (4) x^4+y^4

풀이 (1) $(x-y)^2=(x+y)^2-4xy=3^2-4\times1=5$

$\therefore\ x-y=\pm\sqrt{5}$

(2) $x^2+y^2=(x+y)^2-2xy=3^2-2\times1=7$

(3) $x^3+y^3=(x+y)^3-3xy(x+y)=3^3-3\times1\times3=18$

(4) $x^4+y^4=(x^2+y^2)^2-2(xy)^2=7^2-2\times1^2=47$

† $(a+b)^3=a^3+3a^2b+3ab^2+b^3=a^3+b^3+3ab(a+b)$

$\therefore\ a^3+b^3=(a+b)^3-3ab(a+b)$

$(a-b)^3=a^3-3a^2b+3ab^2-b^3=a^3-b^3-3ab(a-b)$

$\therefore\ a^3-b^3=(a-b)^3+3ab(a-b)$

예제 1.3.5 $x^8 = 20$일 때 다음 식의 값을 구하여라.

$$(x-1)(x+1)(x^2+1)(x^4+1)$$

풀이 $(a-b)(a+b) = a^2 + b^2$을 계속 이용한다.

$$\begin{aligned}
&(x-1)(x+1)(x^2+1)(x^4+1) \\
&= (x^2-1)(x^2+1)(x^4+1) \quad [\leftarrow (x-1)(x+1) = x^2-1] \\
&= (x^4-1)(x^4+1) \quad [\leftarrow (x^2-1)(x^2+1) = x^4-1] \\
&= x^8 - 1 \\
&= 20 - 1 \\
&= 19
\end{aligned}$$

예제 1.3.6 $x^4 + ax^2 + b$가 $x-1$, x^2+1로 나누어떨어질 때 상수 a, b의 값을 구하여라.

풀이 몫을 $Q(x)$라고 하면 준 식은 다음과 같이 표현된다.

$$x^4 + ax^2 + b = (x-1)(x^2+1)Q(x)$$

여기에서 $x = 1$을 대입하면

$$1 + a + b = 0 \quad \cdots ①$$

이고, $x^2 = -1$을 대입하면

$$1 - a + b = 0 \quad \cdots ②$$

이다. ①, ②를 연립하여 풀면 $a = 0$, $b = -1$이 구해진다.

예제 1.3.7 그림과 같이 가로, 세로, 높이가 각각 a, b, c인 직육면체의 모든 모서리의 길이의 합이 20이고 겉넓이가 16일 때 $a^2 + b^2 + c^2$의 값을 구하여라.

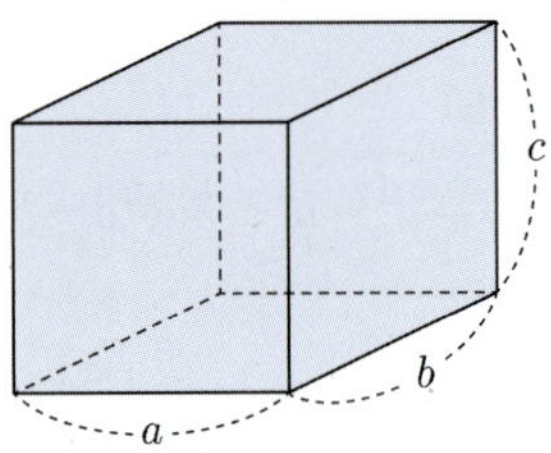

풀이 ○모든 모서리의 길이의 합이 20이므로

$$4(a+b+c)=20$$

$$\therefore\ a+b+c=5$$

○겉넓이가 16이므로

$$2(ab+bc+ca)=16$$

$$\therefore\ ab+bc+ca=8$$

따라서 $a^2+b^2+c^2$의 값은 다음과 같이 구해진다.

$$\begin{aligned} a^2+b^2+c^2 &= (a+b+c)^2-2(ab+bc+ca) \\ &= 5^2-2\times 8 \\ &= 9 \end{aligned}$$

1.3 연습문제

1. 다음 식을 전개하여 정리하여라.

(1) $(2x-3)(4x+5)$ (2) $(2x-y)(-3x+4y)$

(3) $(x-y-z)(x+y+z)$ (4) $(x-2y+1)(x-2y-1)$

2. $(7+6x+5x^2+4x^3+3x^4+2x^5+x^6)^2$의 전개식에서 x^3의 계수를 구하여라.

3. $x^2-3x+1=0$일 때 $x^3+x^2+x+\frac{1}{x}+\frac{1}{x^2}+\frac{1}{x^3}$의 값을 구하여라.

4. $(2x-1)(x^2+ax+a)$의 전개식에서 x^2항의 계수가 7일 때 상수항을 구하여라.

5. $(2x-3y+4z-5)(-5x+4y-3z+2)$를 전개하였을 때 계수의 총합을 구하여라.

6. $3x^3-2x^2+x+1$을 $x-2$로 나누었을 때의 몫과 나머지를 구하여라.

7. $x=2+\sqrt{3}$, $y=2-\sqrt{3}$일 때 다음 식의 값을 구하여라.

(1) x^2+y^2 (2) $\frac{y}{x}+\frac{x}{y}$

8. $x=1+\sqrt{2}$, $y=1-\sqrt{2}$일 때 x^2+y^2과 x^4+y^4의 값을 구하여라.

9. $x+y=3$, $xy=5$일 때 다음 식의 값을 구하여라.

(1) $x^2-4xy+y^2$ (2) $\frac{y^2}{x}+\frac{x^2}{y}$

10. $\frac{1}{x}+\frac{1}{y}=6$일 때 $\frac{x+y}{x-2xy+y}$의 값을 구하여라.

11. $x+y=\sqrt{3}$, $x^2+y^2=7$일 때 x^4+y^4의 값을 구하여라.

1.4 항등식과 미정계수법

1.4.1 항등식의 성질(Ⅰ)

등식에 포함된 문자에 어떤 값을 대입하여도 항상 성립하는 등식을 그 문자에 대한 항등식이라 한다. 다음 식

$$A_nx^n + A_{n-1}x^{n-1} + A_{n-2}x^{n-2} + \cdots + A_2x^2 + A_1x + A_0$$
$$= A'_nx^n + A'_{n-1}x^{n-1} + A'_{n-2}x^{n-2} + \cdots + A'_2x^2 + A'_1x + A'_0$$

이 x에 대한 항등식이면

$$A_n = A'_n,\ A_{n-1} = A'_{n-1},\ A_{n-2} = A'_{n-2},\ \cdots,\ A_1 = A'_1,\ A_0 = A'_0$$

이다. 즉, 좌변과 우변의 같은 차수의 계수가 모두 같을 때 항등식이 된다.

1.4.2 항등식의 성질(Ⅱ)

(1) $ax+b=0$이 x에 대한 항등식 $\Leftrightarrow$ $a=b=0$

$ax+b=a'x+b'$이 x에 대한 항등식 $\Leftrightarrow$ $a=a',\ b=b'$

(2) $ax^2+bx+c=0$이 x에 대한 항등식 $\Leftrightarrow$ $a=b=c=0$

$ax^2+bx+c=a'x^2+b'x+c'$이 x에 대한 항등식

$\Leftrightarrow$ $a=a',\ b=b',\ c=c'$

(3) $ax+by+c=0$이 x, y에 대한 항등식 $\Leftrightarrow$ $a=b=c=0$

예 (1) $(k-1)x+(h-2)=0$이 x에 대한 항등식이면 $k=1,\ h=2$이다.

(2) $2x^2+bx+4=ax^2-5x+c$가 x에 대한 항등식이면 $a=2,\ b=-5,\ c=4$ 이다.

(3) $(k+2)x+(h-3)y=0$이 $x,\ y$에 대한 항등식이면 $k=-2,\ h=3$이다.

1.4.3 미정계수법

항등식의 성질을 이용하여 등식의 정해지지 않은 계수를 구하는 방법.

(1) 계수비교법 : 항등식의 양변에 있는 같은 차수의 항의 계수가 같으므로 양변의 계수를 비교하여 결정하는 방법.

(2) 수치대입법 : 항등식은 미지수에 어떤 값을 대입하여도 항상 성립하므로 적당한 수치를 대입하여 계수를 결정하는 방법.

예 (1) $2x+b=a(x-1)$일 때 a, b의 값은?

$2x+b=ax-a$이므로 x의 계수와 상수항을 비교하면

$$2=a,\ b=-a$$

이므로 $a=2, b=-2$이다.

(2) $2(x-1)+a(x-2)=b(x-1)+3$일 때 a, b의 값은?

○양변에 $x=1$을 대입하면 $-a=3 \quad \therefore\ a=-3$

○양변에 $x=2$를 대입하면 $2=b+3 \quad \therefore\ b=-1$

예제 1.4.1 [계수비교법] 다음 등식이 모든 실수 x에 대하여 항상 성립할 때 상수 a, b, c의 값을 구하여라.

$$(x-1)(ax+3)=2x^2+bx+c$$

풀이 준 식의 좌변을 전개하여 정리하면

$$ax^2+(-a+3)x-3=2x^2+bx+c$$

이다. 이 식에서 양변의 계수를 비교하면

$$x^2 : a=2$$

$$x : -a+3=b$$

$$\text{상수항} : -3=c$$

이므로 $a=2,\ b=1,\ c=-3$의 값이 구해진다.

예제 1.4.2 [수치대입법] 다음 등식이 모든 실수 x에 대하여 항상 성립할 때 상수 a,

b의 값을 구하여라.

$$a(x-2)+b(x-1)=2x-6$$

풀이 준 식 $a(x-2)+b(x-1)=2x-6$에서

○양변에 $x=1$을 대입하면

$$a(1-2)+0=2\times1-6$$

$$-a=-4$$

$$\therefore \quad a=4$$

○양변에 $x=2$를 대입하면

$$0+b(2-1)=2\times2-6$$

$$\therefore \quad b=-2$$

예제 1.4.3 [수치대입법] 다음 등식이 모든 실수 x에 대하여 항상 성립할 때 상수 a, b, c의 값을 구하여라.

$$a(x-1)(x+1)+bx(x-1)+cx(x+1)=x^2+2x+3$$

풀이 준 식 $a(x-1)(x+1)+bx(x-1)+cx(x+1)=x^2+2x+3$에서

○양변에 $x=1$을 대입하면

$$0+0+2c=1+2+3$$

$$\therefore \quad c=3$$

○양변에 $x=-1$을 대입하면

$$0+2b=1-2+3$$

$$\therefore \quad b=1$$

○양변에 $x=0$을 대입하면

$$-a+0+0=0+0+3$$

$$\therefore \quad a=-3$$

예제 1.4.4 [수치대입법] 다음 식이 어떤 식 $f(x)$에 대해 x에 관한 항등식이 되도록 상수 a, b의 값을 구하여라.

$$(x+1)(x^2-3)f(x)=x^4+ax^2+b$$

풀이 준 식의 양변에 $x=-1$을 대입하면

$$0=1+a+b$$

$$\therefore\ a+b=-1 \qquad \cdots ①$$

이고, 양변에 $x^2=3$을 대입하면

$$0=3^2+3a+b$$

$$\therefore\ 3a+b=-9 \qquad \cdots ②$$

의 관계식이 얻어진다. ①, ②를 연립하여 풀면 $a=-4,\ b=3$이 구해진다.

예제 1.4.5 [계수비교법] 다음 등식이 모든 실수 x, y에 대하여 항상 성립할 때 상수 a, b의 값을 구하여라.

$$a(-x+y)+b(x-2y)=3x-4y$$

풀이 좌변을 전개하여 정리하면

$$(-a+b)x+(a-2b)y=3x-4y$$

이므로 양변의 계수를 비교하면

$$x:-a+b=3 \qquad \cdots ①$$

$$y:a-2b=-4 \qquad \cdots ②$$

이다. 두 식을 연립하여 풀면 $a=-2,\ b=1$이다.

예제 1.4.6 [수치대입법] 다음 식이 모든 실수 x에 대하여 성립하도록 상수 a, b의 값을 구하여라.[6)]

$$\frac{5x-7}{x^2-3x+2}=\frac{a}{x-1}+\frac{b}{x-2}$$

풀이 주어진 식의 우변을 통분하면

$$\frac{a}{x-1}+\frac{b}{x-2}=\frac{a(x-2)+b(x-1)}{(x-1)(x-2)}=\frac{a(x-2)+b(x-1)}{x^2-3x+2}$$

이다. 따라서 준 식은

6) 부분분수로 분해할 때 미정계수법을 적용하여 상수를 구한다. 유리함수를 적분하거나 라플라스 역변환을 구할 때 부분분수 분해가 이용된다.

$$\frac{5x-7}{x^2-3x+2}=\frac{a(x-2)+b(x-1)}{x^2-3x+2}$$

이 된다. 이 식이 항상 성립하려면 양변의 분자가 같아야 하므로

$$5x-7=a(x-2)+b(x-1)$$

이다. 이 방정식은 모든 x에 대해 성립하므로 $x=2, 1$을 차례로 대입하면

$$5\cdot 2-7=b\cdot(2-1), \quad 5\cdot 1-7=a\cdot(1-2)$$

이다. 여기에서 $a=2$, $b=3$이 구해진다.

예제 1.4.7 [수치대입법] 다음 식이 모든 실수 x에 대하여 성립하도록 상수 a, b, c의 값을 구하여라.

$$\frac{4x+2}{x(x+1)(x+2)}=\frac{a}{x}+\frac{b}{x+1}+\frac{c}{x+2}$$

풀이 주어진 식의 우변을 통분하면

$$\frac{a}{x}+\frac{b}{x+1}+\frac{c}{x+2}=\frac{a(x+1)(x+2)+bx(x+2)+cx(x+1)}{x(x+1)(x+2)}$$

이다. 따라서 준 식은

$$\frac{4x+2}{x(x+1)(x+2)}=\frac{a(x+1)(x+2)+bx(x+2)+cx(x+1)}{x(x+1)(x+2)}$$

이 된다. 이 식이 항상 성립하려면 양변의 분자가 같아야 하므로

$$4x+2=a(x+1)(x+2)+bx(x+2)+cx(x+1)$$

이다. 이 방정식은 모든 x에 대해 성립하므로 $x=0, -1, -2$를 차례로 대입하면

$$2=a\times 2, \ -2=b\times(-1), \ -6=c\times 2$$

이다. 여기에서 $a=1$, $b=2$, $c=-3$이 구해진다.

예제 1.4.8 [계수비교법] x에 대한 다음 항등식이 성립할 때 상수 A, B, C의 값을 구하여라.

$$\frac{x+10}{x(x^2+2x+5)}=\frac{A}{x}+\frac{Bx+C}{x^2+2x+5}$$

풀이 준 식의 우변에서 분모를 통분하여 정리하면

$$\frac{x+10}{x(x^2+2x+5)}=\frac{A}{x}+\frac{Bx+C}{x^2+2x+5}$$

$$=\frac{A(x^2+2x+5)+x(Bx+C)}{x(x^2+2x+5)}$$

이다. 항등식이 되기 위해서 첫 번째 식과 마지막 식의 분자를 같게 하면

$$x+10=A(x^2+2x+5)+x(Bx+C)$$

$$=(A+B)x^2+(2A+C)x+5A$$

가 된다. 여기에서 같은 차수에 대한 양변의 계수를 비교하면

x^2의 계수 : $0=A+B$

x의 계수 : $1=2A+C$

상수항 : $10=5A$

위의 세 관계식으로부터 $A=2$, $B=-2$, $C=-3$의 값이 구해진다.

Note **부분분수 분해**

[예제 1.4.6]~[예제 1.4.8]과 같이 하나의 유리함수를 두 개 이상의 유리함수의 합으로 나타내는 것을 부분분수로 분해한다고 하며, 이와 같은 부분분수 분해는 특히 유리함수를 적분할 때 많이 이용된다.

1.4 연습문제

1. 다음 등식이 x에 대한 항등식일 때 상수 a, b, c의 값을 구하여라.

(1) $a(x+1)+b(x-1)=2x$

(2) $x^2-3x+4=ax^2+(b-1)x+c$

(3) $(a+b)x^2-(b-2)x+(c+1)=x^2+3$

(4) $x^2+2=a(x-1)^2+b(x-1)+c$

(5) $x^3-3x-2=(x+1)(ax^2+bx+c)$

2. 임의의 실수 x, y에 대하여 다음 식이 항상 성립할 때 상수 a, b, c의 값을 구하여라.

(1) $a(x+y)-b(x-y)+5=2x+4y+c$

(2) $a(2x-y)+b(x+y)+c+1=x-8y+5$

3. $ax(x-1)+bx(x-2)+c(x-1)(x-2)=2x^2-x-2$일 때 상수 a, b, c의 값을 구하여라.

4. $(2x+1)(-x-2)(3x+2)(-5x-4)=Ax^4+Bx^3+Cx^2+Dx+E$일 때, A, E와 $B-C+D$의 값을 구하여라.

5. $\dfrac{x+4}{(x-2)(x+2)}=\dfrac{a}{x+2}+\dfrac{b}{x-2}$가 x에 대한 항등식이 되도록 하는 상수 a, b의 값을 구하여라.

6. $\dfrac{3x+1}{x(x+1)^2}=\dfrac{a}{x}+\dfrac{b}{x+1}+\dfrac{c}{(x+1)^2}$가 x에 대한 항등식이 되도록 하는 상수 a, b, c의 값을 구하여라.

7. 다음 식이 어떤 식 $f(x)$에 대해 x에 대한 항등식이 되도록 하는 상수 a, b의 값을 구하여라.

$$(x-1)(x^2-2)f(x)=x^4+ax^2+b$$

1.5 인수분해

1.5.1 인수분해[7]

하나의 다항식을 두 개 이상의 단항식이나 다항식의 곱으로 나타내는 것을 인수분해라 한다.

(1) 인수분해를 하는 방법은 여러 가지가 있지만 기본 원칙은 공통인수를 찾는 것이다.

(2) 특정 형태의 다항식은 인수분해 공식을 이용하면 편리하다.

1.5.2 공통인수에 의한 인수분해

(1) $ax+ay=a(x+y)$

(2) $a(x+y)+b(x+y)=(a+b)(x+y)$

예

(1) $a+2ab=a(1+2b)$

(2) $2x^2+4x=2x(x+2)$

(3) $3x^2y+6xy^2=3xy(x+2y)$

(4) $ax+2x+3a+6=x(a+2)+3(a+2)=(a+2)(x+3)$

(5) $(x+2y)^2+4x+8y=(x+2y)^2+4(x+2y)=(x+2y)(x+2y+4)$

(6) $(x-1)^2+2(x-1)^3=(x-1)^2\{1+2(x-1)\}=(x-1)^2(2x-1)$

7) 인수분해는 방정식을 풀어서 해를 구할 때 사용하는 기본적인 방법이므로 충분하게 연습하도록 한다.

1.5.3 인수분해 공식

(1) $a^2+2ab+b^2=(a+b)^2,\quad a^2-2ab+b^2=(a-b)^2$

(2) $a^2-b^2=(a+b)(a-b)$

(3) $x^2+(a+b)x+ab=(x+a)(x+b)$

(4) $acx^2+(ad+bc)x+bd=(ax+b)(cx+d)$

(5) $a^2+b^2+c^2+2ab+2bc+2ca=(a+b+c)^2$

(6) $a^3+3a^2b+3ab^2+b^3=(a+b)^3$

$a^3-3a^2b+3ab^2-b^3=(a-b)^3$

(7) $a^3+b^3=(a+b)(a^2-ab+b^2)$

$a^3-b^3=(a-b)(a^2+ab+b^2)$

(8) $a^3+b^3+c^3-3abc=(a+b+c)(a^2+b^2+c^2-ab-bc-ca)$

(9) $a^4+a^2b^2+b^4=(a^2+ab+b^2)(a^2-ab+b^2)$

예 (여기에서 $A\cdot B=A\times B$를 나타낸다.)

(1) $x^2+6x+9=x^2+2\cdot x\cdot 3+3^2=(x+3)^2$

(2) $4x^2-9y^2=(2x)^2-(3y)^2=(2x+3y)(2x-3y)$

(3) $x^2+5x+6=x^2+(2+3)x+2\times 3=(x+2)(x+3)$

(4) $3x^2+10x+8=1\cdot 3x^2+(1\cdot 4+2\cdot 3)x+2\cdot 4$

$=(x+2)(3x+4)$

(5) $x^2+4y^2+9+4xy+12y+6x$

$=x^2+(2y)^2+3^2+2\cdot x\cdot 2y+2\cdot 2y\cdot 3+2\cdot 3\cdot x$

$=(x+2y+3)^2$

(6) $x^3+1=(x+1)(x^2-x+1)$

$x^3-1=(x-1)(x^2+x+1)$

1.5.4 복잡한 식의 인수분해

(1) 변수 치환 : 식의 공통부분 또는 식의 일부를 다른 문자로 치환하여 인수분해 한다.

(2) 복이차식(ax^4+bx^2+c의 형태) : $x^2=X$로 놓고 aX^2+bX+c를 인수분해하거나 적당한 식을 더하거나 빼서 $(Ax+B)^2-(Cx)^2$의 꼴로 변형하여 인수분해한다.

(3) 여러 개의 문자가 포함된 식 : 한 문자에 대하여 정리한 후 인수분해한다.
   ① 차수가 가장 낮은 문자에 대하여 내림차순으로 정리한다.
   ② 차수가 같을 때는 어느 한 문자에 대하여 내림차순으로 정리한다.

예 [변수 치환]

(1)
$$\begin{aligned}(x^2-2x+3)(x^2-2x+2)-2 &= A(A-1)-2 \quad (\leftarrow x^2-2x+3=A)\\ &= A^2-A-2=(A-2)(A+1)\\ &= (x^2-2x+1)(x^2-2x+4)\\ &= (x-1)^2(x^2-2x+4)\end{aligned}$$

(2)
$$\begin{aligned}(x+y)(x+y-1)-2(x+y)-4 &= A^2-3A-4 \quad (\leftarrow x+y=A)\\ &= (A+1)(A-4)\\ &= (x+y+1)(x+y-4)\end{aligned}$$

예 [복이차식 : x^4+ax^2+b의 형태]

(1)
$$\begin{aligned}x^4-3x^2-4 &= X^2-3X-4 \quad (\leftarrow x^2=X)\\ &= (X-4)(X+1)\\ &= (x^2-4)(x^2+1)\\ &= (x-2)(x+2)(x^2+1)\end{aligned}$$

(2)
$$\begin{aligned}x^4-8x^2+4 &= (x^4-4x^2+4)-4x^2=(x^2-2)^2-(2x)^2\\ &= (x^2-2+2x)(x^2-2-2x)\\ &= (x^2+2x-2)(x^2-2x-2)\end{aligned}$$

예 [여러 개의 문자가 포함된 식]

(1) $ab+b+a+1 = a(b+1)+(b+1)$
$$= (a+1)(b+1)$$

(2) $x^2+2xy-2y-1 = 2y(x-1)+(x^2-1)$
$$= 2y(x-1)+(x-1)(x+1)$$
$$= (x-1)(2y+x+1)$$
$$= (x-1)(x+2y+1)$$

(3) $x^2+2y^2+3xy-2x-2y = x^2+x(3y-2)+2y^2-2y$
$$= x^2+x(3y-2)+y(2y-2)$$
$$= (x+y)(x+2y-2)$$

(← 곱하여 $2y^2-2y$, 합하여 $3y-2$가 되는 인수 y, $2y-2$를 찾는다.)

1.5.5 나머지정리

(1) x에 대한 다항식 $f(x)$를 일차식 $(x-\alpha)$로 나누었을 때의 나머지는 $f(\alpha)$이다.

(2) 일반적으로, 다항식 $f(x)$를 일차식 $(ax+b)$로 나누었을 때의 나머지는 $f\left(-\dfrac{b}{a}\right)$ 이다.

1.5.6 인수정리

x에 대한 다항식 $f(x)$가

$$f(\alpha)=0 \Leftrightarrow f(x)=(x-\alpha)Q(x)$$
$$\Leftrightarrow f(x)\text{는 } (x-\alpha)\text{로 나누어떨어진다.}$$

[→ $f(x)$를 $(x-\alpha)$로 나누었을 때의 몫은 $Q(x)$이고 나머지는 0이다.]

1.5.7 인수정리를 이용한 다항식 $f(x)$의 인수분해

(1) $f(\alpha)=0$이 되는 α를 구한다.

(2) 조립제법을 사용하여 $f(x)$를 $(x-\alpha)$로 나눈 몫 $Q(x)$를 구한다.

$$\rightarrow f(x)=(x-\alpha)Q(x)$$

(3) 다시 몫 $Q(x)$를 인수분해할 수 있으면 인수분해한다.

† 2차 이상의 고차식을 인수분해할 때 인수정리를 사용하여 인수를 찾는다.

1.5.8 인수 $(x-\alpha)$를 찾는 방법

$f(\alpha)=0$이 되는 α는

$$x=\pm\frac{\text{상수항의 약수}}{\text{최고차항 계수의 약수}}$$

를 대입하여 찾는다.

예 $f(x)=2x^3+x^2-8x-4$인 경우

$$x=\pm\frac{\text{상수항의 약수}}{\text{최고차항 계수의 약수}}=\pm\frac{1}{2},\ \pm 1,\ \pm 2,\ \pm 4$$

를 대입하여 $f(x)=0$이 되는 α를 찾는다.

여기에서는 $f\left(-\frac{1}{2}\right)=0,\ f(2)=0,\ f(-2)=0$이 되므로

$f(x)$는 $2x+1,\ x-2,\ x+2$를 인수로 갖는다.

1.5.9 조립제법

다항식 $f(x)$를 일차식 $(x-\alpha)$로 나눌 때 직접 나누지 않고 계수만을 사용하여 몫[$Q(x)$]과 나머지(R)를 구하는 방법. $\rightarrow f(x)=(x-\alpha)Q(x)+R$

예 [조립제법] 3차식 $f(x)=A_0x^3+A_1x^2+A_2x+A_3$를 $(x-\alpha)$로 나눌 때

$$\begin{array}{c|cccc} \alpha & A_0 & A_1 & A_2 & A_3 \\ & & \alpha B_0 & \alpha B_1 & \alpha B_2 \\ \hline & A_0 & (A_1+\alpha B_0) & (A_2+\alpha B_1) & (A_3+\alpha B_2) \\ & \downarrow & \downarrow & \downarrow & \downarrow \\ & B_0 & B_1 & B_2 & R \end{array}$$

$\rightarrow$ 몫 $Q(x)=B_0x^2+B_1x+B_2$, 나머지 $R=A_3+\alpha B_2$

예 [x^3+3x^2-6x+5를 $x-1$로 나눌 때의 몫과 나머지]

$$\begin{array}{c|cccc} 1 & 1 & 3 & -6 & 5 \\ & & 1 & 4 & -2 \\ \hline & 1 & 4 & -2 & \boxed{3} \end{array}$$

$\therefore$ 몫$=x^2+4x-2$, 나머지$=3$

[x^3-2x^2+3x-4를 $x-2$로 나눌 때의 몫과 나머지]

$$\begin{array}{c|cccc} 2 & 1 & -2 & 3 & -4 \\ & & 2 & 0 & 6 \\ \hline & 1 & 0 & 3 & \boxed{2} \end{array}$$

$\therefore$ 몫$=x^2+3$, 나머지$=2$

예 [인수정리를 이용한 다항식 $f(x)=x^3-2x^2-5x+6$의 인수분해]

$f(1)=0$이므로 $f(x)$는 $(x-1)$을 인수로 갖는다.

$$\therefore\ f(x)=(x-1)Q(x)$$

조립제법을 사용하여 몫 $Q(x)$를 구한다.

$$\begin{array}{c|cccc} 1 & 1 & -2 & -5 & 6 \\ & & 1 & -1 & -6 \\ \hline & 1 & -1 & -6 & \boxed{0} \end{array}$$

$$\therefore\ Q(x)=x^2-x-6$$

$$\begin{aligned} \therefore\ f(x) &= (x-1)Q(x) \\ &= (x-1)(x^2-x-6) \\ &= (x-1)(x+2)(x-3) \end{aligned}$$

예제 1.5.1 $f(x)=x^3+ax^2+bx+2$가 $x-1$, $x-2$를 인수로 가질 때 상수 a, b의 값을 구하여라.

풀이 $x-1$, $x-2$를 인수로 가지므로

$$f(1)=1+a+b+2=0$$
$$\therefore\ a+b=-3 \quad \cdots ①$$
$$f(2)=8+4a+2b+2=0$$
$$\therefore\ 2a+b=-5 \quad \cdots ②$$

두 식을 연립하여 풀면 $a=-2$, $b=-1$이다.

예제 1.5.2 $f(x)=x^4+ax^3+bx^2+2$를 $x-1$로 나누었을 때의 나머지가 2이고, $x+1$로 나누었을 때의 나머지가 8일 때 상수 a, b의 값을 구하여라.

풀이 나머지 정리에 의해

$$f(1)=1+a+b+2=2$$
$$\therefore\ a+b=-1 \quad \cdots ①$$
$$f(-1)=1-a+b+2=8$$
$$\therefore\ -a+b=5 \quad \cdots ②$$

두 식을 연립하여 풀면 $a=-3$, $b=2$이다.

예제 1.5.3 x^6-26x^3-27을 인수분해하여라.

풀이 먼저 $x^3=X$로 놓고 인수분해한 후 x에 대한 식으로 나타낸다.

$$\begin{aligned}\text{준 식}&=X^2-26X-27\\&=(X+1)(X-27)\\&=(x^3+1)(x^3-27)\\&=(x+1)(x^2-x+1)(x-3)(x^2+3x+9)\\&=(x+1)(x-3)(x^2-x+1)(x^2+3x+9)\end{aligned}$$

예제 1.5.4 $x^2-3y^2+2xy+3x+5y+2$를 인수분해하여라.

풀이 x에 대하여 내림차순으로 정리한 후 인수분해한다.

$$\begin{aligned} \text{준 식} &= x^2 + x(2y+3) - 3y^2 + 5y + 2 \\ &= x^2 + x(2y+3) - (3y+1)(y-2) \\ &= \{x + (3y+1)\}\{x - (y-2)\} \\ &= (x+3y+1)(x-y+2) \end{aligned}$$

† 곱이 $-(3y+1)(y-2)$이고 합이 $2y+3$인 두 인수는 $(3y+1)$, $-(y-2)$이다.

예제 1.5.5 $xy^2 - y^2 - x - y + 2$를 인수분해하여라.

풀이 낮은 차수를 갖는 x에 대하여 내림차순으로 정리한 후 인수분해한다.

$$\begin{aligned} \text{준 식} &= x(y^2-1) - (y^2+y-2) \\ &= x(y-1)(y+1) - (y-1)(y+2) \\ &= (y-1)[x(y+1) - y - 2] \quad [\leftarrow \text{ 공통인수 } (y-1)\text{을 가진다.}] \\ &= (y-1)(xy + x - y - 2) \end{aligned}$$

예제 1.5.6 $(x+1)^4 + (x+1)^2y^2 + y^4$을 인수분해하여라.

풀이 $(x+1) = X$로 놓으면

$$\begin{aligned} \text{준 식} &= X^4 + X^2y^2 + y^4 = (X^4 + 2X^2y^2 + y^4) - X^2y^2 \\ &= (X^2+y^2)^2 - (Xy)^2 \quad [\leftarrow A^2 - B^2 = (A-B)(A+B)] \\ &= (X^2 + y^2 - Xy)(X^2 + y^2 + Xy) \\ &= (x^2 + y^2 - xy + 2x - y + 1)(x^2 + y^2 + xy + 2x + y + 1) \end{aligned}$$

예제 1.5.7 $a^2 - b^2 = (a-b)(a+b)$를 이용하여 $x^4 + 4$를 인수분해하여라.

풀이

$$\begin{aligned} \text{준 식} &= x^4 + 4 = (x^4 + 4x^2 + 4) - 4x^2 \\ &= (x^2+2)^2 - (2x)^2 \\ &= (x^2 + 2 - 2x)(x^2 + 2 + 2x) \\ &= (x^2 - 2x + 2)(x^2 + 2x + 2) \end{aligned}$$

예제 1.5.8 인수분해를 이용하여 $\dfrac{2015^3+1}{2014\times 2015+1}$의 값을 구하여라.

풀이 $2015=a$로 하면 $2014=a-1$이고 다음과 같이 준 식의 값이 구해진다.

$$\begin{aligned}\frac{2015^3+1}{2014\times 2015+1} &= \frac{a^3+1}{(a-1)a+1}\\ &= \frac{(a+1)(a^2-a+1)}{a^2-a+1}\\ &= a+1\\ &= 2015+1\\ &= 2016\end{aligned}$$

† $a^3+b^3=(a+b)(a^2-ab+b^2),\quad a^3-b^3=(a-b)(a^2+ab+b^2)$

1.5 연습문제

1. 다음 식을 인수분해하여라.

(1) $ab-2b-a+2$ (2) $ax+by-bx-ay$

(3) $x^2-ax-x+a$ (4) $9x^2-24xy+16y^2$

(5) $12x^2-4x-21$ (6) $2x^2+xy-6y^2$

2. 다음 식을 인수분해하여라.

(1) x^8-1 (2) a^3+64

(3) $x^2-y^2+z^2-2zx$ (4) $a^2+ca-ab-bc$

(5) $x^2-y^2-x+5y-6$ (6) $(x+1)(x-2)(x+3)(x-4)+16$

3. $a-b=9$일 때 $a^2+b^2-2ab-4a+4b+4$의 값을 구하여라.

4. $2x+3y=2$, $xy=1$일 때 $8x^3+27y^3$의 값을 구하여라.

5. 인수분해를 이용하여 $A=\dfrac{2027^3-1}{2027\times 2028+1}$의 값을 구하여라.

6. x^4-2x^2+3x+4를 $(x+2)$로 나눌 때 몫과 나머지를 구하여라.

7. $2x^3+ax^2+bx+4$는 $x-1$로 나누어떨어지고 $x-2$로 나누면 나머지가 16이다. 상수 a, b의 값을 구하여라.

8. 인수정리를 이용하여 다음 고차식을 인수분해하여라.

(1) x^3+2x+3 (2) x^3-4x^2+x+6

9. $x^2-6xy+5y^2-x-3y-2$를 인수분해하여라.

† x에 대하여 내림차순으로 정리한 후 인수분해한다.

10. $a^2-b^2=(a-b)(a+b)$를 이용하여 x^4+x^2+1을 인수분해하여라.

제 2 장

방정식과 부등식

2.1 실수와 복소수

2.1.1 실수의 분류

- 실수
  - 유리수
    - 정수
      - 양의 정수(자연수) : $1, 2, 3, \cdots$
      - 영(0)
      - 음의 정수 : $-1, -2, -3, \cdots$
    - 정수가 아닌 유리수
      - 유한소수 : ± 0.2, ± 0.25, $\cdots$
      - 순환소수 : $\pm 0.\dot{2}$, $\pm 0.\dot{2}\dot{5}$, $\cdots$
  - 무리수 : 비순환 무한소수($\pm\sqrt{2}$, $\pm\pi$, $\pm e$, $\cdots$)

(1) 유리수 : 정수 $m, n(m \neq 0)$을 써서 $\dfrac{n}{m}$인 분수 꼴로 나타낼 수 있는 수

(2) 무리수 : 순환하지 않는 무한소수($\sqrt{2} = 1.414213\cdots$, $\pi = 3.14159\cdots$)

2.1.2 양의 실수의 제곱근

어떤 수를 제곱하여 $A(A \geq 0)$가 될 때, 즉 $x^2 = A$가 되는 수 x를 A의 제곱근이라 한다. 양수 A의 제곱근은 양수($\sqrt{A}$)와 음수($-\sqrt{A}$)의 두 개가 있고, 0의 제곱근은 0이다($\sqrt{0} = 0$).

(1) $(\sqrt{A})^2 = A$, $\quad (-\sqrt{A})^2 = A$

(2) $\sqrt{B^2} = |B| = \begin{cases} B & (B \geq 0) \\ -B & (B \leq 0) \end{cases}$

예 (1) $x^2 = 4$이면 $x = \pm 2$

(2) $(\sqrt{3})^2 = 3$, $(-\sqrt{3})^2 = 3$

(3) $\sqrt{5^2} = 5$, $\sqrt{(-5)^2} = -(-5) = 5$ ($\because$ $-5 < 0$)

2.1.3 제곱근의 곱셈과 나눗셈

$a > 0$, $b > 0$일 때

(1) $\sqrt{a}\sqrt{b} = \sqrt{ab}$

(2) $\sqrt{a^2b} = a\sqrt{b}$

(3) $\dfrac{\sqrt{a}}{\sqrt{b}} = \sqrt{\dfrac{a}{b}}$

(4) $\sqrt{\dfrac{a}{b^2}} = \dfrac{\sqrt{a}}{b}$

예 (1) $\sqrt{2} \times \sqrt{3} = \sqrt{6}$

(2) $\sqrt{12} = \sqrt{2^2 \times 3} = 2\sqrt{3}$

(3) $\dfrac{\sqrt{10}}{\sqrt{2}} = \sqrt{\dfrac{10}{2}} = \sqrt{5}$

(4) $\sqrt{\dfrac{3}{4}} = \sqrt{\dfrac{3}{2^2}} = \dfrac{\sqrt{3}}{2}$

2.1.4 이중근호

(1) $a > 0$, $b > 0$일 때 $\sqrt{a+b+2\sqrt{ab}} = \sqrt{a} + \sqrt{b}$

(2) $a > b > 0$일 때 $\sqrt{a+b-2\sqrt{ab}} = \sqrt{a} - \sqrt{b}$

예 (1) $\sqrt{5+2\sqrt{6}} = \sqrt{2+3+2\sqrt{2\times3}} = \sqrt{2} + \sqrt{3}$

(← 곱해서 6, 더해서 5가 되는 두 수 (2, 3)을 찾는다.)

(2) $\sqrt{3-2\sqrt{2}} = \sqrt{2+1-2\sqrt{2\times1}} = \sqrt{2} - 1$

(← 곱해서 2, 더해서 3이 되는 두 수 (1, 2)를 찾는다.)

2.1.5 분모의 유리화

(1) $\dfrac{a}{\sqrt{b}}=\dfrac{a\sqrt{b}}{(\sqrt{b})^2}=\dfrac{a\sqrt{b}}{b}$

(2) $\dfrac{1}{\sqrt{a}+\sqrt{b}}=\dfrac{(\sqrt{a}-\sqrt{b})}{(\sqrt{a}+\sqrt{b})(\sqrt{a}-\sqrt{b})}=\dfrac{\sqrt{a}-\sqrt{b}}{a-b}$ $(a\neq b)$

(3) $\dfrac{1}{\sqrt{a}-\sqrt{b}}=\dfrac{(\sqrt{a}+\sqrt{b})}{(\sqrt{a}-\sqrt{b})(\sqrt{a}+\sqrt{b})}=\dfrac{\sqrt{a}+\sqrt{b}}{a-b}$

(4) $\dfrac{1}{\sqrt[3]{a}+\sqrt[3]{b}}=\dfrac{(\sqrt[3]{a^2}-\sqrt[3]{ab}+\sqrt[3]{b^2})}{(\sqrt[3]{a}+\sqrt[3]{b})(\sqrt[3]{a^2}-\sqrt[3]{ab}+\sqrt[3]{b^2})}=\dfrac{\sqrt[3]{a^2}-\sqrt[3]{ab}+\sqrt[3]{b^2}}{a+b}$

(5) $\dfrac{1}{\sqrt[3]{a}-\sqrt[3]{b}}=\dfrac{(\sqrt[3]{a^2}+\sqrt[3]{ab}+\sqrt[3]{b^2})}{(\sqrt[3]{a}-\sqrt[3]{b})(\sqrt[3]{a^2}+\sqrt[3]{ab}+\sqrt[3]{b^2})}=\dfrac{\sqrt[3]{a^2}+\sqrt[3]{ab}+\sqrt[3]{b^2}}{a-b}$

† 식의 값이 변하지 않게 하고 분모를 유리수로 고치는 것을 분모의 유리화라 한다. 문제를 풀어서 구한 최종 값은 일반적으로 분모를 유리화하여 나타낸다.

† 무리수의 덧셈이나 뺄셈도 분모를 유리화하여 수행하는 것이 일반적이다.

예 (1) $\dfrac{2}{\sqrt{6}}=\dfrac{2\sqrt{6}}{6}=\dfrac{\sqrt{6}}{3}$

(2) $\dfrac{2}{\sqrt{5}+\sqrt{3}}=\dfrac{2(\sqrt{5}-\sqrt{3})}{5-3}=\sqrt{5}-\sqrt{3}$

(3) $\dfrac{4}{\sqrt{7}-1}=\dfrac{4(\sqrt{7}+1)}{7-1}=\dfrac{2(\sqrt{7}+1)}{3}$

2.1.6 세제곱근

세제곱하여 A가 되는 수, 즉 $x^3=A$가 되는 수 x를 A의 세제곱근이라 하며, A의 부호에 관계없이 $\sqrt[3]{A^3}=A$이다.

예 (1) $x^3=27$을 만족하는 실수 $x=3$ → 3은 27의 세제곱근.

(2) $\sqrt[3]{3^3}=3$, $\sqrt[3]{(-3)^3}=-3$

2.1.7 허수단위

제곱하여 -1이 되는 수를 생각하여 이것을 기호 i로 나타내기로 한다. 즉, $i^2=-1$로 정의하며, 이때 i를 허수단위(imaginary unit)라 한다.

† 자연수 n에 대하여 $i^{4n}=1$, $i^{4n+1}=i$, $i^{4n+2}=-1$, $i^{4n+3}=-i$이다.

2.1.8 음의 실수의 제곱근

(1) $A>0$일 때 $-A$의 제곱근은 $\pm\sqrt{A}\,i$이다.

(2) 음의 실수 $-A$ $(A>0)$에 대해 $\sqrt{-A}=\sqrt{A}\,i$로 정의한다.

(3) $A<0$, $B<0$이면 $\sqrt{A}\sqrt{B}=-\sqrt{AB}$

(4) $A>0$, $B<0$이면 $\dfrac{\sqrt{A}}{\sqrt{B}}=-\sqrt{\dfrac{A}{B}}$

예 (1) $x^2=-4$를 만족하는 $x=\pm\sqrt{4}\,i=\pm 2i$

(2) $\sqrt{-9}=\sqrt{9}\,i=3i$, $-\sqrt{-9}=-\sqrt{9}\,i=-3i$

(3) $\sqrt{-2}\sqrt{-3}=(\sqrt{2}\,i)(\sqrt{3}\,i)=\sqrt{2\times 3}\,i^2=-\sqrt{6}$

(4) $\dfrac{\sqrt{3}}{\sqrt{-2}}=\dfrac{\sqrt{3}}{\sqrt{2}\,i}=\sqrt{\dfrac{3}{2}}\times\dfrac{1}{i}=\sqrt{\dfrac{3}{2}}\times\dfrac{i}{i^2}=-\sqrt{\dfrac{3}{2}}\,i=-\sqrt{\dfrac{3}{-2}}$

2.1.9 복소수

a, b가 실수(real number)일 때 $a+bi$로 나타내어지는 수를 복소수라 한다. 복소수 중에서 $b \neq 0$인 수를 허수(imaginary number)라 하고, $a=0$, $b \neq 0$인 수를 순허수라고 한다.

$$\text{복소수}(a+bi)\begin{cases}\text{실수 } a\ (b=0) \\ \text{허수}\ (b \neq 0) \begin{cases}\text{순허수 } bi\ \ (a=0,\ b \neq 0) \\ \text{순허수가 아닌 허수}\ (a \neq 0, b \neq 0)\end{cases}\end{cases}$$

(1) X가 실수이면 $X^2 \geq 0$

(2) X가 순허수이면 $X^2 < 0$

예 (1) $2^2 = 4\ (>0)$, $(-2)^2 = 4\ (>0)$

(2) $(2i)^2 = 2^2 \times i^2 = 4 \times (-1) = -4\ (<0)$

$(-2i)^2 = (-2)^2 \times i^2 = 4 \times (-1) = -4\ (<0)$

2.1.10 켤레복소수

a, b가 실수일 때 복소수 $z = a+bi$에 대하여 허수부분의 부호를 바꾼 복소수 $a-bi$를 z의 켤레복소수라 하고, $\bar{z}$로 나타낸다.

$$z = a+bi \ \Leftrightarrow\ \bar{z} = \overline{a+bi} = a-bi$$

예 (1) $z = -1+i \ \Leftrightarrow\ \bar{z} = -1-i$

(2) $z = 5i \ \Leftrightarrow\ \bar{z} = -5i$

(3) $z = 8 \ \Leftrightarrow\ \bar{z} = 8$

2.1.11 복소수의 상등

a, b, c, d가 실수일 때 $a+bi=c+di \Leftrightarrow a=c,\ b=d$

† 실수가 아닌 복소수의 대소 관계는 정의하지 않는다.

예
(1) $2+ai=-b+3i$이면 $a=3,\ b=-2$

(2) $1+2i$와 $3+4i$는 서로 다른 복소수이다. 그러나 어느 한 쪽이 크다거나 작다고 말하지 않는다. 즉, $1+2i < 3+4i$, $1+2i > 3+4i$와 같은 것은 생각하지 않기로 한다.

2.1.12 복소수의 사칙연산

a, b, c, d가 실수일 때

(1) 덧셈 : $(a+bi)+(c+di)=(a+c)+(b+d)i$

(2) 뺄셈 : $(a+bi)-(c+di)=(a-c)+(b-d)i$

(3) 곱셈 : $(a+bi)\times(c+di)=(ac-bd)+(ad+bc)i$

(4) 나눗셈 : $\dfrac{(a+bi)}{(c+di)}=\dfrac{ac+bd}{c^2+d^2}+\dfrac{-ad+bc}{c^2+d^2}i$ (단, $c+di\neq 0$)

예
(1) $(4+3i)+(-2+5i)=2+8i$

(2) $(3+5i)-(1-2i)=2+7i$

(3) $(1+2i)(3-4i)=3-4i+6i-8i^2=11+2i$

(4) $\dfrac{2+3i}{1-2i}=\dfrac{(2+3i)(1+2i)}{(1-2i)(1+2i)}=\dfrac{2+4i+3i+6i^2}{1+2^2}=-\dfrac{4}{5}+\dfrac{7i}{5}$

† 복소수의 덧셈이나 뺄셈에서 실수부는 실수부끼리, 허수부는 허수부끼리 계산하여 최종 결과는 $z=a+bi$의 형태로 나타내는 것이 일반적이다.

예제 2.1.1 다음을 계산하여라.

(1) $\sqrt{(-2)^4}-\sqrt{16}+\sqrt{\sqrt{16}}$

(2) $\sqrt{0.1}\times\sqrt{0.4}\times\sqrt{25}$

풀이 (1) $\sqrt{(-2)^4}-\sqrt{16}+\sqrt{\sqrt{16}}=\sqrt{4^2}-\sqrt{4^2}+\sqrt{\sqrt{2^4}}$

$$=4-4+2=2$$

(2) $$\sqrt{0.1}\times\sqrt{0.4}\times\sqrt{25}=\sqrt{\frac{1}{10}}\times\sqrt{\frac{4}{10}}\times\sqrt{5^2}$$

$$=\frac{1}{\sqrt{10}}\times\frac{2}{\sqrt{10}}\times 5$$

$$=\frac{10}{10}=1$$

† 근호 안의 수를 근호 밖으로 뺄 때는 근호 안의 수를 소인수분해하여 지수가 짝수인 인수를 근호 밖으로 빼낸다. (예) $\sqrt{12}=\sqrt{2^2\times 3}=2\sqrt{3}$

예제 2.1.2 $\sqrt{8}\times\sqrt{12}\times\sqrt{18}=a\sqrt{3}$을 만족하는 자연수 a의 값을 구하여라.

풀이 근호 안의 수를 소인수분해하여 지수가 짝수인 수를 근호 밖으로 빼내어 a의 값을 구한다.

$$\begin{aligned}\sqrt{8}\times\sqrt{12}\times\sqrt{18}&=\sqrt{2^3}\times\sqrt{2^2\cdot 3}\times\sqrt{3^2\cdot 2}\\&=\sqrt{2^3\cdot(2^2\cdot 3)\cdot(3^2\cdot 2)}\\&=\sqrt{2^6\cdot 3^2\cdot 3}\\&=2^3\times 3\sqrt{3}\\&=24\sqrt{3}\\&=a\sqrt{3}\end{aligned}$$

$\therefore\ a=24$

예제 2.1.3 $\sqrt{a}=\dfrac{2\sqrt{2}}{\sqrt{3}}$, $\sqrt{b}=\dfrac{5}{2\sqrt{3}}$일 때 유리수 a, b의 곱 ab의 값을 구하여라.

풀이 a, b가 근호 안에 있으므로 주어진 수에서 근호 밖에 있는 수를 제곱하여 근호 안으로 넣은 후 a, b의 값을 구한다.

$$\sqrt{a}=\frac{2\sqrt{2}}{\sqrt{3}}=\frac{\sqrt{2^2\cdot 2}}{\sqrt{3}}=\frac{\sqrt{8}}{\sqrt{3}}=\sqrt{\frac{8}{3}}$$

$$\therefore\ a=\frac{8}{3}$$

$$\sqrt{b}=\frac{5}{2\sqrt{3}}=\frac{\sqrt{5^2}}{\sqrt{2^2\cdot 3}}=\frac{\sqrt{25}}{\sqrt{12}}=\sqrt{\frac{25}{12}}$$

$$\therefore\ b=\frac{25}{12}$$

$$\therefore\ ab=\frac{8}{3}\cdot\frac{25}{12}=\frac{50}{9}$$

† 근호 밖의 양수를 근호 안으로 넣을 때는 근호 밖의 양수를 제곱하여 근호 안으로 넣는다.
(예) $2\sqrt{3}=\sqrt{2^2\cdot 3}=\sqrt{12}$

예제 2.1.4 $\dfrac{\sqrt{3}-1}{4+2\sqrt{3}}=a+b\sqrt{3}$을 만족하는 유리수 a, b의 값을 구하여라.

풀이 좌변 분모를 유리화하여 a, b의 값을 구한다.

$$\begin{aligned}\frac{\sqrt{3}-1}{4+2\sqrt{3}}&=\frac{(\sqrt{3}-1)\times(4-2\sqrt{3})}{(4+2\sqrt{3})\times(4-2\sqrt{3})}\\&=\frac{4\sqrt{3}-2\cdot 3-4+2\sqrt{3}}{4^2-(2\sqrt{3})^2}\\&=\frac{-10+6\sqrt{3}}{16-12}\\&=-\frac{5}{2}+\frac{3}{2}\sqrt{3}\\&=a+b\sqrt{3}\end{aligned}$$

$$\therefore\ a=-\frac{5}{2},\ b=\frac{3}{2}$$

예제 2.1.5 $x=\sqrt{2}-1$일 때 $A=2x^4+4x^3+4x+5$의 값을 구하여라.

풀이 주어진 조건을 유리수로 표현된 조건으로 변형하여 식의 값을 구한다.

$x=\sqrt{2}-1$에서 $x+1=\sqrt{2}$이다. 이 식의 양변을 제곱하면

$$(x+1)^2=(\sqrt{2})^2$$
$$x^2+2x+1=2$$
$$\therefore\ x^2+2x=1$$

의 관계식이 얻어진다. 이 식을 이용하면 다음과 같이 주어진 식의 값이 구해진다.

$$\begin{aligned}A&=2x^4+4x^3+4x+5\\&=2x^2(x^2+2x)+4x+5\\&=2x^2+4x+5\\&=2(x^2+2x)+5\\&=2+5\\&=7\end{aligned}$$

예제 2.1.6 다음을 계산하여라.

(1) $\dfrac{1-\sqrt{-4}}{1+\sqrt{-4}}$ (2) $\sqrt{-8}+\sqrt{-50}-\sqrt{-72}$

풀이 (1) $$\begin{aligned}\frac{1-\sqrt{-4}}{1+\sqrt{-4}}&=\frac{1-\sqrt{4}\,i}{1+\sqrt{4}\,i}\\&=\frac{1-2i}{1+2i}\\&=\frac{(1-2i)(1-2i)}{(1+2i)(1-2i)}\\&=\frac{1-2i-2i-2^2}{1^2+2^2}\\&=\frac{-3-4i}{5}\\&=-\frac{3}{5}-\frac{4}{5}i\end{aligned}$$

(2) $\sqrt{-8}+\sqrt{-50}-\sqrt{-72}=\sqrt{8}i+\sqrt{50}i-\sqrt{72}i$

$$
\begin{aligned}
&=\sqrt{2^2\cdot 2}i+\sqrt{5^2\cdot 2}i-\sqrt{6^2\cdot 2}i\\
&=2\sqrt{2}i+5\sqrt{2}i-6\sqrt{2}i\\
&=(2+5-6)\sqrt{2}i\\
&=\sqrt{2}i
\end{aligned}
$$

† 근호 안에 음수가 있을 때는 허수단위 i를 이용하여 주어진 수를 양의 값으로 표현한 후 연산한다.

예제 2.1.7 다음을 계산하여 $a+bi$ (a, b는 실수)의 형태로 나타내어라.

$$z=2+4i+\frac{1-2i}{1+i}-\frac{1+2i}{1-i}$$

풀이 분모에 허수가 있으면 켤레복소수를 분모, 분자에 곱하여 분모를 실수로 바꾸어 계산한다.

$$
\begin{aligned}
z&=2+4i+\frac{1-2i}{1+i}-\frac{1+2i}{1-i}\\
&=2+4i+\frac{(1-2i)(1-i)-(1+2i)(1+i)}{(1+i)(1-i)}\\
&=2+4i+\frac{(1-3i-2)-(1+3i-2)}{1+1}\\
&=2+4i+\frac{-6i}{2}\\
&=2+4i-3i\\
&=2+i
\end{aligned}
$$

예제 2.1.8 $z=1-2i$ 일 때 $Z=\frac{z}{\bar{z}}+\frac{\bar{z}}{z}$의 값을 구하여라.

풀이 $z=1-2i$ 이므로 켤레복소수 $\bar{z}=1+2i$ 이다.

$$\therefore \ Z = \frac{z}{\bar{z}} + \frac{\bar{z}}{z} = \frac{1-2i}{1+2i} + \frac{1+2i}{1-2i}$$

$$= \frac{(1-2i)(1-2i)+(1+2i)(1+2i)}{(1+2i)(1-2i)}$$

$$= \frac{(1-4i-4)+(1+4i-4)}{1+2^2}$$

$$= -\frac{6}{5}$$

예제 2.1.9 $Z = \left(\frac{1-i}{1+i}\right)^{10}$의 값을 구하여라.

풀이 먼저 $z = \frac{1-i}{1+i}$의 분모를 실수로 나타내어 준 식의 값을 구한다.

$$z = \frac{1-i}{1+i} = \frac{(1-i)(1-i)}{(1+i)(1-i)}$$

$$= \frac{-2i}{2}$$

$$= -i$$

따라서 $z^4 = 1$, $z^2 = -1$이 되므로 주어진 식의 값은 다음과 같다.

$$Z = \left(\frac{1-i}{1+i}\right)^{10} = z^{10}$$

$$= \left(z^4\right)^2 \cdot z^2$$

$$= -1$$

2.1 연습문제

1. 다음을 간단히 하여라. (단, a는 실수이다.)

(1) $\sqrt{(3-\sqrt{10})^2}$　　(2) $\sqrt{(-5)^2}$

(3) $\sqrt{(a^2+3a+3)^2}$　　(4) $\sqrt{(-2+\sqrt{2})^2}$

2. 다음을 계산하여라.

(1) $\frac{1}{\sqrt{3}}-\sqrt{3}(-1+\sqrt{3})-\frac{1}{9}\sqrt{27}+\sqrt{12}$

(2) $\sqrt{18}-6\sqrt{\frac{2}{9}}-5\sqrt{0.02}$

3. 다음 각 수의 분모를 유리화하여 나타내어라.

(1) $\frac{5}{-\sqrt{7}+\sqrt{2}}$　　(2) $\frac{2}{\sqrt{3}+1}$

4. $\frac{2\sqrt{2}}{\sqrt{5}}=a\sqrt{10}$, $\frac{5}{2\sqrt{12}}=b\sqrt{3}$일 때 ab의 값을 구하여라.

5. $a=\sqrt{5}$, $b=\sqrt{50}$일 때 다음 식을 만족하는 유리수 x, y의 값을 구하여라.

$$\sqrt{0.5}+\sqrt{500}=xa+yb$$

6. 다음 관계식을 만족하는 유리수 a, b의 값을 구하여라.

$$a\sqrt{3}+\sqrt{8}+b(\sqrt{27}+\sqrt{2})=\sqrt{3}+\sqrt{2}$$

7. 다음 관계식을 만족하는 유리수 a, b의 값을 구하여라.

$$\frac{\sqrt{3}}{3}(3-5\sqrt{2})+\frac{12-\sqrt{8}}{\sqrt{12}}=a\sqrt{3}+b\sqrt{6}$$

8. $\frac{\sqrt{72}-9}{\sqrt{12}}$의 분모를 유리화하였더니 $a\sqrt{3}+b\sqrt{6}$이 되었다. 유리수 a, b의 값을 구하여라.

9. 다음을 계산하여라.

(1) $\sqrt{-2}\sqrt{-8}-\dfrac{\sqrt{8}}{\sqrt{-2}}$

(2) $\dfrac{1-\sqrt{-1}}{1+\sqrt{-1}}+\dfrac{2+\sqrt{-4}}{2-\sqrt{-4}}$

(3) $2(-3+4i)-(1-i)+3(-2-3i)$

(4) $2-i-(1-2i)-(-3+i)$

(5) $2(1+i)(1-2i)+(1+i)(-2-i)$

(6) $\dfrac{2+3i}{-1+2i}+\dfrac{2-3i}{-1-2i}$

10. $\alpha=2+3i,\ \beta=1-3i$일 때 $\alpha^2\beta+\alpha\beta^2$을 계산하여라.

11. $(\sqrt{2}+i)(\sqrt{2}-i)(a+bi)=6-9i$를 만족하는 실수 a, b의 값을 구하여라.

† $(a-b)(a+b)=a^2-b^2$

12. $\dfrac{a}{2+i}+\dfrac{b}{2-i}=2-3i$일 때 실수 a, b의 값을 구하여라.

13. $z=\dfrac{1+i}{\sqrt{2}}$일 때, $z^8+z^6=a+bi$가 되는 실수 a, b의 값을 구하여라.

14. $z=\dfrac{1-i}{\sqrt{2}}$일 때, $z^6+z^4=a+bi$가 되는 실수 a, b의 값을 구하여라.

15. 두 실수 a, b에 대하여 $\dfrac{3}{i^3}+\dfrac{2}{i^6}+\dfrac{7}{i^9}=a+bi$를 만족하는 a, b의 값을 구하여라.

16. $f(x)=x^6+2x^5+x^4+3x^3+x^2+4x+1$일 때 $f\left(\dfrac{1+i}{1-i}\right)=a+bi$를 만족하는 실수 a, b의 값을 구하여라.

2.2 이차방정식

2.2.1 이차방정식

미지수 x의 최고차항이 2차인 방정식 $ax^2+bx+c=0$ ($a \neq 0$, a, b, c는 상수)를 x에 대한 이차방정식이라 한다.

2.2.2 인수분해에 의한 풀이 방법

x에 대한 이차방정식이 $(ax-b)(cx-d)=0$ (단, $a \neq 0$, $c \neq 0$)으로 인수분해되면 방정식의 근은 $x=\dfrac{b}{a}$ 또는 $x=\dfrac{d}{c}$

예 $2x^2-7x+6=(2x-3)(x-2)$

$\therefore$ 방정식 $2x^2-7x+6=0$의 근은 $x=\dfrac{3}{2}$ 또는 $x=2$이다.

2.2.3 제곱근을 이용한 풀이 방법

(1) $x^2=q$이면 $x=\pm\sqrt{q}$

(2) $(x+p)^2=q$이면 $x=-p\pm\sqrt{q}$

예 (1) $x^2-4=0$, $x^2=4$ $\quad\therefore\ x=\pm\sqrt{4}=\pm 2$

(2) $x^2+9=0$, $x^2=-9$ $\quad\therefore\ x=\pm\sqrt{-9}=\pm\sqrt{9}\,i=\pm 3i$

(3) $x^2-4x-2=0$

$x^2-4x+4=2+4$

$(x-2)^2=6 \quad \therefore\ x=2\pm\sqrt{6}$

(4) $x^2-2x+3=0$

$x^2-2x+1=-2$

$(x-1)^2=-2 \quad \therefore\ x=1\pm\sqrt{-2}=1\pm\sqrt{2}\,i$

2.2.4 근의 공식에 의한 풀이 방법

$ax^2+bx+c=0\ (a\neq 0)$의 근은 $x=\dfrac{-b\pm\sqrt{b^2-4ac}}{2a}$

$Ax^2+2Bx+C=0\ (A\neq 0)$의 근은 $x=\dfrac{-B\pm\sqrt{B^2-AC}}{A}$

증명 (1) $ax^2+bx+c=0\ (a\neq 0)$

$$ax^2+bx+c=a\left\{x^2+\frac{b}{a}x+\left(\frac{b}{2a}\right)^2-\left(\frac{b}{2a}\right)^2\right\}+c$$

$$=a\left(x+\frac{b}{2a}\right)^2-\frac{b^2-4ac}{4a}=0$$

$$a\left(x+\frac{b}{2a}\right)^2=\frac{b^2-4ac}{4a}$$

$$\left(x+\frac{b}{2a}\right)=\pm\frac{\sqrt{b^2-4ac}}{2a}$$

$$\therefore\ x=-\frac{b}{2a}\pm\frac{\sqrt{b^2-4ac}}{2a}=\frac{-b\pm\sqrt{b^2-4ac}}{2a}$$

(2) $Ax^2+2Bx+C=0\ (A\neq 0)$의 근은 위 식의 $a,\ b,\ c$에 $A,\ 2B,\ C$를 각각 대입하면 유도된다.

예 (1) $x^2-5x+2=0$의 근

$$x=\frac{-(-5)\pm\sqrt{(-5)^2-4\times1\times2}}{2\times1}=\frac{5\pm\sqrt{17}}{2}$$

(2) $x^2+4x-3=0$의 근

$$x=\frac{-(2)\pm\sqrt{2^2-1\times(-3)}}{1}=-2\pm\sqrt{7}$$

(3) $x^2-x+1=0$의 근

$$x=\frac{-(-1)\pm\sqrt{(-1)^2-4\times1\times1}}{2}=\frac{1\pm\sqrt{-3}}{2}=\frac{1\pm\sqrt{3}i}{2}$$

2.2.5 판별식 I

계수 a, b, c가 실수인 이차방정식 $ax^2+bx+c=0$에서 $D=b^2-4ac$라고 하면 D의 값에 따라 다음과 같은 근을 갖는다.

(1) $D>0 \Leftrightarrow$ 서로 다른 두 실근

(2) $D=0 \Leftrightarrow$ 중근(서로 같은 두 실근)

(3) $D<0 \Leftrightarrow$ 서로 다른 두 허근

2.2.6 판별식 II

$Ax^2+2Bx+C=0$이면 $\dfrac{D}{4}=B^2-AC$를 사용하면 편리하다.

(1) $D/4>0 \Leftrightarrow$ 서로 다른 두 실근

(2) $D/4=0 \Leftrightarrow$ 중근(서로 같은 두 실근)

(3) $D/4<0 \Leftrightarrow$ 서로 다른 두 허근

설명 근의 공식에서 $x=\dfrac{-b\pm\sqrt{b^2-4ac}}{2a}$이므로 $D=b^2-4ac$의 부호에 따라 서로 다른 실근, 중근, 또는 허근을 갖는다.

예 (1) $2x^2-3x-1=0$

$D=(-3)^2-4\times2\times(-1)=17>0 \quad \therefore$ 서로 다른 두 실근

(2) $x^2+6x+9=0$

$D=6^2-4\times1\times9=0$ (또는 $D/4=3^2-1\times9=0$) $\therefore$ 중근

(3) $x^2-2x+3=0$

$D=(-2)^2-4\times1\times3=-8<0$ (또는 $D/4=(-1)^2-1\times3=-2<0$)

$\therefore$ 서로 다른 두 허근

2.2.7 근과 계수와의 관계

이차방정식 $ax^2+bx+c=0$ $(a\neq0)$의 두 근을 α, β라 하면

$$\alpha+\beta=-\frac{b}{a},\quad \alpha\beta=\frac{c}{a}$$

α, β가 실수일 때 $|\alpha-\beta|=\dfrac{\sqrt{b^2-4ac}}{|a|}$의 관계식이 성립한다.

증명 $ax^2+bx+c=0$ $(a\neq0)$의 두 근이 α, β이므로

$$\begin{aligned} ax^2+bx+c &= a(x-\alpha)(x-\beta) \\ &= a\{x^2-(\alpha+\beta)x+\alpha\beta\} \\ &= ax^2-a(\alpha+\beta)x+a(\alpha\beta) \end{aligned}$$

양변의 계수를 비교하면

$$b=-a(\alpha+\beta),\quad c=a(\alpha\beta)$$

$$\therefore\ \alpha+\beta=-\frac{b}{a},\quad \alpha\beta=\frac{c}{a}$$

예 $2x^2-7x+6=0$의 두 근을 α, β라 하면 두 근의 합과 곱은 다음과 같다. 여기에서 $a=2$, $b=-7$, $c=6$이다.

$$\alpha+\beta=-\frac{b}{a}=-\frac{(-7)}{2}=\frac{7}{2}$$

$$\alpha\beta=\frac{c}{a}=\frac{6}{2}=3$$

2.2.8 이차방정식의 근이 무리수일 때와 허수일 때의 근의 성질

x에 대한 이차방정식 $ax^2+bx+c=0$ $(a \neq 0)$에서

(1) 근이 무리수일 때 : 계수 a, b, c가 유리수인 경우,

한 근이 $p+q\sqrt{k}$이면 다른 한 근은 $p-q\sqrt{k}$이다.

(단, p, q는 유리수, $q \neq 0$, $\sqrt{k}$는 무리수)

(2) 근이 허수일 때 : 계수 a, b, c가 실수인 경우,

한 근이 $p+qi$이면 다른 한 근은 $p-qi$이다. (단, p, q는 실수, $q \neq 0$)

예 근의 공식에서 $x=\dfrac{-b\pm\sqrt{b^2-4ac}}{2a}=-\dfrac{b}{2a}\pm\dfrac{\sqrt{b^2-4ac}}{2a}$

$\sqrt{b^2-4ac}$가 무리수인 경우에는 두 근이 $p\pm q\sqrt{k}$의 형태가 되고,

$\sqrt{b^2-4ac}$가 허수인 경우에는 두 근이 $p\pm qi$로 표현된다.

예 (1) $x^2-4x+1=0$의 두 근은 $2+\sqrt{3}$, $2-\sqrt{3}$

(2) $x^2-2x+5=0$의 두 근은 $1+2i$, $1-2i$

예제 2.2.1 다음 이차방정식의 근을 구하여라.

(1) $6x^2-7x-24=0$

(2) $x^2-(\sqrt{2}-\sqrt{3})x-\sqrt{6}=0$

(3) $2x^2-\sqrt{3}x+1=0$

풀이 (1) $6x^2-7x-24=(2x+3)(3x-8)=0$

$\therefore\ x=-\dfrac{3}{2},\ \dfrac{8}{3}$

(2) $x^2-(\sqrt{2}-\sqrt{3})x-\sqrt{6}=(x-\sqrt{2})(x+\sqrt{3})=0$

$\therefore\ x=\sqrt{2},\ -\sqrt{3}$

(3) 쉽게 인수분해 되지 않으므로 이차방정식의 근의 공식을 사용한다. 여

기에서 이차방정식의 계수 $a=2,\ b=-\sqrt{3},\ c=1$이다.

$$x=\frac{-b\pm\sqrt{b^2-4ac}}{2a}=\frac{-(-\sqrt{3})\pm\sqrt{(-\sqrt{3})^2-4\times2\times1}}{2\times2}$$

$$=\frac{\sqrt{3}\pm\sqrt{-5}}{4}$$

$$=\frac{\sqrt{3}\pm\sqrt{5}i}{4}$$

예제 2.2.2 이차방정식 $9x^2+(k-2)x+1=0$이 중근을 가질 때 상수 k의 값을 구하여라.

풀이 이차방정식이 중근을 가지므로 판별식 $D=0$이다.

$$D=b^2-4ac=(k-2)^2-4\cdot9\cdot1=0$$

$$(k-2)^2=4\cdot9$$

$$k-2=\pm\sqrt{4\cdot9}=\pm6$$

$$\therefore\ k=2\pm6$$

따라서 구하는 상수 $k=2+6=8$ 또는 $k=2-6=-4$이다.

예제 2.2.3 이차방정식 $x^2+ax+b=0$의 한 근이 $3-\sqrt{3}$일 때 유리수 a, b의 값을 구하여라.

풀이 계수가 유리수인 이차방정식에서 한 근이

$$\alpha=3-\sqrt{3}$$

이므로 다른 한 근은

$$\beta=3+\sqrt{3}$$

이다. 여기에서 근과 계수와의 관계식을 이용하면 다음과 같이 $a,\ b$가 구해진다.

$$\alpha+\beta=(3-\sqrt{3})+(3+\sqrt{3})=6=-a$$

$$\alpha\beta=(3-\sqrt{3})(3+\sqrt{3})=9-3=6=b$$

$$\therefore\ a=-6,\quad b=6$$

예제 2.2.4 계수가 실수인 이차방정식 $x^2+ax+b=0$의 한 근이 $2-3i$일 때 a, b의 값을 구하여라.

풀이 계수가 실수이고 한 근이

$$\alpha = 2-3i$$

이므로 다른 한 근은

$$\beta = 2+3i$$

이다. 따라서 근과 계수의 관계로부터 다음과 같이 상수 a, b가 구해진다.

$$\alpha+\beta = (2-3i)+(2+3i) = 4 = -a$$

$$\alpha\beta = (2-3i)(2+3i) = (2^2+3^2) = 13 = b$$

$$\therefore\ a=-4,\ b=13$$

예제 2.2.5 $x^2-\sqrt{5}x+1=0$의 한 근이 α일 때 $\alpha^2+\dfrac{1}{\alpha^2}$의 값을 구하여라.

풀이 α는 방정식 $x^2-\sqrt{5}x+1=0$의 근이므로

$$\alpha^2-\sqrt{5}\alpha+1=0$$

이다. 이 식의 양변을 α로 나누면

$$\alpha-\sqrt{5}+\frac{1}{\alpha}=0$$

$$\therefore\ \alpha+\frac{1}{\alpha}=\sqrt{5}$$

이 관계식을 이용하면 다음과 같이 $\alpha^2+\dfrac{1}{\alpha^2}$의 값이 구해진다.

$$\alpha^2+\frac{1}{\alpha^2}=\left(\alpha+\frac{1}{\alpha}\right)^2-2=(\sqrt{5})^2-2=3$$

예제 2.2.6 길이가 8m인 선분을 두 부분으로 나누어 그림과 같이 각각의 길이를 한 변으로 하는 두 개의 정사각형을 만들었을 때 두 정사각형의 넓이의 합이 34m^2이었다. 이때 큰 정사각형의 한 변의 길이를 구하여라.

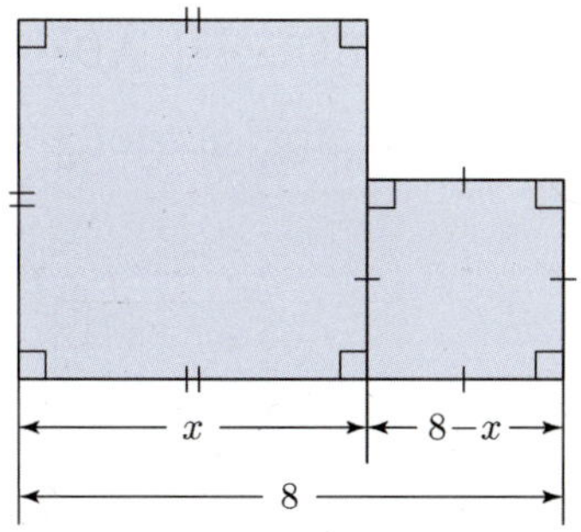

풀이 큰 정사각형의 한 변의 길이를 x[m]라 하면 작은 정사각형의 한 변의 길이는 $8-x$[m]이다. 두 정사각형의 넓이의 합(S)이 34m^2이므로

$$S=x^2+(8-x)^2=34$$
$$2x^2-16x+30=0$$
$$x^2-8x+15=0$$
$$(x-3)(x-5)=0$$
$$\therefore \quad x=3,\ 5$$

이다. 따라서 큰 정사각형의 한 변의 길이는 5m이다. 이때 작은 정사각형의 한 변의 길이는 3m가 된다.

예제 2.2.7 둘레의 길이가 24m이고 넓이가 35m^2인 직사각형의 긴 변의 길이를 구하여라.

풀이 가로와 세로를 각각 x, y[m]로 하면 둘레의 길이가 24m라는 조건으로부터

$$2x+2y=24$$
$$\therefore \quad x+y=12 \qquad \cdots ①$$

이고, 넓이가 35m^2이므로

$$xy=35 \qquad \cdots ②$$

이다. 여기에서 식 ①의 $y=12-x$를 ②에 대입하여 x를 구한다.

$$x(12-x)=35$$
$$x^2-12x+35=0$$
$$(x-5)(x-7)=0$$
$$\therefore \quad x=5,\ 7$$

이다. 이때 $y=7,\ 5$가 되므로 구하는 긴 변의 길이는 7[m]이다.

예제 2.2.8 그림과 같은 사다리꼴 ABCD에서 $\overline{AD}=2\text{cm}$, $\angle B=45°$이고, 사다리꼴의 넓이가 16cm^2일 때, $\overline{BC}$의 길이를 구하여라.

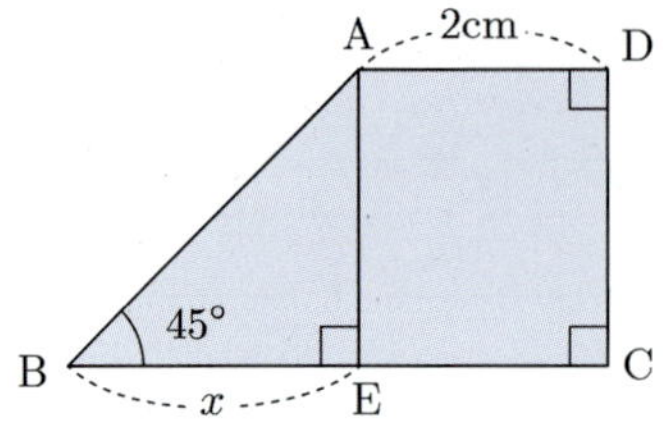

풀이 꼭짓점 A에서 $\overline{BC}$에 내린 수선의 교점을 E라 한다. 이때 삼각형 ABE는 이등변삼각형이므로 $\overline{BE}=x[\text{cm}]$로 하면 $\overline{AE}=x[\text{cm}]$이다. 따라서 삼각형 ABE의 넓이는

$$\frac{1}{2}\times\overline{BE}\times\overline{AE}=\frac{1}{2}\times x\times x=\frac{1}{2}x^2\ [\text{cm}^2]$$

이고, 직사각형 AECD의 넓이는

$$\overline{AD}\times\overline{AE}=2\times x=2x\ [\text{cm}^2]$$

이므로 사다리꼴 ABCD의 넓이는 $\frac{1}{2}x^2+2x\ [\text{cm}^2]$이다.

$$\therefore\ \frac{1}{2}x^2+2x=16$$

$$x^2+4x-32=0$$

$$(x-4)(x+8)=0$$

$$\therefore\ x=4$$

따라서 $\overline{BC}$의 길이는 $\overline{BE}+\overline{EC}=x+2=6\ [\text{cm}]$이다.

또는 사다리꼴의 넓이는 $\frac{1}{2}\times$(밑변 + 윗변)$\times$(높이)에서

$$\frac{1}{2}\times\{(x+2)+2\}\times x=16$$

이다.

2.2 연습문제

1. x에 대한 다음 이차방정식의 근을 구하여라.

(1) $x^2+8x+15=0$ (2) $x^2-4x-21=0$

(3) $4x^2-7x-15=0$ (4) $12x^2+28x-5=0$

(5) $x^2+1=0$ (6) $x^2+4x-3=0$

2. 이차방정식 $3x^2-12x-5=0$의 두 근의 합이 k일 때 $k^2-2k-a=0$을 만족하는 상수 a를 구하여라.

3. $x^2-3x+1=0$의 두 근을 $\alpha, \beta\,(\alpha>\beta)$라고 할 때, 다음 식의 값을 구하여라.

(1) $\alpha-\beta$ (2) $\alpha^2+\beta^2$

4. 이차방정식 $x^2+ax+b=0$의 한 근이 $2+\sqrt{3}$일 때 유리수 a, b의 값을 구하여라.

5. 이차방정식 $x^2+ax+b=0$의 한 근이 $\dfrac{2+\sqrt{2}i}{2}$일 때 실수 a, b의 값을 구하여라.

6. x에 대한 이차방정식 $x(x+5)+a=0$이 중근을 가질 때 a의 값과 근을 구하여라.

7. x에 대한 이차방정식 $(k+1)x^2+(k+1)x+1=0$이 중근을 갖도록 하는 상수 k의 값을 구하여라.

† 이차방정식이므로 $k\neq-1$이다.

8. 한 근이 $-2+\sqrt{3}$이고 x^2의 계수가 1인 이차방정식을 구하여라. (단, x의 계수와 상수항은 모두 유리수이다.)

9. 이차방정식 $x^2-2x+k^2-4k=0$의 한 근이 다른 한 근보다 4만큼 클 때 상수 k의 값을 구하여라.

10. $3x^2-5x+k=0$의 두 근의 비가 $2:3$일 때 상수 k의 값을 구하여라.

11. $x^2-4x-2=0$의 두 근을 α, β라 할 때 $\frac{1}{\alpha}$, $\frac{1}{\beta}$을 두 근으로 하는 이차방정식을 구하여라.

12. 이차방정식 $x^2-x+2=0$의 두 근을 α, β라 할 때 다음 식의 값을 구하여라.

(1) $\alpha^2\beta+\alpha\beta^2$

(2) $\frac{1}{\alpha}+\frac{1}{\beta}$

(3) $\alpha^2+\beta^2$

(4) $(\alpha+1)(\beta+1)$

13. 이차방정식 $2x^2+kx+2k+1=0$의 한 근이 -1일 때 상수 k의 값과 다른 한 근을 구하여라.

14. 정사각형의 한 변의 길이를 4m 늘이고, 다른 한 변의 길이를 4m 줄였더니 넓이가 처음 넓이의 $\frac{3}{4}$이 되었다. 처음 정사각형의 한 변의 길이를 구하여라.

15. 어떤 직각삼각형의 세 변의 길이가 연속하는 세 짝수일 때 이 직각삼각형의 세 변의 길이를 구하여라.

† 세 변의 길이를 $2m-2$, $2m$, $2m+2$로 놓고 세 변이 a, b, c인 직각삼각형에서 피타고라스 정리 $a^2+b^2=c^2$을 이용한다.

16. 어떤 자연수 m을 제곱해야 할 것을 잘못하여 3배 하였더니 제곱한 값보다 40만큼 작았다고 한다. 자연수 m을 구하여라.

17. 둘레의 길이가 30m이고 넓이가 36m^2인 직사각형의 가로의 길이를 구하여라. (단, 가로의 길이는 세로의 길이보다 길다.)

18. 어떤 원의 반지름의 길이를 3m 늘였더니 그 넓이가 처음 원의 2배가 되었다. 처음 원의 반지름의 길이를 구하여라.

19. 어떤 물건의 값을 $x\%$ 인상한 후 다시 $x\%$ 인하하면 처음 값보다 4% 낮아진다고 할 때, x의 값을 구하여라.

2.3 일차부등식

2.3.1 부등식

(1) 부등식 : 부등호($<$, $>$, $\leq$, $\geq$)를 사용하여 수 또는 식의 대소 관계를 나타낸 것을 부등식이라 한다.

(2) 좌변, 우변, 양변 : 부등식에서 부등호의 왼쪽 부분을 좌변, 오른쪽 부분을 우변, 좌변과 우변을 통틀어 양변이라고 한다.

예 부등식 : $x \geq 2$, $x+2 > 2x+1$, $x^2-3x+1 \leq 0$

2.3.2 부등식의 성질

(1) 부등식의 양변에 같은 수를 더하거나 양변에서 같은 수를 빼어도 부등호의 방향은 바뀌지 않는다.

$a > b$이면 $a+c > b+c$, $a-c > b-c$

(2) 부등식의 양변에 같은 양수를 곱하거나 양변을 같은 양수로 나누어도 부등호의 방향이 바뀌지 않는다.

$a > b$일 때 $c > 0$이면 $ac > bc$, $\dfrac{a}{c} > \dfrac{b}{c}$

(3) 부등식의 양변에 같은 음수를 곱하거나 양변을 같은 음수로 나누는 경우에는 부등호의 방향이 바뀐다.

$a > b$일 때 $c < 0$이면 $ac < bc$, $\dfrac{a}{c} < \dfrac{b}{c}$

예 (1) $a>b$이면 $a+2>b+2$, $a-2>b-2$

(2) $a>b$이면 $2a>2b$, $\frac{a}{2}>\frac{b}{2}$

(3) $a>b$이면 $-2a<-2b$, $-\frac{a}{2}<-\frac{b}{2}$

2.3.3 일차부등식의 풀이

미지수가 x일 때,

(1) x를 포함하는 항은 모두 좌변으로, 상수항은 우변으로 이항한 후 양변을 정리하여 $Ax>B$ (또는 $Ax \ge B$, $Ax<B$, $Ax \le B$)의 꼴로 만든다.

(2) 부등식 $Ax>B$의 해

(i) $A>0$일 때 $x>\frac{B}{A}$

(ii) $A<0$일 때 $x<\frac{B}{A}$

(iii) $A=0$일 때 : $B \ge 0$이면 해가 없다.
$B<0$이면 x는 모든 실수

† 일반적으로 x를 포함하는 항을 좌변으로 이항하여 정리하지만 상황에 따라 이들 항을 우변으로 이항하여 풀어도 된다.

예제 2.3.1 다음 부등식을 풀어라.

$$2(x-3)-3(x+2)<x+4$$

풀이 괄호를 먼저 푼 후 x항은 좌변으로, 상수항은 우변으로 이항하여 푼다.

$$2(x-3)-3(x+2)<x+4$$
$$2x-6-3x-6<x+4$$
$$2x-3x-x<4+6+6$$
$$-2x<16$$
$$\therefore \ x>\frac{16}{-2}=-8$$

즉, 주어진 부등식을 만족하는 x의 범위는 $x>-8$이다.

† 등식과 달리 부등식에서는 음수를 나누거나 곱할 때는 부등호의 방향이 바뀐다는 것에 주의한다.

예제 2.3.2 다음 부등식을 풀어라.

$$\frac{2}{3}(x-1)+\frac{1}{6}(x-2)>\frac{1}{2}x-3$$

풀이 양변에 분모 2, 3, 6의 최소공배수 6을 곱하면

$$4(x-1)+(x-2)>3x-18$$

괄호를 풀고 x항은 좌변으로, 상수항은 우변으로 이항하여 푼다.

$$4x-4+x-2>3x-18$$

$$4x+x-3x>-18+4+2$$

$$2x>-12$$

$$\therefore \quad x>\frac{-12}{2}=-6$$

즉, 주어진 부등식을 만족하는 x의 범위는 $x>-6$이다.

예제 2.3.3 상수 $k<2$일 때 $(k-2)x>3k-6$의 해를 구하여라.

풀이 주어진 부등식은

$$(k-2)x>3(k-2)$$

로 쓸 수 있다. 여기에서 $k<2$이므로

$$k-2<0$$

이고, 부등식의 양변을 $k-2$로 나누면 부등호의 방향이 바뀐다. 따라서 부등식을 만족하는 x의 범위는 다음과 같다.

$$x<\frac{3(k-2)}{k-2}=3$$

$$\therefore \quad x<3$$

예제 2.3.4 x에 대한 다음 부등식의 해를 구하여라. (단, a는 상수이다.[1])

(1) $ax-1>x+2$ (2) $ax+1\ge x+a$

풀이 (1) 이항하여 정리하면 $(a-1)x>3$

① $a>1$이면 $x>\dfrac{3}{a-1}$

② $a=1$이면 해가 없다. ($\because$ $0\times x>3$인 x는 없다.)

③ $a<1$이면 $x<\dfrac{3}{a-1}$

(2) 이항하여 정리하면 $(a-1)x\ge a-1$

① $a>1$이면 $x\ge 1$

② $a=1$이면 x는 모든 실수 ($\because$ 모든 x에 대하여 $0\times x=0$)

③ $a<1$이면 $x\le 1$

예제 2.3.5 다음 연립부등식을 풀어라.

(1) $\begin{cases} 2x+5\ge 1 & \cdots ① \\ -3x-4\le -6x+5 & \cdots ② \end{cases}$ (2) $\begin{cases} 3x+1\ge x+5 & \cdots ① \\ 2x-3>x+1 & \cdots ② \end{cases}$

풀이 연립부등식은 각각의 부등식의 해를 구한 후 공통부분을 구하면 된다.

(1) 식 ①에서

$$2x\ge 1-5$$
$$2x\ge -4$$
$$\therefore\ x\ge -2$$

이고, 식 ②에서

$$-3x+6x\le 5+4$$
$$3x\le 9$$
$$\therefore\ x\le 3$$

이다. 각각의 부등식의 해를 수직선 위에 나타내면 그림과 같다. 그림에서 두 부등식을 모두 만족하는 x의 범위는

$$-2\le x\le 3$$

이다.

1) 특히 계수가 문자일 때는 문자 변수의 값에 따른 부호 변화를 따져야 한다.

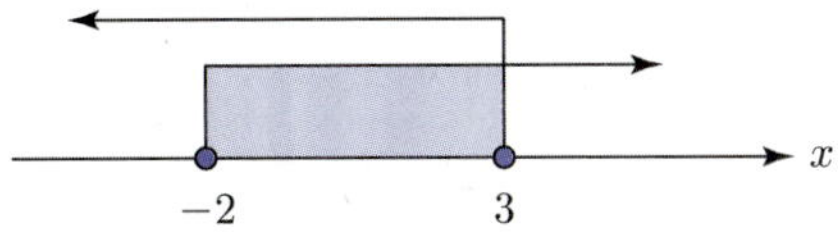

(2) 식 ①에서

$$3x - x \geq 5 - 1$$

$$2x \geq 4$$

$$\therefore \quad x \geq 2$$

이고, 식 ②에서

$$2x - x > 1 + 3$$

$$\therefore \quad x > 4$$

이다. 각각의 부등식의 해를 수직선 위에 나타내면 그림과 같다. 그림에서 두 부등식을 모두 만족하는 x의 범위는

$$x > 4$$

이다.

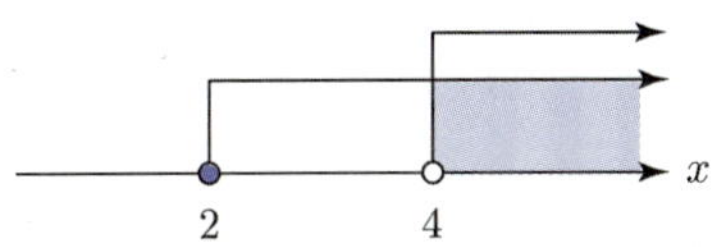

† 연립부등식에서 공통부분은 수직선을 이용하여 쉽게 구할 수 있다.

예제 2.3.6 [부등식 활용] 연속하는 세 홀수의 합이 26보다 크고 32보다 작을 때 세 홀수를 구하여라.

풀이 세 홀수를 각각 $m-2$, m, $m+2$ (m은 홀수)라 하면 주어진 조건에서

$$26 < (m-2) + m + (m+2) < 32$$

$$26 < 3m < 32$$

$$8.66\cdots < m < 10.66\cdots$$

$$\therefore \quad m = 9, 10$$

여기에서 m은 홀수이므로 구하는 값은 $m = 9$이다.

따라서 세 홀수는 7, 9, 11이다.

예제 2.3.7 [부등식 활용] 그림에서 점 A는 $\overline{\mathrm{BC}}$와 평행하면서 화살표 방향으로 이동하는 점이다. 이 사다리꼴 ABCD의 넓이가 $60\mathrm{m}^2$ 이상이고 $90\mathrm{m}^2$ 이하가 되게 하는 $\overline{\mathrm{AD}}$의 길이의 범위를 구하여라.

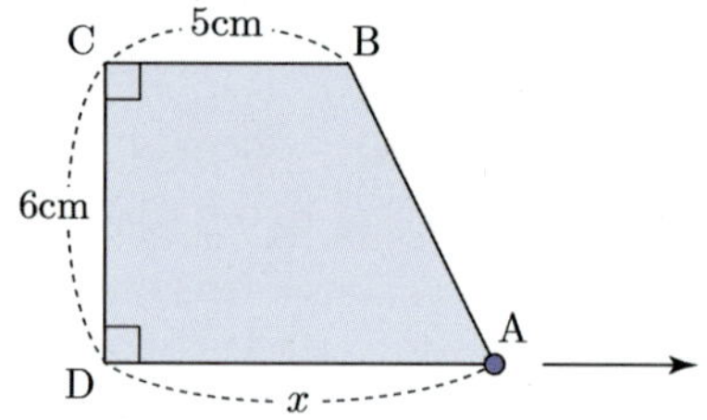

풀이 $\overline{\mathrm{AD}}$의 길이를 $x[\mathrm{m}]$라 한다. 사다리꼴의 넓이(S)는

$$S = \frac{1}{2} \times (\text{높이}) \times (\text{밑변} + \text{윗변})$$

이므로 주어진 조건에서

$$60 \le \frac{1}{2} \times 6 \times (x+5) \le 90$$

$$20 \le x+5 \le 30$$

$$\therefore \ 15 \le x \le 25$$

이다. 즉 $\overline{\mathrm{AD}}$의 길이는 15m 이상이고 25m 이하이다.

2.3 연습문제

1. 다음 부등식을 풀어라.

(1) $x-1 \geq -x+3$

(2) $2(2x-1) \leq 1-(x+3)$

(3) $\dfrac{2x+1}{3}-\dfrac{x-1}{4}>1$

(4) $0.2(x-0.8) \geq x+0.4$

2. 부등식 $x+a>2(x-1)$의 해가 $x<3$일 때 상수 a의 값을 구하여라.

3. 두 부등식 $2x-(x-5)<4x+2$, $4x+k>3-2(x-1)$의 해가 같을 때 상수 k의 값을 구하여라.

4. $k<1$일 때 부등식 $2k(x+3)-3<2x+3$을 풀어라.

5. $b^2=1$일 때 $(a-3)x>b$의 해가 $x<\dfrac{1}{4}$인 경우 상수 a의 값을 구하여라.

6. 다음 연립부등식을 풀어라.

(1) $\begin{cases} -3x+9 \geq 5x+1 \\ 2x-1 \leq 4x+7 \end{cases}$

(2) $\begin{cases} 2x+3 \geq 4x-5 \\ 4x-2 > 6x+8 \end{cases}$

7. $3 \leq x \leq 5$, $1 \leq y \leq 2$일 때 다음 식의 값의 범위를 구하여라.

(1) $x+y$

(2) $x-3y$

8. $b>a>0$일 때 부등식 $ax-2>bx+3$을 풀어라.

9. 연속하는 세 짝수의 합이 38보다 크고 46보다 작을 때 세 짝수를 구하여라.

10. 삼각형의 세 변의 길이가 x, $x+3$, $x+7$일 때 x의 값의 범위를 구하여라.

11. 연속하는 세 정수가 있다. 세 수의 합은 23보다 크고, 작은 두 수의 합에서 가장 큰 수를 뺀 것은 7보다 작을 때 세 수를 구하여라.

2.4 이차부등식

2.4.1 이차부등식 풀이

이차부등식 $ax^2+bx+c>0\ (a>0)$, $ax^2+bx+c<0\ (a>0)$의 해

(1) $D=b^2-4ac>0$인 경우 두 실근을 $\alpha, \beta\ (\alpha<\beta)$라 하면

① $(x-\alpha)(x-\beta)>0$이면 $x<\alpha$, $x>\beta$

② $(x-\alpha)(x-\beta)<0$이면 $\alpha<x<\beta$

(2) $D=b^2-4ac=0$인 경우 중근을 α라 하면

① $ax^2+bx+c>0$이면 $x\neq\alpha$인 모든 실수

② $ax^2+bx+c<0$이면 해가 없다.

(3) $D=b^2-4ac<0$인 경우

① $ax^2+bx+c>0$이면 해는 모든 실수

② $ax^2+bx+c<0$이면 해가 없다.

† 이차항의 계수가 음인 경우($a<0$) 양변에 -1을 곱하여 이차항의 계수를 양으로 만들어 주면 이후의 풀이 과정은 위와 같다.

예제 2.4.1 다음 이차부등식을 풀어라.

(1) $x^2-3x+2>0$ (2) $x^2-2x-3<0$

(3) $x^2-2x+1>0$ (4) $x^2+2x+2<0$

풀이 (1) $x^2-3x+2=(x-1)(x-2)>0 \quad \therefore\ x<1$ 또는 $x>2$

(2) $x^2-2x-3=(x+1)(x-3)<0 \quad \therefore\ -1<x<3$

(3) $x^2-2x+1=(x-1)^2>0 \quad \therefore\ x\neq1$인 모든 실수

(4) $x^2+2x+2=(x+1)^2+1$, 모든 실수 x에 대하여 $(x+1)^2+1>0$이므로 $x^2+2x+2<0$을 만족하는 실수가 없다.

† $(x-\alpha)(x-\beta)<0$이면 x는 작은 값과 큰 값 사이에 있다.

(작은 값 $<x<$ 큰 값)

$(x-\alpha)(x-\beta)>0$이면 x는 큰 값보다 크거나 작은 값보다 작다.

($x>$ 큰 값, $x<$ 작은 값)

예제 2.4.2 x에 대한 이차부등식 $x^2+ax+b<0$의 해가 $2<x<3$일 때 상수 a, b의 값을 구하여라.

풀이 $x^2+ax+b<0$의 해가 $2<x<3$이므로

$$x^2+ax+b=(x-2)(x-3)=x^2-5x+6$$

$$\therefore\ a=-5,\ b=6$$

예제 2.4.3 모든 실수 x에 대하여 $x^2+kx+3>0$이 성립하도록 상수 k의 범위를 구하여라.

풀이 $x^2+kx+3=0$이 허근을 가져야 하므로 (즉, $y=x^2+kx+3$의 그래프가 x축과 만나지 않아야 한다.)

$$D=k^2-12<0$$

$$(k-2\sqrt{3})(k+2\sqrt{3})<0$$

$$\therefore\ -2\sqrt{3}<k<2\sqrt{3}$$

예제 2.4.4 x에 대한 이차부등식 $x^2-(k+2)x+2k<0$의 해를 구하여라. (단, k는 상수이다.)

풀이 준 식은 $x^2-(k+2)x+2k=(x-2)(x-k)<0$이다.

① $k>2$이면 $2<x<k$

② $k=2$이면 $(x-2)^2\geq 0$이므로 해가 없다.

③ $k<2$이면 $k<x<2$

예제 2.4.5 이차부등식 $x^2-2x-5<0$을 만족하는 정수 x의 개수를 구하여라.

풀이 근의 공식에서 $x^2-2x-5=0$의 해를 구하면

$$\alpha=1-\sqrt{6},\ \beta=1+\sqrt{6}$$

이므로 부등식 $x^2-2x-5<0$을 만족하는 x의 범위는

$$1-\sqrt{6}<x<1+\sqrt{6}$$

이다. 여기에서 $2<\sqrt{6}<3$이므로

$$-1.\times\times<x<3.\times\times$$

따라서 부등식을 만족하는 정수 x는 $-1,\ 0,\ 1,\ 2,\ 3$의 5개이다.

예제 2.4.6 x에 대한 이차방정식 $x^2-2kx-k(k-1)=0$이 허근을 갖도록 하는 실수 k의 범위를 구하여라.

풀이 주어진 이차방정식이 허근을 가지려면 판별식

$$D/4=k^2+k(k-1)<0$$

$$2k^2-k<0$$

$$k(2k-1)<0$$

$$\therefore\ 0<k<\frac{1}{2}$$

예제 2.4.7 x에 대한 이차부등식 $f(x)<0$의 해가 $2<x<5$일 때, 부등식 $f(2x-1)<0$을 만족하는 x의 범위를 구하여라.

풀이 이차부등식 $f(x)<0$의 해가 $2<x<5$이므로

$$f(x)=a(x-2)(x-5),\quad a>0$$

이고,

$$f(2x-1)=a(2x-1-2)(2x-1-5)$$
$$=2a(2x-3)(x-3)$$

이다. 따라서 $f(2x-1)<0$을 만족하는 x의 범위는 다음과 같다.

$$2a(2x-3)(x-3)<0$$

$$\therefore\ \frac{3}{2}<x<3$$

예제 2.4.8 이차부등식 $ax^2+bx+3<0$의 해가 $\frac{1}{2}<x<3$일 때, 상수 a, b의 값을 구하여라.

풀이 부등식 $ax^2+bx+3<0$의 해가 $\frac{1}{2}<x<3$이므로 $a>0$이고,

$$ax^2+bx+3=a\left(x-\frac{1}{2}\right)(x-3)$$

$$=ax^2-\frac{7}{2}ax+\frac{3}{2}a$$

이다. 여기에서 양변의 계수를 비교하면

$$b=-\frac{7}{2}a,\ 3=\frac{3}{2}a$$

이므로 $a=2$, $b=-7$이다.

예제 2.4.9 연립부등식 $\begin{cases} x^2-4x+3>0 & \cdots ① \\ x^2-3x-10 \le 0 & \cdots ② \end{cases}$을 풀어라.

풀이 부등식 ①에서 $(x-1)(x-3)>0$ $\quad\therefore\ x<1$ 또는 $x>3$ $\quad\cdots③$

부등식 ②에서 $(x+2)(x-5)\le 0$ $\quad\therefore\ -2\le x\le 5$ $\quad\cdots④$

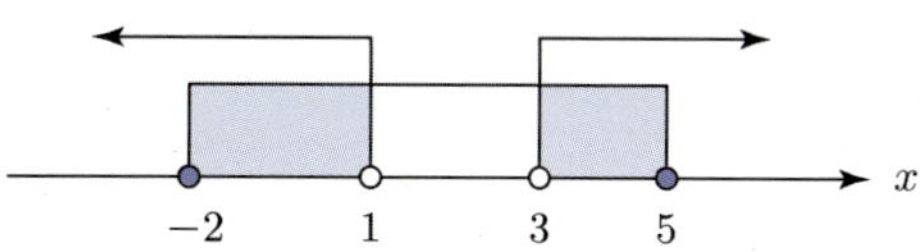

따라서 ③, ④를 동시에 만족하는 x의 범위는 다음과 같다.

$$-2\le x<1 \text{ 또는 } 3<x\le 5$$

예제 2.4.10 [부등식 활용] 길이가 40m인 끈으로 넓이가 96m^2 이상인 직사각형 모양을 만들려고 한다. 짧지 않은 변의 길이의 범위를 구하여라.

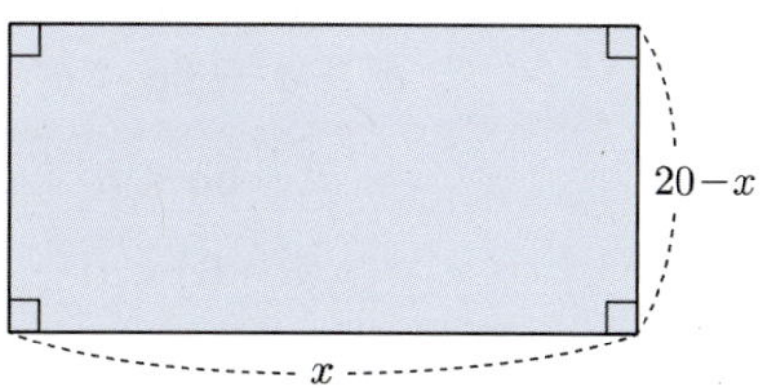

풀이 짧지 않은 변의 길이를 x[m]라 하면 전체 길이는 40m이므로 다른 한 변의 길이는 $(20-x)$[m]가 된다. 따라서 두 변의 길이 비교에서

$$x \geq 20-x$$
$$\therefore \ x \geq 10 \qquad \cdots ①$$

이때 직사각형의 넓이는 $x(20-x)$ [m^2]이므로 넓이가 96m^2 이상이 되기 위해서는

$$x(20-x) \geq 96$$
$$x^2-20x+96 \leq 0$$
$$(x-8)(x-12) \leq 0$$
$$\therefore \ 8 \leq x \leq 12 \qquad \cdots ②$$

이다. ①, ②의 공통 범위를 구하면 $10 \leq x \leq 12$이다.
따라서 짧지 않은 변의 길이는 10m 이상 12m 이하이다.

예제 2.4.11 [부등식의 활용] 한 변의 길이가 a[m]인 정육면체의 가로의 길이는 2m 줄이고, 높이는 3m 늘려서 그림과 같은 새로운 직육면체를 만들었다. 이때 직육면체의 부피가 정육면체의 부피보다 작을 때 a의 값의 범위를 구하여라.

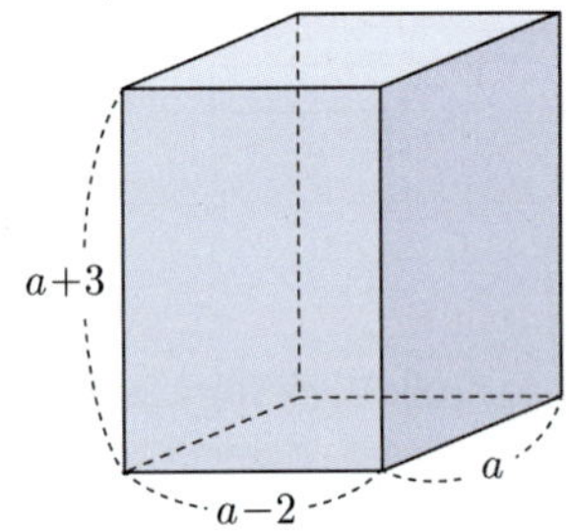

풀이 정육면체의 부피는 a^3[m^3]이고, 직육면체의 부피는 $a(a-2)(a+3)$[m^3]이므로 주어진 조건에서

$$a(a-2)(a+3) < a^3$$
$$a^3+a^2-6a < a^3$$
$$a^2-6a < 0$$
$$a(a-6) < 0$$
$$\therefore \ 0 < a < 6 \qquad \cdots ①$$

이다. 그런데 변의 길이는 양(+)이므로

$$a-2>0$$

$$\therefore \ a>2 \qquad \cdots ②$$

이다. ①, ②의 공통 범위를 구하면 a의 범위는 $2<a<6$이다.

2.4 연습문제

1. 다음 이차부등식을 풀어라.

(1) $x^2-4>0$

(2) $x^2-6x+8\le 0$

(3) $x^2+4x+4\le 0$

(4) $\begin{cases} x^2-3x+2\ge 0 & \cdots ① \\ x^2-x-12<0 & \cdots ② \end{cases}$

2. 이차부등식 $-x^2+x+6>0$의 해가 $\alpha<x<\beta$일 때 α, β의 값을 구하여라.

3. 이차부등식 $x^2+ax+b<0$의 해가 $1-\sqrt{2}<x<1+\sqrt{2}$일 때 a, b의 값을 구하여라.

4. x에 대한 이차부등식 $-x^2+(k+3)x-3k<0$의 해를 구하여라.

5. 모든 실수 x에 대해 $-2x^2+kx-2\le 0$이 성립하도록 상수 k의 범위를 구하여라.

6. 이차부등식 $x^2+2x-4<0$을 만족하는 정수 x를 구하여라.

7. x에 대한 이차방정식 $x^2+2kx-k(k-3)=0$이 실근을 갖도록 하는 실수 k의 범위를 구하여라.

8. 둘레의 길이가 22cm인 직사각형의 넓이가 24cm^2 이상이 되도록 가로와 세로의 길이를 정한다. 가로의 길이는 세로의 길이보다 길거나 같을 때 가로의 길이의 최댓값과 최솟값을 구하여라.

9. 지면에서 45m/s의 속도로 연직 위로 쏘아 올린 물체의 t초 후의 높이(h)가 $h=45t-5t^2$ [m]이다. 이 물체가 지면으로부터 70m 이상의 높이에 존재하는 시간을 구하여라.

10. 가로와 세로의 길이가 각각 7m, 2m인 직사각형이 있다. 가로의 길이를 x[m] 줄이고, 세로의 길이를 x[m] 늘려서 직사각형의 대각선의 길이가 $3\sqrt{5}$[m] 이하로 만들려고 한다. x의 값의 범위를 구하여라.

2.5 절대부등식

$x^2+4>0$, $(x-3)^2+2>0$과 같은 부등식은 x에 어떤 실수를 대입해도 항상 성립한다. 이와 같이 부등식 중의 문자에 어떤 실수를 대입해도 항상 성립하는 부등식을 절대부등식이라 한다.

2.5.1 산술평균, 기하평균, 조화평균의 대소 관계[2)]

임의의 양수 a, b에 대하여 다음 관계식이 성립한다.

$$\frac{a+b}{2} \geq \sqrt{ab} \geq \frac{2ab}{a+b} \quad (\text{단, 등호는 } a=b\text{일 때 성립})$$

증명

$$\begin{aligned}\frac{a+b}{2}-\sqrt{ab} &= \frac{a+b-2\sqrt{ab}}{2} \\ &= \frac{(\sqrt{a})^2+(\sqrt{b})^2-2\sqrt{a}\sqrt{b}}{2} \\ &= \frac{(\sqrt{a}-\sqrt{b})^2}{2} \geq 0\end{aligned}$$

$$\therefore \frac{a+b}{2} \geq \sqrt{ab} \qquad \cdots ①$$

$$\begin{aligned}\sqrt{ab}-\frac{2ab}{a+b} &= \frac{\sqrt{ab}(a+b)-2ab}{a+b} \\ &= \frac{\sqrt{ab}(a+b-2\sqrt{ab})}{a+b} \\ &= \frac{\sqrt{ab}(\sqrt{a}-\sqrt{b})^2}{a+b} \geq 0\end{aligned}$$

2) 이공학 분야에서는 절대부등식이 많이 사용되지 않는다. 여기에서는 기본적인 산술평균과 기하평균의 관계를 잘 알아두도록 한다.

$$\therefore\ \sqrt{ab} \geq \frac{2ab}{a+b} \qquad \cdots ②$$

①, ②로부터 $\frac{a+b}{2} \geq \sqrt{ab} \geq \frac{2ab}{a+b}$(단, 등호는 $a=b$일 때 성립)

† 임의의 양수 a, b에 대하여 $\frac{a+b}{2}$를 두 수의 산술평균, $\sqrt{ab}$를 기하평균, $\frac{2ab}{a+b}$를 조화평균이라 한다.

2.5.2 코시-슈바르츠(Cauchy-Schwartz) 부등식

모든 실수 a, b, x, y에 대하여 다음 관계식이 성립한다.

(1) $(a^2+b^2)(x^2+y^2) \geq (ax+by)^2$ (단, 등호는 $\frac{x}{a}=\frac{y}{b}$일 때 성립)

(2) $(a^2+b^2+c^2)(x^2+y^2+z^2) \geq (ax+by+cz)^2$

(단, 등호는 $\frac{x}{a}=\frac{y}{b}=\frac{z}{c}$일 때 성립)

증명 (1) $(a^2+b^2)(x^2+y^2)-(ax+by)^2$

$= a^2x^2+a^2y^2+b^2x^2+b^2y^2-(a^2x^2+2abxy+b^2y^2)$

$= a^2y^2+b^2x^2-2(ay)(bx)=(ay-bx)^2 \geq 0$

$\therefore\ (a^2+b^2)(x^2+y^2) \geq (ax+by)^2$ (단, 등호는 $ay=bx$일 때 성립)

(2) $(a^2+b^2+c^2)(x^2+y^2+z^2)-(ax+by+cz)^2$

$= (bx-ay)^2+(az-cx)^2+(cy-bz)^2 \geq 0$

(단, 등호는 $bx=ay$, $az=cx$, $cy=bz$일 때 성립)

2.5.3 삼각부등식

모든 실수 a, b에 대하여

$$|a|+|b| \geq |a+b|$$

증명 $(|a|+|b|)^2-|a+b|^2=a^2+2|a||b|+b^2-(a^2+2ab+b^2)$

$$= 2(|a||b| - ab) \geq 0$$

$\therefore\ (|a|+|b|)^2 \geq |a+b|^2$

따라서 $|a|+|b| \geq 0$, $|a+b| \geq 0$이므로 $|a|+|b| \geq |a+b|$

2.5.4 여러 가지 절대부등식[3)]

(1) $a^2 \pm 2ab + b^2 \geq 0$ (단, 등호는 $a=b=0$일 때 성립)

(2) $a^2+b^2+c^2-ab-bc-ca \geq 0$ (단, 등호는 $a=b=c$일 때 성립)

(3) $a^3+b^3+c^3 \geq 3abc$

(단, $a>0$, $b>0$, $c>0$, 등호는 $a=b=c$일 때 성립)

증명 (1) $a^2 \pm 2ab + b^2 = (a \pm b)^2 \geq 0$

(2) $$a^2+b^2+c^2-ab-bc-ca = \frac{1}{2}(2a^2+2b^2+2c^2-2ab-2bc-2ca)$$
$$= \frac{1}{2}\{(a-b)^2+(b-c)^2+(c-a)^2\} \geq 0$$

(3) $a^3+b^3+c^3-3abc = (a+b+c)(a^2+b^2+c^2-ab-bc-ca) \geq 0$

(단, $a>0$, $b>0$, $c>0$)

예제 2.5.1 부등식 $(a+b)^2 \geq 4ab$를 증명하여라.

풀이 $$(a+b)^2 - 4ab = (a^2+2ab+b^2) - 4ab$$
$$= a^2 - 2ab + b^2$$
$$= (a-b)^2 \geq 0$$

$\therefore\ (a+b)^2 \geq 4ab$ (단, 등호는 $a=b$일 때 성립한다.)

예제 2.5.2 부등식 $\sqrt{a-b} > \sqrt{a} - \sqrt{b}$를 증명하여라. (단, $a>b>0$이다.)

---

3) 방정식에 비하여 절대부등식은 공학에서 많이 이용되지 않는다. 이 단원에서는 산술평균과 기하평균과의 관계 정도는 알아두도록 한다.

풀이 $a>b>0$이므로 부등식의 양변을 제곱하여 계산하면

$$\begin{aligned}(\sqrt{a-b})^2-(\sqrt{a}-\sqrt{b})^2 &= (a-b)-(a-2\sqrt{ab}+b)\\ &= 2\sqrt{ab}-2b\\ &= 2\sqrt{b}(\sqrt{a}-\sqrt{b})>0\end{aligned}$$

$$\therefore\ (\sqrt{a-b})^2-(\sqrt{a}-\sqrt{b})^2>0$$

$$\therefore\ (\sqrt{a-b})^2>(\sqrt{a}-\sqrt{b})^2$$

여기에서 $\sqrt{a-b}>0$, $\sqrt{a}-\sqrt{b}>0$이므로

$$\sqrt{a-b}>\sqrt{a}-\sqrt{b}$$

예제 2.5.3 $a>0$, $b>0$일 때 $\dfrac{9b}{a}+\dfrac{a}{b}$의 최솟값을 구하여라.

풀이 산술평균과 기하평균의 관계에서

$$\frac{9b}{a}+\frac{a}{b}\geq 2\sqrt{\left(\frac{9b}{a}\right)\times\left(\frac{a}{b}\right)}=2\sqrt{9}=6$$

따라서 $\dfrac{9b}{a}=\dfrac{a}{b}$일 때 $\dfrac{9b}{a}+\dfrac{a}{b}$는 최솟값 6을 갖는다.

예제 2.5.4 함수 $y=4^x+4^{-x}$의 최솟값을 구하여라.

풀이 $4^x>0$이므로 산술평균과 기하평균의 관계에서

$$4^x+4^{-x}\geq 2\sqrt{4^x\times 4^{-x}}=2\sqrt{4^{x-x}}=2\sqrt{4^0}=2$$

따라서 $y=4^x+4^{-x}$의 최솟값은 2이다.

이때 $4^x=4^{-x}$이다. 즉, $x=0$일 때 y는 최솟값 2를 갖는다.

예제 2.5.5 $a>0$, $b>0$이고 $a+b=16$일 때 ab의 최댓값을 구하여라.

풀이 산술평균과 기하평균의 관계에서

$$\frac{a+b}{2}\geq\sqrt{ab}$$

$$\frac{16}{2}\geq\sqrt{ab}$$

$$8 \geq \sqrt{ab}$$

$$\therefore \ 64 \geq ab$$

따라서 ab의 최댓값은 64이다.

예제 2.5.6 $a>-2$일 때 $a+\dfrac{9}{a+2}$의 최솟값을 구하여라.

풀이 주어진 식은

$$a+\frac{9}{a+2}=(a+2)+\frac{9}{a+2}-2$$

이다. 여기에서 $a+2>0$이므로 산술평균과 기하평균의 관계에서

$$(a+2)+\frac{9}{a+2} \geq 2\sqrt{(a+2)\times\frac{9}{a+2}}=2\sqrt{9}=2\times3=6$$

이다. 따라서 $a+\dfrac{9}{a+2}$의 최솟값은 $6-2=4$이고, 최솟값을 가질 때

$$a+2=\frac{9}{a+2}$$

이므로

$$(a+2)^2=9$$

$$a+2=\pm3$$

$$\therefore \ a=1 \ (\because \ a>-2)$$

예제 2.5.7 실수 x, y에 대하여 $x^2+y^2=2$일 때 $3x+y$의 최댓값과 최솟값을 구하여라.

풀이 코시-슈바르츠 부등식에서

$$(3^2+1^2)(x^2+y^2) \geq (3x+y)^2$$

이다. 여기에서 $x^2+y^2=2$이므로

$$(3^2+1^2)\times2 \geq (3x+y)^2$$

$$\therefore \ (3x+y)^2 \leq 20$$

$$\therefore \ -2\sqrt{5} \leq 3x+y \leq 2\sqrt{5}$$

따라서 $3x+y$의 최댓값은 $2\sqrt{5}$, 최솟값은 $-2\sqrt{5}$이다.

예제 2.5.8 $a \geq b > 0$인 실수 a, b에 대하여 $\dfrac{a}{1+a}$와 $\dfrac{b}{1+b}$의 크기를 비교하여라.

풀이
$$\frac{a}{1+a} - \frac{b}{1+b} = \frac{a(1+b)-b(1+a)}{(1+a)(1+b)}$$
$$= \frac{a-b}{(1+a)(1+b)} \geq 0 \quad (\because\ a \geq b > 0)$$
$$\therefore\ \frac{a}{1+a} \geq \frac{b}{1+b}$$

예제 2.5.9 [부등식 활용] 빗변의 길이가 10인 직각삼각형의 넓이의 최댓값을 구하여라.

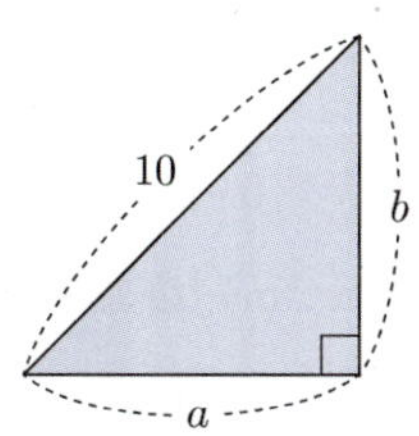

풀이 그림과 같이 직각삼각형의 밑변과 높이를 각각 a, b라고 하면 피타고라스 정리에 의해
$$a^2 + b^2 = 10^2 = 100$$
이다. 여기에서 변의 길이 $a > 0$, $b > 0$이므로 산술평균과 기하평균의 관계에서
$$a^2 + b^2 \geq 2\sqrt{a^2 \times b^2} = 2ab$$
$$100 \geq 2ab$$
$$\therefore\ 50 \geq ab$$
즉, ab의 최댓값은 50이다. 따라서 직각삼각형의 넓이
$$S = \frac{1}{2}ab$$
이므로 넓이의 최댓값 $S_{\max} = \dfrac{1}{2} \times 50 = 25$이다.

예제 2.5.10 [부등식 활용] 길이가 40 m인 끈으로 그림과 같이 세 개의 직사각형을 만들려고 한다. 이때 직사각형 전체 넓이의 최댓값을 구하여라.

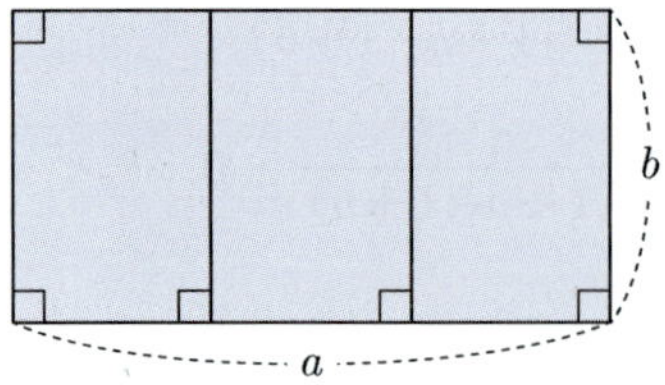

풀이 전체 직사각형의 가로와 세로를 각각 a[m], b[m] $(a > 0,\ b > 0)$로 하면 끈의 전체 길이는 40m이므로

$$2a + 4b = 40$$
$$\therefore\ \ a + 2b = 20$$

이다. 여기에서 $a > 0,\ b > 0$이므로 산술평균과 기하평균의 관계에서

$$a + 2b \geq 2\sqrt{a \times 2b}$$
$$20 \geq 2\sqrt{2ab}$$
$$\frac{10}{\sqrt{2}} \geq \sqrt{ab}$$
$$\therefore\ \ ab \leq \left(\frac{10}{\sqrt{2}}\right)^2 = 50$$

이다. 즉, ab의 최댓값은 50이다. 따라서 전체 직사각형의 넓이는

$$S = ab$$

이므로 넓이의 최댓값은 $S_{\max} = 50\,[\mathrm{m}^2]$이다.

2.5 연습문제

1. $a>0$, $b>0$일 때 부등식 $\sqrt{2(a+b)} \ge \sqrt{a}+\sqrt{b}$를 증명하여라.

2. 함수 $y=3^x+3^{-x}$의 최솟값을 구하여라.

3. $a>0$, $b>0$이고 $a+b=10$일 때 ab의 최댓값을 구하여라.

4. $a>0$, $b>0$이고 $ab=36$일 때 $a+b$의 최솟값을 구하여라.

5. $a>0$, $b>0$이고 $ab=3$일 때 $3a+5b$의 최솟값을 구하여라.

6. $a>0$, $b>0$일 때 다음 식의 최솟값을 구하여라.

(1) $a+\dfrac{1}{a}$

(2) $4a+\dfrac{9}{a}$

(3) $(a+b)\left(\dfrac{1}{a}+\dfrac{1}{b}\right)$

(4) $\left(a+\dfrac{1}{b}\right)\left(b+\dfrac{4}{a}\right)$

7. a, b, c, d가 양수일 때 $\left(\dfrac{b}{a}+\dfrac{d}{c}\right)\left(\dfrac{a}{b}+\dfrac{c}{d}\right)$의 최솟값을 구하여라.

8. $a>2$일 때 $a+\dfrac{1}{a-2}$의 최솟값을 구하여라.

9. $x>0$일 때 $x+\dfrac{1}{x}+\dfrac{3x}{x^2+1}$의 최솟값을 구하여라.

10. 실수 x, y에 대하여 $x^2+y^2=9$일 때 $3x+4y$의 값의 범위를 구하여라.

11. $a>0$, $b>0$이고 $3a+5b=10$일 때 $\sqrt{3a}+\sqrt{5b}$의 최댓값을 구하여라.

12. 빗변의 길이가 6인 직각삼각형의 넓이의 최댓값을 구하여라.

제 3 장

함수와 그래프

3.1 함수의 개념

3.2 일차함수와 이차함수

3.3 유리함수와 무리함수

3.4 원의 방정식

3.1 함수의 개념

3.1.1 함수의 정의

(1) 함수 : 두 집합 X, Y에 대하여 X의 각 원소에 Y의 원소가 오직 하나만 대응할 때 이 규칙을 X에서 Y로의 함수라 하고, 기호로 $f : X \to Y$로 나타낸다.

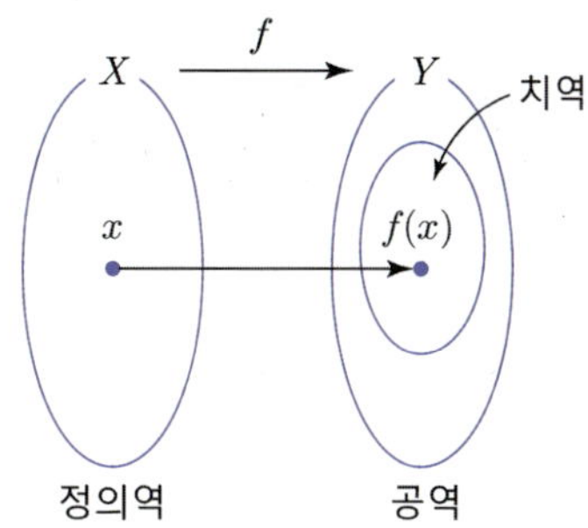

(2) 정의역과 공역 : 함수 $f : X \to Y$에서 집합 X를 함수 f의 정의역, 집합 Y를 함수 f의 공역이라 한다.

(3) 함숫값 : 함수 $f : X \to Y$에서 X의 원소 x에 대응하는 Y의 원소 y를 $f(x)$로 나타낼 때 $f(x)$를 f에 의한 x의 함숫값이라 하고, x를 독립변수, y를 종속변수라 한다.

(4) 치역 : 함수 f의 함숫값 전체의 집합 $\{y | y = f(x), x \in X\}$를 함수 f의 치역이라 한다.

예 그림과 같은 함수 f에서 정의역 $X = \{1, 2, 3\}$, 공역 $Y = \{1, \mathrm{a}, \mathrm{b}, \mathrm{c}, \mathrm{d}\}$, 치역은 $\{\mathrm{a}, \mathrm{b}, \mathrm{c}\}$이다.

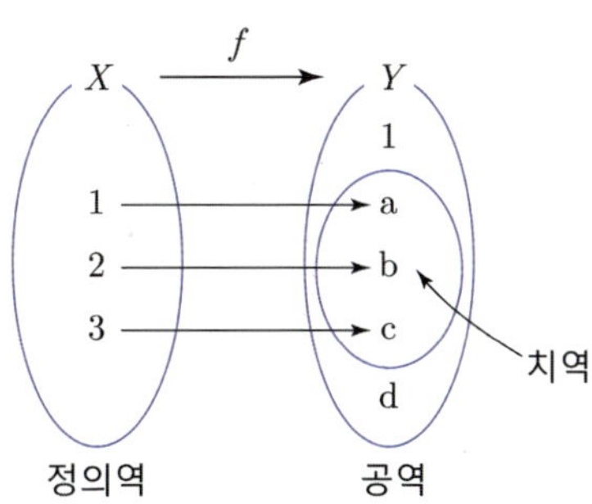

3.1.2 함수의 그래프

(1) 함수 $f: X \to Y$, $y=f(x)$에 대하여 순서쌍 (x, y)를 좌표평면 위에 나타내는 점의 집합 $\{(x, y) | y=f(x),\ x \in X\}$를 함수 $y=f(x)$의 그래프라 한다.

(2) 함수 f의 정의역과 치역이 실수 전체의 집합이면 함수 $y=f(x)$의 그래프는 좌표평면 위에 직선이나 곡선으로 나타낼 수 있다.

3.1.3 여러 가지 함수

(1) 일대일함수(단사함수) : 함수 $f: X \to Y$에서 정의역 X의 두 원소 x_1, x_2에 대하여 $x_1 \neq x_2$이면 $f(x_1) \neq f(x_2)$를 만족할 때, 함수 f를 일대일함수 또는 단사함수라 한다.

(2) 전사함수 : 함수 $f: X \to Y$에서 치역과 공역이 일치할 때 함수 f를 전사함수라 한다.

(3) 일대일대응(전단사함수) : 함수 $f: X \to Y$에서

① 치역과 공역이 같고

② 정의역 X의 두 원소 x_1, x_2에 대하여 $x_1 \neq x_2$이면 $f(x_1) \neq f(x_2)$

일 때, 함수 f를 일대일대응 또는 전단사함수라 한다.

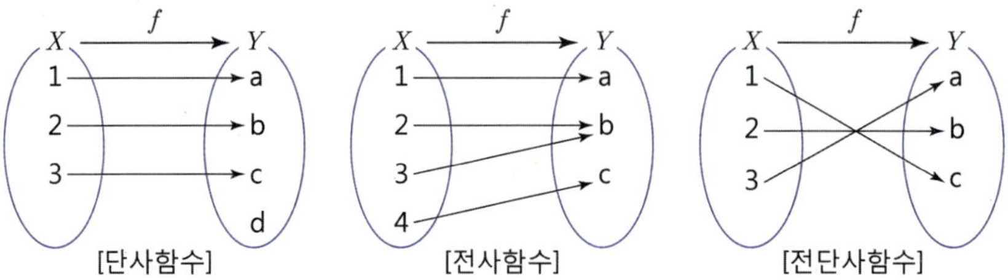

[단사함수] [전사함수] [전단사함수]

(4) 항등함수 : 정의역과 공역이 같고 정의역의 모든 원소에 그 자신이 대응되는 함수, 즉 $f: X \to X$, $f(x)=x$를 항등함수라 한다.

(5) 상수함수 : 함수 $f: X \to Y$에서 집합 X의 모든 원소 x에 대하여 $f(x)=c$ (상수 $c \in Y$)일 때 함수 f를 상수함수라 한다.

3.1.4 합성함수

두 함수 $f : X \to Y$, $g : Y \to Z$가 있을 때, f에 의해 X의 원소가 Y의 원소에 대응되고, 다시 이 원소가 g에 의하여 Z의 원소에 대응될 때 X를 정의역, Z를 공역으로 하는 새 함수를 정의하고 이 함수를 f와 g의 합성함수라 한다. 기호로는 다음과 같이 나타낸다.

$$g \circ f : X \to Z, \quad (g \circ f)(x) = g(f(x))$$

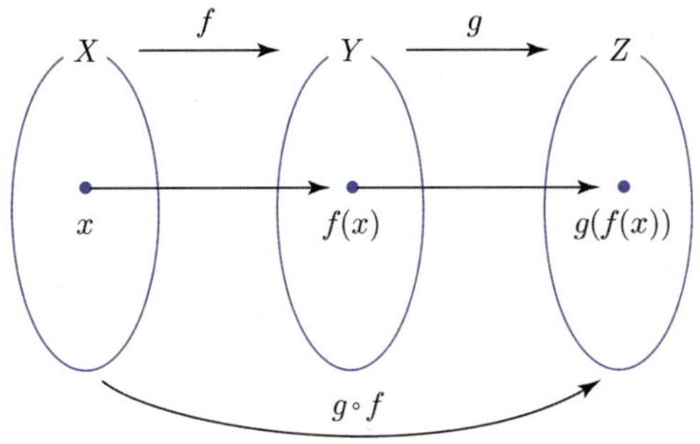

예 (1) 두 함수 $f(x) = 2x + 1$, $g(x) = x + 2$에 대한 합성함수 $g \circ f$:

$$\begin{aligned} g \circ f &= g(f(x)) = g(2x+1) \\ &= (2x+1)+2 \\ &= 2x+3 \end{aligned}$$

(2) 다음과 같은 두 함수 f, g에서 $(g \circ f)(1)$, $(g \circ f)(3)$:

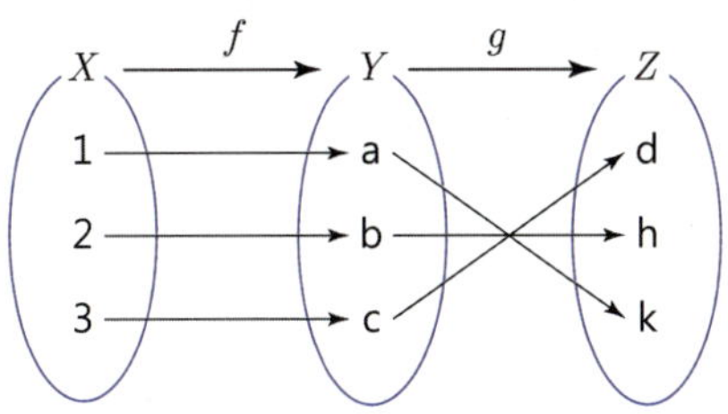

$$(g \circ f)(1) = g(f(1)) = g(a) = k$$
$$(g \circ f)(3) = g(f(3)) = g(c) = d$$

3.1.5 역함수

함수 $f : X \to Y$가 일대일대응이면 Y의 각 원소 y에 대하여 $y = f(x)$인 X의 원소 x가 하나씩 존재한다. 따라서 Y의 원소 y에 대하여 $f(x) = y$인 X의 원소 x를 대응시키는 새 함수를 정의하여 $f : X \to Y$의 역함수라 한다. 역함수의 정의역은 Y이고 공역은 X이며 다음과 같은 기호로 나타낸다.

$$f^{-1} : Y \to X, \quad x = f^{-1}(y)$$

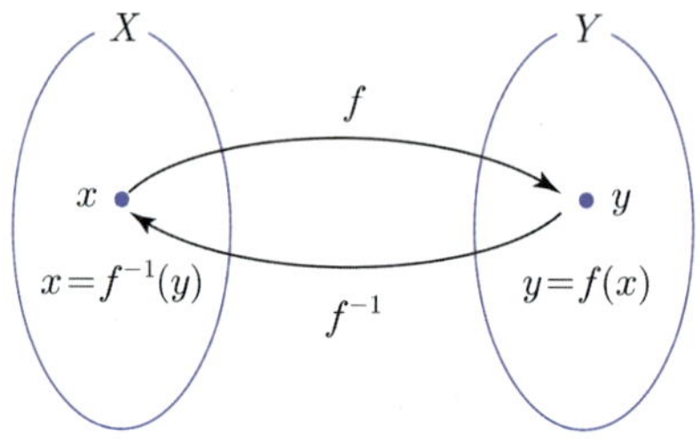

3.1.6 역함수의 성질

(1) 역함수의 그래프 : 함수 $y = f(x)$의 그래프와 역함수 $y = f^{-1}(x)$의 그래프는 직선 $y = x$에 대하여 대칭이다.

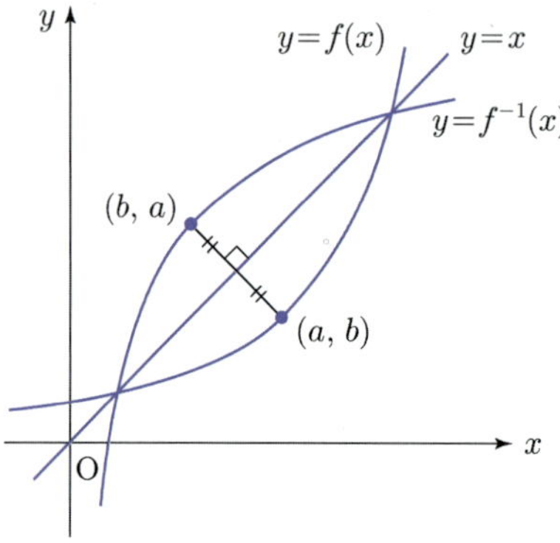

(2) $(f \circ f^{-1})(x) = x, \quad (f^{-1} \circ f)(x) = x$

증명 (1) 점 (a, b)가 $y=f(x)$의 그래프 위의 점이면 $b=f(a)$이므로 $a=f^{-1}(b)$이다. 따라서 점 (b, a)는 $y=f^{-1}(x)$의 그래프 위의 점이다. 점 (a, b)와 점 (b, a)는 $y=x$에 대하여 대칭이므로 $y=f(x)$의 그래프와 역함수 $y=f^{-1}(x)$의 그래프는 직선 $y=x$에 대하여 대칭이다.

(2) $y=f(x) \Leftrightarrow x=f^{-1}(y)$

$$(f \circ f^{-1})(y)=f(f^{-1}(y))=f(x)=y$$

$$\therefore \ (f \circ f^{-1})(y)=y$$

$$(f^{-1} \circ f)(x)=f^{-1}(f(x))=f^{-1}(y)=x$$

$$\therefore \ (f^{-1} \circ f)(x)=x$$

예 (1) $y=f(x)=2x+1$의 역함수 :

$$y=2x+1$$

에서 x를 구하면

$$x=\frac{1}{2}y-\frac{1}{2}$$

이다. 여기에서 x와 y를 바꾸면

$$y=\frac{1}{2}x-\frac{1}{2}$$

이므로 역함수는 $f^{-1}(x)=\frac{1}{2}x-\frac{1}{2}$이다.

(2) 다음과 같은 함수 f에서 $f^{-1}(1)$, $(f \circ f^{-1})(2)$, $(f^{-1} \circ f)(3)$, $(f^{-1} \circ f^{-1})(4)$의 값 :

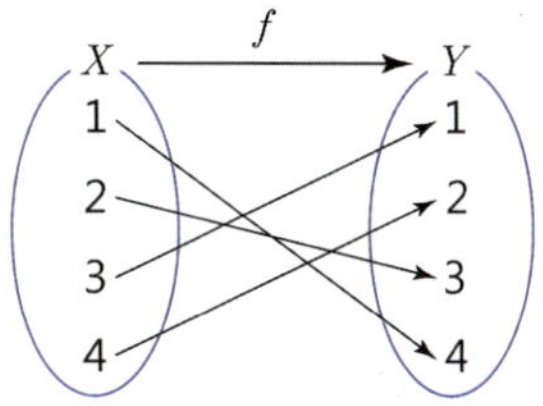

$$f^{-1}(1)=3$$

$$(f \circ f^{-1})(2)=f(f^{-1}(2))=f(4)=2$$

$$\therefore \ (f \circ f^{-1})(2)=2$$

$$(f^{-1} \circ f)(3) = f^{-1}(f(3)) = f^{-1}(1) = 3$$
$$\therefore \ (f^{-1} \circ f)(3) = 3$$
$$(f^{-1} \circ f^{-1})(4) = f^{-1}(f^{-1}(4)) = f^{-1}(1) = 3$$
$$\therefore \ (f^{-1} \circ f^{-1})(4) = 3$$

† 함수의 정의에 의해 화살표를 따라가면서 함수 값을 구하면 된다. 역함수 값은 화살표의 역방향 값이다.

예제 3.1.1 다음과 같은 두 집합 X, Y와 함수 $f(x)$에서 $f: X \to Y$가 일대일대응이 될 때 상수 a, b의 값을 구하여라.

$$X = \{x | 1 \le x \le 3\}, \quad Y = \{y | a \le y \le b\}, \quad y = f(x) = 2x + 1$$

풀이 $f(x) = 2x + 1$은 증가함수이므로

$$f(1) = a, \ f(3) = b$$

일 때 일대일대응이 된다.

따라서 다음과 같이 상수 a, b의 값이 구해진다.

$$f(1) = 2 \cdot 1 + 1 = 3 = a$$
$$f(3) = 2 \cdot 3 + 1 = 7 = b$$
$$\therefore \ a = 3, \ b = 7$$

예제 3.1.2 함수 $f(x) = 2x^2 - 3$일 때 다음 함숫값을 각각 구하여라.

(1) $f(1)$ (2) $f(3)$

(3) $f\left(\frac{1}{2}\right)$ (4) $f(f(2))$

풀이 (1) $f(1) = 2 \times 1^2 - 3 = -1$

(2) $f(3) = 2 \times 3^2 - 3 = 15$

(3) $f\left(\frac{1}{2}\right) = 2 \times \left(\frac{1}{2}\right)^2 - 3 = -\frac{5}{2}$

(4) $f(f(2)) = f(2 \times 2^2 - 3) = f(5) = 2 \times 5^2 - 3 = 47$

예제 3.1.3 두 함수 $f(x)=x-1$과 $g(x)=2x+3$에 대하여 합성함수 $f\circ g$와 $g\circ f$를 구하여라.

풀이 함수와 합성함수의 정의로부터 $f\circ g$와 $g\circ f$를 구한다.

$$\begin{aligned} f\circ g &= f(g(x)) = f(2x+3) \\ &= (2x+3)-1 = 2x+2 \\ g\circ f &= g(f(x)) = g(x-1) \\ &= 2(x-1)+3 = 2x+1 \end{aligned}$$

예제 3.1.4 $f(x+2)=x^2+3x+4$일 때 함수 $f(x)$를 구하여라.

풀이 $x+2=X$로 놓으면 $x=X-2$이다. 이 x를 주어진 함수에 대입하여 X에 대한 식 $f(X)$를 구한다.

$$\begin{aligned} f(x+2) &= x^2+3x+4 \\ f(X) &= (X-2)^2+3(X-2)+4 \\ &= (X^2-4X+4)+(3X-6)+4 \\ &= X^2-X+2 \end{aligned}$$

따라서 함수 $f(x)=x^2-x+2$이다.

예제 3.1.5 $f\left(\dfrac{x-1}{2}\right)=\dfrac{(x-1)^4}{8}-(x-1)^2+5$일 때 $f(x)$를 구하여라.

풀이 $\dfrac{x-1}{2}=X$로 놓으면 $x-1=2X$이다. 이 $x-1$을 주어진 함수에 대입하여 X에 대한 식 $f(X)$를 구한다.

$$\begin{aligned} f\left(\frac{x-1}{2}\right) &= \frac{(x-1)^4}{8}-(x-1)^2+5 \\ f(X) &= \frac{(2X)^4}{8}-(2X)^2+5 \\ &= 2X^4-4X^2+5 \end{aligned}$$

따라서 함수 $f(x)=2x^4-4x^2+5$이다.

예제 3.1.6 $x>0,\ y>0$에 대해 $f(xy)=f(x)+f(y),\ f(2)=1$을 만족하는 함수 f에서 다음 값을 구하여라.

(1) $f(1)$ (2) $f\left(\frac{1}{2}\right)$

풀이 (1) $x=1,\ y=1$을 주어진 관계식에 대입하여 $f(1)$의 값을 구한다.

$$f(xy)=f(x)+f(y)$$
$$f(1\times 1)=f(1)+f(1)$$
$$f(1)=f(1)+f(1)$$
$$\therefore\ f(1)=0$$

(2) $x=2,\ y=\frac{1}{2}$을 주어진 관계식에 대입하여 $f\left(\frac{1}{2}\right)$의 값을 구한다.

$$f(xy)=f(x)+f(y)$$
$$f\left(2\times\frac{1}{2}\right)=f(2)+f\left(\frac{1}{2}\right)$$
$$\therefore\ f(1)=f(2)+f\left(\frac{1}{2}\right)$$

여기에서 $f(1)=0,\ f(2)=1$이므로 $f\left(\frac{1}{2}\right)$의 값은 다음과 같다.

$$0=1+f\left(\frac{1}{2}\right)$$
$$\therefore\ f\left(\frac{1}{2}\right)=-1$$

† 로그함수 $f(x)=\log_2 x$는 $f(xy)=f(x)+f(y),\ f(2)=1$의 관계식을 만족한다.

예제 3.1.7 다음 함수의 역함수를 구하여라.

(1) $f(x)=2x+3$ (2) $f(x)=x^2+2\ \ (x\ge 0)$

풀이 (1) $y=2x+3$에서 $x=\frac{1}{2}y-\frac{3}{2}$이고 x와 y를 바꾸면

$$y=\frac{1}{2}x-\frac{3}{2}$$
$$\therefore\ f^{-1}(x)=\frac{1}{2}x-\frac{3}{2}$$

(2) $y=x^2+2$에서 x를 구한다.

$$x^2=y-2$$

$$\therefore\ x=\pm\sqrt{y-2}\quad(y\geq 2)$$

여기에서 $x\geq 0$이므로

$$x=\sqrt{y-2}$$

이고, 이 식에서 x와 y를 바꾸면

$$y=\sqrt{x-2}$$

이다. 따라서 역함수는 $f^{-1}(x)=\sqrt{x-2}\ \ (x\geq 2)$이다.

3.1 연습문제

1. 다음 함수의 치역을 구하여라.

(1) $y=f(x)=-2x+3 \ (-1 \leq x \leq 2)$

(2) $y=f(x)=x^2+1 \ (0 \leq x \leq 2)$

2. 함수 $f(x)=x+1$, $g(x)=x^2+2$에 대하여 다음 합성함수를 구하여라.

(1) $f \circ g$ (2) $g \circ f$

(3) $f \circ (f \circ g)$

3. 함수 $f(x)=x+2$, $g(x)=3x^2+4$에 대하여 $(g \circ f)(x)=4$를 만족하는 x를 구하여라.

4. 함수 $f\left(\frac{x-1}{2}\right)=2x+3$일 때 $f(2)$의 값을 구하여라.

5. 함수 $f(x+3)=x^2+2x+3$일 때 $f(1)$의 값을 구하여라.

6. 다음 함수의 역함수를 구하여라.

(1) $y=-\frac{1}{2}x+3$ (2) $y=\sqrt{x+2} \ (x \geq -2)$

7. 함수 $f(x)=ax+b$의 역함수가 $f^{-1}(x)=x+2$일 때 상수 a, b의 값을 구하여라.

8. $f(x)=x-1$, $g(x)=x^3-2x^2+3$일 때 $g(f^{-1}(1))$의 값을 구하여라.

9. $f(1-x)=2x$를 만족할 때 $f(x)$를 구하여라.

10. $f(x-1)=x^2$을 만족할 때 $f(x)$를 구하여라.

11. $f(x)=x+k$일 때 $(f \circ f)(3)=k$가 되는 상수 k의 값을 구하여라.

3.2 일차함수와 이차함수

3.2.1 일차함수와 이차함수

음이 아닌 정수 n과 실수 a_0, a_1, a_2, $\cdots$, a_n에 대하여

$$f(x) = a_n x^n + a_{n-1}x^{n-1} + \cdots + a_1 x + a_0$$

인 함수를 다항함수(polynomial function)라 한다. 최고차항의 계수 $a_n \neq 0$이면 함수의 차수는 n이고, $n=1$, $n=2$인 함수를 각각 일차함수, 이차함수라 한다.
일차함수와 이차함수의 일반식은 각각

$$y = ax + b, \quad y = ax^2 + bx + c \ \ (a \neq 0)$$

로 쓸 수 있다. $f(x) = c$ (c는 상수)인 상수함수는 $n=0$인 0차의 다항함수로 볼 수 있다.

3.2.2 일차함수와 상수함수의 그래프

함수 $y = ax + b$의 그래프의 성질 :

(1) 기울기가 a, y절편이 b인 직선

(2) $a > 0$이면 x값이 증가함에 따라 y값도 증가하는 함수

(3) $a < 0$이면 x값이 증가함에 따라 y값은 감소하는 함수

(4) $a = 0$이면 $y = b$인 상수함수이고 x축에 평행한 직선

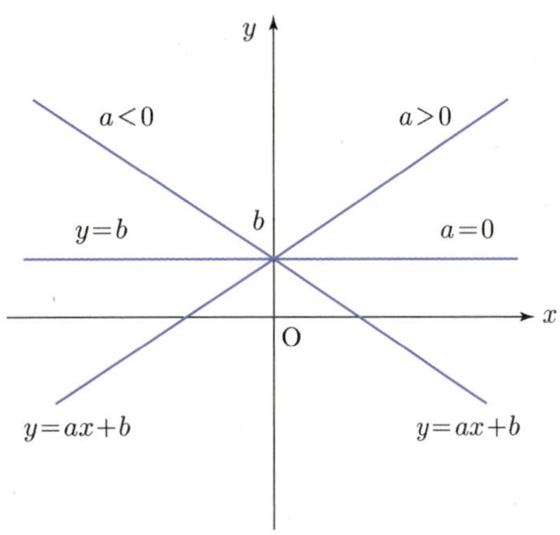

3.2.3 직선의 방정식

(1) 기울기가 a이고 y절편이 b인 직선 : $y=ax+b$

(2) x절편이 a이고 y절편이 b인 직선 : $\frac{x}{a}+\frac{y}{b}=1 \ (ab \neq 0)$

(3) 기울기가 a이고 점 (x_1, y_1)을 지나는 직선 : $y=a(x-x_1)+y_1$

(4) 두 점 (x_1, y_1), (x_2, y_2)를 지나는 직선

① $x_1 \neq x_2$일 때 $y=\frac{y_2-y_1}{x_2-x_1}(x-x_1)+y_1$

② $x_1 = x_2$일 때 $x=x_1$ (또는 $x=x_2$)

설명 직선의 일반 방정식은 $y=ax+b$이고 직선 위의 두 점을 잇는 선분의 기울기가 일정하다는 것을 알면 직선의 방정식을 모두 구할 수 있다.

두 점 (x_1, y_1), (x_2, y_2)를 지나는 직선인 경우, 직선 위의 임의의 점을 (x, y)라고 하면 두 점 (x_1, y_1), (x_2, y_2)를 잇는 선분의 기울기는 $\frac{y_2-y_1}{x_2-x_1} \ (x_1 \neq x_2)$이고 두 점 (x_1, y_1), (x, y)를 잇는 선분의 기울기는 $\frac{y-y_1}{x-x_1}$이므로 $\frac{y-y_1}{x-x_1}=\frac{y_2-y_1}{x_2-x_1}$ 에서 $y=\frac{y_2-y_1}{x_2-x_1}(x-x_1)+y_1$을 구할 수 있다.

예 (1) 기울기가 2이고 y절편이 1인 직선의 방정식 : $y=2x+1$

(2) x절편이 -2이고 y절편이 2인 직선의 방정식 :

$\frac{x}{-2}+\frac{y}{2}=1$에서 $y=x+2$

(3) 기울기가 2이고 점 $(1, 2)$를 지나는 직선의 방정식 : $y=2(x-1)+2=2x$

(4) 두 점 $(1, 2)$, $(3, 4)$를 지나는 직선의 방정식 :

$$\begin{aligned} y &= \frac{y_2-y_1}{x_2-x_1}(x-x_1)+y_1 \\ &= \frac{4-2}{3-1}(x-1)+2 \\ &= x+1 \end{aligned}$$

3.2.4 이차함수의 그래프

(1) $y = ax^2$의 그래프 :

① 꼭짓점 : 원점 $(0, 0)$

② 대칭축 : $x = 0$

③ $a > 0$이면 아래로 볼록(∪)

$a < 0$이면 위로 볼록(∩)

④ $|a|$가 클수록 폭이 좁다.

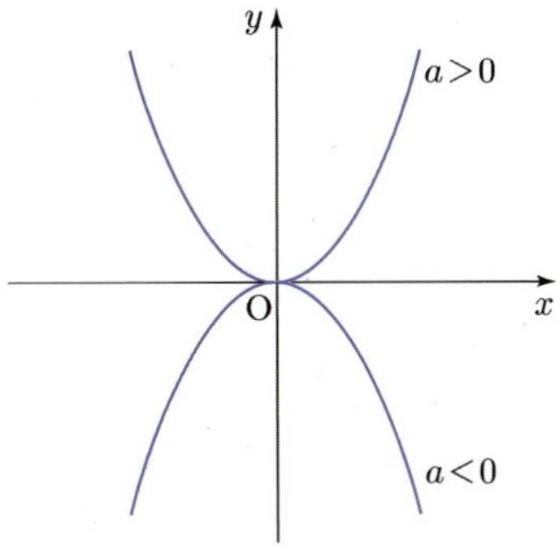

(2) $y = a(x-m)^2 + n$의 그래프 :

$y = ax^2$의 그래프를 x축 방향으로 m만큼, y축 방향으로 n만큼 평행이동한 그래프

① 꼭짓점 : (m, n)

② 대칭축 : $x = m$

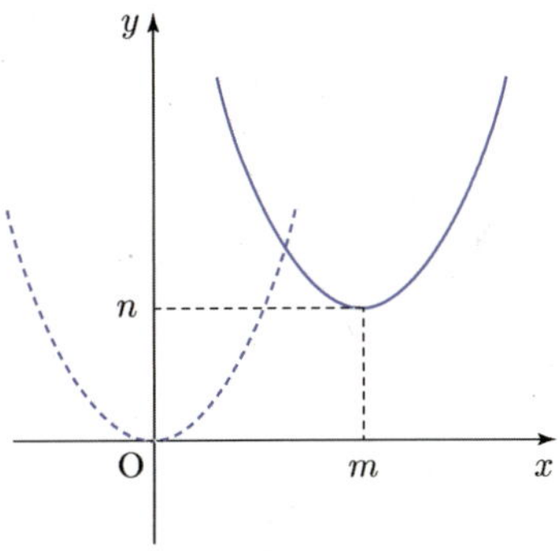

(3) $y = ax^2 + bx + c$의 그래프 :

$$y = ax^2 + bx + c = a\left(x + \frac{b}{2a}\right)^2 + \frac{-b^2 + 4ac}{4a}$$

① 꼭짓점 : $\left(-\frac{b}{2a}, \frac{-b^2 + 4ac}{4a}\right)$

② 대칭축 : $x = -\frac{b}{2a}$

예 $y = 2x^2 + 4x + 5$의 꼭짓점, 대칭축 :

$$\begin{aligned} y = 2x^2 + 4x + 5 &= 2(x^2 + 2x + 1 - 1) + 5 \\ &= 2(x+1)^2 - 2 + 5 \\ &= 2(x+1)^2 + 3 \end{aligned}$$

∴ 꼭짓점은 $(-1, 3)$이고 대칭축은 $x = -1$이다.

예제 3.2.1 다음 직선의 방정식을 구하여라.

(1) x절편이 -1, y절편이 2인 직선

(2) 기울기가 -1이고 점 $(1, 1)$을 지나는 직선

풀이 (1) $\dfrac{x}{-1}+\dfrac{y}{2}=1$에서 $y=2x+2$

(2) $y=-1\times(x-1)+1=-x+2$

예제 3.2.2 이차함수 $y=x^2-4x+3$의 꼭짓점, 대칭축, x절편, y절편을 구하고 그래프를 그려라.

풀이 주어진 함수는

$$y=x^2-4x+3=(x-2)^2-1$$

이다. 따라서

○꼭짓점은 $(2, -1)$

○대칭축은 $x=2$

이다. 그리고 x절편, y절편은 각각 $y=0$일 때 x값, $x=0$일 때 y값이므로 다음과 같이 구해진다.

○x절편 : $x^2-4x+3=0$, $(x-1)(x-3)=0$ $\therefore$ $x=1, 3$

○y절편 : $y=x^2-4x+3$에 $x=0$을 대입하면 $y=3$

이상을 종합하면 그래프의 개형은 그림과 같다.

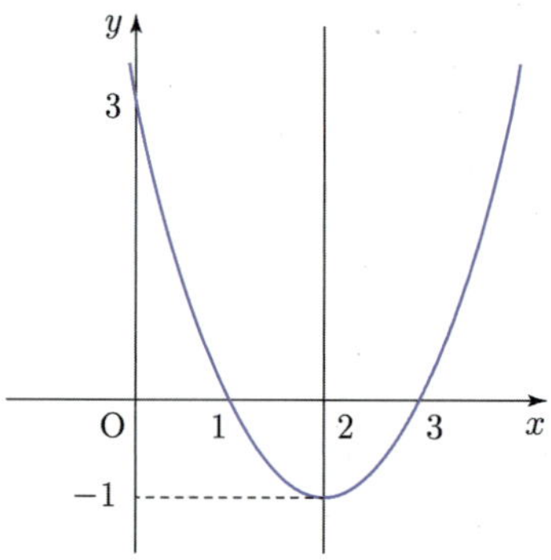

3.2.5 그래프의 평행이동

$y=f(x)$의 그래프를 x축 방향으로 m만큼, y축 방향으로 n만큼 평행이동한 그래프의 방정식은 $y-n=f(x-m)$

예제 3.2.3 $0 \le x \le 3$에서 $y=x^2-2x+2$의 최댓값과 최솟값을 구하여라.

풀이

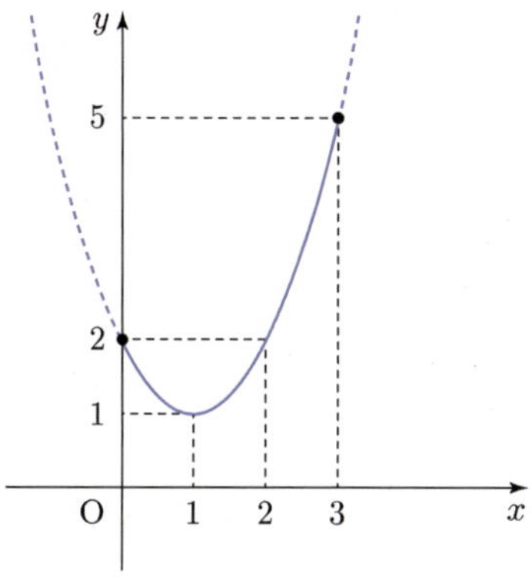

주어진 함수는

$$y=x^2-2x+2=(x-1)^2+1$$

이다. 따라서 꼭짓점은 $(1, 1)$이고 대칭축은 $x=1$이며 그래프의 개형은 그림과 같다. 여기에서 꼭짓점의 x좌표 $x=1$이 주어진 범위 $0 \le x \le 3$에 포함되므로 함수의 최솟값은 이때의 y값 1이 된다.

그리고 구간 $(0 \le x \le 3)$의 끝 점에서의 값은

$x=0$일 때 $y=2$

$x=3$일 때 $y=5$

이다. 따라서 주어진 함수는 구간 $0 \le x \le 3$에서

○ $x=1$일 때 최솟값 $y=1$

○ $x=3$일 때 최댓값 $y=5$를 가진다.

예제 3.2.4 $y=x^2+kx+1$의 그래프가 다음 조건을 만족하도록 상수 k의 값의 범위를 구하여라.

(1) x축과 서로 다른 두 점에서 만난다.

(2) x축에 접한다.

(3) x축과 만나지 않는다.

풀이 x축은 $y=0$이므로 그래프가 x축과 만나는 점의 x좌표는 방정식

$$x^2+kx+1=0 \qquad \cdots ①$$

의 근이 된다.

(1) 방정식 ①이 서로 다른 두 실근을 가질 때이다.

$$D=k^2-4=(k-2)(k+2)>0$$

$$\therefore\ k<-2 \text{ 또는 } k>2$$

(2) 방정식 ①이 중근을 가질 때이다.

$$D=(k-2)(k+2)=0$$

$$\therefore\ k=-2,\ 2$$

(3) 방정식 ①이 허근을 가질 때이다.

$$D=(k-2)(k+2)<0$$

$$\therefore\ -2<k<2$$

예제 3.2.5 이차함수 $y=x^2+2x+3$의 그래프를 x축 방향으로 2, y축 방향으로 3만큼 평행이동한 이차함수의 그래프의 방정식을 구하여라.

풀이 주어진 함수에서 x에 $x-2$, y에 $y-3$을 대입하면 평행이동한 그래프의 방정식이 구해진다.

$$y=x^2+2x+3$$

$$y-3=(x-2)^2+2(x-2)+3$$

$$\therefore\ y=x^2-2x+6$$

3.2 연습문제

1. 다음 직선의 방정식을 구하고 그래프를 그려라.
   (1) 기울기가 -2이고 y절편이 1인 직선
   (2) x절편이 2이고 y절편이 3인 직선
   (3) 기울기가 2이고 점 $(2, 3)$을 지나는 직선
   (4) 두 점 $(-2, 1)$, $(3, 6)$을 지나는 직선

2. 다음 이차함수의 꼭짓점과 대칭축을 구하고 그래프를 그려라. (단, x축, y축과 만나는 그래프는 교점의 좌표를 표시할 것.)
   (1) $y = x^2 - 4$　　(2) $y = -x^2 + 9$
   (3) $y = x^2 - 3x + 3$　　(4) $y = -x^2 + 4x - 5$

3. 다음 이차함수의 최댓값과 최솟값을 구하여라.
   (1) $y = -x^2 + 2x + 3 \ (0 \le x \le 3)$
   (2) $y = x^2 + 2x + 2 \ (-3 \le x \le 0)$
   (3) $y = 2x^2 - 8x + 1 \ (-1 \le x \le 1)$

4. $f(2x-1) = 4x^2 - 4x + 3$일 때 $f(x)$를 구하여라.

5. 이차함수 $y = x^2 + bx + c$의 그래프를 x축 방향으로 1, y축 방향으로 2만큼 평행이동한 식이 $y = x^2 + 4x + 2$일 때 상수 b, c의 값을 구하여라.

6. 포물선 $y = -x^2 + 2x + 2$와 직선 $y = kx + 3$이 서로 다른 두 점에서 만날 때 k의 값의 범위를 구하여라.

7. 포물선 $y = x^2 + 2x$와 직선 $y = kx - 2$가 만나지 않도록 k의 값의 범위를 구하여라.

8. 포물선 $y = 2x^2 - x - 2$와 $y = ax^2 + b$의 두 교점을 직선 $y = x - 2$가 지나갈 때 상수 a, b의 값을 구하여라.

3.3 유리함수와 무리함수

3.3.1 분수함수와 유리함수

(1) 분수함수 : 함수 $y=f(x)$에서 $f(x)$가 x에 대한 분수식으로 나타내어진 함수를 분수함수라 한다.

(2) 유리함수 : 다항함수와 분수함수를 통틀어 유리함수라 한다.

예 분수함수 : $y=\dfrac{1}{x}$, $y=\dfrac{x+2}{3x+4}$

3.3.2 $y=\dfrac{k}{x}$ $(k \neq 0)$의 그래프

(1) 정의역과 치역은 0을 제외한 실수 전체의 집합이다.

(2) 점근선은 x축$(y=0)$과 y축$(x=0)$이다.

(3) 원점 $(0, 0)$에 대하여 대칭인 직각쌍곡선이다.

(4) $k>0$이면 그래프는 제1사분면과 제3사분면에 있고,
$k<0$이면 그래프는 제2사분면과 제4사분면에 있다.

(5) $|k|$의 값이 클수록 그래프는 원점에서 멀어진다.

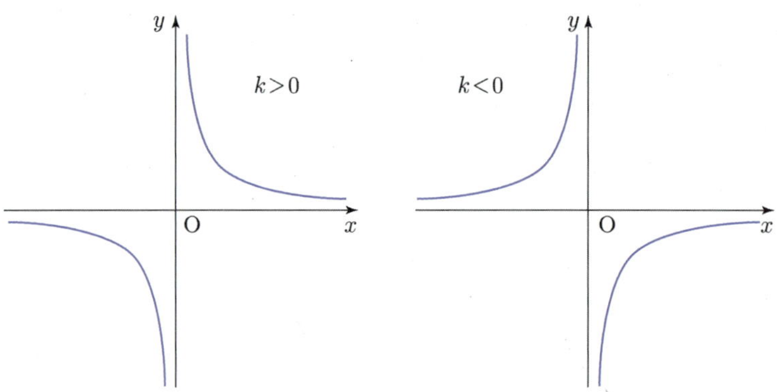

3.3.3 점근선

곡선 $y=f(x)$ 위의 점이 원점에서 멀어질수록 일정한 직선에 한없이 가까워질 때 이 직선을 점근선이라 한다.

설명 곡선 $y=\frac{1}{x}$ 위의 점은 원점에서 멀어질수록 x축과 y축에 한없이 가까워진다. 이때 이 곡선의 점근선은 x축과 y축이다.

3.3.4 $y=\frac{k}{x-m}+n\ (k \neq 0)$의 그래프

(1) 정의역은 $\{x \mid x \neq m$인 모든 실수$\}$

치역은 $\{y \mid y \neq n$인 모든 실수$\}$

(2) $y=\frac{k}{x}$의 그래프를 x축 방향으로 m만큼, y축 방향으로 n만큼 평행이동한 그래프이다.

(3) 점근선은 $x=m$, $y=n$

(4) 점 (m, n)에 대하여 대칭인 직각쌍곡선이다.

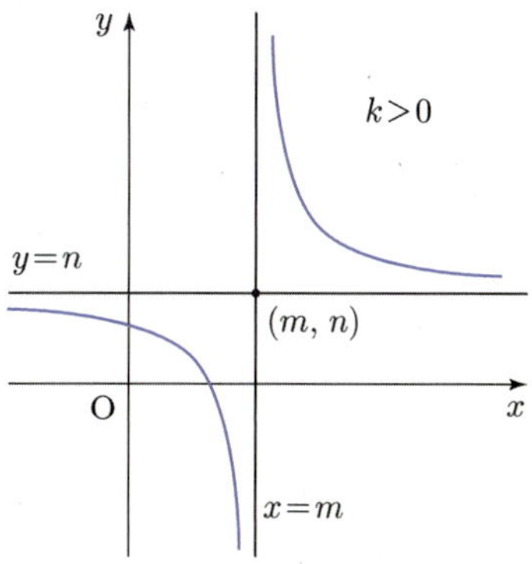

3.3.5 $y=\frac{cx+d}{ax+b}\ (a \neq 0,\ ad-bc \neq 0)$의 그래프

분자를 분모로 나누어서 $y=\frac{k}{x-m}+n$의 꼴로 변형한다.

점근선의 방정식은 $x=-\frac{b}{a}$, $y=\frac{c}{a}$

증명 $y=\frac{cx+d}{ax+b}=\frac{\frac{c}{a}(ax+b)-\frac{bc}{a}+d}{ax+b}=\frac{c}{a}+\frac{\frac{ad-bc}{a}}{ax+b}$

$$= \frac{c}{a} + \frac{\frac{ad-bc}{a^2}}{x+\frac{b}{a}}$$

$$\therefore \text{ 점근선은 } x = -\frac{b}{a},\ y = \frac{c}{a}$$

예 함수 $y = \frac{x+2}{3x+4}$의 점근선의 방정식 $x = -\frac{b}{a} = -\frac{4}{3}$, $y = \frac{c}{a} = \frac{1}{3}$

3.3.6 분수함수의 역함수

분수함수 $f(x) = \frac{cx+d}{ax+b}$의 역함수 $f^{-1}(x) = \frac{-bx+d}{ax-c}$이다.

증명 $f(x) = y = \frac{cx+d}{ax+b}$에서 x를 구한다.

$$(ax+b)y = cx+d$$

x에 대해 풀면

$$(ay-c)x = -by+d$$

$$\therefore\ x = \frac{-by+d}{ay-c}$$

이다. 여기에서 x와 y를 바꾸면

$$y = \frac{-bx+d}{ax-c}$$

$$\therefore\ f^{-1}(x) = \frac{-bx+d}{ax-c}$$

예 함수 $f(x) = \frac{x+2}{3x+4}$의 역함수 $f^{-1}(x) = \frac{-4x+2}{3x-1}$

3.3.7 무리함수

(1) 무리함수 : 함수 $y=f(x)$에서 $f(x)$가 x에 대한 무리식일 때 이 함수를 무리함수라 한다.

(2) 무리함수의 정의역 : 무리함수의 정의역이 제시되지 않은 경우에는 근호 안의 함숫값이 0 또는 양이 되게 하는 실수 전체의 집합을 정의역으로 한다.

예 무리함수 $y=\sqrt{x-1}$ 의 정의역은 $x-1 \geq 0$에서 $x \geq 1$

3.3.8 무리함수 $y=\pm\sqrt{kx}$ $(k \neq 0)$의 그래프

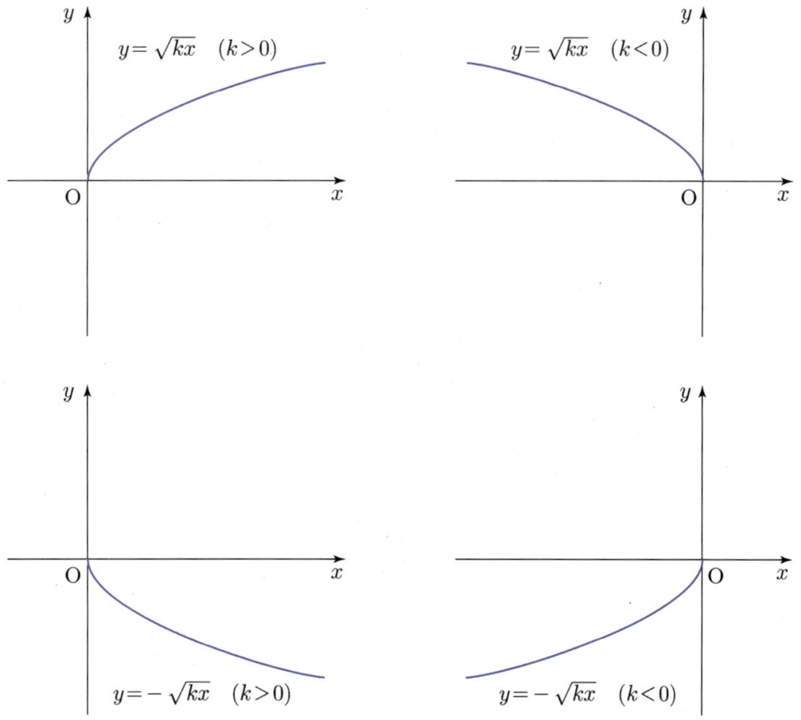

3.3.9 무리함수 $y=\pm\sqrt{k(x-m)}+n$의 그래프

(1) $y=\sqrt{k(x-m)}+n$의 그래프는 $y=\sqrt{kx}$의 그래프를 x축 방향으로 m만큼, y축 방향으로 n만큼 평행이동한 그래프이다.

(ⅰ) $k>0$일 때 정의역은 $\{x|x\geq m\}$, 치역은 $\{y|y\geq n\}$

(ⅱ) $k<0$일 때 정의역은 $\{x|x\leq m\}$, 치역은 $\{y|y\geq n\}$

(2) $y=-\sqrt{k(x-m)}+n$의 그래프는 $y=-\sqrt{kx}$의 그래프를 x축 방향으로 m만큼, y축 방향으로 n만큼 평행이동한 그래프이다.

(ⅰ) $k>0$일 때 정의역은 $\{x|x\geq m\}$, 치역은 $\{y|y\leq n\}$

(ⅱ) $k<0$일 때 정의역은 $\{x|x\leq m\}$, 치역은 $\{y|y\leq n\}$

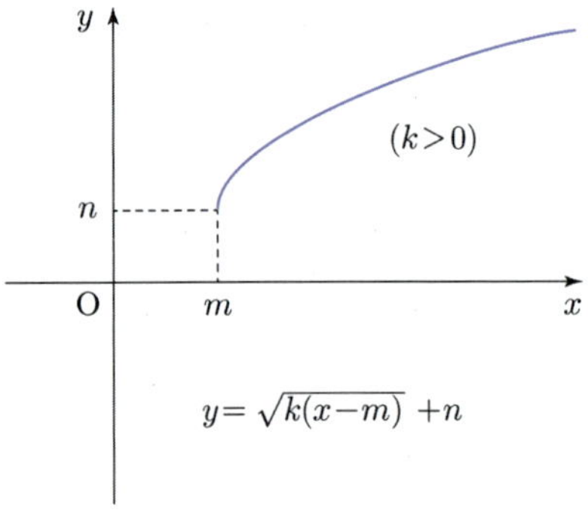

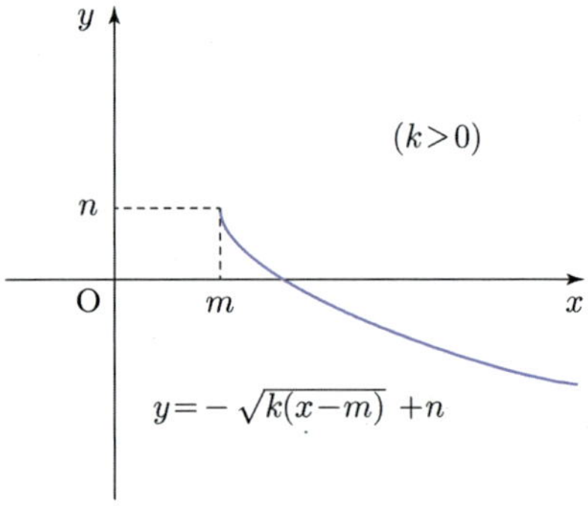

3.3.10 무리함수 $y=\pm\sqrt{ax+b}+c$의 그래프

$$y=\pm\sqrt{ax+b}+c=\pm\sqrt{a\left(x+\frac{b}{a}\right)}+c$$

이므로 $y=\sqrt{ax+b}+c$와 $y=-\sqrt{ax+b}+c$의 그래프는 $y=\sqrt{ax}$와 $y=-\sqrt{ax}$의 그래프를 각각 x축 방향으로 $-\frac{b}{a}$만큼, y축 방향으로 c만큼 평행이동한 그래프이다.

예 무리함수 $y=\sqrt{2x-4}+3$의 그래프는 $y=\sqrt{2x}$의 그래프를 x축 방향으로

$-\dfrac{(-4)}{2}=2$만큼, y축 방향으로 3만큼 평행이동한 그래프이다.

예제 3.3.1 분수함수 $y=\dfrac{2x-1}{x-1}$의 정의역, 치역, 점근선의 방정식을 구하고 그래프를 그려라.

풀이 주어진 함수는 $y=\dfrac{2x-1}{x-1}=\dfrac{2(x-1)+1}{x-1}=2+\dfrac{1}{x-1}$이다. 따라서 정의역은 $\{x \mid x \neq 1$ 인 실수$\}$, 치역은 $\{y \mid y \neq 2$ 인 실수$\}$이고, 점근선의 방정식은 $x=1$, $y=2$이다.

이상의 결과를 바탕으로 그래프를 그리면 다음 그림과 같다.

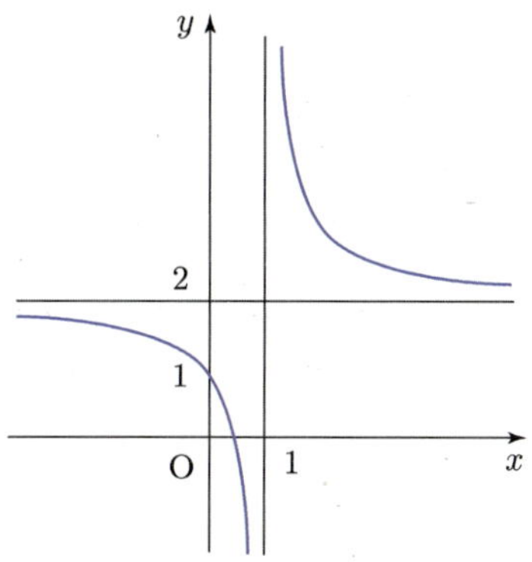

예제 3.3.2 $y=\dfrac{3x+2}{x+1}$의 그래프를 x축 방향으로 2만큼, y축 방향으로 3만큼 평행이동한 그래프의 방정식을 구하여라.

풀이 주어진 함수에 x대신 $x-2$, y대신 $y-3$을 대입하면 다음과 같이 평행이동한 그래프의 방정식이 얻어진다.

$$y-3=\frac{3(x-2)+2}{(x-2)+1}=\frac{3x-4}{x-1}$$

$$\therefore \quad y=\frac{3x-4}{x-1}+3=\frac{3(x-1)-1}{x-1}+3$$

$$=-\frac{1}{x-1}+6$$

예제 3.3.3 $y = \sqrt{2x-4}+1$의 정의역과 치역을 구하고 그래프를 그려라.

풀이 근호 안의 값이 0보다 크거나 같아야 하므로

$$2x-4 \geq 0$$

$$\therefore \quad x \geq 2$$

따라서 정의역은 $\{x | x \geq 2\}$이고 치역은 $\{y | y \geq 1\}$이다. 그래프는

$$y = \sqrt{2x-4}+1 = \sqrt{2(x-2)}+1$$

이므로 다음 그림과 같이 $y = \sqrt{2x}$의 그래프를 x축 방향으로 2만큼, y축 방향으로 1만큼 평행이동한 그래프이다.

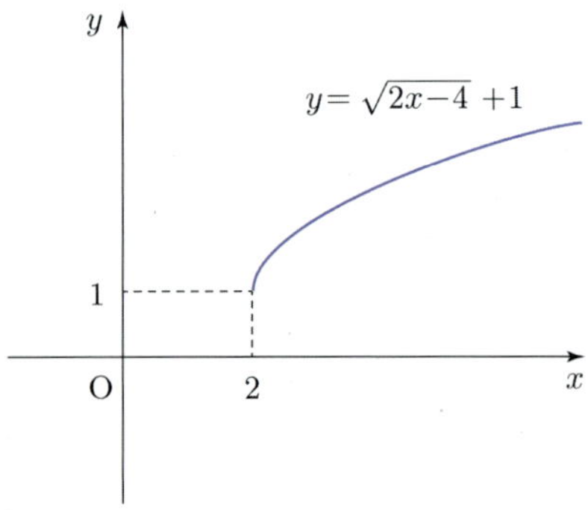

예제 3.3.4 $y = \dfrac{4x+5}{2x+3}$의 역함수를 구하여라.

풀이 (1) $y = \dfrac{4x+5}{2x+3}$에서 x를 구한다.

$$(2x+3)y = 4x+5$$

$$(2y-4)x = -3y+5$$

$$\therefore \quad x = \frac{-3y+5}{2y-4}$$

여기에서 x와 y를 바꾸면 역함수는 $y = \dfrac{-3x+5}{2x-4}$이다.

(2) [3.3.6]의 공식을 이용하면 $a=2$, $b=3$, $c=4$, $d=5$이므로

역함수는 $f^{-1}(x) = \dfrac{-bx+d}{ax-c} = \dfrac{-3x+5}{2x-4}$이다.

예제 3.3.5 $y=\sqrt{x-1}+2$의 역함수와 역함수의 정의역과 치역을 구하여라.

풀이 먼저 주어진 함수에서 x를 구한다.

$y=\sqrt{x-1}+2$에서 $y-2=\sqrt{x-1}$이고 이 식의 양변을 제곱하면

$$(y-2)^2=x-1$$

$$\therefore\ x=(y-2)^2+1$$

이다. 여기에서 x와 y를 바꾸면 역함수는

$$y=(x-2)^2+1$$

이다. 주어진 함수 $y=\sqrt{x-1}+2$의 정의역은 $x-1\geq 0$에서 $\{x|x\geq 1\}$, 치역은 $\{y|y\geq 2\}$이고, 역함수의 정의역과 치역은 각각 원래 함수의 치역과 정의역이므로 역함수의 정의역은 $\{x|x\geq 2\}$, 치역은 $\{y|y\geq 1\}$이다.

예제 3.3.6 무리함수 $y=\sqrt{x+1}$의 그래프가 직선 $y=x+k$에 접할 때 상수 k의 값을 구하여라.

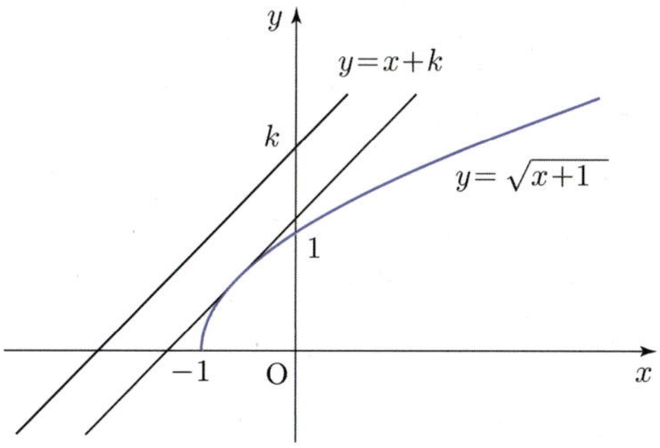

풀이 $y=\sqrt{x+1}$과 $y=x+k$에서 y를 소거하면

$$\sqrt{x+1}=x+k$$

이다. 이 식의 양변을 제곱하면

$$x+1=x^2+2kx+k^2$$

$$\therefore\ x^2+(2k-1)x+k^2-1=0 \qquad \cdots①$$

곡선 $y=\sqrt{x+1}$이 직선 $y=x+k$에 접하기 위해서는 이차방정식 ①이 중근을 가져야 한다.

$$D=(2k-1)^2-4(k^2-1)=0$$

$$-4k+5=0$$

$$\therefore \ k=\frac{5}{4}$$

† [예제 3.3.6]에서 직선 $y=x+k$의 y절편은 k이다. 따라서 그림의 그래프를 보면 두 그래프의 교점에 대해 다음과 같은 것을 알 수 있다. 직선이 점 $(-1, 0)$을 지날 때 $k=1$이다.

(i) $k>\frac{5}{4}$이면 교점이 없다.

(ii) $k=\frac{5}{4}$이면 한 개의 교점이 있다.

(iii) $1 \le k < \frac{5}{4}$이면 두 개의 교점이 있다.

(iv) $k<1$이면 한 개의 교점이 있다.

3.3 연습문제

1. 다음 분수함수의 점근선의 방정식을 구하고 그래프를 그려라.

(1) $y=\dfrac{6x-3}{3x-2}$　　(2) $y=\dfrac{6x-4}{2x-1}$

2. 다음 함수의 역함수를 구하여라.

(1) $y=\dfrac{3x+4}{5x+1}$　　(2) $y=\dfrac{2}{2x+1}+1$

3. 다음 함수의 정의역과 치역을 구하고 그래프를 그려라.

(1) $y=\sqrt{x-3}+2$　　(2) $y=-\sqrt{2x-4}+1$

4. 다음 함수의 역함수와 역함수의 정의역과 치역을 구하여라.

(1) $y=\sqrt{x-2}$　　(2) $y=\sqrt{x+2}+1$

5. 함수 $f(x)=\dfrac{k}{x+1}$에 대하여 $f(f(x))=\dfrac{x+1}{x+2}$이 성립할 때 상수 k의 값을 구하여라.

6. 무리함수 $y=\sqrt{-x+2}$의 그래프와 직선 $y=x+k$가 만나지 않을 때 상수 k의 값의 범위를 구하여라.

7. 무리함수 $y=\sqrt{x+2}$의 그래프가 직선 $y=x+k$에 접할 때 상수 k의 값을 구하여라.

8. $-3\le x\le 0$에서 함수 $y=\sqrt{-x+1}+k$의 최솟값이 2일 때 상수 k의 값과 최댓값을 구하여라.

9. 무리함수 $y=\sqrt{x-2}$의 그래프와 직선 $y=x+k$가 서로 다른 두 점에서 만나게 하는 상수 k의 값의 범위를 구하여라.

3.4 원의 방정식

3.4.1 원의 방정식

(1) 원의 방정식의 표준형 : 중심이 (a, b)이고 반지름의 길이가 r인 원의 방정식은 다음과 같다.

$$(x-a)^2+(y-b)^2=r^2$$

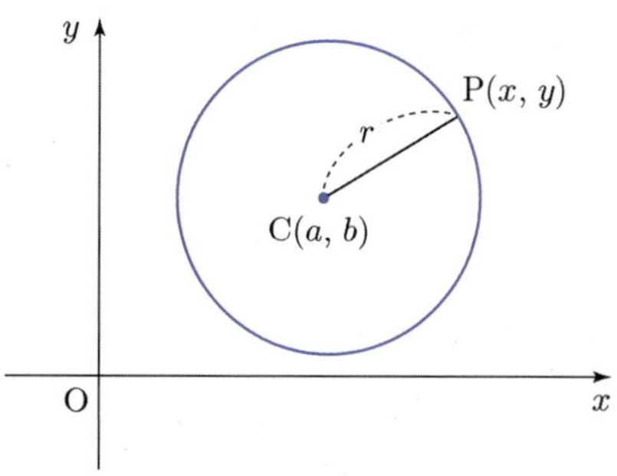

(2) 원의 방정식의 일반형 : 방정식

$$x^2+y^2+Ax+By+C=0 \quad (\text{단, } A^2+B^2-4C>0)$$

은 중심이 $\left(-\frac{A}{2}, -\frac{B}{2}\right)$이고, 반지름의 길이가 $\frac{\sqrt{A^2+B^2-4C}}{2}$인 원을 나타낸다.

설명 (1) 평면 위의 한 정점으로부터 일정한 거리에 있는 점의 집합을 원이라 한다. 여기에서 고정된 정점을 원의 중심, 일정한 거리를 원의 반지름의 길이라 한다. 중심이 점 $\mathrm{C}(a, b)$이고, 반지름의 길이가 r인 원 위의 임의의 점을 $\mathrm{P}(x, y)$라 하면 $\overline{\mathrm{CP}}=r$에서

$$\sqrt{(x-a)^2+(y-b)^2}=r$$

이고 이 식을 제곱하면

$$(x-a)^2+(y-b)^2=r^2$$

이다.

(2) 방정식 $x^2+y^2+Ax+By+C=0$은

$$x^2+Ax+\left(\frac{A}{2}\right)^2+y^2+By+\left(\frac{B}{2}\right)^2=\left(\frac{A}{2}\right)^2+\left(\frac{B}{2}\right)^2-C$$

$$\therefore\ \left(x+\frac{A}{2}\right)^2+\left(y+\frac{B}{2}\right)^2=\frac{A^2+B^2-4C}{4}$$

이므로 $A^2+B^2-4C>0$이면

$$\text{중심}\ \left(-\frac{A}{2},\ -\frac{B}{2}\right),\quad \text{반지름}\ r=\frac{\sqrt{A^2+B^2-4C}}{2}$$

인 원이 된다.

예제 3.4.1 중심이 $(1,\ -2)$이고 반지름이 3인 원의 방정식을 구하여라.

풀이 주어진 원의 방정식은 다음과 같다.

$$(x-1)^2+\{y-(-2)\}^2=3^2$$

$$\therefore\ (x-1)^2+(y+2)^2=9$$

예제 3.4.2 중심이 $(-2,3)$이고 점 $(-4,5)$를 지나는 원의 방정식을 구하여라.

풀이 중심이 $(-2,3)$이므로 반지름을 r로 하면 원의 방정식은

$$(x+2)^2+(y-3)^2=r^2$$

이고, 점 $(-4,5)$를 지나므로

$$(-4+2)^2+(5-3)^2=r^2$$

$$\therefore\ r^2=8$$

이다. 따라서 구하는 원의 방정식은 다음과 같다.

$$(x+2)^2+(y-3)^2=8$$

예제 3.4.3 두 점 $\mathrm{A}(-2,3)$, $\mathrm{B}(4,\ -7)$을 지름의 양 끝점으로 하는 원의 방정식을 구하여라.

풀이 두 점 A, B가 지름의 양 끝점이므로 $\overline{AB}$의 중점은 원의 중심이 된다. 중점의 좌표를 C(a, b)라 하면

$$a=\frac{-2+4}{2}=1, \quad b=\frac{3-7}{2}=-2$$

이고 원의 중심은 C$(1, -2)$이다. 또 반지름

$$r=\frac{\overline{AB}}{2}=\overline{AC}=\sqrt{(-2-1)^2+(3+2)^2}=\sqrt{34}$$

이므로 구하는 원의 방정식은

$$(x-1)^2+(y+2)^2=34$$

이다.

† 좌표평면 위의 두 점 A(x_1, y_1), B(x_2, y_2)를 잇는 $\overline{AB}$의 중점의 좌표는 C$\left(\frac{x_1+x_2}{2}, \frac{y_1+y_2}{2}\right)$이고, 두 점 사이의 거리 $\overline{AB}=\sqrt{(x_2-x_1)^2+(y_2-y_1)^2}$ 이다.

예제 3.4.4 방정식 $x^2+y^2-6x+4y+3=0$이 나타내는 원의 중심과 반지름을 구하여라.

풀이 주어진 방정식을 원의 방정식의 표준형으로 나타내어 중심과 반지름을 구한다.

$$x^2+y^2-6x+4y+3=0$$

$$(x^2-6x+9)+(y^2+4y+4)=-3+9+4$$

$$\therefore \quad (x-3)^2+(y+2)^2=(\sqrt{10})^2$$

따라서 원의 중심은 $(3, -2)$이고 반지름은 $\sqrt{10}$ 이다.

예제 3.4.5 세 점 $(0, 0)$, $(-1, 1)$, $(-2, 1)$을 지나는 원의 방정식을 구하여라.

풀이 구하는 원의 방정식을

$$x^2+y^2+Ax+By+C=0 \qquad \cdots ①$$

로 놓는다. 이 원은 세 점 $(0, 0)$, $(-1, 1)$, $(-2, 1)$을 지나므로

점 $(0, 0)$을 식 ①에 대입하면 : $C=0$

점 $(-1, 1)$을 ①에 대입하면 : $2-A+B+C=0$

점 $(-2, 1)$을 ①에 대입하면 : $5-2A+B+C=0$

위 세 식으로부터 상수 A, B, C를 구하면

$$A=3,\ B=1,\ C=0$$

이다. 이 값을 식 ①에 대입하면 다음과 같은 원의 방정식이 구해진다.

$$x^2+y^2+3x+y=0$$

예제 3.4.6 중심이 직선 $y=x+1$ 위에 있고 점 $(1, 4)$를 지나며 x축에 접하는 원의 방정식을 구하여라.

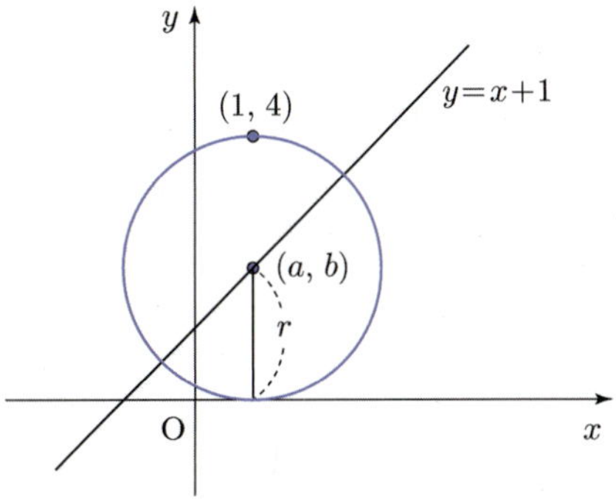

풀이 원의 중심을 (a, b)로 하면 원이 x축에 접하므로 원의 반지름 $r=|b|$이다. 따라서 구하는 원의 방정식을

$$(x-a)^2+(y-b)^2=b^2$$

으로 놓는다. 중심 (a, b)가 직선 $y=x+1$ 위에 있으므로

$$b=a+1 \qquad \cdots①$$

이고 원이 점 $(1, 4)$를 지나므로

$$(1-a)^2+(4-b)^2=b^2 \qquad \cdots②$$

이다. ①을 ②에 대입하여 a를 구한다.

$$(1-a)^2+(4-a-1)^2=(a+1)^2$$

$$a^2-10a+9=0$$

$$(a-1)(a-9)=0$$

$$\therefore\ a=1,\ 9$$

이고 이 값을 ①에 대입하면 $b=2,\ 10$이다. 따라서 구하는 원의 방정식은 다음과 같다.

$$(x-1)^2+(y-2)^2=2^2,\ (x-9)^2+(y-10)^2=10^2$$

† 원의 중심이 (a, b)일 때 원이 x축에 접하면 $r=|b|$, y축에 접하면 $r=|a|$이다.

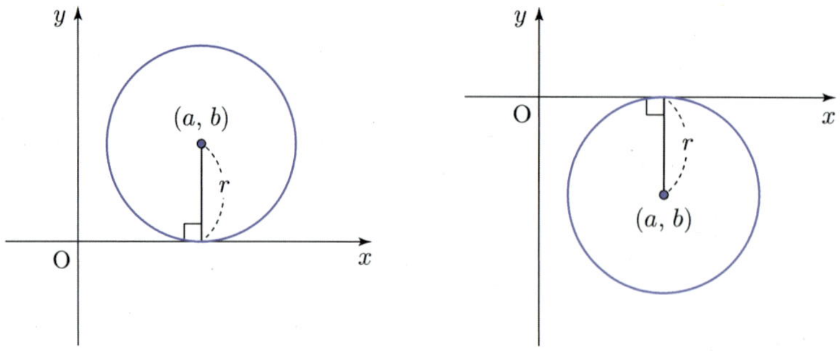

· x축에 접할 때 $r=|b|$

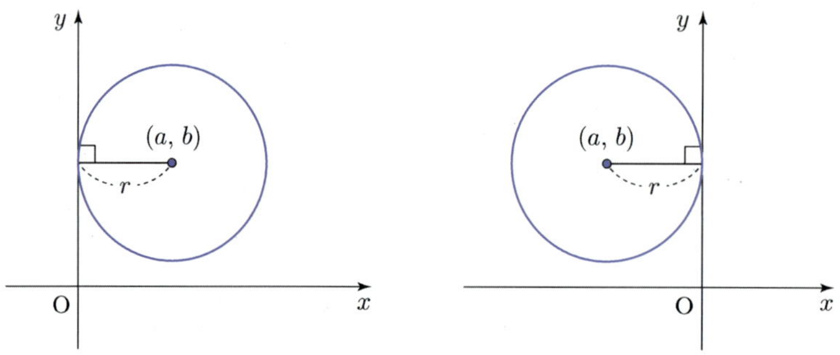

· y축에 접할 때 $r=|a|$

참고 타원의 방정식

평면 위의 두 정점에서의 거리의 합이 일정한 점의 자취를 타원이라 하고, 두 정점을 타원의 초점이라 한다.

(1) 두 초점 $F(k,0)$, $F'(-k,0)$에서의 거리의 합이 $2a$인 타원의 방정식은

$\frac{x^2}{a^2}+\frac{y^2}{b^2}=1$ $(a>b>0,\ k^2=a^2-b^2)$이다.

이때 x절편은 $\pm a$, y절편은 $\pm b$이고 장축의 길이는 $2a$, 단축의 길이는 $2b$가 된다.

(2) 두 초점 $F(0,k)$, $F'(0,-k)$에서의 거리의 합이 $2b$인 타원의 방정식은

$\frac{x^2}{a^2}+\frac{y^2}{b^2}=1$ $(b>a>0,\ k^2=b^2-a^2)$이다.

이때 장축의 길이는 $2b$, 단축의 길이는 $2a$가 된다.

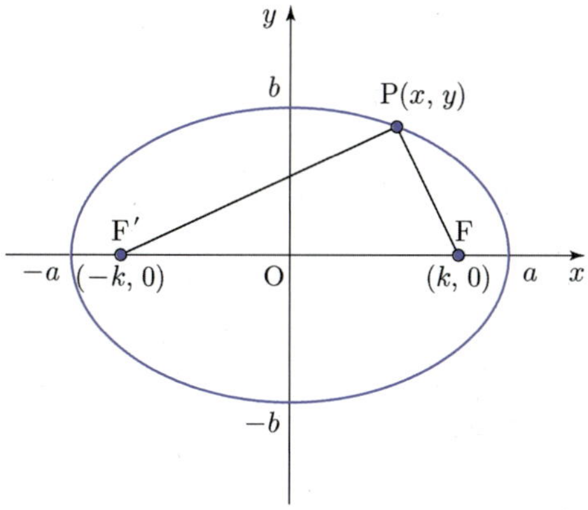

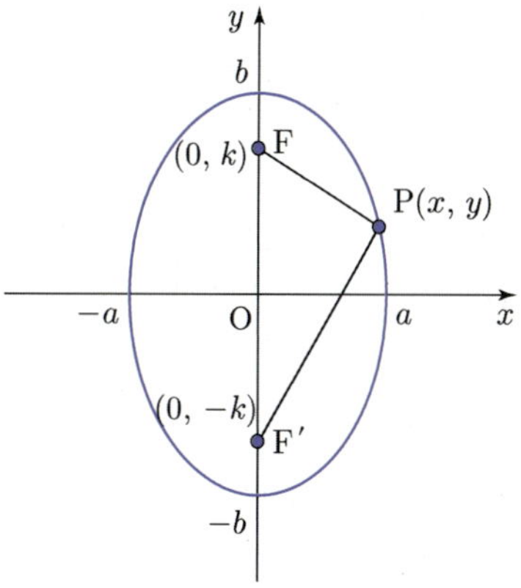

3.4 연습문제

1. 다음 조건을 만족하는 원의 방정식을 구하여라.

(1) 중심이 $(-2, 3)$, 반지름이 4인 원

(2) 원점 $(0, 0)$이 중심이고, 반지름이 r인 원

2. 중심이 $(2, 1)$이고 x축에 접하는 원의 방정식을 구하여라.

3. 중심이 $(2, 1)$이고 y축에 접하는 원의 방정식을 구하여라.

4. 중심이 $(2, 3)$이고 원점 $(0, 0)$을 지나는 원의 방정식을 구하여라.

5. 다음 방정식이 나타내는 원의 중심과 반지름을 구하여라.

(1) $x^2 + y^2 - 2x + 4y = 0$

(2) $2x^2 + 2y^2 + 8x - 4y + 1 = 0$

6. 방정식 $x^2 + y^2 + Ax + By + C = 0$이 중심이 $(1, -2)$이고 반지름이 4인 원을 나타낼 때 상수 A, B, C의 값을 구하여라.

7. 중심이 $(-2, 3)$이고 점 $(1, 4)$를 지나는 원의 방정식을 구하여라.

8. 두 점 $(2, -1)$, $(4, 3)$을 지름의 양 끝점으로 하는 원의 방정식을 구하여라.

9. 중심이 x축 위에 있고, 두 점 $(0, 1)$, $(2, -3)$을 지나는 원의 방정식을 구하여라.

† x축에서 $y = 0$이므로 중심이 x축 위에 있으면 중심의 좌표는 $(a, 0)$이다.

10. 다음 식이 원의 방정식이 되도록 상수 a의 범위를 구하여라.

$$x^2 + y^2 + 2ax - 4ay + 4a^2 + 4a - 3 = 0$$

11. 직선 $y=x+1$과 중심이 $(0, 0)$이고 반지름이 5인 원이 만나는 점(교점)의 좌표를 구하여라.

제 4 장

삼각함수

4.1 삼각비

4.1.1 일반각

(1) 시초선과 동경 : 평면 위에서 반직선 OP가 점 O를 중심으로 고정된 반직선 OX에서부터 회전할 때 $\overrightarrow{OX}$를 시초선, $\overrightarrow{OP}$를 동경이라 하고 회전량 θ를 $\angle XOP$의 크기라 정의한다.

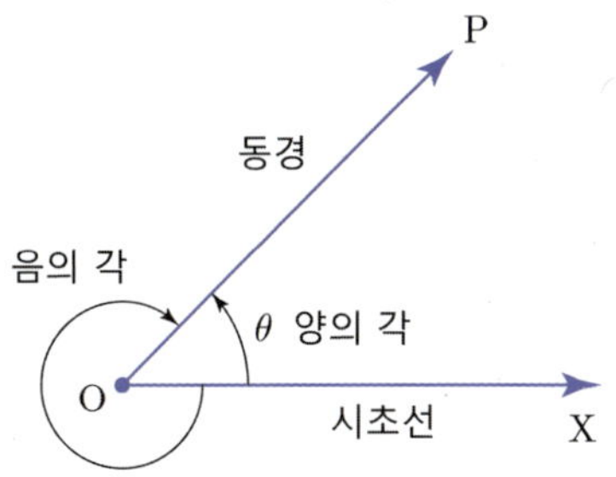

(2) 일반각 : $\angle XOP$의 크기의 하나를 $\alpha°$라 할 때 $\theta = \alpha° + 360° \times n$ (n은 정수)로 나타내는 것을 동경 OP의 일반각이라 정의한다. 정수 n의 값에 관계없이 θ가 나타내는 동경 OP의 위치는 같고,
$\alpha°$는 보통 $0 \le \alpha° < 360°$ 또는 $-180° < \alpha° \le 180°$이다.

(3) 양의 각, 음의 각 : 동경 OP가 시계 반대 방향으로 회전한 각을 양(+)의 각, 시계 방향으로 회전한 각을 음(−)의 각이라 정의한다.

예 (1) 30°, 390°, 750°가 나타내는 동경의 위치는 모두 같다.
(2) 양의 각 210°와 음의 각 −150°가 나타내는 동경의 위치는 같다.

4.1.2 호도법

(1) 반지름의 길이와 호($\overset{\frown}{AB}$)의 길이가 같을 때의 중심각의 크기($\angle AOB$)를 1라디안(radian)이라 하고, 이것을 단위로 하여 각을 나타내는 방법을 호도법이라 한다. 반지름의 길이가 1인 부채꼴에서 호의 길이가 a이면 중심각의 크기는 a rad이 된다.

(2) 호도법과 60분법의 관계 : 호의 길이는 중심각의 크기에 비례하므로 $\angle AOB$를 $\beta°$라 하면, $\beta° : r = 360° : 2\pi r$에서 $\beta° = \dfrac{180°}{\pi}$이다. 즉,

$1\,\text{rad} = \dfrac{180°}{\pi}$, $1° = \dfrac{\pi}{180}\,\text{rad}$이다.

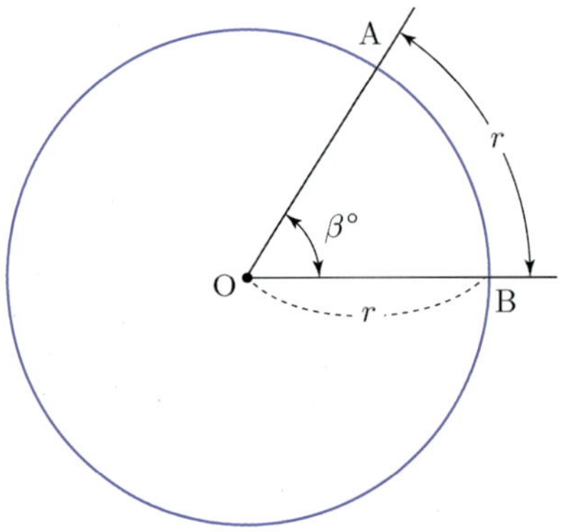

(3) [4.1.1]에서 $\angle XOP$의 크기의 하나가 α rad일 때 동경 OP가 나타내는 일반각 $\theta = \alpha + 2\pi n$ (n은 정수)이다.

α는 보통 $0 \le \alpha < 2\pi$ 또는 $-\pi < \alpha \le \pi$이다.

† 라디안은 호의 길이와 반지름의 길이의 비이므로 실수이고, 보통 단위(rad)를 생략하여 $\dfrac{\pi}{4}$, π, 2π 등과 같이 나타낸다.

예 (1) 반지름의 길이가 1인 $\dfrac{1}{4}$원의 중심각의 크기는 $\dfrac{\pi}{2}$ rad이고, 호의 길이는 $\dfrac{\pi}{2}$이다.

(2) $60° = 60 \times \dfrac{\pi}{180}\,\text{rad} = \dfrac{\pi}{3}\,\text{rad}$

$$\frac{\pi}{4}\,\text{rad} = \frac{\pi}{4} \times \frac{180°}{\pi} = 45°$$

4.1.3 부채꼴의 호의 길이와 넓이

반지름의 길이 r, 중심각 θ(rad)인 부채꼴의 호의 길이를 l, 넓이를 S라 하면, 호의 길이와 넓이는 중심각의 크기에 비례하므로

$\theta : l = 2\pi : 2\pi r$에서 $l = r\theta$이고,

$\theta : S = 2\pi : \pi r^2$에서 $S = \frac{1}{2}r^2\theta = \frac{1}{2}rl$가 된다.

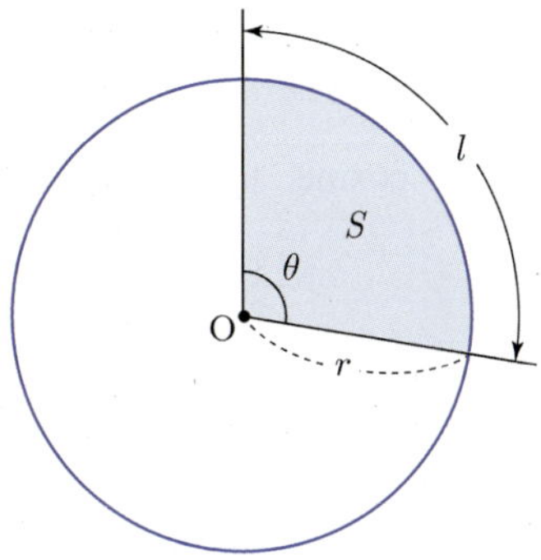

† 각 θ는 호도법에 의한 단위라는 사실에 주의한다. radian은 무차원수이다.

예 (1) 반지름 4cm, 중심각 $\frac{\pi}{4}$인 부채꼴의 호의 길이(l)와 면적(S)은?

$$l = r\theta = 4\text{cm} \times \frac{\pi}{4} = \pi\,\text{cm}$$

$$S = \frac{1}{2}r^2\theta = \frac{1}{2} \times (4\text{cm})^2 \times \frac{\pi}{4} = 2\pi\ \text{cm}^2$$

(2) 반지름 6cm, 호의 길이 3cm인 부채꼴의 면적(S)은?

$$S = \frac{1}{2}rl = \frac{1}{2} \times 6\text{cm} \times 3\text{cm} = 9\text{cm}^2$$

4.1.4 삼각비와 피타고라스 정리[1)]

(1) 삼각비의 정의 : $\angle \mathrm{C} = 90°$인 직각삼각형 ABC에서 세 변의 길이 사이의 비의 값을 다음과 같이 정의한다.

$$\sin A = \frac{a}{c}, \quad \cos A = \frac{b}{c}, \quad \tan A = \frac{a}{b}$$

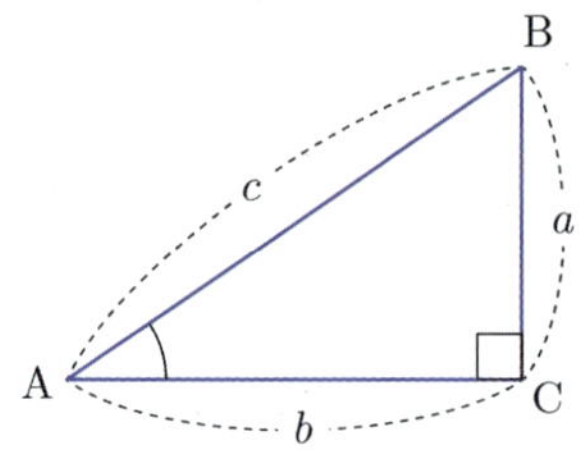

sin, cos, tan는 각각 sine, cosine, tangent의 약자이고 A는 $\angle \mathrm{A}$의 크기를 나타낸다.

(2) 피타고라스 정리 : $a^2 + b^2 = c^2$

4.1.5 특수각의 삼각비[2)]

삼각비 \ θ	$30°\left(\frac{\pi}{6}\right)$	$45°\left(\frac{\pi}{4}\right)$	$60°\left(\frac{\pi}{3}\right)$
$\sin\theta$	$\frac{1}{2}$	$\frac{1}{\sqrt{2}}$	$\frac{\sqrt{3}}{2}$
$\cos\theta$	$\frac{\sqrt{3}}{2}$	$\frac{1}{\sqrt{2}}$	$\frac{1}{2}$
$\tan\theta$	$\frac{1}{\sqrt{3}}$	1	$\sqrt{3}$

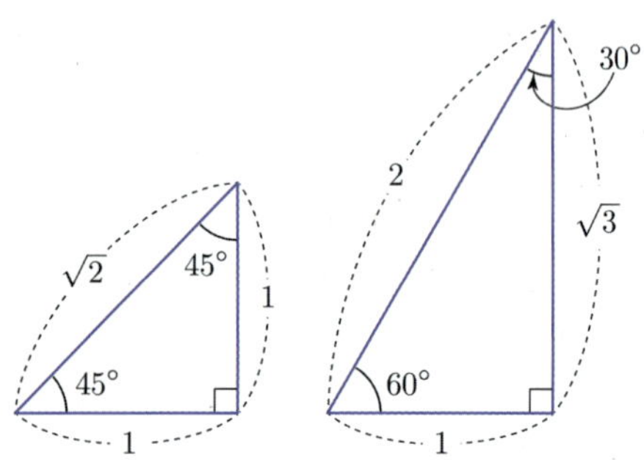

1) 삼각비와 피타고라스 정리는 공학에서 많이 사용되므로 잘 알아두도록 한다.
2) 특수각 삼각비는 기억하려 하지 말고 삼각형을 그려서 곧바로 구할 수 있게 한다.

예제 4.1.1 도(°)로 나타낸 각은 라디안으로, 라디안은 도(°)로 바꾸어라.

(1) $30°$ (2) $120°$

(3) $\frac{\pi}{3}$ (4) 3π

풀이 (1) $30° = 30 \times \frac{\pi}{180}\,\text{rad} = \frac{\pi}{6}\,\text{rad}$

(2) $120° = 120 \times \frac{\pi}{180}\,\text{rad} = \frac{2\pi}{3}\,\text{rad}$

(3) $\frac{\pi}{3}\,\text{rad} = \frac{\pi}{3} \times \frac{180°}{\pi} = 60°$

(4) $3\pi\,\text{rad} = 3\pi \times \frac{180°}{\pi} = 540°$

많이 쓰이는 특수각의 호도법과 60분법의 관계는 다음과 같다.[3]

60분법	$0°$	$30°$	$45°$	$60°$	$90°$	$120°$	$150°$	$180°$	$270°$	$360°$
호도법	0	$\frac{\pi}{6}$	$\frac{\pi}{4}$	$\frac{\pi}{3}$	$\frac{\pi}{2}$	$\frac{2\pi}{3}$	$\frac{5\pi}{6}$	π	$\frac{3\pi}{2}$	2π

$\angle \text{XOP}$의 일반각이 $\theta = \alpha + 2\pi n$ (n은 정수)일 때

(1) $0 < \alpha < \frac{\pi}{2}$이면 제1사분면의 각

(2) $\frac{\pi}{2} < \alpha < \pi$이면 제2사분면의 각

(3) $\pi < \alpha < \frac{3\pi}{2}$이면 제3사분면의 각

(4) $\frac{3\pi}{2} < \alpha < 2\pi$이면 제4사분면의 각이라 한다.

예제 4.1.2 다음 각은 제 몇 사분면의 각인가?

(1) $750°$ (2) $\frac{19\pi}{4}$

3) 공학문제의 이론식에서 나타나는 각의 단위는 일반적으로 라디안이므로 이 단위에 익숙해지도록 한다.

풀이 (1) $750° = 30° + 2 \times 360°$이므로 제1사분면의 각이다.

(2) $\frac{19\pi}{4} = \frac{3\pi}{4} + 2 \times 2\pi$이므로 제2사분면의 각이다.

예제 4.1.3 중심각이 $45°$인 부채꼴의 면적이 $2\pi \text{cm}^2$일 때 부채꼴의 반지름과 호의 길이를 구하여라.

풀이 중심각 $\theta = 45° = 45 \times \frac{\pi}{180} \text{rad} = \frac{\pi}{4} \text{rad}$이다.

따라서 $S = \frac{1}{2} r^2 \theta$로부터

부채꼴의 반지름 $r = \sqrt{\frac{2S}{\theta}} = \sqrt{\frac{2 \times 2\pi \text{cm}^2}{\pi/4}} = 4\text{cm}$

이고, 부채꼴의 호의 길이 $l = r\theta = 4\text{cm} \times \frac{\pi}{4} = \pi \text{cm}$이다.

예제 4.1.4 둘레의 길이가 20cm인 부채꼴의 최대 넓이와 그때의 중심각의 크기를 구하여라.

풀이 반지름과 호의 길이를 각각 $r\text{cm}$, $l\text{cm}$, 면적을 $S\text{cm}^2$라고 하면, 둘레의 길이 $20\text{cm} = (2r + l)\text{cm}$이므로

$$l = 20 - 2r$$

$$\therefore \ S = \frac{1}{2} rl = \frac{1}{2} r(20 - 2r) = 10r - r^2 = -(r-5)^2 + 25$$

따라서 $r = 5$일 때 S는 최댓값 25를 갖는다. 이때의 중심각을 θ라 하면

$$S = \frac{1}{2} r^2 \theta$$

$$\therefore \ \theta = \frac{2S}{r^2} = \frac{2 \times 25}{5^2} = 2 \ [\text{rad}]$$

따라서 부채꼴의 최대 넓이는 $25\,\text{cm}^2$, 중심각의 크기는 2 rad이다.

예제 4.1.5 반지름이 4이고 중심각의 크기가 $\frac{\pi}{2}$인 부채꼴 모양과 같은 넓이를 갖는 원의 반지름을 구하여라.

풀이 부채꼴의 면적 $S=\frac{1}{2}r^2\theta=\frac{1}{2}\times 4^2\times\frac{\pi}{2}=4\pi$

이다. 따라서 원의 반지름을 R이라 하면 원의 면적은 πR^2이므로

$$\pi R^2=4\pi$$
$$\therefore\ R=2$$

이다.

예제 4.1.6 빗변의 길이가 4cm인 다음 그림의 직각삼각형에서 나머지 두 변의 길이 a와 b를 구하여라.

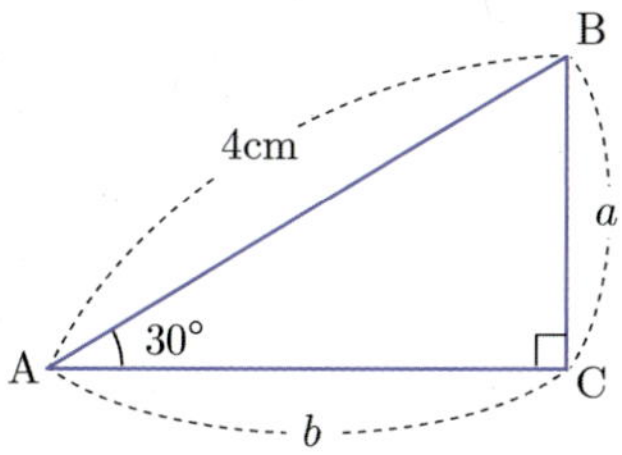

풀이 삼각비의 정의에 의해

$$\sin 30^\circ=\frac{a}{4\text{cm}}\qquad\therefore\ a=4\sin 30^\circ\text{ cm}=4\times\frac{1}{2}\text{cm}=2\text{cm}$$

$$\cos 30^\circ=\frac{b}{4\text{cm}}\qquad\therefore\ b=4\cos 30^\circ\text{ cm}=4\times\frac{\sqrt{3}}{2}\text{cm}=2\sqrt{3}\text{ cm}$$

예제 4.1.7 그림과 같은 $\triangle ABC$에서 $\angle A=45^\circ$, $\angle C=30^\circ$, $\overline{AC}=2$이다. $\overline{BH}$와 $\overline{AC}$가 수직일 때 $\overline{BH}$의 길이 h를 구하여라.

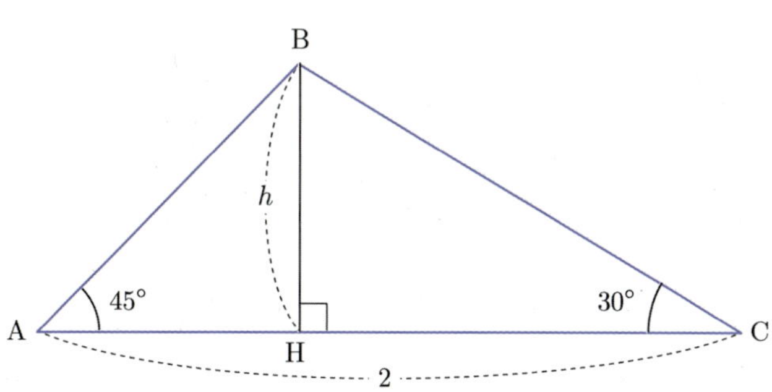

풀이 $\triangle$ABH에서 $\tan 45° = 1 = \dfrac{h}{\overline{\mathrm{AH}}}$ $\quad \therefore \ \overline{\mathrm{AH}} = h$

$\triangle$BCH에서 $\tan 30° = \dfrac{1}{\sqrt{3}} = \dfrac{h}{\overline{\mathrm{CH}}}$ $\quad \therefore \ \overline{\mathrm{CH}} = \sqrt{3}h$

여기에서 $\overline{\mathrm{AC}} = \overline{\mathrm{AH}} + \overline{\mathrm{CH}} = 2$이므로

$$h + \sqrt{3}h = 2$$
$$h(\sqrt{3}+1) = 2$$
$$\therefore \ h = \frac{2}{\sqrt{3}+1} = \frac{2(\sqrt{3}-1)}{(\sqrt{3}+1)(\sqrt{3}-1)} = \sqrt{3}-1$$

예제 4.1.8 그림과 같은 $\triangle$ABC에서 $\angle A = 60°$, $\overline{\mathrm{AB}} = 4$, $\overline{\mathrm{AC}} = 6$일 때 $\overline{\mathrm{BC}}$의 길이 x를 구하여라.

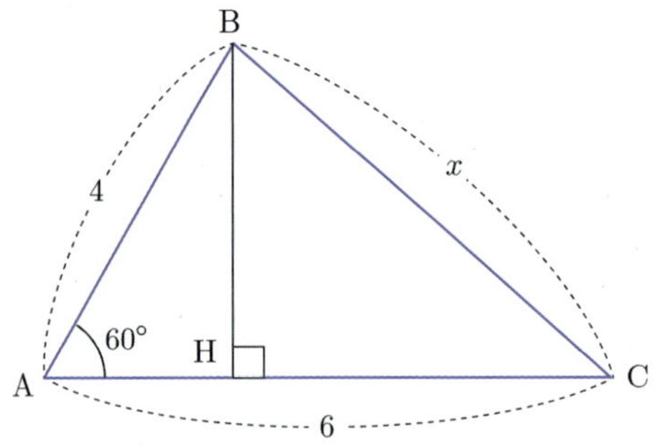

풀이 꼭짓점 B에서 내린 수선과 $\overline{\mathrm{AC}}$의 교점을 H라 하면 $\triangle$ABH에서

$$\cos 60° = \frac{1}{2} = \frac{\overline{\mathrm{AH}}}{4}, \quad \sin 60° = \frac{\sqrt{3}}{2} = \frac{\overline{\mathrm{BH}}}{4}$$
$$\therefore \ \overline{\mathrm{AH}} = 2, \quad \overline{\mathrm{BH}} = 2\sqrt{3}$$

이다. 따라서

$$\overline{\mathrm{CH}} = 6 - \overline{\mathrm{AH}} = 6 - 2 = 4$$

이므로 $\triangle$BCH에 피타고라스 정리를 적용하면 다음과 같이 x가 구해진다.

$$x = \sqrt{(\overline{\mathrm{BH}})^2 + (\overline{\mathrm{CH}})^2} = \sqrt{(2\sqrt{3})^2 + 4^2} = \sqrt{28} = 2\sqrt{7}$$

예제 4.1.9 이차방정식 $2x^2 + ax + b = 0$의 한 근이 $\cos 60° + \sin 60°$일 때 유리수 a, b의 값을 구하여라.

풀이 이차방정식의 계수가 유리수일 때 한 근

$$\alpha = \cos 60^\circ + \sin 60^\circ = \frac{1}{2} + \frac{\sqrt{3}}{2} = \frac{1+\sqrt{3}}{2}$$

이므로 다른 한 근 $\beta = \frac{1-\sqrt{3}}{2}$이다. 따라서 근과 계수의 관계로부터 다음과 같이 a, b가 구해진다.

$$\alpha + \beta = -\frac{a}{2} = \frac{1+\sqrt{3}}{2} + \frac{1-\sqrt{3}}{2} = 1$$

$$\therefore \; a = -2$$

$$\alpha\beta = \frac{b}{2} = \left(\frac{1+\sqrt{3}}{2}\right) \times \left(\frac{1-\sqrt{3}}{2}\right) = -\frac{1}{2}$$

$$\therefore \; b = -1$$

† 이차방정식 $ax^2 + bx + c = 0 \; (a \neq 0)$의 두 근이 α, β일 때

$$\alpha + \beta = -\frac{b}{a}, \quad \alpha\beta = \frac{c}{a}$$

4.1 연습문제

1. 다음 각은 각각 몇 사분면의 각인가?

(1) $-210°$ (2) $550°$

(3) $\frac{7\pi}{3}$ (4) $-\frac{9\pi}{5}$

2. 다음 각을 60분법은 호도법으로, 호도법은 60분법으로 나타내어라.

(1) $135°$ (2) $540°$

(3) $\frac{7\pi}{6}$ (4) $\frac{5\pi}{3}$

3. 다음 각 중 동경의 위치가 서로 일치하는 것끼리 짝 지어라.

① $30°$ ② $60°$ ③ $780°$ ④ $-\frac{5\pi}{3}$ ⑤ $-\frac{11\pi}{6}$ ⑥ $\frac{13\pi}{6}$

4. 다음 부채꼴의 호의 길이와 넓이를 구하여라.

(1) 반지름 12cm, 중심각 $\frac{5\pi}{6}$ (2) 반지름 15cm, 중심각 $36°$

5. 반지름이 2[cm]이고, 호의 길이가 5π[cm]인 부채꼴의 넓이를 구하여라.

6. 호의 길이가 4π[cm]이고 넓이가 $6\pi[\mathrm{cm}^2]$인 부채꼴의 반지름과 중심각의 크기를 구하여라.

7. 둘레의 길이가 5cm인 부채꼴의 넓이가 최대일 때의 넓이와 그때의 반지름 및 중심각의 크기를 구하여라.

8. 반경이 R인 원과 부채꼴에서, 부채꼴의 둘레의 길이가 원 둘레의 $\frac{1}{3}$일 때 부채꼴의 중심각의 크기를 구하여라.

9. 둘레의 길이가 L $(L>0)$로 일정할 때 면적이 최대가 되는 부채꼴의 중심각은 $2\,\mathrm{rad}$임을 보여라.

10. 반지름이 6이고 중심각의 크기가 $\frac{\pi}{3}$인 부채꼴 모양과 같은 넓이를 갖는 원의 지름을 구하여라.

11. $\angle A=15°$, $\angle C=90°$인 그림과 같은 직각삼각형에서 다음을 구하여라.

(1) $\overline{AB}$, $\overline{BC}$, $\overline{CD}$의 길이　　　(2) $\sin 15°$, $\cos 15°$, $\tan 15°$의 값

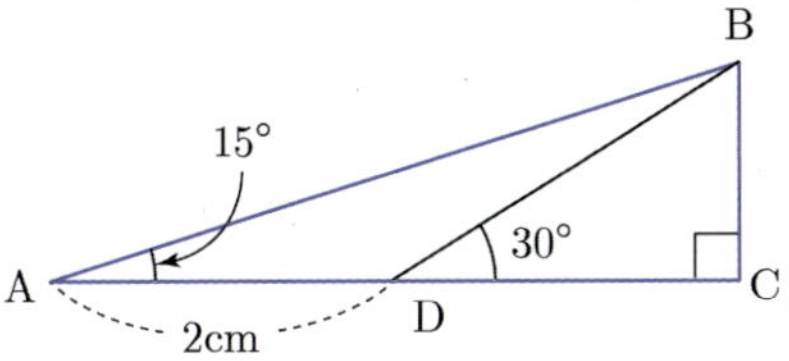

† $\triangle ABD$는 이등변삼각형이므로 $\overline{BD}=\overline{AD}=2\,\mathrm{cm}$이다. $\overline{AB}$의 길이는 $\triangle ABC$에서 피타고라스 정리를 적용하여 구할 수 있다.

12. 그림과 같은 삼각형에서 $\tan x$의 값을 구하여라.

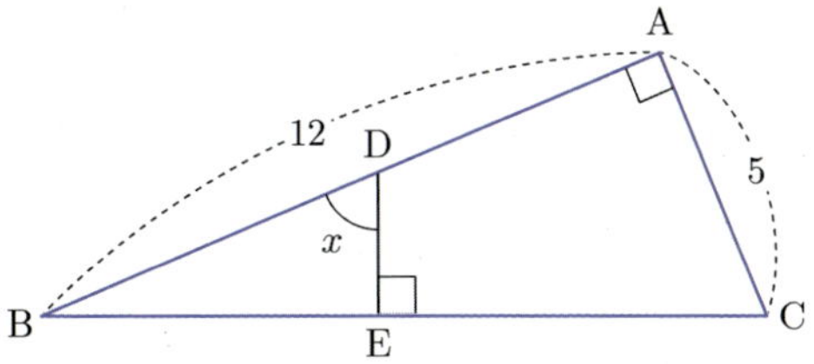

13. 그림과 같은 $\triangle ABC$에서 $\angle A=45°$, $\angle B=60°$, $\overline{AB}=100$일 때 삼각형의 높이 h를 구하여라.

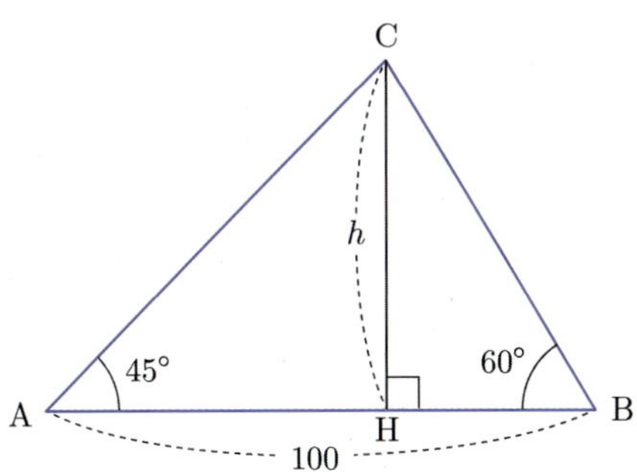

14. 그림과 같은 $\triangle ABC$에서 $\sin B + \cos C$의 값을 구하여라.

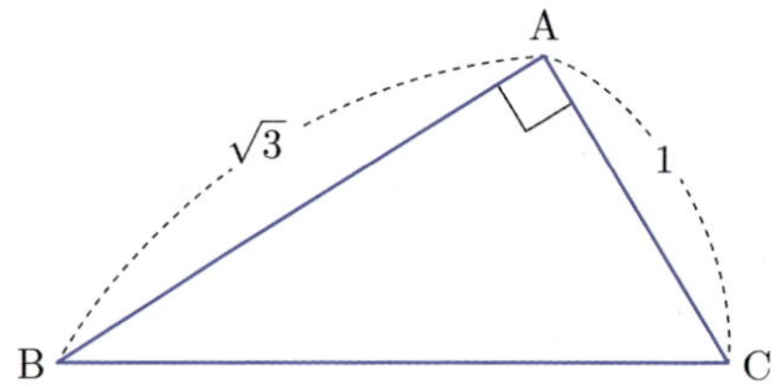

15. 그림과 같은 $\triangle ABC$에서 $\sin x$의 값을 구하여라.

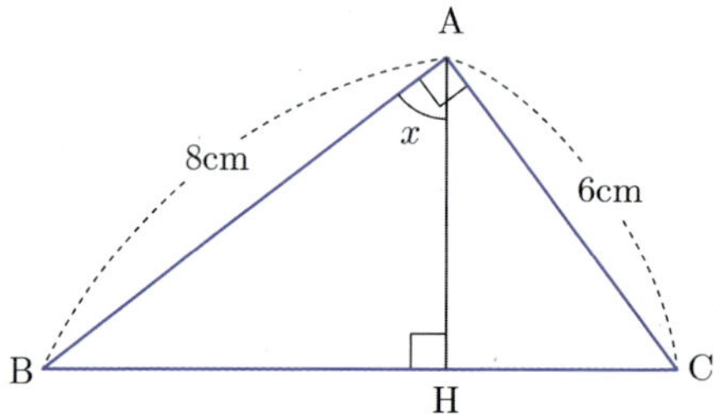

16. 크기가 F인 힘의 방향이 $+x$축과 이루는 각의 크기가 θ일 때 힘의 x성분과 y성분은 각각 $F_x = F\cos\theta$, $F_y = F\sin\theta$이다. 힘의 크기와 방향이 그림의 (1), (2)와 같을 때 각 경우에 대해 힘의 x성분과 y성분을 구하여라.

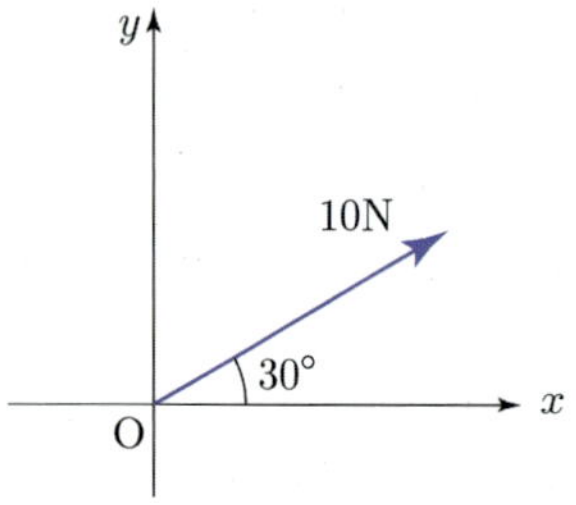

(1)

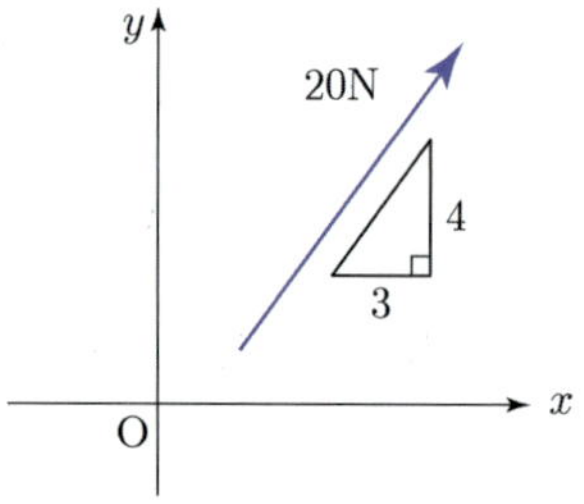

(2)

17. 가장 작은 변의 길이가 x이고 나머지 두 변의 길이가 $x+7$, $x+8$인 직각삼각형의 세 변의 길이를 구하여라.

18. 이차방정식 $4x^2 + ax + b = 0$의 한 근이 $\cos 30°$일 때 유리수 a, b의 값을 구하여라.

4.2 삼각함수

4.2.1 삼각함수의 정의

동경 OP가 x축의 양의 방향과 이루는 각의 크기를 θ, 동경과 반지름의 길이가 r인 원과의 교점을 $P(x, y)$라고 할 때 θ의 사인함수, 코사인함수, 탄젠트함수와 코시컨트함수, 시컨트함수, 코탄젠트함수는 다음과 같이 정의되고 이 여섯 가지 함수를 통틀어 삼각함수라 한다.

$$\sin\theta = \frac{y}{r}, \quad \cos\theta = \frac{x}{r}, \quad \tan\theta = \frac{y}{x} \quad (r = \sqrt{x^2 + y^2})$$

$$\csc\theta = \frac{r}{y}, \quad \sec\theta = \frac{r}{x}, \quad \cot\theta = \frac{x}{y}$$

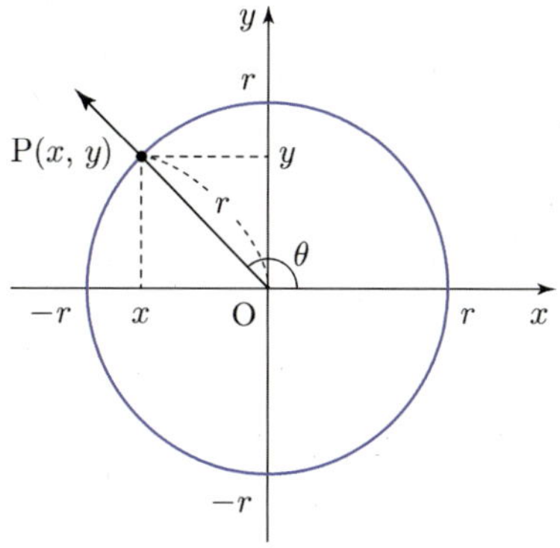

† 삼각비는 θ가 예각$\left(0 < \theta < \frac{\pi}{2}\right)$인 경우의 삼각함수라고 할 수 있으며 모두 양(+)의 값을 가진다. 이와 달리 삼각함수는 모든 각$(0 \le \theta \le 2\pi)$에 대해 정의되며 각에 따라 양(+) 혹은 음(−)의 값이 될 수 있다. 삼각함수의 값의 부호는 각 θ의 동경이 위치하는 사분면에 따라 정해진다.

† $\csc\theta$는 $\mathrm{cosec}\theta$로 나타내기도 한다.

예 원점 O와 점 P$(-4, 3)$을 지나는 동경이 x축의 양의 방향과 이루는 각의 크기를 θ라 하면, $r = \sqrt{(-4)^2+3^2} = 5$이므로

$$\sin\theta = \frac{3}{5},\quad \cos\theta = -\frac{4}{5},\quad \tan\theta = -\frac{3}{4}$$

$$\csc\theta = \frac{5}{3},\quad \sec\theta = -\frac{5}{4},\quad \cot\theta = -\frac{4}{3}$$

4.2.2 삼각함수 값의 범위

삼각함수 정의에 의해 $0 \le \theta \le 2\pi$에서 삼각함수 값의 범위는 다음과 같다.

(1) $-1 \le \sin\theta \le 1$

(2) $-1 \le \cos\theta \le 1$

(3) $\tan\theta$는 $\theta \to \frac{\pi}{2}, \frac{3\pi}{2}$에서 $\pm\infty$로 접근해 가므로 $\tan\theta$의 범위는 실수 전체이다.

탄젠트함수 정의 $\tan\theta = \frac{y}{x}$에서 $\theta = \frac{\pi}{2}, \frac{3\pi}{2}$이면 분모 $x = 0$이 된다.

4.2.3 삼각함수의 기본 공식

(1) 사인함수, 코사인함수, 탄젠트함수와 코시컨트함수, 시컨트함수, 코탄젠트함수의 관계식

$$\csc\theta = \frac{1}{\sin\theta},\quad \sec\theta = \frac{1}{\cos\theta},\quad \cot\theta = \frac{1}{\tan\theta}$$

(2) 사인함수, 코사인함수와 탄젠트함수, 코탄젠트함수의 관계식

$$\tan\theta = \frac{\sin\theta}{\cos\theta},\quad \cot\theta = \frac{\cos\theta}{\sin\theta}$$

(3) 제곱 공식

$$\sin^2\theta + \cos^2\theta = 1,\quad 1+\tan^2\theta = \sec^2\theta,\quad 1+\cot^2\theta = \csc^2\theta$$

증명 ① $\tan\theta = \dfrac{y}{x} = \dfrac{(y/r)}{(x/r)} = \dfrac{\sin\theta}{\cos\theta}$, $\cot\theta = \dfrac{1}{\tan\theta} = \dfrac{\cos\theta}{\sin\theta}$

② $\sin^2\theta + \cos^2\theta = \left(\dfrac{y}{r}\right)^2 + \left(\dfrac{x}{r}\right)^2 = \dfrac{x^2+y^2}{r^2} = 1$ $(\because r = \sqrt{x^2+y^2}\,)$

③ $1+\tan^2\theta = 1+\dfrac{y^2}{x^2} = \dfrac{x^2+y^2}{x^2} = \dfrac{r^2}{x^2} = \left(\dfrac{r}{x}\right)^2 = \sec^2\theta$

④ $1+\cot^2\theta = 1+\dfrac{x^2}{y^2} = \dfrac{x^2+y^2}{y^2} = \dfrac{r^2}{y^2} = \left(\dfrac{r}{y}\right)^2 = \csc^2\theta$

예 (1) $\sin\theta = \dfrac{\sqrt{3}}{2}$, $\cos\theta = \dfrac{1}{2}$일 때 $\tan\theta = \dfrac{\sin\theta}{\cos\theta} = \dfrac{(\sqrt{3}/2)}{(1/2)} = \sqrt{3}$

(2) $\sin\theta = \dfrac{1}{2}$일 때 $\cos\theta$의 값은?

$\cos\theta = \pm\sqrt{1-\sin^2\theta} = \pm\sqrt{1-(1/2)^2} = \pm\dfrac{\sqrt{3}}{2}$

(3) $\tan\theta = \sqrt{3}$일 때 $\cos\theta$의 값은?

$1+\tan^2\theta = 1+3 = 4 = \sec^2\theta$

$\therefore\ \sec\theta = \pm 2$ $\therefore\ \cos\theta = \dfrac{1}{\sec\theta} = \pm\dfrac{1}{2}$

4.2.4 여러 가지 각의 삼각함수 공식

(1) $-\theta$의 삼각함수

$\sin(-\theta) = -\sin\theta$, $\cos(-\theta) = \cos\theta$, $\tan(-\theta) = -\tan\theta$

(2) $\dfrac{\pi}{2} \pm \theta$의 삼각함수

$\sin\left(\dfrac{\pi}{2}+\theta\right) = \cos\theta$, $\cos\left(\dfrac{\pi}{2}+\theta\right) = -\sin\theta$, $\tan\left(\dfrac{\pi}{2}+\theta\right) = -\cot\theta$

$\sin\left(\dfrac{\pi}{2}-\theta\right) = \cos\theta$, $\cos\left(\dfrac{\pi}{2}-\theta\right) = \sin\theta$, $\tan\left(\dfrac{\pi}{2}-\theta\right) = \cot\theta$

(3) $\pi \pm \theta$의 삼각함수

$\sin(\pi+\theta) = -\sin\theta$, $\cos(\pi+\theta) = -\cos\theta$, $\tan(\pi+\theta) = \tan\theta$

$\sin(\pi-\theta) = \sin\theta$, $\cos(\pi-\theta) = -\cos\theta$, $\tan(\pi-\theta) = -\tan\theta$

(4) $\dfrac{3\pi}{2}\pm\theta$의 삼각함수

$$\sin\left(\frac{3\pi}{2}+\theta\right)=-\cos\theta,\quad \cos\left(\frac{3\pi}{2}+\theta\right)=\sin\theta,\quad \tan\left(\frac{3\pi}{2}+\theta\right)=-\cot\theta$$

$$\sin\left(\frac{3\pi}{2}-\theta\right)=-\cos\theta,\quad \cos\left(\frac{3\pi}{2}-\theta\right)=-\sin\theta,\quad \tan\left(\frac{3\pi}{2}-\theta\right)=\cot\theta$$

(5) 삼각함수의 주기성 : n이 정수일 때

$$\sin(2n\pi+\theta)=\sin\theta,\quad \cos(2n\pi+\theta)=\cos\theta,\quad \tan(n\pi+\theta)=\tan\theta$$

예

(1) $\sin\left(-\dfrac{\pi}{3}\right)=-\sin\dfrac{\pi}{3}=-\dfrac{\sqrt{3}}{2}$

(2) $\sin\left(\dfrac{5\pi}{6}\right)=\sin\left(\dfrac{\pi}{2}+\dfrac{\pi}{3}\right)=\cos\dfrac{\pi}{3}=\dfrac{1}{2}$

(3) $\sin\left(\dfrac{7\pi}{6}\right)=\sin\left(\pi+\dfrac{\pi}{6}\right)=-\sin\dfrac{\pi}{6}=-\dfrac{1}{2}$

(4) $\sin\left(\dfrac{10\pi}{6}\right)=\sin\left(\dfrac{3\pi}{2}+\dfrac{\pi}{6}\right)=-\cos\dfrac{\pi}{6}=-\dfrac{\sqrt{3}}{2}$

(5) $\sin\left(\dfrac{13\pi}{6}\right)=\sin\left(2\pi+\dfrac{\pi}{6}\right)=\sin\dfrac{\pi}{6}=\dfrac{1}{2}$

예제 4.2.1 $\sin 0$, $\cos 0$, $\tan 0$의 값을 구하여라.

풀이 $r=1$로 하면 $\theta=0$일 때 점 P의 좌표는 $(1, 0)$이므로

$$\sin 0=\frac{y}{r}=\frac{0}{1}=0,\quad \cos 0=\frac{x}{r}=\frac{1}{1}=1,\quad \tan 0=\frac{y}{x}=\frac{0}{1}=0$$

예제 4.2.2 $\sin\dfrac{\pi}{2}$, $\cos\dfrac{\pi}{2}$, $\tan\dfrac{\pi}{2}$의 값을 구하여라.

풀이 $r=1$로 하면 $\theta=\dfrac{\pi}{2}$일 때 점 P의 좌표는 $(0, 1)$이므로

$$\sin\frac{\pi}{2}=\frac{y}{r}=\frac{1}{1}=1,\quad \cos 0=\frac{x}{r}=\frac{0}{1}=0,\quad \tan 0=\frac{y}{x}=\frac{1}{0}(\text{없다})$$

† $\theta\to\dfrac{\pi}{2}$로 접근하면 $\tan\theta\to\infty$로 접근해간다.

예제 4.2.3 $\sin\left(-\frac{\pi}{4}\right)$, $\cos\left(-\frac{\pi}{4}\right)$, $\tan\left(-\frac{\pi}{4}\right)$의 값을 구하여라.

풀이 $\sin(-\theta)=-\sin\theta$, $\cos(-\theta)=\cos\theta$, $\tan(-\theta)=-\tan\theta$이므로

$$\sin\left(-\frac{\pi}{4}\right)=-\sin\frac{\pi}{4}=-\frac{1}{\sqrt{2}}$$

$$\cos\left(-\frac{\pi}{4}\right)=\cos\frac{\pi}{4}=\frac{1}{\sqrt{2}}$$

$$\tan\left(-\frac{\pi}{4}\right)=-\tan\frac{\pi}{4}=1$$

예제 4.2.4 $\sin\theta=\frac{5}{13}$ $\left(\frac{\pi}{2}<\theta<\pi\right)$일 때 $\cos\theta$, $\tan\theta$의 값을 구하여라.

풀이 $\sin^2\theta+\cos^2\theta=1$이므로

$$\cos\theta=\pm\sqrt{1-\sin^2\theta}=\pm\sqrt{1-\left(\frac{5}{13}\right)^2}=\pm\sqrt{\frac{144}{169}}=\pm\frac{12}{13}$$

$\frac{\pi}{2}<\theta<\pi$에서 $\cos\theta<0$ $\quad\therefore\ \cos\theta=-\frac{12}{13}$

$$\tan\theta=\frac{\sin\theta}{\cos\theta}=-\frac{5}{12}$$

예제 4.2.5 $\sin\theta\cos\theta=-\frac{\sqrt{3}}{4}$일 때 $\sin\theta+\cos\theta$의 값을 구하여라.

풀이 $(\sin\theta+\cos\theta)^2=\sin^2\theta+\cos^2\theta+2\sin\theta\cos\theta=1-\frac{\sqrt{3}}{2}$

$$\therefore\ \sin\theta+\cos\theta=\pm\sqrt{1-\frac{\sqrt{3}}{2}}=\pm\sqrt{\frac{2-\sqrt{3}}{2}}=\pm\sqrt{\frac{4-2\sqrt{3}}{4}}$$

$$=\pm\frac{\sqrt{3}-1}{2}$$

4.2.5 역삼각함수

(1) 역사인함수 : $y=\sin x$의 역함수를 $y=\sin^{-1}x$ 또는 $y=\arcsin x$로 나타내고 역사인함수라 한다. $y=\sin^{-1}x$의 정의역은 $\{x \mid -1 \le x \le 1\}$이고 치역은 $\left\{y \mid -\frac{\pi}{2} \le y \le \frac{\pi}{2}\right\}$이다.

(2) 역코사인함수 : $y=\cos x$의 역함수를 $y=\cos^{-1}x$ 또는 $y=\arccos x$로 나타내고 역코사인함수라 한다. $y=\cos^{-1}x$의 정의역은 $\{x \mid -1 \le x \le 1\}$이고 치역은 $\{y \mid 0 \le y \le \pi\}$이다.

(3) 역탄젠트함수 : $y=\tan x$의 역함수를 $y=\tan^{-1}x$ 또는 $y=\arctan x$로 나타내고 역탄젠트함수라 한다. $y=\tan^{-1}x$의 정의역은 실수의 집합이고 치역은 $\left\{y \mid -\frac{\pi}{2} < y < \frac{\pi}{2}\right\}$이다.

예

(1) $\sin x = 1$이면 $x=\sin^{-1}(1)=\frac{\pi}{2}$ $\quad (\leftarrow \sin\frac{\pi}{2}=1)$

(2) $\cos x = \frac{1}{\sqrt{2}}$이면 $x=\cos^{-1}\left(\frac{1}{\sqrt{2}}\right)=\frac{\pi}{4}$ $\quad (\leftarrow \cos\frac{\pi}{4}=\frac{1}{\sqrt{2}})$

(3) $\tan x = \frac{1}{\sqrt{3}}$이면 $x=\tan^{-1}\left(\frac{1}{\sqrt{3}}\right)=\frac{\pi}{6}$ $\quad (\leftarrow \tan\frac{\pi}{6}=\frac{1}{\sqrt{3}})$

예제 4.2.6 실제 공학 문제에서 나타나는 역삼각함수 값은 대부분 계산기를 사용하여 구한다. 계산기를 사용하여 다음을 만족하는 역삼각함수 값 x를 구하여라.[4)]

(1) $\sin x = 0.4$ $\qquad$ (2) $4\cos x = 1.2$

(3) $70\tan x = 34$

풀이 (1) $\sin x = 0.4$이면 $x=\sin^{-1}(0.4)=23.6°$

4) 역학에서 힘의 방향각을 구할 때 역탄젠트 함수의 값을 구해야 하는 경우가 많으므로 이 값의 정의를 잘 알아두도록 한다.

(2) $4\cos x = 1.2$이면 $x = \cos^{-1}\left(\frac{1.2}{4}\right) = 72.5°$

(3) $70\tan x = 34$이면 $x = \tan^{-1}\left(\frac{34}{70}\right) = 25.9°$

4.2 연습문제

1. 점 P의 좌표가 다음과 같을 때 동경 OP가 x축의 양의 방향과 이루는 각 θ에 대하여 $\sin\theta$, $\cos\theta$, $\tan\theta$의 값을 구하여라. (단, 점 O는 원점을 나타낸다.)

(1) $(3, 2)$ (2) $(-2, 1)$

(3) $(-2, -1)$ (4) $(2, -3)$

2. 다음의 θ에 대하여 $\sin\theta$, $\cos\theta$, $\tan\theta$의 값을 구하여라.

(1) $\theta = \dfrac{5\pi}{6}$ (2) $\theta = -\dfrac{23\pi}{4}$

(3) $\theta = \dfrac{34\pi}{3}$ (4) $\theta = -\dfrac{17\pi}{6}$

3. $\tan\theta = \dfrac{2}{3}$ $\left(\pi < \theta < \dfrac{3\pi}{2}\right)$일 때 $\sin\theta$, $\cos\theta$의 값을 구하여라.

4. θ가 제1사분면의 각이고 $\sin\theta\cos\theta = \dfrac{1}{4}$일 때 $\sin\theta + \cos\theta$의 값을 구하여라.

5. 모든 θ에 대하여 $(\sin\theta + \cos\theta)^2 + a\sin\theta\cos\theta = 1$이 성립할 때 상수 a의 값을 구하여라.

6. 삼각함수와 역삼각함수 정의로부터 다음 역삼각함수 값을 구하여라.

(1) $\sin^{-1}\dfrac{1}{\sqrt{2}}$ (2) $\sin^{-1}0$

(3) $\cos^{-1}\dfrac{1}{2}$ (4) $\tan^{-1}\sqrt{3}$

7. 계산기를 사용하여 다음을 만족하는 각 θ를 구하여라.

(1) $\sin\theta = \dfrac{3}{4}$ $(-90° \le \theta \le 90°)$ (2) $\cos\theta = \dfrac{2}{5}$ $(0° \le \theta \le 180°)$

(3) $\tan\theta = \dfrac{4}{7}$ $(-90° \le \theta \le 90°)$

4.3 삼각함수 그래프

4.3.1 주기함수

함수 $y=f(x)$의 정의역의 모든 원소 x에 대하여 $f(x+p)=f(x)$를 만족하는 상수 $p(p\neq 0)$가 존재할 때, $y=f(x)$를 주기함수라 하고, 상수 p 중에서 최소인 양수를 그 함수의 주기라고 한다.

4.3.2 $y=\sin x$의 그래프

(1) 함수 $y=\sin x$의 정의역은 $\{x\,|\,x$는 실수$\}$, 치역은 $\{y\,|\,-1\leq y\leq 1\}$

(2) 주기$=2\pi$

(3) 기함수이고 원점에 대하여 대칭

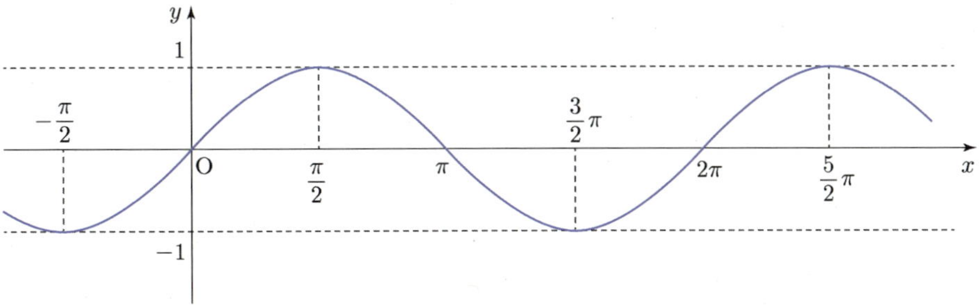

예 (1) $y=2\sin x$의 최댓값은 2, 최솟값은 -2

(2) 좌우 대칭성 : $\sin\left(\frac{\pi}{2}-\theta\right)=\sin\left(\frac{\pi}{2}+\theta\right)=\cos\theta$

$$\sin\left(\frac{3\pi}{2}-\theta\right)=\sin\left(\frac{3\pi}{2}+\theta\right)=-\cos\theta$$

4.3.3 $y=\cos x$의 그래프

(1) 함수 $y=\cos x$의 정의역은 $\{x \mid x\text{는 실수}\}$, 치역은 $\{y \mid -1 \le y \le 1\}$

(2) 주기$=2\pi$

(3) 우함수이고 y축에 대하여 대칭

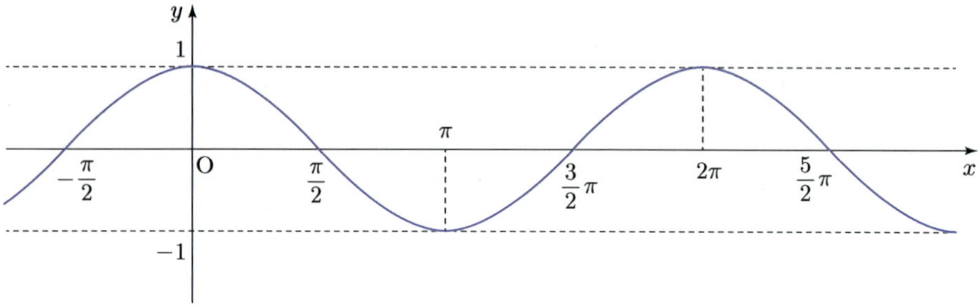

4.3.4 $y=\tan x$의 그래프

(1) 함수 $y=\tan x$의 정의역은 $\left\{x \mid x\text{는 실수}, x \neq \dfrac{\pi}{2}+n\pi, n\text{은 정수}\right\}$,

치역은 $\{y \mid y\text{는 실수}\}$

(2) 주기$=\pi$

(3) 기함수이고 원점에 대하여 대칭

4.3.5 $\theta = \omega x + \alpha$인 삼각함수의 성질

(1) $y = A\sin(\omega x + \alpha) + C$

(a) 주기 : $\dfrac{2\pi}{|\omega|}$ (b) 최댓값 : $|A| + C$ (c) 최솟값 : $-|A| + C$

(2) $y = A\cos(\omega x + \alpha) + C$

(a) 주기 : $\dfrac{2\pi}{|\omega|}$ (b) 최댓값 : $|A| + C$ (c) 최솟값 : $-|A| + C$

(3) $y = A\tan(\omega x + \alpha) + C$, $\omega x + \alpha \neq \dfrac{\pi}{2} + n\pi$ (n은 정수)

(a) 주기 : $\dfrac{\pi}{|\omega|}$ (b) 최댓값과 최솟값은 없다.

† $y = f(\omega x + \alpha) + C$의 그래프는 $y = f(\omega x)$의 그래프를 x축 방향으로 $-\dfrac{\alpha}{\omega}$만큼, y축 방향으로 C만큼 평행이동한 그래프와 같다.

예 (1) $y = 2\sin x(3x + 4) + 5$의 그래프 :

주기는 $\dfrac{2\pi}{3}$, 최댓값은 7, 최솟값은 3

그래프는 $y = 2\sin(3x)$의 그래프를 x축 방향으로 $-\dfrac{4}{3}$만큼, y축 방향으로 5만큼 평행이동한 그래프와 같다.

(2) $y = 3\tan(2x - 1) - 4$의 그래프 :

주기는 $\dfrac{\pi}{2}$, 최댓값과 최솟값은 없다.

그래프는 $y = 3\tan(2x)$의 그래프를 x축 방향으로 $\dfrac{1}{2}$만큼, y축 방향으로 -4만큼 평행이동한 그래프와 같다.

예제 4.3.1 다음 삼각함수의 주기를 구하여라.

(1) $y = 4\cos(3x - 1)$ (2) $y = 2\sin\left(\dfrac{1}{3}x + \dfrac{1}{4}\right)$

(3) $y = 2\sin(-\pi x - 3)$ (4) $y = 3\tan\left(\dfrac{1}{2}x + \pi\right)$

풀이 (1) 주기 $p=\dfrac{2\pi}{|\omega|}=\dfrac{2\pi}{3}$

(2) 주기 $p=\dfrac{2\pi}{|\omega|}=\dfrac{2\pi}{|1/3|}=6\pi$

(3) 주기 $p=\dfrac{2\pi}{|\omega|}=\dfrac{2\pi}{|-\pi|}=\dfrac{2\pi}{\pi}=2$

(4) 주기 $p=\dfrac{\pi}{|\omega|}=\dfrac{\pi}{1/2}=2\pi$

예제 4.3.2 함수 $y=\cos(x-\pi)+1$의 그래프를 그려라.

풀이 $y=\cos(x-\pi)+1$의 그래프는 $y=\cos x$의 그래프를 x축 방향으로 π만큼, y축 방향으로 1만큼 평행이동한 것으로 다음과 같다.

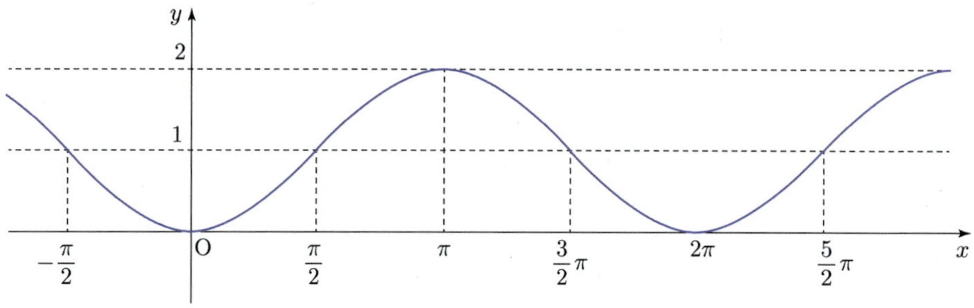

예제 4.3.3 함수 $y=\sin 2x$의 주기를 구하고 그래프를 그려라.

풀이 주기는 $\dfrac{2\pi}{|\omega|}=\dfrac{2\pi}{2}=\pi$이고 그래프는 다음과 같다.

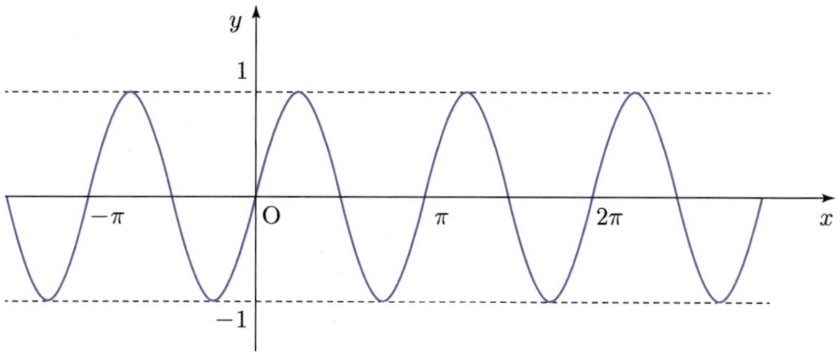

예제 4.3.4 함수 $y=\sin^2 x-\cos^2 x+2\sin x+4$ $(0 \le x \le 2\pi)$의 최댓값과 최솟값을 구하여라.

풀이 $\sin^2 x+\cos^2 x=1$이므로

$$\begin{aligned} y &= \sin^2 x-\cos^2 x+2\sin x+4 \\ &= \sin^2 x-(1-\sin^2 x)+2\sin x+4 \\ &= 2\sin^2 x+2\sin x+3 \end{aligned}$$

$\sin x=X$로 하면

$$y=2X^2+2X+3=2\left(X+\frac{1}{2}\right)^2+\frac{5}{2}$$

$0 \le x \le 2\pi$에서 $-1 \le \sin x \le 1$이므로 $-1 \le X \le 1$

$X=-1$일 때 $y=3$, $X=1$일 때 $y=7$

$\therefore$ $X=-\dfrac{1}{2}$에서 최솟값 $\dfrac{5}{2}$, $X=1$에서 최댓값 7을 갖는다.

4.3 연습문제

1. 다음 값은 얼마인가?

(1) $\sin 0$ (2) $\cos 0$

(3) $\sin(\pi/2)$ (4) $\cos(\pi/2)$

(5) $\sin\pi$ (6) $\cos\pi$

(7) $\tan 0$ (8) $\tan(\pi/2)$

2. 다음 함수의 주기와 최댓값 및 최솟값을 구하고 그래프를 그려라.

(1) $y = 3\sin(2x - \pi) + 1$ (2) $y = 2\cos\left(\frac{1}{2}x + \pi\right) - 1$

3. 함수 $y = \tan(2x - \pi)$의 주기를 구하고 그래프를 그려라.

4. 다음 함수의 그래프를 x축의 방향으로 π만큼, y축의 방향으로 1만큼 평행이동한 그래프의 식을 구하여라.

(1) $y = 2\sin(3x - \pi) + 4$ (2) $y = 3\cos\left(\frac{1}{4}x + \pi\right) + 2$

5. 함수 $y = A\sin(\omega x) + C$의 주기는 2, 최댓값은 $\frac{7}{2}$, 최솟값은 $\frac{5}{2}$일 때 상수 A, ω, C의 값을 구하여라. (단, $A > 0$, $\omega > 0$이다.)

6. 주기가 2인 탄젠트함수 $y = \tan(\omega x)$의 그래프를 x축의 양의 방향으로 4만큼 평행이동시켜서 얻은 함수가 $y = \tan(\omega x + \alpha)$일 때 상수 ω와 α의 값을 구하여라. (단, $\omega > 0$이다.)

7. 함수 $y = -2\sin^2 x + \cos^2 x + 2\cos x + 3$ $(0 \le x \le 2\pi)$의 최댓값과 최솟값을 구하여라.

8. $y = 2\cos^2 x - 3\sin^2 x + 4$ $(0 \le x \le 2\pi)$의 최댓값과 최솟값을 구하여라.

4.4 사인법칙과 코사인법칙

4.4.1 사인법칙

세 각의 크기가 A, B, C인 $\triangle ABC$에서 세 각의 대변의 길이를 각각 a, b, c라 하고 $\triangle ABC$의 외접원의 반지름을 R이라고 하면 다음 관계가 성립한다.

$$\frac{a}{\sin A}=\frac{b}{\sin B}=\frac{c}{\sin C}=2R$$

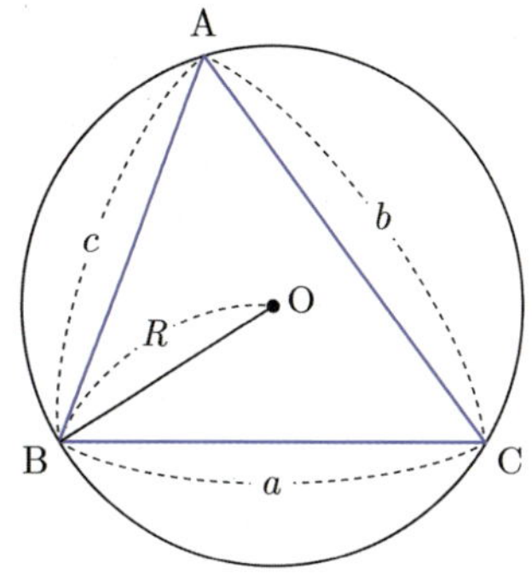

증명 각 A가 예각, 직각, 둔각인 세 경우로 나누어 $\sin A=\frac{a}{2R}$가 됨을 증명하자.5)

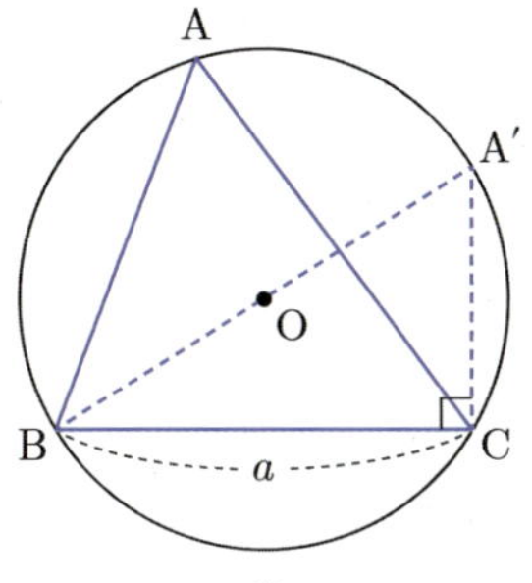

(i)

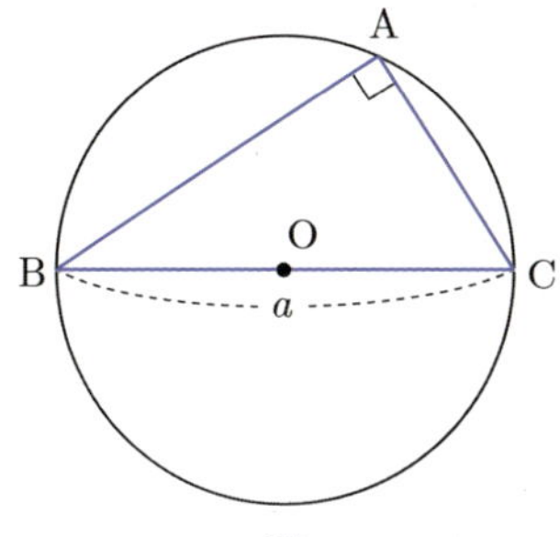

(ii)

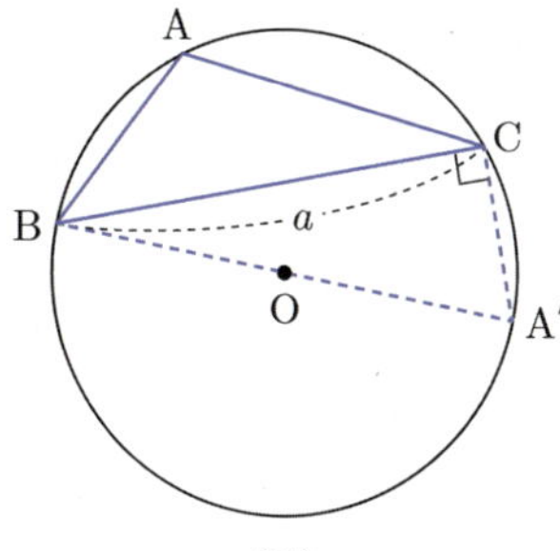

(iii)

(1) $A<\frac{\pi}{2}$일 때, 그림 (i)에서 $A=A'$, $\angle A'CB=\frac{\pi}{2}$, $\overline{A'B}=2R$

$$\therefore\ \sin A=\sin A'=\frac{a}{2R}$$

5) 증명은 참고로 하고 사인법칙 공식을 기억하고 사용하면 된다.

(2) $A=\frac{\pi}{2}$일 때, $\sin A=1$이고, 그림 (ii)에서 $a=2R$이므로 $\frac{a}{2R}=1$

$$\therefore\ \sin A=\frac{a}{2R}$$

(3) $A>\frac{\pi}{2}$일 때, 그림 (iii)에서 $A=\pi-A'$, $\angle A'CB=\frac{\pi}{2}$, $\overline{A'B}=2R$

$$\therefore\ \sin A=\sin(\pi-A')=\sin A'=\frac{a}{2R}$$

(1), (2), (3)에 의해 $\sin A=\frac{a}{2R}$임이 증명되었다.

같은 방법으로 $\sin B=\frac{b}{2R}$, $\sin C=\frac{c}{2R}$임을 알 수 있다. 따라서

$$\frac{a}{\sin A}=\frac{b}{\sin B}=\frac{c}{\sin C}=2R$$

† $\triangle ABC$에서 각과 변의 길이 표시 기호 : 일반적으로 각 A, B, C에 마주보는 변의 길이를 각각 a, b, c로 나타낸다.

4.4.2 코사인법칙

$\triangle ABC$의 세 각의 크기 A, B, C와 세 각의 대변의 길이 a, b, c 사이에 다음 관계가 성립한다.

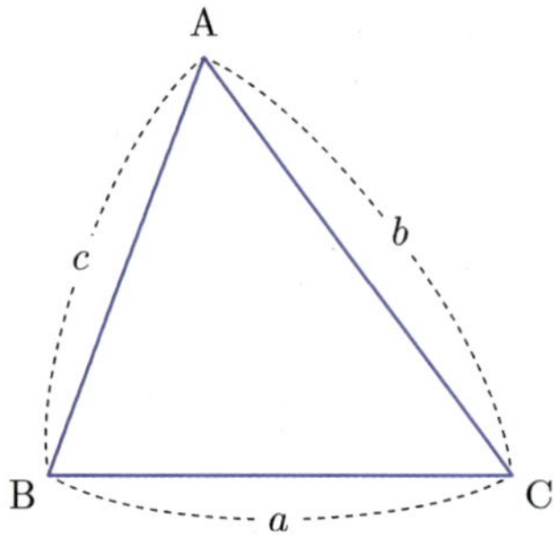

(1) 제일코사인법칙

$a=b\cos C+c\cos B$

$b=c\cos A+a\cos C$

$c=a\cos B+b\cos A$

(2) 제이코사인법칙

$a^2=b^2+c^2-2bc\cos A$ ⋯①

$b^2=c^2+a^2-2ca\cos B$ ⋯②

$c^2=a^2+b^2-2ab\cos C$ ⋯③

증명 (1) 제일코사인법칙

세 각의 크기가 예각인 경우 각 꼭짓점 A, B, C에서 대변 a, b, c로

수선을 그어 변의 길이를 수선과 변과의 교점으로 나누어 보면 세 변의 길이는 각각

$$a = b\cos C + c\cos B,\ \ b = c\cos A + a\cos C,\ \ c = a\cos B + b\cos A$$

임을 알 수 있다. 한 각이 직각이거나 둔각인 경우도 같은 방법으로 증명된다. 단, 둔각인 경우는 변의 연장선과 수선의 교점을 택하여 증명한다.

(2) 제이코사인법칙[6)]

①$\times a -$ ②$\times b -$ ③$\times c$를 계산하여 정리하면

$$a^2 - b^2 - c^2 = -2bc\cos A$$

$$\therefore\ \ a^2 = b^2 + c^2 - 2bc\cos A$$

이다. 마찬가지로 다른 두 식은

②$\times b -$ ③$\times c -$ ①$\times a$, ③$\times c -$ ①$\times a -$ ②$\times b$

를 하면 증명된다.

† 여러 가지 공식 중 특히 사인법칙과 제2코사인 법칙이 많이 사용되므로 이 두 공식은 기억하도록 한다.

4.4.3 삼각형의 넓이

세 각의 크기가 A, B, C이고, 세 각의 대변의 길이가 a, b, c인 $\triangle ABC$의 넓이 S는 다음과 같다.

$$S = \frac{1}{2}ab\sin C = \frac{1}{2}bc\sin A = \frac{1}{2}ca\sin B$$

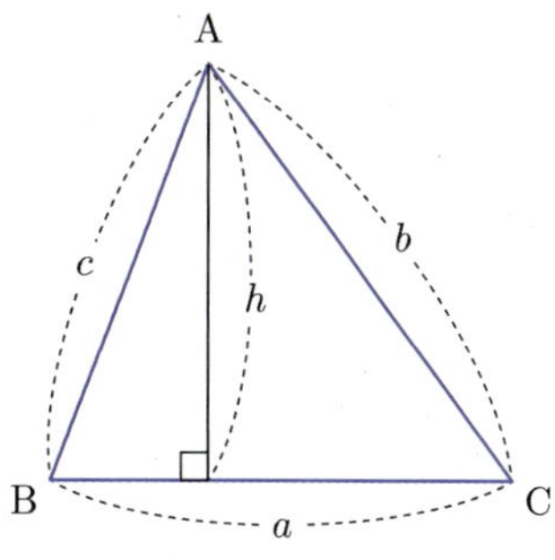

증명 $\angle B$가 예각인 경우, 그림에서 $\triangle ABC$의 넓이 $S = \frac{1}{2}ah$이고 높이 $h = c\sin B$이므로 $S = \frac{1}{2}ca\sin B$가 된다. $\angle B$가 직각($\pi/2$)인 경우

6) 증명은 참고로 하고 제2코사인법칙을 알아두도록 한다.

$h=c=c\sin B$가 되고, 둔각인 경우에는 $h=c\sin(\pi-B)=c\sin B$가 된다.

예제 4.4.1 $\triangle ABC$에서 $\angle A=45°$, 외접원의 반지름 $R=4$일 때 변 a의 길이를 구하여라.

풀이 사인법칙에서 $\dfrac{a}{\sin A}=2R$

$$\therefore\ a=2R\sin A=2\times4\times\sin 45°=4\sqrt{2}$$

예제 4.4.2 $\triangle ABC$에서 $\angle A=\dfrac{\pi}{3}$, $b=2$, $c=3$일 때 변 a의 길이를 구하여라.

풀이 제이코사인법칙으로부터

$$a^2=b^2+c^2-2bc\cos A=2^2+3^2-2\times2\times3\times\cos\frac{\pi}{3}$$

$$=13-6=7$$

$$\therefore\ a=\sqrt{7}$$

예제 4.4.3 $\angle A=30°$, $\angle C=45°$, $\overline{BC}=a=6$인 $\triangle ABC$에서 다음을 구하여라.

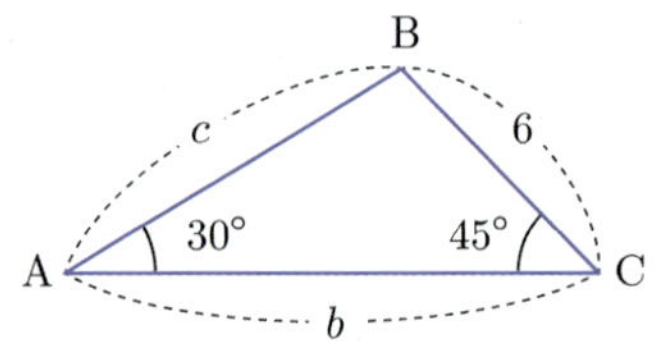

(1) 외접원의 반지름과 $\overline{AB}$의 길이(c)

(2) $\overline{AC}$의 길이(b)

(3) $\cos 75°$의 값

풀이 (1) 사인법칙에 의해

$$\frac{a}{\sin A}=\frac{c}{\sin C}=2R$$

$$\therefore\ \frac{6}{\sin 30°}=\frac{c}{\sin 45°}=2R$$

이므로 외접원의 반지름은

$$R = \frac{6}{2\sin 30°} = \frac{6}{2 \times (1/2)} = 6$$

이고, $\overline{AB}$의 길이(c)는 다음과 같다.

$$\overline{AB} = c = 2R\sin 45° = 2 \times 6 \times \frac{1}{\sqrt{2}} = 6\sqrt{2}$$

(2) 제일코사인법칙으로부터

$$\overline{AC} = b = c\cos A + a\cos C = 6\sqrt{2}\cos 30° + 6\cos 45°$$
$$= 3(\sqrt{6} + \sqrt{2})$$

(3) $\angle B = 180° - (\angle A + \angle C) = 180° - 75°$이므로

$$\cos B = \cos(180° - 75°) = -\cos 75°$$

이다. 제이코사인법칙을 적용하면

$$\cos B = \frac{c^2 + a^2 - b^2}{2ca} = \frac{(6\sqrt{2})^2 + 6^2 - 3^2 \times (\sqrt{6} + \sqrt{2})^2}{2 \times 6\sqrt{2} \times 6}$$
$$= \frac{\sqrt{2} - \sqrt{6}}{4}$$

$$\therefore \ \cos 75° = -\cos B = \frac{\sqrt{6} - \sqrt{2}}{4}$$

혹은 사인법칙에 의해

$$\sin B = \frac{b}{2R} = \frac{3(\sqrt{6} + \sqrt{2})}{2 \times 6} = \frac{\sqrt{6} + \sqrt{2}}{4}$$

이고, $\sin B = \sin(180° - 75°) = \sin 75°$이므로

$$\cos 75° = \sqrt{1 - \sin^2 75°} = \sqrt{1 - \frac{(\sqrt{6} + \sqrt{2})^2}{4^2}} = \frac{\sqrt{6} - \sqrt{2}}{4}$$

예제 4.4.4 $\angle A = 60°$, $\overline{AB} = 2$, $\overline{AC} = 3$인 $\triangle ABC$에서 $\overline{BC}$의 길이를 구하여라.

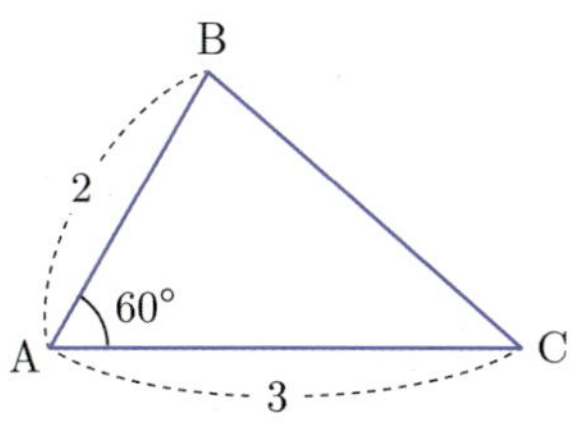

풀이 $c = \overline{AB}$, $b = \overline{AC}$, $a = \overline{BC}$로 하면

$$a^2 = b^2 + c^2 - 2bc\cos A = 2^2 + 3^2 - 2 \times 2 \times 3\cos 60° = 7$$

$$\therefore \ \overline{BC} = a = \sqrt{7}$$

예제 4.4.5 [예제 4.4.4]의 삼각형의 넓이를 구하여라.

풀이 $b=3$, $c=2$, $A=60°$이므로 삼각형의 넓이(S)는 다음과 같다.

$$S = \frac{1}{2}bc\sin A = \frac{1}{2}\times 3\times 2\times \sin 60° = \frac{3\sqrt{3}}{2}$$

예제 4.4.6 세 변의 길이가 2, 3, 4인 삼각형의 넓이를 구하여라.

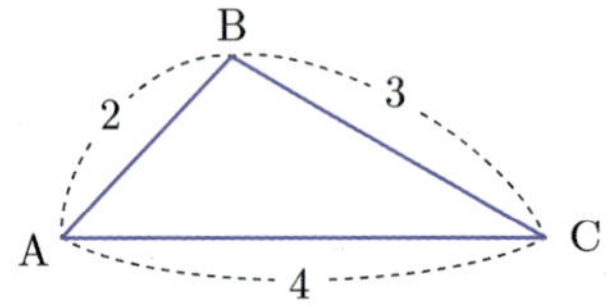

풀이 $\cos A = \dfrac{b^2+c^2-a^2}{2bc} = \dfrac{4^2+2^2-3^2}{2\times 4\times 2} = \dfrac{11}{16}$

$$\therefore \ \sin A = \sqrt{1-\cos^2 A} = \sqrt{1-\left(\frac{11}{16}\right)^2} = \frac{3\sqrt{15}}{16}$$

$$S = \frac{1}{2}bc\sin A = \frac{1}{2}\times 4\times 2\times \frac{3\sqrt{15}}{16} = \frac{3\sqrt{15}}{4}$$

† 세 변의 길이 a, b, c가 주어졌을 때 삼각형의 넓이(S)는 헤론의 공식으로부터 곧바로 구할 수 있다. 이 공식은 제이코사인법칙을 사용하여 유도된다.

$$\text{헤론의 공식} : S = \sqrt{s(s-a)(s-b)(s-c)}$$

$$s = \frac{a+b+c}{2}$$

[예제 4.4.6]에서 $a=3$, $b=4$, $c=2$이므로 $s = \dfrac{3+4+2}{2} = \dfrac{9}{2}$이고

$$S = \sqrt{s(s-a)(s-b)(s-c)} = \sqrt{\frac{9}{2}\cdot\left(\frac{9}{2}-3\right)\cdot\left(\frac{9}{2}-4\right)\cdot\left(\frac{9}{2}-2\right)}$$

$$= \sqrt{\frac{9\cdot 3\cdot 1\cdot 5}{2^4}} = \frac{3\sqrt{15}}{4}$$

예제 4.4.7 그림과 같은 $\triangle ABC$에서 $\tan A = \sqrt{3}$일 때 $\triangle ABC$의 넓이를 구하여라.

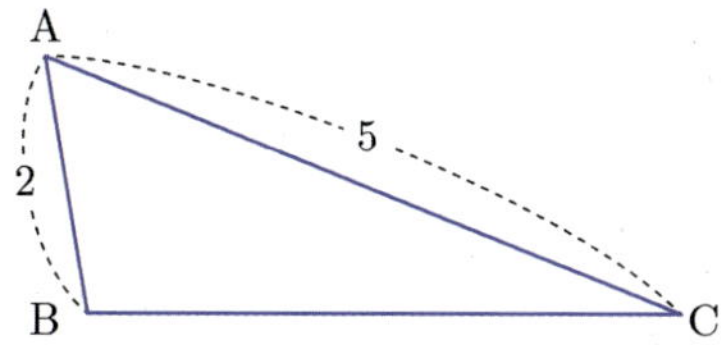

풀이 $\tan A = \sqrt{3}$이므로 삼각비의 정의에 의해 각 $A = 60°$이다.

따라서 $\overline{AC} = b$, $\overline{AB} = c$로 하면 $\triangle ABC$의 넓이(S)는 다음과 같다.

$$S = \frac{1}{2} bc \sin A$$

$$= \frac{1}{2} \times 5 \times 2 \times \sin 60° = \frac{5}{2}\sqrt{3}$$

4.4 연습문제

1. 반지름이 2인 원에 내접하는 $\triangle ABC$에서 $\angle A = 45°$일 때 $\overline{BC}$의 길이를 구하여라.

2. $\triangle ABC$에서 $\angle A = 30°$, 변의 길이 $a = 4$일 때 외접원의 반지름을 구하여라.

3. $\triangle ABC$에서 변의 길이 $a = \sqrt{7}$, $b = 2$, $c = 3$일 때 $\angle A$를 구하여라.

4. $\triangle ABC$에서 $\sin A : \sin B : \sin C = \sqrt{2} : \sqrt{3} : \sqrt{5}$일 때 $\cos A$를 구하여라.

5. $\triangle ABC$에서 $\angle A = 45°$, $\angle B = 105°$, $\overline{AB} = 2$일 때 $\overline{BC}$의 길이를 구하여라.

6. $\triangle ABC$에서 $\angle A = 30°$, $\overline{AB} = \sqrt{6} - \sqrt{2}$, $\overline{AC} = 2\sqrt{2}$일 때 $\overline{BC}$의 길이를 구하여라.

7. $\triangle ABC$의 넓이가 2이고 $\overline{AB} = 2$, $\overline{AC} = 4$일 때 $\angle A$를 구하여라.

8. 세 변의 길이가 $\sqrt{2}$, $\sqrt{3}$, 2인 삼각형의 넓이를 구하여라.

9. $\triangle ABC$에서 $\angle A = 60°$, $\overline{BC} = 3$, $\overline{AC} = \sqrt{6}$일 때 $\angle B$와 삼각형의 넓이를 구하여라.

10. 그림과 같은 $\triangle$ABC의 넓이가 40일 때 변 x를 구하여라.

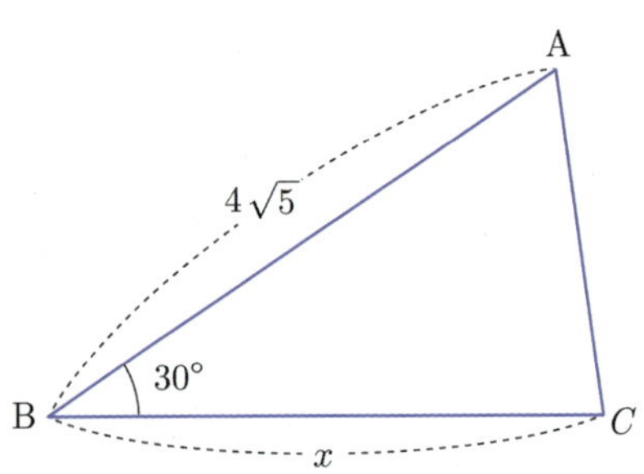

4.5 덧셈정리

4.5.1 덧셈정리

(1) $\sin(\alpha+\beta) = \sin\alpha\cos\beta + \cos\alpha\sin\beta$

(2) $\sin(\alpha-\beta) = \sin\alpha\cos\beta - \cos\alpha\sin\beta$

(3) $\cos(\alpha+\beta) = \cos\alpha\cos\beta - \sin\alpha\sin\beta$

(4) $\cos(\alpha-\beta) = \cos\alpha\cos\beta + \sin\alpha\sin\beta$

(5) $\tan(\alpha+\beta) = \dfrac{\tan\alpha+\tan\beta}{1-\tan\alpha\tan\beta}$

(6) $\tan(\alpha-\beta) = \dfrac{\tan\alpha-\tan\beta}{1+\tan\alpha\tan\beta}$

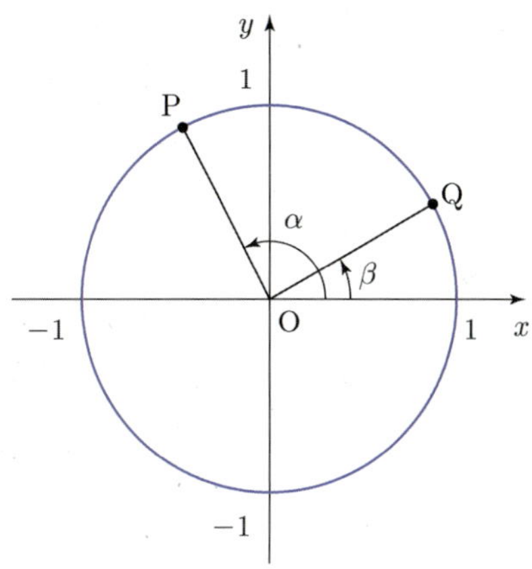

증명 그림과 같이 원점 O를 중심으로 하는 단위원 상의 두 점을 P, Q라 하고, $\overline{OP}$, $\overline{OQ}$가 x축의 양의 방향과 이루는 각을 α, β라 하면 점 P, Q의 좌표는 각각 $(\cos\alpha, \sin\alpha)$, $(\cos\beta, \sin\beta)$가 된다. 따라서

$$\begin{aligned}\overline{PQ}^2 &= (\cos\alpha-\cos\beta)^2+(\sin\alpha-\sin\beta)^2\\ &= 2-2(\cos\alpha\cos\beta+\sin\alpha\sin\beta) \qquad \cdots ①\end{aligned}$$

이다. 한편 $\triangle OPQ$에서 제이코사인법칙을 적용하면

$$\overline{PQ}^2 = 1^2+1^2-2\times(1\times1)\cos(\alpha-\beta) = 2-2\cos(\alpha-\beta) \qquad \cdots ②$$

이다. 식 ①과 ②의 우변을 비교하면

$$\cos(\alpha-\beta) = \cos\alpha\cos\beta+\sin\alpha\sin\beta \qquad \cdots ③$$

가 성립한다. 식 ③의 α 대신에 $\frac{\pi}{2}+\alpha$를 대입하면

$$\cos\left(\frac{\pi}{2}+\theta\right) = -\sin\theta,\ \sin\left(\frac{\pi}{2}+\theta\right) = \cos\theta \qquad \cdots ④$$

이므로

$$-\sin(\alpha-\beta)=-\sin\alpha\cos\beta+\cos\alpha\sin\beta$$

$$\therefore\ \sin(\alpha-\beta)=\sin\alpha\cos\beta-\cos\alpha\sin\beta \qquad \cdots ⑤$$

가 얻어진다. 그리고,

$$\tan(\alpha-\beta)=\frac{\sin(\alpha-\beta)}{\cos(\alpha-\beta)}=\frac{\sin\alpha\cos\beta-\cos\alpha\sin\beta}{\cos\alpha\cos\beta+\sin\alpha\sin\beta} \qquad \cdots ⑥$$

에서 우변의 분모와 분자를 $\cos\alpha\cos\beta$로 나누면

$$\tan(\alpha-\beta)=\frac{\tan\alpha-\tan\beta}{1+\tan\alpha\tan\beta} \qquad \cdots ⑦$$

가 구해진다. 이상에서 구해진 $\cos(\alpha-\beta)$, $\sin(\alpha-\beta)$, $\tan(\alpha-\beta)$의 β 대신 $-\beta$를 대입하면 $\cos(\alpha+\beta)$, $\sin(\alpha+\beta)$, $\tan(\alpha+\beta)$의 관계식을 얻을 수 있다.[7]

4.5.2 배각공식

(1) $\sin2\alpha=2\sin\alpha\cos\alpha$

(2) $\cos2\alpha=\cos^2\alpha-\sin^2\alpha=1-2\sin^2\alpha=2\cos^2\alpha-1$

(3) $\tan2\alpha=\dfrac{2\tan\alpha}{1-\tan^2\alpha}$

증명 덧셈정리[4.5.1]의 $\sin(\alpha+\beta)$, $\cos(\alpha+\beta)$, $\tan(\alpha+\beta)$에서 β 대신 α를 대입하면 배각공식이 구해진다.

4.5.3 반각공식

(1) $\sin^2\dfrac{\alpha}{2}=\dfrac{1-\cos\alpha}{2}$

(2) $\cos^2\dfrac{\alpha}{2}=\dfrac{1+\cos\alpha}{2}$

(3) $\tan^2\dfrac{\alpha}{2}=\dfrac{1-\cos\alpha}{1+\cos\alpha}$

7) 증명은 참고로 하고 덧셈정리 공식을 기억하도록 한다.

증명 배각공식 $\cos 2\alpha = 1-2\sin^2\alpha$, $\cos 2\alpha = 2\cos^2\alpha - 1$에서 α 대신 $\frac{\alpha}{2}$를 대입하여 $\sin^2\frac{\alpha}{2}$, $\cos^2\frac{\alpha}{2}$에 대한 식을 구하고,

$$\tan^2\frac{\alpha}{2} = \sin^2\frac{\alpha}{2} / \cos^2\frac{\alpha}{2}$$

에서 $\tan^2\frac{\alpha}{2}$를 구할 수 있다.

4.5.4 곱을 합으로 고치는 공식

(1) $\sin\alpha\cos\beta = \frac{1}{2}\{\sin(\alpha+\beta)+\sin(\alpha-\beta)\}$

(2) $\cos\alpha\sin\beta = \frac{1}{2}\{\sin(\alpha+\beta)-\sin(\alpha-\beta)\}$

(3) $\cos\alpha\cos\beta = \frac{1}{2}\{\cos(\alpha+\beta)+\cos(\alpha-\beta)\}$

(4) $\sin\alpha\sin\beta = -\frac{1}{2}\{\cos(\alpha+\beta)-\cos(\alpha-\beta)\}$

증명 덧셈정리[4.5.1]에서 (1)+(2)를 하면 $\sin\alpha\cos\beta$, (1)−(2)를 하면 $\cos\alpha\sin\beta$, (3)+(4)를 하면 $\cos\alpha\cos\beta$, (3)−(4)를 하면 $\sin\alpha\sin\beta$에 대한 식이 각각 구해진다.

4.5.5 합을 곱으로 고치는 공식

(1) $\sin A + \sin B = 2\sin\frac{A+B}{2}\cos\frac{A-B}{2}$

(2) $\sin A - \sin B = 2\cos\frac{A+B}{2}\sin\frac{A-B}{2}$

(3) $\cos A + \cos B = 2\cos\frac{A+B}{2}\cos\frac{A-B}{2}$

(4) $\cos A - \cos B = -2\sin\frac{A+B}{2}\sin\frac{A-B}{2}$

증명 $\alpha+\beta=A$, $\alpha-\beta=B$로 하면 $\alpha=\dfrac{A+B}{2}$, $\beta=\dfrac{A-B}{2}$가 된다. 이들을 곱을 합으로 고치는 공식[4.5.4]에 대입하여 정리하면 합을 곱으로 고치는 공식[4.5.5]가 구해진다.

4.5.6 삼각함수 합성

(1) $a\sin\theta+b\cos\theta=\sqrt{a^2+b^2}\sin(\theta+\alpha)$

$$\cos\alpha=\frac{a}{\sqrt{a^2+b^2}},\ \sin\alpha=\frac{b}{\sqrt{a^2+b^2}}$$

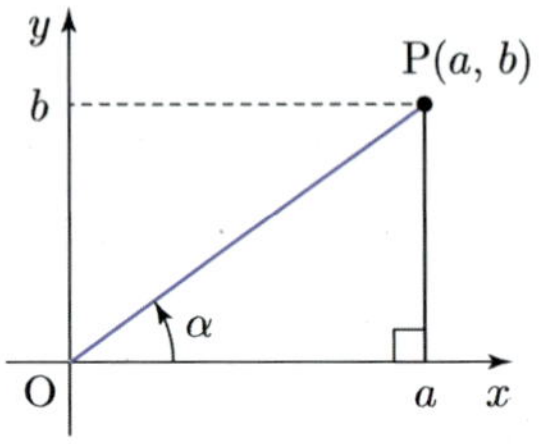

(2) $a\sin\theta+b\cos\theta=\sqrt{a^2+b^2}\cos(\theta-\beta)$

$$\cos\beta=\frac{b}{\sqrt{a^2+b^2}},\ \sin\beta=\frac{a}{\sqrt{a^2+b^2}}$$

(3) $f(t)=a\sin\omega t+b\cos\omega t$의 주기$=\dfrac{2\pi}{|\omega|}$

최댓값$=\sqrt{a^2+b^2}$, 최솟값$=-\sqrt{a^2+b^2}$

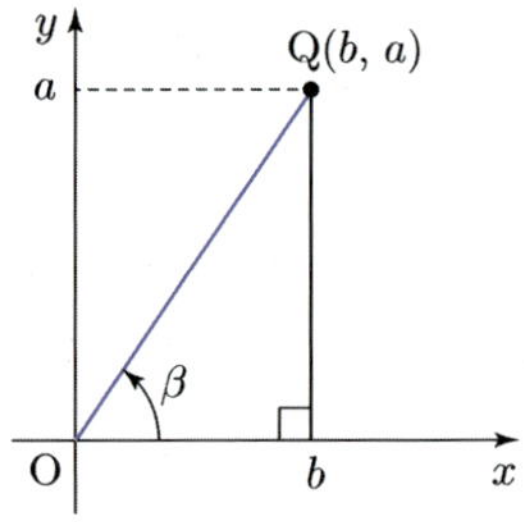

증명 (1) $\sin\theta$의 계수를 x좌표, $\cos\theta$의 계수를 y좌표로 하는 점 $P(a,b)$를 잡으면 $\overline{OP}=\sqrt{a^2+b^2}$이고 이 값으로 준 식을 정리하면

$$\begin{aligned}a\sin\theta+b\cos\theta&=\sqrt{a^2+b^2}\left(\frac{a}{\sqrt{a^2+b^2}}\sin\theta+\frac{b}{\sqrt{a^2+b^2}}\cos\theta\right)\\&=\sqrt{a^2+b^2}(\sin\theta\cos\alpha+\cos\theta\sin\alpha)\\&=\sqrt{a^2+b^2}\sin(\theta+\alpha)\end{aligned}$$

단, α는 $\overline{OP}$가 x축의 양의 방향과 이루는 각이다.

(2) $\cos\theta$의 계수를 x좌표, $\sin\theta$의 계수를 y좌표로 하는 점 $Q(b,a)$를 잡으면 $\overline{OQ}=\sqrt{a^2+b^2}$이고 이 값으로 준 식을 정리하면

$$a\sin\theta+b\cos\theta=\sqrt{a^2+b^2}\left(\frac{a}{\sqrt{a^2+b^2}}\sin\theta+\frac{b}{\sqrt{a^2+b^2}}\cos\theta\right)$$

$$= \sqrt{a^2+b^2}\,(\sin\theta\sin\beta + \cos\theta\cos\beta)$$
$$= \sqrt{a^2+b^2}\,\cos(\theta-\beta)$$

단, β는 $\overline{OQ}$가 x축의 양의 방향과 이루는 각이다.

예제 4.5.1 덧셈정리를 사용하여 다음 값을 구하여라.[8)]

(1) $\sin 75°$　　(2) $\cos 75°$

(3) $\tan 75°$

풀이 (1) $\sin 75° = \sin(30°+45°) = \sin 30°\cos 45° + \cos 30°\sin 45°$

$$= \frac{1}{2}\times\frac{1}{\sqrt{2}} + \frac{\sqrt{3}}{2}\times\frac{1}{\sqrt{2}} = \frac{\sqrt{6}+\sqrt{2}}{4}$$

(2) $\cos 75° = \cos(30°+45°) = \cos 30°\cos 45° - \sin 30°\sin 45°$

$$= \frac{\sqrt{3}}{2}\times\frac{1}{\sqrt{2}} - \frac{1}{2}\times\frac{1}{\sqrt{2}} = \frac{\sqrt{6}-\sqrt{2}}{4}$$

(3) $\tan 75° = \tan(30°+45°) = \dfrac{\tan 30° + \tan 45°}{1-\tan 30°\times\tan 45°}$

$$= \frac{\dfrac{1}{\sqrt{3}}+1}{1-\dfrac{1}{\sqrt{3}}\times 1} = \frac{\sqrt{3}+1}{\sqrt{3}-1} = 2+\sqrt{3}$$

예제 4.5.2 $\sin x + \cos x = \dfrac{2}{\sqrt{3}}$ 일 때 $2+\sin 2x$의 값을 구하여라.

풀이 $2+\sin 2x = 1+(1+2\sin x\cos x) = 1+(\sin^2 x+\cos^2 x + 2\sin x\cos x)$

$$= 1+(\sin x+\cos x)^2 = 1+\left(\frac{2}{\sqrt{3}}\right)^2 = \frac{7}{3}$$

예제 4.5.3 반각공식을 사용하여 $\tan\dfrac{\pi}{8}$의 값을 구하여라.

---

8) 삼각함수 공식 중에서 중요한 것 중의 하나가 덧셈정리이다. 이 정리를 이용하여 다른 많은 공식들이 유도되므로 sine, cosine에 대한 덧셈정리는 기억하도록 한다.

풀이 $\tan^2\frac{\pi}{8}=\frac{1-\cos\frac{\pi}{4}}{1+\cos\frac{\pi}{4}}=\frac{1-\frac{1}{\sqrt{2}}}{1+\frac{1}{\sqrt{2}}}=\frac{\sqrt{2}-1}{\sqrt{2}+1}=(\sqrt{2}-1)^2$

$\therefore\ \tan\frac{\pi}{8}=\sqrt{2}-1 \quad (\because\ \tan\frac{\pi}{8}>0)$

예제 4.5.4 $\sin\alpha=\frac{1}{\sqrt{5}}(0<\alpha<\pi/2)$일 때 다음 값을 구하여라.

(1) $\sin 2\alpha$ (2) $\cos 2\alpha$

(3) $\tan 2\alpha$

풀이 (1) $\cos^2\alpha=1-\sin^2\alpha=1-\left(\frac{1}{\sqrt{5}}\right)^2=\frac{4}{5}$

$\therefore\ \cos\alpha=\frac{2}{\sqrt{5}} \quad (\because\ 0<\alpha<\pi/2$이므로 $\cos\alpha>0)$

$\sin 2\alpha=2\sin\alpha\cos\alpha=2\times\frac{1}{\sqrt{5}}\times\frac{2}{\sqrt{5}}=\frac{4}{5}$

(2) $\cos 2\alpha=1-2\sin^2\alpha=1-2\times\left(\frac{1}{\sqrt{5}}\right)^2=\frac{3}{5}$

(3) $\tan 2\alpha=\frac{\sin 2\alpha}{\cos 2\alpha}=\frac{4}{3}$

예제 4.5.5 다음 값을 구하여라.

(1) $\sin 45°\cos 15°$ (2) $\sin 45°\sin 15°$

풀이 (1) $\sin 45°\cos 15°=\frac{1}{2}(\sin 60°+\sin 30°)=\frac{1}{2}\left(\frac{\sqrt{3}}{2}+\frac{1}{2}\right)=\frac{\sqrt{3}+1}{4}$

(2) $\sin 45°\sin 15°=-\frac{1}{2}(\cos 60°-\cos 30°)=-\frac{1}{2}\left(\frac{1}{2}-\frac{\sqrt{3}}{2}\right)$

$=\frac{\sqrt{3}-1}{4}$

예제 4.5.6 다음 값을 구하여라.

(1) $\sin 105°+\sin 15°$ (2) $\cos 105°+\cos 15°$

풀이 (1) $\sin 105° + \sin 15° = 2\sin\left(\frac{105° + 15°}{2}\right)\cos\left(\frac{105° - 15°}{2}\right)$

$$= 2\sin 60° \cos 45°$$

$$= 2 \times \frac{\sqrt{3}}{2} \times \frac{1}{\sqrt{2}} = \frac{\sqrt{6}}{2}$$

(2) $\cos 105° + \cos 15° = 2\cos\left(\frac{105° + 15°}{2}\right)\cos\left(\frac{105° - 15°}{2}\right)$

$$= 2\cos 60° \cos 45°$$

$$= 2 \times \frac{1}{2} \times \frac{1}{\sqrt{2}} = \frac{1}{\sqrt{2}}$$

예제 4.5.7 $y = \sin x + \sqrt{3}\cos x$를 $A\sin(x+\alpha)$와 $A\cos(x-\beta)$의 꼴로 나타내어라. (단, $A > 0$, $-\pi/2 < \alpha < \pi/2$, $0 < \beta < \pi$이다.)

풀이 (1) $y = \sin x + \sqrt{3}\cos x = 2\left(\sin x \times \frac{1}{2} + \cos x \times \frac{\sqrt{3}}{2}\right)$

$$= 2\left(\sin x \cos\frac{\pi}{3} + \cos x \sin\frac{\pi}{3}\right) \quad (\because \ \tan\alpha = \frac{b}{a} = \sqrt{3}\text{에서 } \alpha = \frac{\pi}{3})$$

$$= 2\sin\left(x + \frac{\pi}{3}\right)$$

(2) $y = \sin x + \sqrt{3}\cos x = 2\left(\cos x \times \frac{\sqrt{3}}{2} + \sin x \times \frac{1}{2}\right)$

$$= 2\left(\cos x \cos\frac{\pi}{6} + \sin x \sin\frac{\pi}{6}\right) \quad (\because \ \tan\beta = \frac{a}{b} = \frac{1}{\sqrt{3}}\text{에서 } \beta = \frac{\pi}{6})$$

$$= 2\cos\left(x - \frac{\pi}{6}\right)$$

예제 4.5.8 위 예제 [예제 4.5.7]의 결과를 이용하여 $y = \sin x + \sqrt{3}\cos x$의 최댓값과 최솟값을 구하여라. (단, $0 < x < 2\pi$이다.)

풀이 [예제 4.5.7]의 결과로부터 $y = \sin x + \sqrt{3}\cos x = 2\sin\left(x + \frac{\pi}{3}\right)$이다. 여기에서 $-1 \le \sin\left(x + \frac{\pi}{3}\right) \le 1$이므로 y의 최댓값은 2이고 최솟값은 -2이다.

4.5 연습문제

1. 덧셈정리를 사용하여 다음 값을 구하여라.

(1) $\sin 15°$ (2) $\cos 15°$

(3) $\tan 15°$

2. 반각공식을 사용하여 $\sin\frac{\pi}{8}$와 $\cos\frac{\pi}{8}$의 값을 구하여라.

3. 다음 값을 구하여라.

(1) $\dfrac{\sin 60°}{\sin 10°\cos 20° + \cos 10°\sin 20°}$ (2) $\sin 75°\cos 15°$

(3) $\sin 75° + \cos 15°$ (4) $\sin 105° - \sin 15°$

4. 두 점 $P(\cos\alpha, \sin\alpha)$, $Q(\cos\beta, \sin\beta)$ 간의 거리가 2일 때 $\cos(\alpha-\beta)$의 값을 구하여라.

5. $\sin x = \dfrac{2\sqrt{3}+\sqrt{6}}{6}$ $(0 < x < \pi/2)$일 때 다음 값을 구하여라.

(1) $\sin 2x$ (2) $\cos 2x$

(3) $\tan 2x$

6. 다음의 각 경우에 대하여 $\sin 2x$의 값을 구하여라.

(1) $\sin x + \cos x = \dfrac{\sqrt{6}}{2}$ (2) $\sin x - \cos x = \dfrac{1}{\sqrt{2}}$

† $\sin^2 x + \cos^2 x = 1$

7. $\sin\alpha = \dfrac{4}{5}$ $(\pi/2 < \alpha < \pi)$일 때 $\cos 2\alpha$, $\tan\dfrac{\alpha}{2}$의 값을 구하여라.

8. $\tan\alpha = \dfrac{1}{\sqrt{2}}$ $(0 < \alpha < \pi/2)$일 때 $\sin^2\dfrac{\alpha}{2}$, $\cos^2\dfrac{\alpha}{2}$의 값을 구하여라.

9. $\tan\alpha = \sqrt{2}$일 때 $\tan 2\alpha$, $\cos 2\alpha$, $\sin 2\alpha$의 값을 구하여라.

10. 반각공식을 사용하여 $\sin^4 x = A + B\cos 2x + C\cos 4x$가 성립하는 상수 A, B, C의 값을 구하여라.

11. $\sin 3\alpha = \sin(\alpha + 2\alpha)$, $\cos 3\alpha = \cos(\alpha + 2\alpha)$를 사용하여 다음 3배각 공식을 유도하여라.

(1) $\sin 3\alpha = 3\sin\alpha - 4\sin^3\alpha$ (2) $\cos 3\alpha = -3\cos\alpha + 4\cos^3\alpha$

12. 위 문제(11번)의 3배각 공식을 사용하여 $\sin 3\alpha = \sin 2\alpha$가 될 때 $\sin\alpha$의 값을 구하여라. (단, $0 < \alpha < \pi/2$이다.)

13. 이차방정식 $x^2 - 2x - 2 = 0$의 두 근을 $\tan\alpha$, $\tan\beta$라 할 때 $\tan(\alpha - \beta)$의 값을 구하여라. (단, $\tan\alpha > \tan\beta$이다.)

† [근과 계수와의 관계] 이차방정식 $ax^2 + bx + c = 0$의 두 근을 α, β라 하면

$$\alpha + \beta = -\frac{b}{a}, \quad \alpha\beta = \frac{c}{a} \quad (a \neq 0)$$

14. $\tan\alpha = \dfrac{3}{4}$ $(0 < \alpha < \pi/2)$일 때 $\sin 2\alpha + \cos 2\alpha$의 값을 구하여라.

15. 함수 $y = \sin^2 x + 4\sin x\cos x + 3\cos^2 x$ $(0 \leq x \leq 2\pi)$의 최솟값과 최댓값을 구하여라.

16. 함수 $y = \cos^2 x + 4\sin x\cos x - \sin^2 x$ $(0 \leq x \leq 2\pi)$의 최댓값과 최솟값 및 주기를 구하여라.

17. $y = 4\sin x + 3\sin x$ $(0 \leq x \leq 2\pi)$의 최솟값과 최댓값을 구하여라.

18. $x + y = \dfrac{\pi}{2}$ $(0 \leq x \leq 2\pi)$일 때 $\sqrt{3}\sin x + \cos y$의 최댓값과 최솟값을 구하여라.

보충학습 쌍곡선함수

밑을 e로 하는 지수함수 $y=e^x$과 $y=e^{-x}$의 결합으로 이루어지는 함수를 다음과 같이 정의하고, 이들을 통틀어 쌍곡선함수라 한다.[9)]

$$\sinh x = \frac{e^x - e^{-x}}{2}, \quad \cosh x = \frac{e^x + e^{-x}}{2}, \quad \tanh x = \frac{\sinh x}{\cosh x} = \frac{e^x - e^{-x}}{e^x + e^{-x}}$$

$$\mathrm{sech}\,x = \frac{1}{\cosh x}, \qquad \mathrm{csch}\,x = \frac{1}{\sinh x}, \qquad \coth x = \frac{1}{\tanh x}$$

이상의 함수를 각각 쌍곡선 sine함수, 쌍곡선 cosine함수, 쌍곡선 tangent함수, 쌍곡선 secant함수, 쌍곡선 cosecant함수, 쌍곡선 cotangent함수라 한다.

쌍곡선함수는 다음과 같이 삼각함수와 유사한 관계식을 갖는다.

(1) $\sinh(-x) = -\sinh x, \quad \cosh(-x) = \cosh x, \quad \tanh(-x) = -\tanh x$

(2) $\cosh x + \sinh x = e^x, \quad \cosh x - \sinh x = e^{-x}$

(3) $\cosh^2 x - \sinh^2 x = 1, \quad \tanh^2 x + \mathrm{sech}^2 x = 1, \quad \coth^2 x - \mathrm{csch}^2 x = 1$

(4) $\sinh(x \pm y) = \sinh x \cosh y \pm \cosh x \sinh y$ (복호동순)

$\cosh(x \pm y) = \cosh x \cosh y \pm \sinh x \sinh y$ (복호동순)

$\tanh(x \pm y) = \dfrac{\tanh x \pm \tanh y}{1 \pm \tanh x \tanh y}$ (복호동순)

(5) $\sinh 2x = 2\sinh x \cosh x, \quad \sinh^2 x = \dfrac{\cosh 2x - 1}{2}, \quad \cosh^2 x = \dfrac{\cosh 2x + 1}{2}$

---

9) 쌍곡선함수의 정의는 알아두도록 한다. 계산기의 키보드에 표시된 'hyp'는 쌍곡선함수를 계산하기 위해 사용하는 키를 나타낸다.

제 5 장

지수함수와 로그함수

5.1 지수함수

5.1.1 거듭제곱

어떤 수 a를 n번 거듭 곱한 것을 a의 n제곱이라 하고 a^n으로 나타낸다. a^n에서 a를 밑, n을 지수라 한다. a, a^2, a^3, $\cdots$ 등은 모두 a의 거듭제곱이다.

5.1.2 거듭제곱근

n이 2 이상의 자연수일 때 실수 a에 대하여 어떤 수를 n제곱하여 a가 되는 수를 a의 n제곱근이라 한다. 즉, $x^n = a$이면 x는 a의 n제곱근이다.

(1) n이 짝수이면 $x^n = a\ (a > 0)$가 되는 실수는 양수와 음수의 두 개가 있고, $\sqrt[n]{a}$, $-\sqrt[n]{a}$로 쓴다.

(2) n이 홀수이면 $x^n = a$가 되는 실수는 하나이고 $\sqrt[n]{a}$로 쓴다.

(3) $x^n = 0$이 되는 x는 0 하나뿐이다 : $x = \sqrt[n]{0} = 0$

예 (1) $x^2 = 4$를 만족하는 $x = 2,\ -2$의 두 개이다.

$x^2 - 4 = x^2 - 2^2 = (x-2)(x+2)$로 인수분해 된다.

(2) $x^3 = 27$이 되는 실수 $x = 3$ 하나뿐이다.

복소수의 범위에서 생각하면 $x = 3,\ \dfrac{3}{2}(-1 \pm \sqrt{3}i)$의 세 개이다.

$x^3 - 27 = x^3 - 3^3 = (x-3)(x^2+3x+9)$로 인수분해 된다.

(3) $x^4 = 1$이 되는 실수 $x = 1,\ -1$의 두 개이고,

복소수의 범위에는 $x = \pm 1,\ \pm i$의 네 개이다.

$x^4 - 1 = (x^2-1)(x^2+1) = (x-1)(x+1)(x^2+1)$로 인수분해 된다.

5.1.3 거듭제곱근의 성질

a가 실수이고 n이 2 이상의 정수일 때

(1) $(\sqrt[n]{a})^n = a$

(2) $\sqrt[n]{a^n} = \begin{cases} a & (n\text{이 홀수}) \\ |a| & (n\text{이 짝수}) \end{cases}$

$a > 0$, $b > 0$이고 m, n이 2 이상의 정수일 때

(3) $\sqrt[n]{a}\sqrt[n]{b} = \sqrt[n]{ab}$

(4) $\dfrac{\sqrt[n]{a}}{\sqrt[n]{b}} = \sqrt[n]{\dfrac{a}{b}}$

(5) $(\sqrt[n]{a})^m = \sqrt[n]{a^m}$

(6) $\sqrt[m]{\sqrt[n]{a}} = \sqrt[mn]{a} = \sqrt[n]{\sqrt[m]{a}}$

(7) $\sqrt[np]{a^{mp}} = \sqrt[n]{a^m}$ (단, p는 양의 정수)

예 (1) $(\sqrt[n]{2})^n = 2$

(2) n이 홀수일 때 : $\sqrt[3]{2^3} = 2$, $\sqrt[3]{(-2)^3} = -2$

n이 짝수일 때 : $\sqrt[2]{2^2} = 2$, $\sqrt[2]{(-2)^2} = 2$

(3) $\sqrt[3]{2}\sqrt[3]{4} = \sqrt[3]{8} = \sqrt[3]{2^3} = 2$

(4) $\dfrac{\sqrt[3]{54}}{\sqrt[3]{2}} = \sqrt[3]{\dfrac{54}{2}} = \sqrt[3]{27} = \sqrt[3]{3^3} = 3$

(5) $(\sqrt[3]{2})^6 = \sqrt[3]{2^6} = \sqrt[3]{4^3} = 4$

(6) $\sqrt[3]{\sqrt{64}} = \sqrt[6]{2^6} = 2$

(7) $\sqrt[12]{2^{15}} = \sqrt[4\times3]{2^{5\times3}} = \sqrt[4]{2^5}$

5.1.4 분수 지수 정의

$a > 0$, m이 정수이고 n이 2 이상의 정수일 때

$$a^{\frac{m}{n}} = \sqrt[n]{a^m}, \quad a^{\frac{1}{n}} = \sqrt[n]{a}$$

예 $2^{\frac{5}{3}} = \sqrt[3]{2^5}$, $2^{\frac{1}{3}} = \sqrt[3]{2}$

5.1.5 지수법칙

지수 n이 자연수뿐만 아니라 정수, 유리수, 실수까지 확장하여 다음의 지수법칙이 성립한다.

$a>0$, $b>0$이고 x, y가 실수일 때

(1) $a^x a^y = a^{x+y}$

(2) $a^x \div a^y = a^{x-y}$

(3) $(a^x)^y = a^{xy}$

(4) $(ab)^x = a^x b^x$

$a \neq 0$일 때, $a^0 = 1$, $a^{-x} = \dfrac{1}{a^x}$

예

(1) $(\sqrt{2})^{\frac{1}{3}} \times (\sqrt{2})^{\frac{2}{3}} = (\sqrt{2})^{\frac{1}{3}+\frac{2}{3}} = \sqrt{2}$

(2) $(\sqrt{3})^{\frac{5}{2}} \div (\sqrt{3})^{\frac{1}{2}} = (\sqrt{3})^{\frac{5}{2}-\frac{1}{2}} = (\sqrt{3})^2 = 3$

(3) $\left\{(\sqrt[3]{2})^{\frac{1}{2}}\right\}^6 = (\sqrt[3]{2})^3 = 2$

(4) $(\sqrt{5} \times \sqrt[3]{2})^2 = (\sqrt{5})^2 \times (\sqrt[3]{2})^2 = 5\sqrt[3]{4}$

(5) 밑이 음수($a<0$, $b<0$)이고 지수가 실수일 때는 밑이 양수($a>0$, $b>0$)일 때의 지수법칙을 적용하지 않는다.

$\{(-3)^2\}^{\frac{1}{2}} = 9^{\frac{1}{2}} = 3$이다.

$\{(-3)^2\}^{\frac{1}{2}} = (-3)^{2\times\frac{1}{2}} = (-3)^1 = -3$이 아니다.

$\{(-2)\times(-3)\}^{\frac{1}{2}} = (6)^{\frac{1}{2}} = \sqrt{6}$이다.

$$\begin{aligned}\{(-2)\times(-3)\}^{\frac{1}{2}} &= (-2)^{\frac{1}{2}} \times (-3)^{\frac{1}{2}} = \sqrt{-2} \times \sqrt{-3} \\ &= \sqrt{2}i \times \sqrt{3}i = -\sqrt{6}\end{aligned}$$
이 아니다.

5.1.6 지수함수

(1) 지수함수 : $a \neq 1,\ a > 0$일 때 정의역이 실수의 집합이며 치역이 양의 실수의 집합인 함수 $y = a^x$을 a를 밑으로 하는 지수함수라 한다.

(2) 지수함수 $y = a^x\ (a \neq 1,\ a > 0)$의 성질

(a) 정의역은 실수 전체의 집합이고 치역은 $\{y \mid y > 0\}$이다.

(b) 그래프는 점 $(0, 1)$을 지나고 직선 $y = 0$(x축)을 점근선으로 한다.

(c) $0 < a < 1$일 때, x의 값이 증가하면 y의 값은 감소한다.
$a > 1$일 때, x의 값이 증가하면 y의 값도 증가한다.

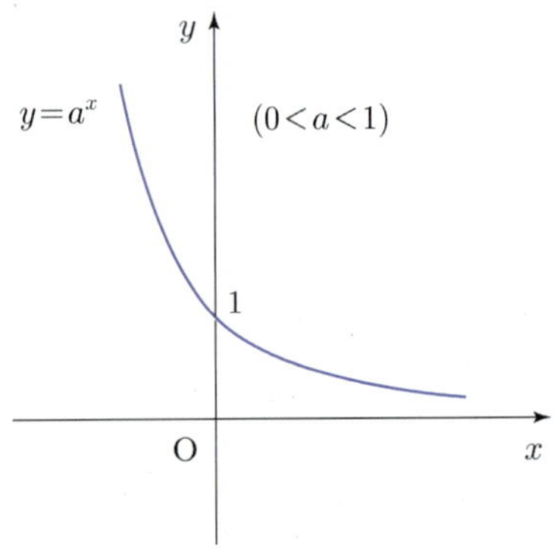

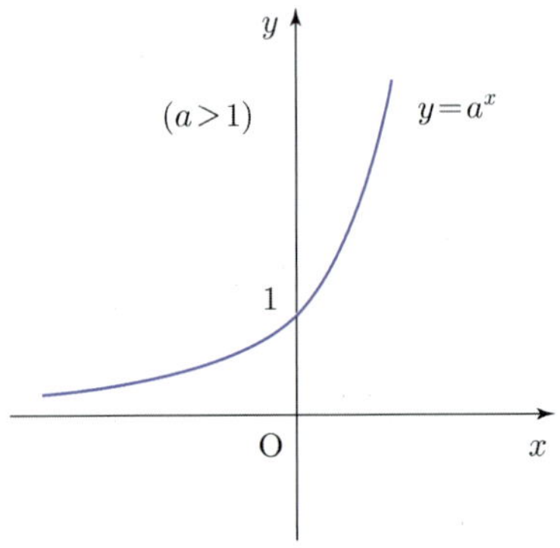

(3) $y = a^x$과 $y = a^{-x} = \left(\dfrac{1}{a}\right)^x$의 그래프는 y축에 대하여 대칭이다.

(4) 지수함수 $y = a^x$의 그래프를 x축 방향으로 m만큼, y축 방향으로 n만큼 평행이동한 그래프의 방정식은 $y = a^{x-m} + n$

설명 $a \neq 1,\ a > 0$일 때 임의의 실수 x에 대하여 a^x의 값은 하나로 정해진다. 따라서 지수함수 $y = a^x$을 정의할 수 있다.

예 (1) 지수함수 예 : $y = 2^x,\ y = 3^{-x}$

(2) $y = 2^x$과 $y = 2^{-x}$의 그래프는 y축에 대하여 대칭이다.

(3) $y = 2^{x-1} + 3$의 그래프는 $y = 2^x$의 그래프를 x축 방향으로 1만큼, y축 방향으로 3만큼 평행이동한 그래프이다.

예제 5.1.1 다음을 간단히 하여라.

(1) $\sqrt[4]{4^2}$ (2) $\sqrt[3]{\sqrt{27}}$

(3) $\dfrac{\sqrt[4]{2}}{\sqrt[4]{32}}$ (4) $\sqrt[12]{3^4}\times\sqrt[12]{3^8}$

풀이 (1) $\sqrt[4]{4^2}=\sqrt[4]{(2^2)^2}=\sqrt[4]{2^4}=2$

(2) $\sqrt[3]{\sqrt{27}}=\sqrt[3]{\sqrt{3^3}}=\sqrt{\sqrt[3]{3^3}}=\sqrt{3}$

(3) $\dfrac{\sqrt[4]{2}}{\sqrt[4]{32}}=\sqrt[4]{\dfrac{2}{32}}=\sqrt[4]{\dfrac{1}{16}}=\sqrt[4]{\dfrac{1}{2^4}}=\dfrac{1}{2}$

(4) $\sqrt[12]{3^4}\times\sqrt[12]{3^8}=\sqrt[12]{3^4\times 3^8}=\sqrt[12]{3^{12}}=3$

예제 5.1.2 다음을 간단히 하여라. (단, $a>0$)

(1) $\sqrt[3]{\sqrt[4]{16}}\times\sqrt[4]{\sqrt[3]{16^2}}$

(2) $\left(a^{\sqrt{2}}\right)^2\times a^{-3\sqrt{2}}\div\left(a^{-2}\right)^{\sqrt{2}}$

풀이 (1) $\sqrt[3]{\sqrt[4]{16}}\times\sqrt[4]{\sqrt[3]{16^2}}=\left(16^{\frac{1}{4}}\right)^{\frac{1}{3}}\times\left\{\left(16^2\right)^{\frac{1}{3}}\right\}^{\frac{1}{4}}=16^{\frac{1}{12}+\frac{2}{12}}$

$$=\left(2^4\right)^{\frac{1}{4}}=2$$

(2) $\left(a^{\sqrt{2}}\right)^2\times a^{-3\sqrt{2}}\div\left(a^{-2}\right)^{\sqrt{2}}=a^{2\sqrt{2}-3\sqrt{2}+2\sqrt{2}}$

$$=a^{\sqrt{2}}$$

예제 5.1.3 $a=\sqrt[3]{2},\ b=\sqrt[4]{3}$일 때 $\sqrt[6]{12}$를 a, b로 나타내어라.

풀이 여기에서 $a=\sqrt[3]{2}=2^{\frac{1}{3}},\ b=\sqrt[4]{3}=3^{\frac{1}{4}}$이다. $\sqrt[6]{12}$를 지수 형태로 표현하여 답을 구한다.

$$\sqrt[6]{12}=12^{\frac{1}{6}}=\left(2^2\times 3\right)^{\frac{1}{6}}$$

$$=2^{\frac{1}{3}}\times 3^{\frac{1}{6}}$$

$$= 2^{\frac{1}{3}} \times \left(3^{\frac{1}{4}}\right)^{\frac{2}{3}} \quad (\leftarrow \ a = 2^{\frac{1}{3}},\ b = 3^{\frac{1}{4}} \ )$$

$$= ab^{\frac{2}{3}} = a\sqrt[3]{b^2}$$

예제 5.1.4 $a = \sqrt{2} + \dfrac{1}{\sqrt{2}}$ 일 때 a^2의 값을 구하여라.

풀이 $a^2 = \left(\sqrt{2} + \dfrac{1}{\sqrt{2}}\right)^2$

$$= (\sqrt{2})^2 + 2 \times \sqrt{2} \times \frac{1}{\sqrt{2}} + \left(\frac{1}{\sqrt{2}}\right)^2$$

$$= 2 + 2 + \frac{1}{2} = \frac{9}{2}$$

예제 5.1.5 $a > 0,\ x > 0$이고 $a^x + a^{-x} = 3$일 때 다음 식의 값을 구하여라.

(1) $\sqrt{a^x} + \sqrt{a^{-x}}$ (2) $a^{2x} + a^{-2x}$

풀이 여기에서 $a^x \cdot a^{-x} = a^0 = 1$이라는 것을 이용한다.

(1) $\left(\sqrt{a^x} + \sqrt{a^{-x}}\right)^2 = a^x + 2\sqrt{a^x}\sqrt{a^{-x}} + a^{-x}$

$$= a^x + a^{-x} + 2\sqrt{a^x \cdot a^{-x}}$$

$$= 3 + 2$$

$$= 5$$

$$\therefore \ \sqrt{a^x} + \sqrt{a^{-x}} = \sqrt{5} \ \ (\because \sqrt{a^x} > 0,\ \sqrt{a^{-x}} > 0)$$

(2) $a^{2x} + a^{-2x} = (a^x + a^{-x})^2 - 2a^x \cdot a^{-x}$

$$= 3^2 - 2$$

$$= 7$$

† $(a+b)^2 = a^2 + 2ab + b^2,\ a^2 + b^2 = (a+b)^2 - 2ab$

예제 5.1.6 $a^{2x} = 2$일 때 다음 식의 값을 구하여라.

(1) $\dfrac{a^x - a^{-x}}{a^x + a^{-x}}$ (2) $\dfrac{a^{3x} - a^{-3x}}{a^x + a^{-x}}$

풀이 분모와 분자에 각각 a^x을 곱하여 준 식을 a^{2x}에 대한 식으로 바꾸어 식의 값을 구한다.

(1) 분모와 분자에 각각 a^x을 곱하면

$$\begin{aligned}\frac{a^x - a^{-x}}{a^x + a^{-x}} &= \frac{a^{2x}-1}{a^{2x}+1} \\ &= \frac{2-1}{2+1} \\ &= \frac{1}{3}\end{aligned}$$

(2) 분모와 분자에 각각 a^x을 곱하면

$$\begin{aligned}\frac{a^{3x} - a^{-3x}}{a^x + a^{-x}} &= \frac{a^{4x}-a^{-2x}}{a^{2x}+1} \\ &= \frac{(a^{2x})^2-(a^{2x})^{-1}}{a^{2x}+1} \\ &= \frac{2^2-2^{-1}}{2+1} \\ &= \frac{7}{6}\end{aligned}$$

예제 5.1.7 함수 $y = 4^x - 2^{x+2} + 3\ (0 \le x \le 2)$의 최댓값과 최솟값을 구하여라.

풀이 주어진 함수를 $2^x = t$에 대한 식으로 표현하여 값을 구한다.

$$\begin{aligned}y &= 4^x - 2^{x+2} + 3 \\ &= (2^x)^2 - 2^x \cdot 2^2 + 3 \\ &= t^2 - 4t + 3 \\ &= (t-2)^2 - 1 \qquad \cdots ①\end{aligned}$$

여기에서 $0 \le x \le 2$이므로 변수 t의 범위는 다음과 같다.

$$2^0 \le 2^x \le 2^2 \quad \therefore\ 1 \le t \le 4$$

따라서 식 ①의 그래프는 꼭짓점이 $(2,\ -1)$이고 아래로 볼록하며 꼭짓점은 주어진 구간 $1 \le t \le 4$에 포함된다. 그리고 구간의 끝점 $t=1$일 때 $y=0$, $t=4$일 때 $y=3$이므로 주어진 함수는 꼭짓점($t=2$)에서 최솟값 $y=-1$, $t=4$에서 최댓값 $y=3$을 가진다.

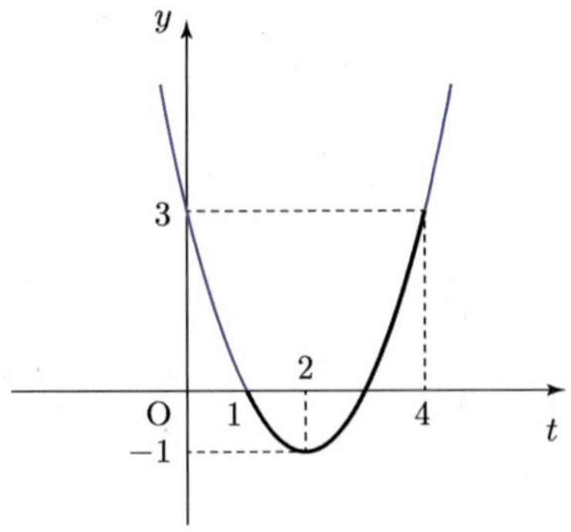

† t에 대한 이차함수인 식 ①의 그래프를 그려보면 최댓값과 최솟값을 쉽게 알 수 있다.

5.1 연습문제

1. 다음을 간단히 하여라. (단, $a>0$, $b>0$)

(1) $\dfrac{\sqrt{4}}{2}\times\sqrt[3]{16}\div\sqrt[4]{64}$

(2) $\sqrt[3]{8}\times\sqrt[5]{32}\div\left(\sqrt{4}\div\sqrt{2}\right)$

(3) $\sqrt[4]{\sqrt{2+\sqrt{3}}+\sqrt{2-\sqrt{3}}}$

(4) $\sqrt{2+\sqrt{3}}\times\sqrt[4]{7-4\sqrt{3}}$

(5) $\sqrt{a}\times\sqrt{\sqrt[3]{a}}\times\sqrt{\sqrt[3]{\sqrt[4]{a}}}$

(6) $\sqrt{\dfrac{\sqrt[4]{a}}{\sqrt[3]{a}}}\times\sqrt[3]{\dfrac{\sqrt[4]{a^3}}{\sqrt{a}}}\times\sqrt[3]{a}\times\left(\sqrt{a}\right)^3$

(7) $\sqrt{2a^2b}\times\sqrt[4]{4a^3b^2}\div\sqrt[6]{8a^3b}$

(8) $\sqrt[4]{a^2b^{-1}}\div\left(\sqrt{a^{-1}b^2}\div\sqrt[3]{a^2b^6}\right)\div\sqrt{ab}$

2. $\sqrt[3]{k^2}=\sqrt[4]{k\sqrt{k^a}}$ 일 때 유리수 a의 값을 구하여라. (단, $a>0$, $a\neq1$이다.)

3. $2^x=3$, $2^y=5$일 때 $\left(\dfrac{1}{2}\right)^{x-2y}$의 값을 구하여라.

4. $a^{-2}=2$일 때 $\dfrac{a^3-a^{-3}}{a+a^{-1}}$의 값을 구하여라. (단, $a>0$이다.)

5. $2^x+2^{-x}=3$일 때 $\dfrac{2^{3x}-2^{-3x}}{2^{2x}+2^{-2x}}$의 값을 구하여라.

6. $x+x^{-1}=3$일 때 (1) x^2+x^{-2} (2) x^4+x^{-4}의 값을 구하여라.

7. 함수 $y=9^x-4\times3^x+2$ $(0\le x\le2)$의 최댓값과 최솟값을 구하여라.

5.2 로그함수

5.2.1 로그의 정의

(1) $a>0$, $a \neq 1$일 때, 임의의 양수 N에 대하여 $a^x = N$이 되는 실수 x를 a를 밑으로 하는 N의 로그라 하고, $x = \log_a N$으로 나타낸다.

(2) $x = \log_a N$에서 a를 $\log_a N$의 밑, N을 $\log_a N$의 진수라 한다.

[로그의 정의] $a>0$, $a \neq 1$, $N>0$일 때 $a^x = N \Leftrightarrow x = \log_a N$

(1) 밑의 조건 : 1이 아닌 양의 실수 ($a>0$, $a \neq 1$)

(2) 진수의 조건 : 양의 실수 ($N>0$)

예 $2^x = 4 \Leftrightarrow x = \log_2 4$

$3^x = 9 \Leftrightarrow x = \log_3 9$

5.2.2 로그의 기본 성질

$a>0$, $a \neq 1$이고 $x>0$, $y>0$일 때

(1) $\log_a a = 1$, $\log_a 1 = 0$

(2) $\log_a xy = \log_a x + \log_a y$

(3) $\log_a \dfrac{x}{y} = \log_a x - \log_a y$

(4) $\log_a x^m = m \log_a x$ (m은 실수)

증명 지수법칙과 다음 로그의 정의를 이용하여 증명한다.

$$a^x = N \Leftrightarrow x = \log_a N \quad (a>0,\ a \neq 1,\ N>0)$$

(1) $a^1 = a$이므로 $1 = \log_a a$ 즉, $\log_a a = 1$

$a^0 = 1$이므로 $0 = \log_a 1$ 즉, $\log_a 1 = 0$

(2) $\log_a x = X$, $\log_a y = Y$로 하면 로그의 정의에 의하여

$$x = a^X, \ y = a^Y$$

이므로 지수법칙에 의하여

$$xy = a^X \cdot a^Y = a^{X+Y}$$

따라서 로그의 정의에 의하여

$$\log_a xy = X + Y$$

$$\therefore \ \log_a xy = \log_a x + \log_a y$$

(3) $\log_a x = X$, $\log_a y = Y$로 하면 로그의 정의에 의하여

$$x = a^X, \ y = a^Y$$

$$\therefore \ \frac{x}{y} = \frac{a^X}{a^Y} = a^{X-Y}$$

따라서 로그의 정의에 의하여

$$\log_a \frac{x}{y} = X - Y$$

$$\therefore \ \log_a \frac{x}{y} = \log_a x - \log_a y$$

(4) $\log_a x = X$로 하면 로그의 정의에 의하여

$$x = a^X$$

$$\therefore \ x^m = (a^X)^m = a^{mX}$$

따라서 로그의 정의에 의하여

$$\log_a x^m = mX$$

$$\therefore \ \log_a x^m = m \log_a x$$

예 (1) $\log_2 2 = 1$, $\log_2 1 = 0$

(2) $\log_2 6 = \log_2 (2 \times 3) = \log_2 2 + \log_2 3 = 1 + \log_2 3$

(3) $\log_2 \frac{3}{2} = \log_2 3 - \log_2 2 = \log_2 3 - 1$

(4) $\log_2 16 = \log_2 2^4 = 4 \log_2 2 = 4$

5.2.3 로그의 밑 변환공식

밑 변환공식 : $a>0,\ a\neq 1,\ b>0,\ b\neq 1,\ x>0$일 때

(1) $\log_a x=\dfrac{\log_b x}{\log_b a}$ (2) $\log_a b=\dfrac{1}{\log_b a}$

예

(1) $\log_2 5=\dfrac{\log_3 5}{\log_3 2}$

(2) $\log_2 3=\dfrac{\log_3 3}{\log_3 2}=\dfrac{1}{\log_3 2}$

5.2.4 밑 변환과 관련된 로그의 여러 가지 성질

$a>0,\ a\neq 1,\ b>0,\ b\neq 1,\ c>0$일 때

(1) $a^{\log_a b}=b$

(2) $\log_{a^n} b^m=\dfrac{m}{n}\log_a b$ (m, n은 실수, $n\neq 0$)

(3) $a^{\log_b c}=c^{\log_b a}$

(4) $\log_a b\times\log_b a=1$

예

(1) $2^{\log_2 3}=3$

(2) $\log_{2^5} 3^7=\dfrac{7}{5}\log_2 3$

(3) $2^{\log_3 4}=4^{\log_3 2}$

(4) $\log_3 7\times\log_7 3=1$

5.2.5 상용로그

$\log_{10}N$과 같이 밑을 10으로 하는 로그를 상용로그라 하고, 보통 밑 10을 생략하여 $\log N$으로 나타낸다. $\log 10 = 1$, $\log 10^n = n$

예 $\log_{10}5 = \log 5$, $\log 1000 = \log 10^3 = 3\log 10 = 3$

5.2.6 자연로그

밑이 e인 $\log_e x$를 자연로그라 하고 $\ln x$으로 나타낸다. 즉, $\ln x = \log_e x$이다. 여기에서 $e = \lim_{h\to 0}(1+h)^{\frac{1}{h}} = 2.718281\cdots$로 정의되는 무리수이다.

† 십진법을 사용하는 수의 계산에는 상용로그를 사용하는 것이 편리하다. 그러나 공학 문제를 해석할 때 사용하는 로그는 대부분 자연로그이다.

5.2.7 로그함수

(1) 로그함수 : 지수함수 $y = a^x$의 역함수 $y = \log_a x$ $(a \neq 1,\ a > 0)$를 a를 밑으로 하는 로그함수라 한다.

(2) 로그함수 $y = \log_a x$ $(a \neq 1,\ a > 0)$의 성질

① 정의역은 $\{x \mid x > 0\}$이고, 치역은 실수 전체의 집합이다.

② 그래프는 점 $(1, 0)$을 지나고 직선 $x = 0$(y축)을 점근선으로 한다.

③ $a > 1$일 때, x의 값이 증가하면 y의 값도 증가한다.

$0 < a < 1$일 때, x의 값이 증가하면 y의 값은 감소한다.

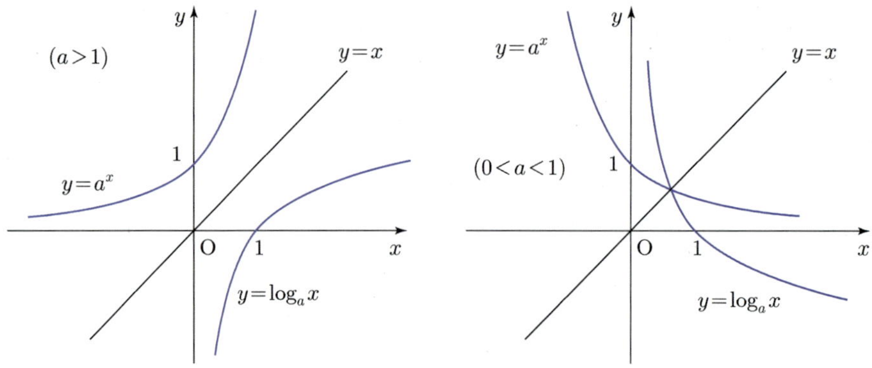

† $y=a^x$과 $y=\log_a x$의 그래프 : 두 함수는 서로 역함수이므로 두 함수의 그래프는 $y=x$에 대하여 대칭이다.

설명 지수함수 $y=a^x$ $(a \neq 1,\ a>0)$은 정의역이 실수 전체의 집합이고 치역이 양의 실수의 집합인 일대일대응함수이므로 역함수가 존재한다. $y=a^x$에서 x를 구하면 로그의 정의에 의해 $x=\log_a y$이고, x와 y를 바꾸어 쓰면 $y=\log_a x$가 된다. 즉, 지수함수 $y=a^x$의 역함수는 $y=\log_a x$이다.

예 (1) 로그함수 예 : $y=\log_2 x$, $y=\log x$, $y=\ln x$

(2) $y=2^x$의 역함수는 $y=\log_2 x$

예제 5.2.1 다음 로그 값을 구하여라.

(1) $\log_2 4$　　(2) $\log_2 \sqrt[3]{16}$

(3) $\log_3 \sqrt{3}$　　(4) $\log_3 81$

풀이 (1) $\log_2 4 = \log_2 2^2 = 2\log_2 2 = 2$

(2) $\log_2 \sqrt[3]{16} = \log_2 (2^4)^{\frac{1}{3}} = \log_2 2^{\frac{4}{3}} = \frac{4}{3}\log_2 2 = \frac{4}{3}$

(3) $\log_3 \sqrt{3} = \log_3 3^{\frac{1}{2}} = \frac{1}{2}\log_3 3 = \frac{1}{2}$

(4) $\log_3 81 = \log_3 3^4 = 4\log_3 3 = 4$

예제 5.2.2 다음 상용로그와 자연로그의 값을 구하여라.

(1) $\log 1000$ (2) $\log \frac{1}{10000}$

(3) $\ln\sqrt{e\sqrt{e}}$ (4) $\ln\frac{\sqrt{e}}{7} - \ln\frac{e^2}{7}$

풀이 (1) $\log 1000 = \log 10^3 = 3\log 10 = 3 \quad (\because \log 10 = \log_{10}10 = 1)$

(2) $\log\frac{1}{10000} = \log 1 - \log 10000 = -\log 10^4 = -4\log 10 = -4$

(3) $\ln\sqrt{e\sqrt{e}} = \ln e^{\frac{1}{2}+\frac{1}{2}\times\frac{1}{2}} = \ln e^{\frac{3}{4}} = \frac{3}{4}\ln e = \frac{3}{4}$

이상에서 $\ln e = \log_e e = 1$이다.

(4) $$\begin{aligned}\ln\frac{\sqrt{e}}{7} - \ln\frac{e^2}{7} &= (\ln\sqrt{e} - \ln 7) - (\ln e^2 - \ln 7)\\ &= \ln\sqrt{e} - \ln e^2\\ &= \frac{1}{2}\ln e - 2\ln e\\ &= \frac{1}{2} - 2 = -\frac{3}{2}\end{aligned}$$

예제 5.2.3 $\log_2\sqrt{3} + \frac{1}{2}\log_2\frac{1}{4} - \log_2\sqrt{6}$의 값을 구하여라.

풀이 $$\begin{aligned}\log_2\sqrt{3} + \frac{1}{2}\log_2\frac{1}{4} - \log_2\sqrt{6} &= \frac{1}{2}\log_2 3 + \frac{1}{2}(\log_2 1 - \log_2 4) - \frac{1}{2}\log_2 6\\ &= \frac{1}{2}\log_2 3 + \frac{1}{2}(0-2) - \frac{1}{2}(\log_2 2 + \log_2 3)\\ &= -1 - \frac{1}{2}\times\log_2 2 = -\frac{3}{2}\end{aligned}$$

예제 5.2.4 $\log_a x^2 = 4$, $\log_a y = 3$, $\log_a z^3 = 12$일 때 $\log_a x^3y^2z$의 값을 구하여라. (단, $a > 0$, $a \neq 1$, $x > 0$, $y > 0$, $z > 0$이다.)

풀이 $\log_a x^2 = 2\log_a x = 4 \quad \therefore \log_a x = 2$

$\log_a z^3 = 3\log_a z = 12 \quad \therefore \log_a z = 4$

$$\text{주어진 식} = \log_a x^3y^2z = \log_a x^3 + \log_a y^2 + \log_a z$$
$$= 3\log_a x + 2\log_a y + \log_a z$$
$$= 3\times 2 + 2\times 3 + 4$$
$$= 16$$

예제 5.2.5 $\log_2 3 = a$, $\log_2 5 = b$일 때 $\log_2 10 - \log_2 12 + \log_3 6$을 a, b로 나타내어라.

풀이 $$\log_2 10 - \log_2 12 + \log_3 6 = \log_2(2\times 5) - \log_2(2^2\times 3) + \frac{\log_2(2\times 3)}{\log_2 3}$$
$$= 1 + \log_2 5 - 2 - \log_2 3 + \frac{1+\log_2 3}{\log_2 3}$$
$$= \frac{1}{a} - a + b$$

예제 5.2.6 로그함수 $y = \ln(x^3+1) - 2\ln(x+1) - \ln(x^2-x+1)$을 하나의 로그로 표현하여라. (단, $x > -1$이다.)

풀이 $$y = \ln(x^3+1) - 2\ln(x+1) - \ln(x^2-x+1)$$
$$= \ln(x^3+1) - \ln(x+1)^2 - \ln(x^2-x+1)$$
$$= \ln\frac{x^3+1}{(x+1)^2(x^2-x+1)}$$
$$= \ln\frac{x^3+1}{(x+1)(x^3+1)}$$
$$= \ln\frac{1}{x+1}$$

† $a^3+b^3 = (a+b)(a^2-ab+b^2)$이므로 $(x+1)(x^2-x+1) = x^3+1$이다.

예제 5.2.7 함수 $y = 2^{x-3}+5$의 역함수를 구하여라.

풀이 함수 $y = 2^{x-3}+5$는 정의역 $\{x \mid x\text{는 실수}\}$에서 치역 $\{y \mid y > 5\}$로의 일대일대응인 함수이다.

로그의 정의를 이용하여 주어진 함수에서 x를 y로 나타낸다.

$$y = 2^{x-3} + 5$$

$$y - 5 = 2^{x-3}$$

$$\log_2(y-5) = \log_2(2^{x-3}) = (x-3)\log_2 2 = x - 3$$

$$\log_2(y-5) = x - 3$$

$$\therefore \quad x = \log_2(y-5) + 3$$

여기에서 x와 y를 바꾸면 역함수는 다음과 같다.

$$y = \log_2(x-5) + 3 \quad (x > 5)$$

5.2 연습문제

1. 다음 값을 구하여라.

(1) $\log_2 64^2$

(2) $\log_2 4\sqrt{2\sqrt[3]{16}}$

(3) $\log_5 \sqrt[5]{5\sqrt[3]{25}}$

(4) $\log_7 49\sqrt{7}$

(5) $\log_3 \frac{2}{\sqrt{3}} + \log_3 \frac{\sqrt[3]{27}}{2}$

(6) $\log_2 24 + \log_2 \frac{\sqrt{2}}{3}$

2. $\log_2 3 = a$일 때 $\log_{18} \sqrt[3]{12}$를 a로 나타내어라.

3. $\log_{10} 2 = a$, $\log_{10} 3 = b$일 때 $\log_{10} 0.12$를 a, b로 나타내어라.

4. $\log_5 2 = a$, $\log_5 3 = b$일 때 $\log_6 12$를 a, b로 나타내어라.

5. $2^{2\log_2 \sqrt{2} - 3\log_2 3 + \log_2 9}$의 값을 구하여라.

6. $\log_{\sqrt{2}} 27 \times \log_{\sqrt{3}} \sqrt[8]{25} \times \log_{\sqrt{5}} \sqrt[3]{32}$의 값을 구하여라.

7. $\log 2 = 0.3010$일 때 $\log 5$의 값을 구하여라.

8. $\log_3 \sqrt{2} = a$, $\log_b \sqrt{3} = 4$일 때 b^a의 값을 구하여라.

9. $2^x = 3^y = 36$일 때 $\frac{1}{x} + \frac{1}{y}$의 값을 구하여라.

10. $\alpha = \log_2(\sqrt{5} - 2)$일 때 $2^\alpha + 2^{-\alpha}$의 값을 구하여라.

† $a^{\log_a x} = x$이다.

11. 함수 $y = 3^{x+4} - 2$의 역함수를 구하여라.

5.3 지수방정식과 로그방정식

5.3.1 지수방정식

지수에 미지수(x)를 포함하는 방정식을 지수방정식이라 하고, 항이 두 개일 때는 다음과 같이 밑이 같은 경우와 다른 경우로 나눌 수 있다.

(1) $a^{f(x)} = a^{g(x)}$: $a \neq 1$, $a > 0$인 경우 $f(x) = g(x)$를 푼다.
$a = 1$이면 항상 성립한다.

(2) $a^{f(x)} = b^{g(x)}$: 방정식의 로그를 잡아서 $\log_c a^{f(x)} = \log_c b^{g(x)}$를 푼다.
(단, $a > 0$, $a \neq 1$, $b > 0$, $b \neq 1$, $c > 0$, $c \neq 1$)

(3) 항이 3 개 이상일 때는 $a^x = X$ ($a > 0$, $a \neq 1$, $X > 0$)로 치환하여 X를 구한 다음 (1) 혹은 (2)를 이용하여 x를 구한다.

예 (1) $2^{2x-1} = 32$이면 $32 = 2^5$이므로

$$2^{2x-1} = 2^5$$
$$2x - 1 = 5$$
$$\therefore \quad x = 3$$

(2) $2^{2x} = 3^{x+1}$ 인 경우, 양변에 상용로그를 잡으면

$$\log 2^{2x} = \log 3^{x+1}$$

따라서

$$2x \log 2 = (x+1) \log 3$$
$$(2\log 2 - \log 3)x = \log 3$$
$$\therefore \quad x = \frac{\log 3}{2\log 2 - \log 3}$$

(3) $2^{2x} - 3 \times 2^x - 4 = 0$일 때, $2^{2x} = (2^x)^2$이므로 $2^x = X$로 하면 준 식은 다음과 같다.

$$X^2 - 3X - 4 = 0$$

$$(X+1)(X-4) = 0$$

$$\therefore \ X = 4 \quad (\because X > 0\text{이므로 } X = -1\text{이 될 수 없다.})$$

따라서 $2^x = X$이므로 준 식을 만족하는 x는 다음과 같다.

$$2^x = 4 = 2^2$$

$$\therefore \ x = 2$$

예제 5.3.1 다음 지수방정식을 풀어라.

(1) $4^{2x-1} = 2$ (2) $3^{3x+2} = \left(\dfrac{9}{\sqrt{3}}\right)^{4x+6}$

풀이 (1) $4^{2x-1} = (2^2)^{2x-1} = 2^{4x-2}$이므로 준 식에서

$$2^{4x-2} = 2^1$$

$$4x - 2 = 1$$

$$\therefore \ x = \frac{3}{4}$$

(2) $\left(\dfrac{9}{\sqrt{3}}\right)^{4x+6} = \left(3^{2-\frac{1}{2}}\right)^{4x+6} = 3^{6x+9}$이므로 준 식에서

$$3^{3x+2} = 3^{6x+9}$$

$$3x + 2 = 6x + 9$$

$$\therefore \ x = -\frac{7}{3}$$

예제 5.3.2 다음 지수방정식을 풀어라.

(1) $2^{x+4} = 3$ (2) $e^{x-2} = 7$

풀이 양변의 밑이 같지 않을 때는 로그를 이용한다.

(1) $2^{x+4} = 3$의 양변에 밑을 2로 하는 로그를 잡으면

$$\log_2(2^{x+4}) = \log_2 3$$

$$(x+4)\log_2 2 = \log_2 3$$

$$x + 4 = \log_2 3$$

$$\therefore \quad x = \log_2 3 - 4$$

(2) $e^{x-2} = 7$의 양변에 자연로그를 잡으면

$$\ln\left(e^{x-2}\right) = \ln 7$$

$$(x-2)\ln e = \ln 7$$

$$x - 2 = \ln 7$$

$$\therefore \quad x = \ln 7 + 2$$

† $2^{x+4} = 3$의 양변에 자연로그를 잡으면

$$(x+4)\ln 2 = \ln 3 \quad \therefore \quad x = \frac{\ln 3}{\ln 2} - 4$$

가 된다. 로그방정식에서는 어떤 로그를 잡는가에 따라 답의 표현식이 달라질 수 있다.

예제 5.3.3 다음 지수방정식을 풀어라.

(1) $4^x - 5 \times 2^{x+1} + 16 = 0$ (2) $2^x + \dfrac{6}{2^x} - 5 = 0$

풀이 (1) $4^x = \left(2^2\right)^x = \left(2^x\right)^2$, $2^{x+1} = 2 \times 2^x$이므로 준 식은

$$\left(2^x\right)^2 - 10 \times 2^x + 16 = 0$$

이다. 여기에서 $2^x = X$ $(X > 0)$로 놓으면

$$X^2 - 10X + 16 = 0$$

$$(X-2)(X-8) = 0$$

$$\therefore \quad X = 2,\ 8$$

따라서 $2^x = X$이므로

$$2^x = 2,\ 8$$

$$\therefore \quad x = 1,\ 3$$

(2) $2^x = X$로 놓으면 준 식은

$$X + \frac{6}{X} - 5 = 0$$

$$\therefore \quad X^2 - 5X + 6 = 0$$

$$(X-2)(X-3) = 0$$

$$\therefore \quad X = 2,\ 3$$

따라서 $2^x = X$이므로

$$2^x = 2,\ 3$$
$$\therefore\ x = 1,\ \log_2 3$$

5.3.2 로그방정식

로그의 진수 또는 밑에 미지수를 포함한 방정식을 로그방정식이라 하며, 로그방정식을 푸는 기본은 로그의 밑을 같게 하는 데 있다.

(1) $\log_a f(x) = b \Rightarrow f(x) = a^b$ (단, $f(x) > 0$)를 푼다.

(2) $\log_a f(x) = \log_a g(x) \Rightarrow f(x) = g(x)$ (단, $f(x) > 0,\ g(x) > 0$)를 푼다.

(3) 같은 꼴이 있을 때 $\Rightarrow$ $\log_a x = X$로 치환하여 푼다.

(4) 밑과 진수에 모두 미지수가 있을 때 $\Rightarrow$ 양변의 로그를 잡는다.

† 로그방정식에서 '밑>0, 밑$\neq 1$, 진수>0'라는 것에 주의한다.

예 (1) $\log_2(x-1) = 3$이면

$$x - 1 = 2^3$$
$$\therefore\ x = 9$$

(2) $\log_2(x+1) = \log_2(x-2) + 1$의 해

준 식은 $\log_2(x+1) = \log_2(x-2) + \log_2 2 = \log_2 2(x-2) = \log_2(2x-4)$

$$\therefore\ x + 1 = 2x - 4$$
$$\therefore\ x = 5$$

(3) $(\log x)^2 - \log x - 2 = 0$의 해

$\log x = X$로 치환하면 준 식은 $X^2 - X - 2 = 0$

따라서 $(X+1)(X-2) = 0$에서 $X = -1,\ 2$이므로

$$\log x = -1,\ 2$$
$$\therefore\ x = \frac{1}{10},\ 100$$

(4) $x^{\log x} = \dfrac{x^3}{100}$의 해

양변에 상용로그를 잡으면 $(\log x)(\log x) = 3\log x - 2$

$$\therefore\ (\log x)^2 - 3\log x + 2 = 0$$

$\log x = X$로 치환하면 $(X-1)(X-2)=0$이 되므로

$$\log x = 1,\ 2$$

$$\therefore\ x = 10,\ 100$$

예제 5.3.4 다음 로그방정식을 풀어라.

(1) $\log_2 x = -3$ (2) $\log_x 9 = 2$

(3) $\log_5 x + \log_5 (x-4) - 1 = 0$ (4) $(\log_3 x)^2 - \log_3 x^2 - 3 = 0$

풀이 (1) 로그의 정의에 의해

$$x = 2^{-3} = \frac{1}{8}$$

이다.

(2) 로그의 정의에 의해

$$x^2 = 9$$

$$(x-3)(x+3) = 0$$

$$\therefore\ x = 3,\ -3$$

그런데 로그의 밑은 양수$(x > 0)$이므로 $x = 3$이다.

(3) $\log_5 x + \log_5 (x-4) = \log_5 x(x-4)$, $1 = \log_5 5$이므로 준 식은

$$\log_5 x(x-4) = \log_5 5$$

이다. 밑이 같을 때 진수가 같아야 하므로

$$x(x-4) = 5$$

$$(x-5)(x+1) = 0$$

$$\therefore\ x = -1,\ 5$$

이다. 그런데 $x = -1$인 경우에는

$$\text{진수} = x < 0,\ (x-4) < 0$$

이므로 해가 아니다. 따라서 구하는 $x = 5$이다.

(4) $\log_3 x = X$로 치환하면 $\log_3 x^2 = 2\log_3 x$이므로 준 식은

$$X^2 - 2X - 3 = 0$$

$$(X+1)(X-3) = 0$$

$$\therefore \quad X=-1,\ 3$$

즉, $\log_3 x=-1,\ 3$이므로 $x=3^{-1}=\dfrac{1}{3}$ 또는 $x=3^3=27$이다.

이상에서 $x=\dfrac{1}{3}$, 27은 진수에 대한 조건을 만족한다.

예제 5.3.5 다음 로그방정식을 풀어라.

(1) $\log_2 x-\log_x 16=3$ (2) $9x^{\log_3 x}=\dfrac{1}{x^3}$

풀이 (1) 밑이 다를 때는 밑을 같게 하여 계산한다. 밑을 2로 통일하면

$$\log_x 16=\frac{\log_2 16}{\log_2 x}=\frac{\log_2 2^4}{\log_2 x}=\frac{4}{\log_2 x}$$

이므로 준 식은

$$\log_2 x-\frac{4}{\log_2 x}=3$$

$$(\log_2 x)^2-3\log_2 x-4=0$$

이 된다. 여기에서 $\log_2 x=X$로 하면

$$X^2-3X-4=0$$

$$(X+1)(X-4)=0$$

$$\therefore \quad X=-1,\ 4$$

이다. 즉, $\log_2 x=-1,\ 4$이므로 $x=2^{-1}=\dfrac{1}{2}$ 또는 $x=2^4=16$이다.

여기에서 $x=\dfrac{1}{2}$, 16은 밑과 진수에 대한 조건을 모두 만족한다.

(2) 밑과 진수에 모두 x가 있을 때는 양변에 로그를 취한다.

양변에 밑이 3인 로그를 잡으면

$$9x^{\log_3 x}=\frac{1}{x^3}$$

$$\log_3 9+\log_3 x^{\log_3 x}=\log_3\left(\frac{1}{x^3}\right)$$

$$2+(\log_3 x)^2=-3\log_3 x$$

$$\therefore \quad (\log_3 x)^2+3\log_3 x+2=0$$

$\log_3 x = X$로 치환하면

$$X^2 + 3X + 2 = 0$$
$$(X+1)(X+2) = 0$$
$$\therefore \ X = -1, \ -2$$

이다. 즉, $\log_3 x = -1, \ -2$이므로 $x = 3^{-1} = \frac{1}{3}$ 또는 $x = 3^{-2} = \frac{1}{9}$ 이다.

여기에서 $x = \frac{1}{3}, \frac{1}{9}$은 밑과 진수에 대한 조건을 모두 만족한다.

5.3 연습문제

1. 다음 지수방정식을 풀어라.

(1) $2^{4x+1} = \dfrac{\sqrt{8}}{4^3}$

(2) $2^x - 8 \times \sqrt[3]{2} = 0$

(3) $1000^{(x-1)} = \dfrac{1}{10\sqrt{10}}$

(4) $3^{x-1} = 2^x$

(5) $\left(\dfrac{1}{100}\right)^x = \sqrt{10}$

(6) $\left(\dfrac{1}{9}\right)^x = 3\sqrt[3]{3}$

(7) $(32^x)^{2x} = 16^x$

(8) $\left(\dfrac{1}{\sqrt{3}}\right)^{x^2} = (\sqrt[3]{3})^{2x}$

(9) $2^{2x+1} - 5 \times 2^x - 12 = 0$

(10) $3^{2x} - 2 \times 3^{x+1} + 9 = 0$

2. 다음 로그방정식을 풀어라.

(1) $\log_7 x = -2$

(2) $2\log_2 x = 3$

(3) $\log_2(2x+1) = 3$

(4) $\log_3(x^2+5x-5) = 2$

(5) $\log_2 x^2 = \log_2 3$

(6) $2\log_2 x = \log_2 3$

(7) $\log_3(x+4) = \log_3 5 + \log_3 2$

(8) $\log_3(x-2) = \log_9 5$

(9) $2\log_2(x-5) - \log_2(x-2) = 2$

(10) $\log_3(x+1) - \log_9(x-1) = 1$

3. 방정식 $(x^2+2x-2)^{x^2+2x-2} = 1$을 만족하는 실수 x를 구하여라.

4. 방정식 $3^{2x} + 3^{x+2} - 3^{x-2} - 1 = 0$의 해를 구하여라.

5. 방정식 $3^x = kx$ $(k > 0)$의 두 근의 비가 $1 : 3$일 때 k의 값을 구하여라.

6. 방정식 $4\log_{81}\{\log_3(\log_9 x)\} = 1$의 해를 α라 할 때 $\log_3 \alpha$의 값을 구하여라.

7. x에 대한 방정식 $\log_2 x = x + k$의 두 근의 비가 $1 : 2$일 때 k의 값과 근(x)을 구하여라.

제6장

미분

6.1 기본 미분공식

6.1.1 미분계수

함수 $y=f(x)$의 $x=a$에서 미분계수 $f'(a)$를 다음과 같이 정의한다.

$$f'(a)=\lim_{\Delta x\to 0}\frac{f(a+\Delta x)-f(a)}{\Delta x}=\lim_{h\to 0}\frac{f(a+h)-f(a)}{h}=\lim_{x\to a}\frac{f(x)-f(a)}{x-a}$$

† $f'(a)$는 $y=f(x)$의 $x=a$에서 미분계수 또는 순간변화율이라 한다.

6.1.2 미분계수의 기하학적 의미

(1) 곡선 $y=f(x)$ 위의 $x=a$에서 미분계수 $f'(a)$는 점 $(a, f(a))$에서 곡선 $y=f(x)$에 접하는 접선의 기울기이다.

(2) 접선이 x축의 양의 방향과 이루는 각을 α라 하면 $\tan\alpha=f'(a)$이다.

(3) 곡선 $y=f(x)$ 위의 점 $(a, f(a))$에서 접선의 방정식은 다음과 같다.

$$y=f'(a)(x-a)+f(a)$$

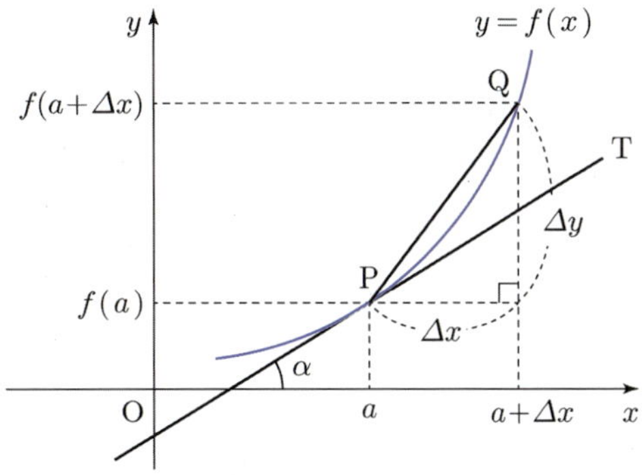

6.1.3 도함수

(1) 점 x에서 함수 $y=f(x)$의 도함수(derivative) $f'(x)$는 다음과 같이 정의된다.

$$f'(x)=\lim_{h\to 0}\frac{f(x+h)-f(x)}{h}=\lim_{\Delta x\to 0}\frac{\Delta y}{\Delta x}=\frac{dy}{dx}$$

여기에서 $h=\Delta x$, $\Delta y=f(x+h)-f(x)=f(x+\Delta x)-f(x)$이다.

$y=f(x)$의 미분(differential)은 다음과 같이 정의된다.

$$dy=f'(x)dx$$

(2) $f(x)$의 도함수를 구하는 것을 $f(x)$를 x에 대하여 미분한다고 하고, 다음과 같은 여러 가지 방법으로 $y=f(x)$의 도함수를 나타낸다.

$$y',\ f'(x),\ \frac{dy}{dx},\ \frac{df(x)}{dx},\ \frac{d}{dx}f(x),\ D_xf(x),\ \cdots$$

6.1.4 고계도함수

함수 $y=f(x)$의 도함수 $f'(x)$가 미분가능할 때 $y=f(x)$의 2계 도함수(derivative of second order)는 다음과 같이 정의된다.

$$f''(x)=\lim_{h\to 0}\frac{f'(x+h)-f'(x)}{h}$$

2계 도함수는 다음과 같이 나타낸다.

$$y'',\ f''(x),\ \frac{d^2y}{dx^2},\ \frac{d^2f(x)}{dx^2},\ \frac{d^2}{dx^2}f(x),\ D_x^2y,\ \cdots$$

2계 도함수 $f''(x)$가 미분가능할 때 $f''(x)$를 미분하여 얻어지는 함수를 $y=f(x)$의 3계 도함수라 한다. 이와 같이 함수 $y=f(x)$를 거듭 n번 미분하여 얻어지는 함수를 n계 도함수라 하고 다음과 같이 나타낸다.

$$y^{(n)},\ f^{(n)}(x),\ \frac{d^ny}{dx^n},\ \frac{d^n}{dx^n}f(x),\ D_x^ny,\ \cdots$$

$n\geq 2$일 때 $f^{(n)}(x)$를 $y=f(x)$의 고계도함수라 한다.

6.1.5 미분법의 기본 공식

함수(y)	도함수(y')
(1) $y=c$ (c는 상수)	$y'=0$
(2) $y=x^n$ (n은 실수)	$y'=nx^{n-1}$
(3) $y=cf(x)$ (c는 상수)	$y'=cf'(x)$
(4) $y=f(x)\pm g(x)$	$y'=f'(x)\pm g'(x)$ (복호동순)
(5) $y=f(x)g(x)$	$y'=f'(x)g(x)+f(x)g'(x)$
(6) $y=\dfrac{f(x)}{g(x)}$, $g(x)\neq 0$	$y'=\dfrac{f'(x)g(x)-f(x)g'(x)}{[g(x)]^2}$

설명 미분법의 기본 공식은 모두 도함수의 정의로부터 유도된다. 가장 기본적인 공식인 $y=x^n$(n이 자연수일 때)의 도함수와 합과 곱의 미분공식에 대한 유도 과정은 다음과 같다.[1)]

(1) $y'=(x^n)'$: $y=f(x)=x^n$으로 하면

$$y'=\lim_{h\to 0}\frac{f(x+h)-f(x)}{h}=\lim_{h\to 0}\frac{(x+h)^n-x^n}{h}$$

$$=\lim_{h\to 0}\frac{\{(x+h)-x\}\{(x+h)^{n-1}+(x+h)^{n-2}x+\cdots+(x+h)x^{n-2}+x^{n-1}\}}{h}$$

$$=\lim_{h\to 0}\{(x+h)^{n-1}+(x+h)^{n-2}x+\cdots+(x+h)x^{n-2}+x^{n-1}\}$$

$$=\underbrace{(x^{n-1}+x^{n-2}\cdot x+\cdots+x\cdot x^{n-2}+x^{n-1})}_{x^{n-1}\text{이 } n\text{ 개}}$$

$$=nx^{n-1}$$

† n이 자연수인 경우뿐만 아니라 모든 실수 n에 대하여 $y=x^n$의 도함수는 $y'=nx^{n-1}$이다. 이것은 로그함수 $y=\ln x$의 도함수는 $y'=\dfrac{1}{x}$이라는 것을 이용하여 다음과 같이 증명된다.

$y=x^n$의 양변에 자연로그를 취하면 $\ln y=n\ln x$이고, 이 식을 x에 대해 미분하면 $\dfrac{y'}{y}=n\times\dfrac{1}{x}$이다. 따라서 $y'=y\times\dfrac{n}{x}=x^n\times\dfrac{n}{x}=nx^{n-1}$이다.

1) 증명 과정은 참고로 하고 [6.1.5]의 기본 공식을 그대로 사용하면 된다.

(2) $y' = \{f(x)+g(x)\}'$:

$$y' = \lim_{h\to 0}\frac{\{f(x+h)+g(x+h)\}-\{f(x)+g(x)\}}{h}$$

$$= \lim_{h\to 0}\frac{\{f(x+h)-f(x)\}+\{g(x+h)-g(x)\}}{h}$$

$$= \lim_{h\to 0}\frac{f(x+h)-f(x)}{h}+\lim_{h\to 0}\frac{g(x+h)-g(x)}{h}$$

$$= f'(x)+g'(x)$$

(3) $y' = \{f(x)g(x)\}'$:

$$y' = \lim_{h\to 0}\frac{f(x+h)g(x+h)-f(x)g(x)}{h}$$

$$= \lim_{h\to 0}\frac{f(x+h)g(x+h)-f(x)g(x+h)+f(x)g(x+h)-f(x)g(x)}{h}$$

$$= \lim_{h\to 0}\frac{\{f(x+h)-f(x)\}g(x+h)+f(x)\{g(x+h)-g(x)\}}{h}$$

$$= \lim_{h\to 0}\frac{f(x+h)-f(x)}{h}\times g(x+h)+\lim_{h\to 0}f(x)\times\frac{g(x+h)-g(x)}{h}$$

$$= f'(x)g(x)+f(x)g'(x)$$

예제 6.1.1 다음 함수를 미분하여라.

(1) $y = 2021$ (2) $y = x^3$

(3) $y = 5x^4$ (4) $y = 2x^3 + x^2 + 5$

(5) $y = (x-1)(x^2+x)$ (6) $y = \dfrac{x+2}{x^2+1}$

풀이 (1) $y' = (2021)' = 0$

(2) $y' = (x^3)' = 3x^{3-1} = 3x^2$

(3) $y' = 5(x^4)' = 5\times 4x^{4-1} = 20x^3$

(4) $y' = (2x^3)' + (x^2)' + (5)' = 6x^2 + 2x$

(5) $y' = (x-1)'(x^2+x)+(x-1)(x^2+x)'$

$= (x^2+x)+(x-1)(2x+1)$

$= 3x^2 - 1$

(6) $y' = \dfrac{(x+2)'(x^2+1)-(x+2)(x^2+1)'}{(x^2+1)^2} = \dfrac{(x^2+1)-(x+2)(2x)}{(x^2+1)^2}$

$= \dfrac{-x^2-4x+1}{(x^2+1)^2}$

예제 6.1.2 다음 함수의 도함수를 구하여라.

(1) $f(x) = 3x^4 + 5\sqrt{x}$

(2) $f(x) = 4x + x^2 + \dfrac{1}{\sqrt{x}}$

(3) $f(x) = \dfrac{1}{x^{10}} + \sqrt[4]{x^3} + x^{\pi} + x^e$

(4) $f(x) = \dfrac{5x+4}{x^2+2x+3}$

(5) $f(x) = \dfrac{3x^3+2x^2+2\sqrt{x}+1}{x}$

풀이 (1) $f' = 3(x^4)' + 5(x^{1/2})' = 3 \times 4x^3 + 5 \times \dfrac{1}{2}x^{\frac{1}{2}-1}$

$= 12x^3 + \dfrac{5}{2\sqrt{x}}$

(2) $f' = 4(x)' + (x^2)' + (x^{-1/2})'$

$= 4 + 2x + \left(-\dfrac{1}{2}x^{-\frac{1}{2}-1}\right)$

$= 4 + 2x - \dfrac{1}{2x\sqrt{x}}$

(3) $f' = (x^{-10})' + (x^{3/4})' + (x^{\pi})' + (x^e)'$

$= -10x^{-10-1} + \dfrac{3}{4}x^{\frac{3}{4}-1} + \pi x^{\pi-1} + ex^{e-1}$

$= -\dfrac{10}{x^{11}} + \dfrac{3}{4\sqrt[4]{x}} + \pi x^{\pi-1} + ex^{e-1}$

(4) $f' = \dfrac{(5x+4)'(x^2+2x+3)-(5x+4)(x^2+2x+3)'}{(x^2+2x+3)^2}$

$= \dfrac{5(x^2+2x+3)-(5x+4)(2x+2)}{(x^2+2x+3)^2}$

$= \dfrac{-5x^2-8x+7}{(x^2+2x+3)^2}$

(5) $f(x)=\dfrac{3x^3+2x^2+2\sqrt{x}+1}{x}=3x^2+2x+2x^{-1/2}+x^{-1}$

$$\begin{aligned}\therefore\quad f'&=3(x^2)'+2(x)'+2(x^{-1/2})'+(x^{-1})'\\&=3\times 2x+2+2\times\left(-\frac{1}{2}x^{-\frac{1}{2}-1}\right)+(-x^{-1-1})\\&=6x+2-\frac{1}{x\sqrt{x}}-\frac{1}{x^2}\end{aligned}$$

예제 6.1.3 다음 함수의 2계 도함수를 구하여라.

(1) $y=x^4+x^2$ (2) $y=\sqrt{x}$

풀이 (1) $y'=(x^4)'+(x^2)'=4x^3+2x$

$$\begin{aligned}y''&=4(x^3)'+2(x)'\\&=4\times 3x^2+2=12x^2+2\end{aligned}$$

(2) $y'=(x^{1/2})'=\dfrac{1}{2}x^{\frac{1}{2}-1}=\dfrac{1}{2}x^{-\frac{1}{2}}$

$$\begin{aligned}y''&=\frac{1}{2}\left(x^{-\frac{1}{2}}\right)'=\frac{1}{2}\times\left(-\frac{1}{2}x^{-\frac{1}{2}-1}\right)\\&=-\frac{1}{4}x^{-\frac{3}{2}}=-\frac{1}{4x\sqrt{x}}\end{aligned}$$

예제 6.1.4 포물선 $y=x^2-x$ 위의 점 $(1,0)$에 접하는 직선이 x축과 이루는 각(α)을 구하여라.

풀이 $y'=(x^2)'-(x)'=2x-1$이므로 $x=1$에서 기울기는

$$y'=2-1=1$$

이다. 따라서 점 $(1,0)$에 접하는 직선이 x축과 이루는 각(α)는 다음과 같다.

$$\tan\alpha=y'=1$$

$$\therefore\quad \alpha=\tan^{-1}(1)=\frac{\pi}{4}$$

† 삼각함수 값으로부터 $\tan\alpha=1$이 되는 $\alpha=45°=\dfrac{\pi}{4}$이다.

예제 6.1.5 곡선 $y = 2x^3 - x + 2$ 위의 점 $(1, 3)$에서 곡선에 접하는 직선의 방정식을 구하여라.

풀이 $y' = 2(x^3)' - (x)' + (2)' = 6x^2 - 1$이므로 $x = 1$일 때 $y' = 6 - 1 = 5$이다. 따라서 점 $(1, 3)$에서 곡선에 접하는 직선은 기울기가 5이고 점 $(1, 3)$을 지나는 직선이므로 그 방정식은 다음과 같다.

$$y = 5(x-1) + 3 = 5x - 2$$

예제 6.1.6 $y = x^n$ (n은 자연수)의 n계 도함수를 구하여라.

풀이 $y' = nx^{n-1}$

$y'' = n(n-1)x^{n-2}$

$y''' = n(n-1)(n-2)x^{n-3}$

$y^{(4)} = n(n-1)(n-2)(n-3)x^{n-4}$

$\vdots$

$y^{(n)} = n(n-1)(n-2)(n-3)\cdots 2 \times 1 = n!$

$\therefore$ n계 도함수 $y^{(n)} = n!$

6.1 연습문제

1. 다음 함수 y의 도함수를 구하여라.

(1) $y = 4x^3 + 5x^2 - 3$

(2) $y = \dfrac{1}{\sqrt{x}}$

(3) $y = \sqrt[4]{x}$

(4) $y = x\sqrt{x}$

(5) $y = (x^2 + 1)(x^2 + x + 1)$

(6) $y = \dfrac{2x - 1}{x + 1}$

(7) $y = x(x + 1)(x^2 + 2)$

(8) $y = \dfrac{1}{x^2 + 2x + 3}$

(9) $y = \dfrac{x}{x^2 + 1}$

(10) $y = \dfrac{2}{x^2} + \dfrac{3}{x^3}$

(11) $y = \dfrac{x^2 - 2}{x^2 + 1}$

(12) $y = \dfrac{x(x + 1)}{x^2 + x + 1}$

2. 곱의 미분공식을 사용하여 미분가능한 함수 $f(x)$, $g(x)$, $h(x)$에 대하여 함수 $y = f(x)g(x)h(x)$의 도함수는 $y = f'gh + fg'h + fgh'$임을 보여라.

3. 다음 함수의 도함수를 구하여라.

(1) $f(x) = 3x^5 + 2\sqrt{x} + \dfrac{1}{x}$

(2) $f(x) = \dfrac{2x^2 + 3x + 4\sqrt{x}}{x}$

4. 다음 함수의 2계 도함수를 구하여라.

(1) $y = \dfrac{1}{x^2}$

(2) $y = x\sqrt{x}$

5. $f(x) = \dfrac{x^2 + x + 1}{\sqrt{x}}$의 3계 도함수를 구하여라.

6. 직선 운동을 하는 물체의 시간 t에서 위치가 $s(t)$일 때 물체의 속도 $v(t)$와 가속도 $a(t)$는 각각 다음과 같이 정의된다. $s(t)=4t^2+\sqrt{t}$일 때 $v(t)$와 $a(t)$를 구하여라.

$$v(t)=\frac{ds(t)}{dt},\quad a(t)=\frac{dv(t)}{dt}$$

7. 함수 $f(x)=3x^4-4x+5$의 $x=1$에서 미분계수를 구하여라.

8. 곡선 $y=\dfrac{3}{x}$ 위의 점 $(3,1)$에서 곡선에 접하는 직선의 방정식을 구하여라.

† 기울기가 a이고 점 (x_1, y_1)을 지나는 직선의 방정식은 $y=a(x-x_1)+y_1$.

9. 곡선 $y=2-2x+\dfrac{1}{x}$의 $x=1$에서 접선의 방정식을 구하여라.

10. 곡선 $y=\sqrt{x}$의 $x=9$에서의 법선의 방정식을 구하여라.

† 접선의 기울기가 m이고 법선의 기울기가 n이면 $mn=-1$이다.

11. 포물선 $y=ax^2+bx$ 위의 점 $(1,-1)$에서 접선의 방정식이 $y=2x-3$일 때 상수 a, b의 값을 구하여라.

12. 포물선 $y=x^2+ax+b$는 점 $(1,0)$을 지나고, 이 점에서 접선의 기울기가 4일 때 상수 a, b의 값을 구하여라.

13. 미분계수의 정의와 도함수를 이용하여 극한값 $\displaystyle\lim_{x\to1}\frac{x^{2010}-1}{x-1}$을 구하여라.

† $f'(a)=\displaystyle\lim_{x\to a}\frac{f(x)-f(a)}{x-a}$, $f(x)=x^{2010}$으로 하면 $f(1)=1$.

14. 3차 함수 $f(x)=ax^3+bx^2+cx+d$가 다음 조건을 만족할 때 상수 a, b, c, d의 값을 구하여라.

$$f(0)=1,\ f'(0)=-3,\ f''(0)=4,\ f'''(0)=6$$

6.2 여러 가지 미분법

6.2.1 연쇄법칙(합성함수 미분법)

함수 $g(x)$가 x에 대해 미분가능하고, 합성함수 $y=f[g(x)]$가 $g(x)$에 대하여 미분가능하면

$$\frac{d}{dx}[f(g(x))]=f'[g(x)]\cdot g'(x),\quad y'=f'[g(x)]\cdot g'(x)$$

이다. 이것은 $y=f(u)$, $u=g(x)$라 하면 $y=f[g(x)]$이고

$$\frac{dy}{dx}=\frac{dy}{du}\cdot\frac{du}{dx}$$

로 나타낼 수 있다.

† $y=[f(x)]^n$ (n은 실수)일 때 $y'=n[f(x)]^{n-1}\cdot f'(x)$

† $y=\sqrt{f(x)}$일 때 $y'=\dfrac{f'(x)}{2\sqrt{f(x)}}$ $\quad(f(x)\neq 0)$

예제 6.2.1 다음 함수를 미분하여라.

(1) $y=(x^2+5x+2)^4$ (2) $y=\sqrt{x^3+8}$

풀이 (1) $u=x^2+5x+2$로 놓으면 $y=u^4$이고 $\dfrac{dy}{du}=4u^3$, $\dfrac{du}{dx}=2x+5$이다.

$$\therefore\ y'=\frac{dy}{dx}=\frac{dy}{du}\cdot\frac{du}{dx}=4u^3\cdot(2x+5)=4(x^2+5x+2)^3(2x+5)$$

(2) $u=x^3+8$로 놓으면 $y=\sqrt{u}$이고 $\dfrac{dy}{du}=\dfrac{1}{2\sqrt{u}}$, $\dfrac{du}{dx}=3x^2$이다.

$$\therefore\ y'=\frac{dy}{dx}=\frac{dy}{du}\cdot\frac{du}{dx}=\frac{1}{2\sqrt{u}}\cdot(3x^2)=\frac{3x^2}{2\sqrt{x^3+8}}$$

6.2.2 매개변수로 나타내어진 함수의 미분법

두 함수 $x=f(t)$, $y=g(t)$가 t에 대해 미분가능하고 $f'(t)\neq 0$일 때

$$\frac{dy}{dx}=\frac{dy}{dt}\cdot\frac{dt}{dx}=\frac{dy}{dt}\cdot\frac{1}{\frac{dx}{dt}}=\frac{dy/dt}{dx/dt}=\frac{g'(t)}{f'(t)}$$

† 미분한 결과를 t 또는 x로 나타낼 수 있지만 대개 매개변수(t)로 나타낸다.

예제 6.2.2 $x=t^2+2t$, $y=t^3-3t$일 때 $\dfrac{dy}{dx}$를 구하여라.

풀이 $\dfrac{dx}{dt}=2t+2$, $\dfrac{dy}{dt}=3t^2-3$

$$\therefore\ \frac{dy}{dx}=\frac{dy/dt}{dx/dt}=\frac{3t^2-3}{2t+2}=\frac{3(t-1)(t+1)}{2(t+1)}=\frac{3}{2}(t-1)$$

예제 6.2.3 곡선 $x=t^3-t$, $y=t^4-5t^2+4$ 위의 매개변수 $t=1$에 대응하는 점에서 접선의 방정식을 구하여라.

풀이 $t=1$일 때 $x=0$, $y=0$이므로 고려하는 접점은 $(0,0)$이다. 주어진 관계식으로부터

$$\frac{dx}{dt}=3t^2-1,\quad \frac{dy}{dt}=4t^3-10t$$

$$\therefore\ \frac{dy}{dx}=\frac{dy/dt}{dx/dt}=\frac{4t^3-10t}{3t^2-1}$$

이므로 $t=1$일 때 접선의 기울기는

$$\left[\frac{dy}{dx}\right]_{t=1}=\frac{4-10}{3-1}=-3$$

이다. 따라서 기울기가 -3이고 점 $(0,0)$을 지나는 접선의 방정식은 다음과 같다.

$$y=-3(x-0)+0=-3x$$

6.2.3 음함수 미분법

음함수 $f(x, y) = 0$에서 $y' = \dfrac{dy}{dx}$를 구할 때

(1) $f(x, y) = 0$에서 $y = g(x)$를 구하여 미분한다.

(2) y를 x의 함수로 보고 $f(x, y) = 0$의 각 항을 합성함수 미분법에 따라 x에 대해 미분한 후 y'에 관한 식을 풀어서 y'을 구한다.

† y가 종속변수이고, x가 독립변수일 때 $y = f(x)$로 정의되는 함수를 양함수, $f(x,y) = 0$의 모양으로 정의되는 함수를 음함수라 한다.

예제 6.2.4 음함수 미분법을 사용하여 $\dfrac{dy}{dx}$를 구하여라.

(1) $x^2 + y^2 - 4 = 0$ (2) $x^3 + y^3 = 2xy + 3$

풀이 (1) 준 식을 x에 대해 미분하면

$$\frac{d}{dx}(x^2 + y^2 - 4) = 0$$

$$2x + 2y\frac{dy}{dx} = 0 \qquad \cdots ①$$

이다. 식 ①로부터 $\dfrac{dy}{dx}$를 구하면

$$\frac{dy}{dx} = -\frac{x}{y} \qquad \cdots ②$$

(2) 준 식의 양변을 x에 대해 미분하면

$$\frac{d}{dx}(x^3 + y^3) = \frac{d}{dx}(2xy + 3)$$

$$3x^2 + 3y^2\frac{dy}{dx} = 2y + 2x\frac{dy}{dx} \qquad \cdots ①$$

이다. 식 ①을 $\dfrac{dy}{dx}$에 대하여 정리하여 $\dfrac{dy}{dx}$를 구한다.

$$(3y^2 - 2x)\frac{dy}{dx} = -3x^2 + 2y$$

$$\therefore \frac{dy}{dx} = \frac{-3x^2 + 2y}{3y^2 - 2x} \qquad \cdots ②$$

예제 6.2.5 곡선 $x^2+y^3-2y-5=0$ 위의 점 $(1, 2)$를 지나는 접선의 방정식을 구하여라.

풀이 준 식을 x에 대해 미분하면

$$\frac{d}{dx}(x^2+y^3-2y-5)=0$$

$$2x+3y^2\frac{dy}{dx}-2\frac{dy}{dx}=0 \qquad \cdots ①$$

이다. 식 ①에서 $\frac{dy}{dx}$를 구하면

$$(3y^2-2)\frac{dy}{dx}=-2x$$

$$\therefore \ \frac{dy}{dx}=-\frac{2x}{3y^2-2} \qquad \cdots ②$$

이므로, 점 $(1, 2)$에서 접선의 기울기는

$$\left[\frac{dy}{dx}\right]_{(1,2)}=-\frac{2\times1}{3\times2^2-2}=-\frac{1}{5}$$

이다. 따라서 접선의 방정식은 다음과 같다.

$$y=-\frac{1}{5}(x-1)+2=-\frac{1}{5}x+\frac{11}{5}$$

예제 6.2.6 미분가능한 함수 $f(x)$, $g(x)$, $F(x)$에 대하여 $f(1)=2$, $f'(1)=3$, $g(1)=2$, $g'(1)=4$일 때 $F(x)=[3f(x)-2g(x)]^4$의 미분계수 $F'(1)$의 값을 구하여라.

풀이 $h(x)=3f(x)-2g(x)$로 하면 $F(x)=[h(x)]^4$이므로

$$\begin{aligned} F'(x)&=4[h(x)]^{4-1}h'(x) \\ &=4[3f(x)-2g(x)]^3[3f'(x)-2g'(x)] \\ \therefore \ F'(1)&=4[3f(1)-2g(1)]^3[3f'(1)-2g'(1)] \\ &=4(3\times2-2\times2)^3(3\times3-2\times4) \\ &=4\times2^3\times1=32 \end{aligned}$$

예제 6.2.7 다음 함수의 도함수를 구하여라.

(1) $y=\dfrac{1}{\sqrt[3]{x^4+x^2+1}}$ (2) $y=\sqrt[4]{(x^2+x+1)^3}$

풀이 (1) 먼저 y를 다음과 같이 지수형식으로 쓴다.

$$y=(x^4+x^2+1)^{-\frac{1}{3}}$$

$y=x^n$의 미분 공식과 합성함수 미분법에 의해

$$\begin{aligned} y' &= -\frac{1}{3}(x^4+x^2+1)^{-\frac{1}{3}-1}(x^4+x^2+1)' \\ &= -\frac{1}{3}(x^4+x^2+1)^{-\frac{4}{3}}(4x^3+2x) \\ &= -\frac{4x^3+2x}{3(x^4+x^2+1)\sqrt[3]{x^4+x^2+1}} \end{aligned}$$

(2) $$\begin{aligned} y' &= \left[(x^2+x+1)^{\frac{3}{4}}\right]' \\ &= \frac{3}{4}(x^2+x+1)^{\frac{3}{4}-1}(x^2+x+1)' \\ &= \frac{3}{4}(x^2+x+1)^{-\frac{1}{4}}(2x+1) \\ &= \frac{3(2x+1)}{4\sqrt[4]{x^2+x+1}} \end{aligned}$$

† $y=\sqrt[n]{f^m}$의 미분은 y를 지수형식 $y=f^{\frac{m}{n}}$으로 바꾼 후 $y=x^k$의 미분 공식 $y'=kx^{k-1}$과 연쇄법칙(합성함수 미분법)을 사용한다.

† 연쇄법칙은 복잡한 함수를 미분할 때 가장 기본이 되는 것이므로 잘 알아두도록 한다. 이 법칙을 이해한다면 단순히 함수를 미분하는 것은 아주 쉬운 일이다.

6.2 연습문제

1. 다음 함수를 미분하여라.

(1) $y=(x^2+x+1)^3$

(2) $y=\sqrt{2x+5}$

(3) $y=\dfrac{1}{\sqrt{x^2+1}}$

(4) $y=\sqrt[4]{x^2+x+5}$

(5) $y=\dfrac{1}{(x^4+x^2+1)^{10}}$

(6) $y=\sqrt{x^2+x+2}\,(x^2+x+2)^2$

(7) $y=x^2\sqrt{x+1}$

(8) $y=\dfrac{1}{(\sqrt{x}+1)^{10}}$

(9) $y=\dfrac{x}{(x^2+1)^2}$

(10) $y=(\sqrt{x^2+1}+x)^2$

(11) $y=(\sqrt{x}+1)^{10}$

(12) $y=\dfrac{x}{\sqrt{2x+1}}$

(13) $y=\left(x+\dfrac{1}{x}\right)^3$

(14) $y=\dfrac{\sqrt{x+1}}{x}$

2. $f(x)$가 미분가능한 함수일 때 다음 함수를 미분하여라.

(1) $f(\sqrt{x})$

(2) $f(x^2)$

(3) $\sqrt{f(x)+1}$

(4) $\dfrac{1}{1+f(x)}$

3. 미분가능한 함수 $f(x)$, $g(x)$, $h(x)$에 대하여 $g(1)=2$, $g'(1)=5$, $f'(2)=3$이고, $h(x)=f[g(x)]$일 때 $h'(1)$의 값을 구하여라.

4. 미분가능한 함수 $f(x)$, $g(x)$에 대하여 $f(x)=g\{2x+g(x)\}$이고, $g(1)=-1$, $g'(1)=2$일 때 $f'(1)$의 값을 구하여라.

5. 곡선 $y=\sqrt{25-x^2}$ 위의 점 $(3,4)$를 지나는 접선의 방정식을 구하여라.

6. 직선 운동을 하는 물체의 시간 t에서 위치가 $s(t)$일 때 물체의 속도 $v(t)=\dfrac{ds(t)}{dt}$이다. $s(t)=\dfrac{t}{\sqrt{t^2+1}}$일 때 $t=1$에서 속도를 구하여라.

7. 다음에서 $\dfrac{dy}{dx}$를 구하여라.

(1) $x=t^4+3t,\ y=\sqrt{t^2+1}$

(2) $x=t+\dfrac{1}{t},\ y=\sqrt{t}+\dfrac{1}{\sqrt{t}}$

(3) $x=\dfrac{t}{1+t^3},\ y=\dfrac{t^2}{1+t^3}$

(4) $x=\dfrac{1-t^2}{1+t^2},\ y=\dfrac{t}{1+t^2}$

8. 시간 t에서 좌표가 $(x, y)=(t^3-2t,\ t^4-t^2)$일 때 $t=1$에서 $\dfrac{dy}{dx}$의 값을 구하여라.

9. 다음에서 $\dfrac{dy}{dx}$를 구하여라.

(1) $x^2+y^2-2x-3y=0$

(2) $\sqrt{x}+\sqrt{y}=1$

(3) $x^2-xy+y^2-5=0$

(4) $\dfrac{y}{x}+\dfrac{x}{y}=1$

(5) $x^2y^2-3x-5y=0$

(6) $x^2+y^2-x^2y^2=0$

10. 쌍곡선 $2x^2-3y^2=6$ 위의 점 $(3, 2)$를 지나는 접선의 방정식을 구하여라.

11. 데카르트의 엽선 $x^3-4xy+y^3=0$ 위의 점 $(2, 2)$를 지나는 접선의 방정식을 구하여라.

12. 중심의 좌표가 $(0, 0)$이고 반지름이 R인 원의 방정식은 $x^2+y^2=R^2$이다. 원주상의 점 (x_1, y_1)을 지나는 접선의 방정식이 다음과 같음을 보여라.

$$x_1x+y_1y=R^2$$

6.3 삼각함수와 역삼각함수의 도함수

6.3.1 삼각함수의 도함수

(1) $(\sin x)' = \cos x$ (2) $(\cos x)' = -\sin x$

(3) $(\tan x)' = \sec^2 x$ (4) $(\csc x)' = -\csc x \cot x$

(5) $(\sec x)' = \sec x \tan x$ (6) $(\cot x)' = -\csc^2 x$

† 'co'가 앞에 붙는 함수 (코사인, 코시컨트, 코탄젠트 함수)의 도함수는 모두 '−' 부호를 갖는다.

증명 $\sin x$, $\cos x$, $\tan x$의 도함수는 다음과 같이 유도된다.2)

(1) $f(x) = \sin x$로 하면

$$f'(x) = \lim_{h\to 0}\frac{f(x+h)-f(x)}{h} = \lim_{h\to 0}\frac{\sin(x+h)-\sin x}{h}$$

$$= \lim_{h\to 0}\frac{\sin x\cos h + \cos x\sin h - \sin x}{h}$$

$$(\leftarrow \sin(A+B) = \sin A\cos B + \cos A\sin B)$$

$$= \lim_{h\to 0}\frac{\sin x(\cos h - 1) + \cos x\sin h}{h}$$

$$= \lim_{h\to 0}\left[\sin x\frac{(\cos h-1)}{h} + \cos x\frac{\sin h}{h}\right]$$

$$= \lim_{h\to 0}\left[\sin x\left(\frac{\cos h-1}{h}\right)\right] + \lim_{h\to 0}\left[\cos x\left(\frac{\sin h}{h}\right)\right]$$

$$= \cos x \qquad \left(\leftarrow \lim_{h\to 0}\frac{\cos h-1}{h} = 0,\ \lim_{h\to 0}\frac{\sin h}{h} = 1\right)$$

(2) $$\frac{d}{dx}(\cos x) = \frac{d}{dx}\left[\sin\left(x+\frac{\pi}{2}\right)\right] = \cos\left(x+\frac{\pi}{2}\right) = -\sin x$$

---

2) 증명 과정은 참고로 하고 결과로 나오는 [6.3.1]의 공식을 기억하고 사용하면 된다.

$$(3)\ \frac{d}{dx}(\tan x)=\frac{d}{dx}\left(\frac{\sin x}{\cos x}\right)=\frac{(\sin x)'\cos x-\sin x\,(\cos x)'}{\cos^2 x}$$

$$=\frac{\cos x\cos x-\sin x(-\sin x)}{\cos^2 x}=\frac{\cos^2 x+\sin^2 x}{\cos^2 x}$$

$$=\frac{1}{\cos^2 x}=\sec^2 x$$

† $\csc x$, $\sec x$, $\cot x$는 $\sin x$와 $\cos x$로 나타낼 수 있으므로 $\tan x$와 같이 분수함수의 미분법을 이용하여 도함수를 구할 수 있다.

예제 6.3.1 다음 함수의 도함수를 구하여라.

(1) $y=\sin 2x+\cos 3x$

(2) $y=\sin(x^2+1)$

(3) $y=x^2\cos x$

(4) $y=\dfrac{\sin x}{x}$

(5) $y=\tan^3 x$

(6) $y=\dfrac{\sec x}{1+\tan x}$

풀이 (1) $y'=(\sin 2x+\cos 3x)'=(\sin 2x)'+(\cos 3x)'$

$$=\cos 2x\cdot(2x)'-\sin 3x\cdot(3x)'$$

$$=2\cos 2x-3\sin 3x$$

(2) $y'=[\sin(x^2+1)]'=\cos(x^2+1)\cdot(x^2+1)'=2x\cos(x^2+1)$

(3) $y'=(x^2\cos x)'=(x^2)'\cos x+x^2(\cos x)'=2x\cos x-x^2\sin x$

(4) $y'=\left(\dfrac{\sin x}{x}\right)'=\dfrac{(\sin x)'\cdot x-\sin x\cdot(x)'}{x^2}=\dfrac{x\cos x-\sin x}{x^2}$

(5) $y'=(\tan^3 x)'=3\tan^2 x\cdot(\tan x)'=3\tan^2 x\sec^2 x$

(6) $y'=\left(\dfrac{\sec x}{1+\tan x}\right)'=\dfrac{(\sec x)'\cdot(1+\tan x)-\sec x\cdot(1+\tan x)'}{(1+\tan x)^2}$

$$=\frac{\sec x\tan x\cdot(1+\tan x)-\sec x\cdot\sec^2 x}{(1+\tan x)^2}$$

$$=\frac{\sec x(\tan x+\tan^2 x-\sec^2 x)}{(1+\tan x)^2}\quad(\leftarrow 1+\tan^2 x=\sec^2 x)$$

$$=\frac{\sec x(\tan x-1)}{(1+\tan x)^2}$$

예제 6.3.2 $y = \sin^4(x^2+x+1)$의 도함수를 구하여라.

풀이 $y' = [\sin^4(x^2+x+1)]' = 4\sin^3(x^2+x+1) \cdot [\sin(x^2+x+1)]'$

$$= 4\sin^3(x^2+x+1) \cdot \cos(x^2+x+1) \cdot [(x^2+x+1)]'$$

$$= 4\sin^3(x^2+x+1) \cdot \cos(x^2+x+1) \cdot (2x+1)$$

$$= 4(2x+1)\cos(x^2+x+1)\sin^3(x^2+x+1)$$

6.3.2 역함수의 도함수

역함수의 정의는 $y = f(x) \Leftrightarrow x = f^{-1}(y)$이다.

$y = f(x)$가 미분가능하고 역함수 $x = g(y) = f^{-1}(y)$가 존재할 때

$$\frac{dx}{dy} = \frac{1}{\frac{dy}{dx}}, \quad \frac{dg}{dy} = \frac{1}{\frac{df}{dx}} \quad (\text{단, } f'(x) \neq 0)$$

예제 6.3.3 $y = f(x) = x^3 + 2x + 1$일 때 역함수 $x = f^{-1}(y)$의 미분 $\frac{dx}{dy}$를 구하여라.

풀이 $\frac{dy}{dx} = 3x^2 + 2$이므로 $\frac{dx}{dy} = \frac{1}{\frac{dy}{dx}} = \frac{1}{3x^2+2}$이다.

6.3.3 역삼각함수의 도함수[3)]

(1) $(\sin^{-1}x)' = \frac{1}{\sqrt{1-x^2}}$

(2) $(\cos^{-1}x)' = \frac{-1}{\sqrt{1-x^2}}$

(3) $(\tan^{-1}x)' = \frac{1}{1+x^2}$

(4) $(\csc^{-1}x)' = \frac{-1}{|x|\sqrt{x^2-1}}$

(5) $(\sec^{-1}x)' = \frac{1}{|x|\sqrt{x^2-1}}$

(6) $(\cot^{-1}x)' = \frac{-1}{1+x^2}$

---

3) 역삼각함수의 도함수 중에서 $\tan^{-1}x$에 대한 공식 (3)은 기억하도록 한다.

† 주기함수인 삼각함수는 일대일대응함수가 아니므로 일반적으로는 역함수를 갖지 않는다. 그러나 삼각함수의 정의역을 제한하면 일대일대응이 되어 역함수를 가질 수 있다. 역삼각함수는 다음과 같이 정의된다.

(1) $y=\sin^{-1}x \Leftrightarrow x=\sin y \quad \left(-\frac{\pi}{2}<y<\frac{\pi}{2}\right)$

(2) $y=\cos^{-1}x \Leftrightarrow x=\cos y \quad (0<y<\pi)$

(3) $y=\tan^{-1}x \Leftrightarrow x=\tan y \quad \left(-\frac{\pi}{2}<y<\frac{\pi}{2}\right)$

증명 역삼각함수의 정의와 역함수의 미분법에 의해 도함수를 구할 수 있다. $\sin^{-1}x$, $\cos^{-1}x$, $\tan^{-1}x$의 도함수는 다음과 같이 유도된다.

(1) $y=\sin^{-1}x$이면 $x=\sin y$이고 $\frac{dx}{dy}=\cos y$이다.

$$\therefore\ y'=\frac{dy}{dx}=\frac{1}{\frac{dx}{dy}}=\frac{1}{\cos y}=\frac{1}{\sqrt{1-\sin^2 y}}=\frac{1}{\sqrt{1-x^2}}$$

이상에서 $-\frac{\pi}{2}<y<\frac{\pi}{2}$이므로 $\cos y>0$이고, $x=1$이 되는 $y=\pm\frac{\pi}{2}$는 제외한다.

(2) $y=\cos^{-1}x$이면 $x=\cos y$이고, $\frac{dx}{dx}=-\sin y$이다.

$$\therefore\ y'=\frac{dy}{dx}=\frac{1}{\frac{dx}{dy}}=\frac{1}{-\sin y}=\frac{-1}{\sqrt{1-\cos^2 y}}=\frac{-1}{\sqrt{1-x^2}}$$

여기에서 $0<y<\pi$이므로 $\sin y>0$이고, $x=1$이 되는 $y=0,\pi$는 제외한다.

(3) $y=\tan^{-1}x$이면 $x=\tan y$, $\frac{dx}{dy}=\sec^2 y$ 이다.

$$\therefore\ y'=\frac{dy}{dx}=\frac{1}{\frac{dx}{dy}}=\frac{1}{\sec^2 y}=\frac{1}{1+\tan^2 y}=\frac{1}{1+x^2}$$

예제 6.3.4 다음 함수의 도함수를 구하여라.

(1) $y=\sin^{-1}3x$ (2) $y=\cos^{-1}(1-x^2)$

(3) $y=x\tan^{-1}\sqrt{x}$ (4) $y=\dfrac{1}{\sin^{-1}x}$

풀이 (1) $y'=(\sin^{-1}3x)'=\dfrac{1}{\sqrt{1-(3x)^2}}\times(3x)'=\dfrac{3}{\sqrt{1-9x^2}}$

(2) $$y'=\left[\cos^{-1}(1-x^2)\right]'=\frac{-1}{\sqrt{1-(1-x^2)^2}}\times(1-x^2)'$$
$$=\frac{2x}{\sqrt{-x^4+2x^2}}$$

(3) $$y'=\left(x\tan^{-1}\sqrt{x}\right)'=(x)'\tan^{-1}\sqrt{x}+x(\tan^{-1}\sqrt{x})'$$
$$=\tan^{-1}\sqrt{x}+x\cdot\frac{1}{1+(\sqrt{x})^2}\times(\sqrt{x})'$$
$$=\tan^{-1}\sqrt{x}+x\cdot\frac{1}{1+x}\times\frac{1}{2\sqrt{x}}$$
$$=\tan^{-1}\sqrt{x}+\frac{x}{2\sqrt{x}(1+x)}$$

(4) $$y'=\left(\frac{1}{\sin^{-1}x}\right)'=\frac{-(\sin^{-1}x)'}{(\sin^{-1}x)^2}=\frac{-1}{(\sin^{-1}x)^2\sqrt{1-x^2}}$$

6.3 연습문제

1. 다음 함수의 도함수를 구하여라.

(1) $y=\cos(3x+5)$ (2) $y=\tan(x^2+3x+5)$

(3) $y=\sin 3x\cos 5x$ (4) $y=\sin\left(\frac{4}{x}\right)$

(5) $y=kx-\tan kx$ (k는 상수) (6) $y=\sin^2 x+2\cos x$

(7) $y=\sin^4 5x$ (8) $y=(\sin 2x+\cos 3x)^4$

(9) $y=(-x+\tan x)^3$ (10) $y=\frac{\sin x}{1-\cos x}$

(11) $y=\cos\left(\frac{x}{x+1}\right)$ (12) $y=x^4\cos x$

(13) $y=\sin(\cos 2x)$ (14) $y=\sqrt{x+\sin x}$

2*. 다음 함수를 미분하여라.

(1) $y=\sin^{-1}\frac{x}{2}$ (2) $y=\cos^{-1}\sqrt{x}$

(3) $y=\sqrt{\sin^{-1}x}$ (4) $y=(1+x^2)\tan^{-1}x$

(5) $y=\cot^{-1}x+\cot^{-1}\frac{1}{x}$ (6) $y=\sqrt{1-x^2}\sin^{-1}x$

(7) $y=\sin^{-1}(\cos x)$ (8) $y=\tan^{-1}\sqrt{x^2+2x}$

3. 다음 함수 $f(x)$, $g(x)$, $h(x)$의 도함수를 각각 구하여라.

$$f(x)=\sin(4x),\quad g(x)=\sin(x^4),\quad h(x)=\sin^4 x$$

† $\sin^4 x=(\sin x)^4$을 나타낸다.

4. 곡선 $y=x\cos\pi x$ 위의 점 $(1,-1)$을 지나는 접선의 방정식을 구하여라.

5. $y=\sin x$의 41계 도함수를 구하여라.

6. $y=\cos 2x$의 5계 도함수를 구하여라.

7. x, y 좌표가 다음과 같이 θ의 함수로 주어질 때 $\frac{dy}{dx} = \cot\theta$임을 보여라.

$$x = a(2\theta - \sin 2\theta), \quad y = a(1 - \cos 2\theta) \ \ (a \neq 0)$$

8. 시간 t에서 위치가 $s(t)$일 때 속도 $v(t) = \frac{ds(t)}{dt}$이다. $s(t)$가 다음과 같을 때 초기 속도($t=0$에서의 속도)를 구하여라.

$$s(t) = t^2 + \sin(2t)$$

9. 용수철에 매달려 아래위로 진동하고 있는 물체의 시간 t에서 위치가 다음과 같을 때 물체의 최대속력($v_{\max}$)을 구하여라.

$$s(t) = 2\sin 3t$$

10. $xy-$평면에서 운동하는 물체의 시간 t에서 좌표 (x, y)가 다음과 같이 t의 함수로 주어질 때 $t = \frac{1}{3}$에서 물체의 운동방향 $\frac{dy}{dx}$를 구하여라.

$$x = \cos\pi t + \pi t \sin\pi t, \quad y = \sin\pi t - \pi t \cos\pi t$$

† 시간 t에서 속도벡터는 $\vec{v} = (dx/dt, dy/dt)$이고 속도벡터가 x축과 이루는 각을 α라 하면 $\tan\alpha = (dy/dt)/(dx/dt) = dy/dx$가 된다.

11. RLC 전기회로에서 기전력 $E(t) = E_0 \sin\omega t$가 인가될 때 정상상태 전하량 $Q(t)$는 다음과 같이 표현된다. 전류 $I(t) = \frac{dQ(t)}{dt}$를 구하여라. (단, a, b와 ω는 상수이다.)

$$Q(t) = a\sin\omega t + b\cos\omega t$$

12. 곡선 $y = \cos x + \sin x$ 위의 점 $(0, 1)$을 지나는 접선과 x축 및 y축이 이루는 삼각형의 넓이를 구하여라.

13. 곡선 $y = \tan^{-1} x$의 $x = 1$에서 접선의 방정식을 구하여라.

6.4 지수함수와 로그함수의 도함수

6.4.1 기본 공식

(1) $(e^x)' = e^x$ (2) $(a^x)' = a^x \ln a \ (a \neq 1, \ a > 0)$

(3) $(\ln x)' = \dfrac{1}{x}$ (4) $(\log_a x)' = \dfrac{1}{x \ln a} \ (a \neq 1, \ a > 0)$

† $\log_a x = \dfrac{\log_e x}{\log_e a} = \dfrac{\ln x}{\ln a}$ (자연로그의 정의 : $\ln x = \log_e x$)

증명 도함수의 정의와 무리수 e의 정의를 사용하여 기본 공식을 유도할 수 있다. $f(x) = e^x$과 $f(x) = \ln x$의 도함수는 다음과 같이 구해진다.[4)]

(1) $f(x) = e^x$으로 하면 도함수의 정의에 의해

$$f'(x) = \lim_{h \to 0} \frac{f(x+h) - f(x)}{h} = \lim_{h \to 0} \frac{e^{x+h} - e^x}{h}$$

$$= \lim_{h \to 0} \frac{e^x(e^h - 1)}{h} \qquad \cdots ①$$

이다. 여기에서 $e^h - 1 = t$로 하면 $h \to 0$일 때 $t \to 0$이고 $h = \ln(1+t)$이므로

$$\lim_{h \to 0} \frac{e^h - 1}{h} = \lim_{t \to 0} \frac{t}{\ln(1+t)} = \lim_{t \to 0} \frac{1}{\ln(1+t)^{\frac{1}{t}}} = \frac{1}{\ln e} = 1 \qquad \cdots ②$$

($\leftarrow$ e의 정의 : $e = \lim_{x \to 0} (1+x)^{\frac{1}{x}}$)

이다. 식 ②를 ①에 대입하면

4) 증명 과정은 참고로 하고 [6.4.1]의 공식을 기억하고 사용하면 된다.

$$f'(x) = \lim_{h \to 0} \frac{e^x(e^h - 1)}{h} = e^x \lim_{h \to 0} \frac{e^h - 1}{h} = e^x \qquad \cdots ③$$

가 된다. 즉, $f'(x) = (e^x)' = e^x$이다.

(2) $f(x) = \ln x$로 하면 도함수의 정의에 의해

$$f'(x) = \lim_{h \to 0} \frac{f(x+h) - f(x)}{h} = \lim_{h \to 0} \frac{\ln(x+h) - \ln(x)}{h}$$

$$= \lim_{h \to 0} \frac{\ln\left(\frac{x+h}{x}\right)}{h} = \lim_{h \to 0} \frac{\ln\left(1 + \frac{h}{x}\right)}{h} = \lim_{h \to 0} \ln\left(1 + \frac{h}{x}\right)^{\frac{1}{h}}$$

$$= \lim_{h \to 0} \frac{1}{x} \ln\left(1 + \frac{h}{x}\right)^{\frac{x}{h}} = \frac{1}{x} \times \ln e \quad (\because \ h \to 0 \text{이므로 } \frac{h}{x} \to 0)$$

$$= \frac{1}{x}$$

예제 6.4.1 다음 함수의 도함수를 구하여라.

(1) $y = e^{2x}$

(2) $y = 5^x$

(3) $y = \ln(x^2 + 3)$

(4) $y = \log_2 x$

(5) $y = 2^{x^4 + 3x + 1}$

(6) $y = e^{\sin x}$

(7) $y = \ln(\sqrt[3]{x+1}\sqrt[4]{x+5})$

(8) $y = \ln(\ln x)$

(9) $y = \ln(e^x + \sin x)$

(10) $y = \sin(\ln x + 1)$

풀이 (1) $y' = (e^{2x})' = e^{2x} \times (2x)' = 2e^{2x}$

(2) $y' = (5^x)' = 5^x \ln 5$

(3) $y' = [\ln(x^2 + 3)]' = \frac{1}{x^2 + 3} \times (x^2 + 3)' = \frac{2x}{x^2 + 3}$

(4) $y' = [\log_2 x]' = \frac{1}{x \ln 2}$

(5) $y' = (2^{x^4 + 3x + 1})' = 2^{x^4 + 3x + 1} \ln 2 \times (x^4 + 3x + 1)'$

$= 2^{x^4 + 3x + 1} \ln 2 \times (4x^3 + 3)$

$= (4x^3 + 3) 2^{x^4 + 3x + 1} \ln 2$

(6) $y' = (e^{\sin x})' = e^{\sin x}(\sin x)' = e^{\sin x} \cos x$

(7) $\ln AB = \ln A + \ln B,\ \ln A^m = m\ln A$ 이므로

$$y = \ln(\sqrt[3]{x+1}\,\sqrt[4]{x+5}) = \frac{1}{3}\ln(x+1) + \frac{1}{4}\ln(x+5)$$

$$\therefore\ y' = \frac{1}{3(x+1)} + \frac{1}{4(x+5)}$$

(8) $y' = [\ln(\ln x)]' = \dfrac{1}{\ln x}\times(\ln x)' = \dfrac{1}{x\ln x}$

(9) $y' = [\ln(e^x + \sin x)]' = \dfrac{1}{e^x + \sin x}\times(e^x + \sin x)' = \dfrac{e^x + \cos x}{e^x + \sin x}$

(10) $y' = [\sin(\ln x + 1)]' = \cos(\ln x + 1)\times(\ln x + 1)'$

$$= \frac{\cos(\ln x + 1)}{x}$$

예제 6.4.2 로그함수의 도함수를 이용하여 다음 함수의 도함수를 구하여라.

(1) $y = x^x$

(2) $y = x^{\ln x}$

(3) $y = \dfrac{\sqrt{x}}{\sqrt[4]{x+2}}$

(4) $y = \dfrac{e^{4x}}{x^2(x+1)}$

풀이 (1) $y = x^x$ 의 양변에 자연로그를 잡으면

$$\ln y = \ln x^x = x\ln x$$

이고, 이 식의 양변을 x에 대해 미분하면

$$\frac{1}{y}y' = (x)'\ln x + x(\ln x)' = \ln x + x\times\frac{1}{x} = \ln x + 1$$

$$\therefore\ y' = y(\ln x + 1) = x^x(\ln x + 1)$$

(2) $y = x^{\ln x}$ 의 양변에 자연로그를 잡으면

$$\ln y = \ln x^{\ln x} = \ln x\ln x = (\ln x)^2$$

이고, 이 식의 양변을 x에 대해 미분하면

$$\frac{1}{y}y' = 2\ln x(\ln x)' = \frac{2\ln x}{x}$$

$$\therefore\ y' = y\left(\frac{2\ln x}{x}\right) = x^{\ln x}\left(\frac{2\ln x}{x}\right) = 2x^{\ln x - 1}\ln x$$

(3) $y=\dfrac{\sqrt{x}}{\sqrt[4]{x+2}}$의 양변에 자연로그를 잡으면

$$\ln y=\ln\left(\frac{\sqrt{x}}{\sqrt[4]{x+2}}\right)=\ln\sqrt{x}-\ln\sqrt[4]{x+2}$$
$$=\frac{1}{2}\ln x-\frac{1}{4}\ln(x+2)$$

이고, 이 식의 양변을 x에 대해 미분하면

$$\frac{1}{y}y'=\frac{1}{2x}-\frac{1}{4(x+2)}=\frac{x+4}{4x(x+2)}$$
$$\therefore\ \ y'=y\times\frac{x+4}{4x(x+2)}=\frac{\sqrt{x}}{\sqrt[4]{x+2}}\times\frac{x+4}{4x(x+2)}$$
$$=\frac{x+4}{4\sqrt{x}(x+2)\sqrt[4]{x+2}}$$

(4) $y=\dfrac{e^{4x}}{x^2(x+1)}$의 양변에 자연로그를 잡으면

$$\ln y=\ln\left[\frac{e^{4x}}{x^2(x+1)}\right]=\ln e^{4x}-\ln x^2-\ln(x+1)$$
$$=4x-2\ln x-\ln(x+1)$$

이므로 양변을 x에 대해 미분하면

$$\frac{1}{y}y'=4-\frac{2}{x}-\frac{1}{x+1}=\frac{4x^2+x-2}{x(x+1)}$$
$$\therefore\ \ y'=y\times\frac{4x^2+x-2}{x(x+1)}=\frac{e^{4x}}{x^2(x+1)}\times\frac{4x^2+x-2}{x(x+1)}$$
$$=\frac{(4x^2+x-2)e^{4x}}{x^3(x+1)^2}$$

예제 6.4.3 함수 $y=x^p$의 양변에 자연로그를 잡아서 도함수 $y'=px^{p-1}$임을 보여라. (단, p는 실수이다.)

풀이 $y=x^p$의 양변에 자연로그를 잡으면

$$\ln y=\ln x^p=p\ln x$$

이므로 이 식의 양변을 x에 대하여 미분하면

$$\frac{1}{y}\frac{dy}{dx}=\frac{p}{x} \quad \cdots ①$$

가 된다. 식 ①로부터 다음과 같이 y'이 구해진다.

$$y'=\frac{dy}{dx}=y\times\frac{p}{x}=x^p\times\frac{p}{x}=px^{p-1} \quad \cdots ②$$

† 실수 p에 대하여 $y=x^p$의 도함수는 $y'=px^{p-1}$이다. 즉, $y=x^n$에 대한 도함수 공식 $y'=nx^{n-1}$은 자연수 n뿐만 아니라 모든 실수 n에 대해 성립한다.

예제 6.4.4 음함수 미분법을 사용하여 다음과 같이 주어진 함수 $y(x)$의 도함수 $\frac{dy}{dx}$를 구하여라.

$$e^{3y}-\ln y=x^2$$

풀이 $e^{3y}-\ln y=x^2$의 양변을 x에 대해 미분하면

$$\frac{d}{dx}(e^{3y}-\ln y)=\frac{d}{dx}(x^2)$$

$$e^{3y}\frac{d}{dx}(3y)-\frac{1}{y}\frac{dy}{dx}=2x$$

$$3e^{3y}\frac{dy}{dx}-\frac{1}{y}\frac{dy}{dx}=2x \quad \cdots ①$$

이다. 식 ①을 $\frac{dy}{dx}$에 대해 정리하면

$$\left(3e^{3y}-\frac{1}{y}\right)\frac{dy}{dx}=2x$$

$$\therefore \frac{dy}{dx}=\frac{2x}{\left(3e^{3y}-\frac{1}{y}\right)}=\frac{2xy}{(3ye^{3y}-1)} \quad \cdots ②$$

예제 6.4.5 공기 저항이 있는 질량-용수철 계에서 용수철에 매달려 있는 물체의 평형 상태로부터 변위가 $s(t)=e^{-2t}\cos 3t$일 때 시간 $t=0$에서 초기속도 $v(0)$을 구하여라.

풀이 시간 t에서 속도는

$$v(t)=\frac{ds(t)}{dt}=(e^{-2t}\cos 3t)'=(e^{-2t})'\cos 3t+e^{-2t}(\cos 3t)'$$

$$=(-2e^{-2t})\cos 3t+e^{-2t}(-3\sin 3t)$$

$$=-2e^{-2t}\cos 3t-3e^{-2t}\sin 3t$$

이므로 이 식에 $t=0$을 대입하면 초기속도는 다음과 같다.

$$v(0)=-2e^0\cos 0-3e^0\sin 0=-2$$

이상에서 $e^0=1$, $\cos 0=1$, $\sin 0=0$이다.

참고 쌍곡선함수와 역쌍곡선함수의 도함수

1 쌍곡선함수의 도함수

(1) $(\sinh x)'=\cosh x$

(2) $(\cosh x)'=\sinh x$

(3) $(\tanh x)'=\text{sech}^2 x$

(4) $(\text{csch} x)'=-\text{csch} x\coth x$

(5) $(\text{sech} x)'=-\text{sech} x\tanh x$

(6) $(\coth x)'=-\text{csch}^2 x$

증명 쌍곡선함수의 정의와 지수함수 $y=e^x$의 미분을 이용하면 쌍곡선함수의 도함수를 바로 구할 수 있다. $(\sinh x)'$, $(\cosh x)'$, $(\tanh x)'$의 유도과정은 다음과 같다.

(1) $(\sinh x)'=\dfrac{d}{dx}\left(\dfrac{e^x-e^{-x}}{2}\right)=\dfrac{e^x+e^{-x}}{2}=\cosh x$

(2) $(\cosh x)'=\dfrac{d}{dx}\left(\dfrac{e^x+e^{-x}}{2}\right)=\dfrac{e^x-e^{-x}}{2}=\sinh x$

(3) $(\tanh x)'=\dfrac{d}{dx}\left(\dfrac{\sinh x}{\cosh x}\right)=\dfrac{(\sinh x)'\cosh x-\sinh x(\cosh x)'}{\cosh^2 x}$

$$=\frac{\cosh^2 x-\sinh^2 x}{\cosh^2 x}=\frac{1}{\cosh^2 x}=\text{sech}^2 x$$

2 역쌍곡선함수의 도함수

(1) $(\sinh^{-1}x)' = \dfrac{1}{\sqrt{1+x^2}}$

(2) $(\cosh^{-1}x)' = \dfrac{1}{\sqrt{x^2-1}}$

(3) $(\tanh^{-1}x)' = \dfrac{1}{1-x^2}$

(4) $(\mathrm{csch}^{-1}x)' = \dfrac{-1}{x\sqrt{1+x^2}}$

(5) $(\mathrm{sech}^{-1}x)' = \dfrac{-1}{x\sqrt{1-x^2}}$

(6) $(\coth^{-1}x)' = \dfrac{1}{1-x^2}$

증명 역쌍곡선함수의 정의와 역함수의 미분법에 의해 도함수를 구할 수 있다. $(\sinh^{-1}x)'$, $(\cosh^{-1}x)'$, $(\tanh^{-1}x)'$의 유도과정은 다음과 같다.

(1) $y = \sinh^{-1}x$이면 $x = \sinh y$, $\dfrac{dx}{dy} = \cosh y$이다.

$$\therefore\ y' = \frac{dy}{dx} = \frac{1}{\dfrac{dx}{dy}} = \frac{1}{\cosh y} = \frac{1}{\sqrt{1+\sinh^2 y}} = \frac{1}{\sqrt{1+x^2}}$$

여기에서 $\cosh y > 0$이다.

(2) $y = \cosh^{-1}x$이면 $x = \cosh y$, $\dfrac{dx}{dy} = \sinh y$이다.

$$\therefore\ y' = \frac{dy}{dx} = \frac{1}{\dfrac{dx}{dy}} = \frac{1}{\sinh y} = \frac{1}{\sqrt{\cosh^2 y-1}} = \frac{1}{\sqrt{x^2-1}}$$

$x = \cosh y$에서 $y > 0$으로 제한할 때 역함수가 존재한다. 따라서 $\sinh y > 0$이다.

(3) $y = \tanh^{-1}x$이면 $x = \tanh y$이고 $\dfrac{dx}{dy} = \mathrm{sech}^2 y$이다.

$$\therefore\ y' = \frac{dy}{dx} = \frac{1}{\dfrac{dx}{dy}} = \frac{1}{\mathrm{sech}^2 y} = \frac{1}{1-\tanh^2 y} = \frac{1}{1-x^2}$$

6.4 연습문제

1. 다음 함수의 도함수를 구하여라.

(1) $y=e^{4x+1}$
(2) $y=e^{x^2}$
(3) $y=xe^{\frac{4}{x}}$
(4) $y=3^{x^2}$
(5) $y=x^3e^x$
(6) $y=e^{4x}\sin 5x$
(7) $y=\left(\frac{1}{e}\right)^x$
(8) $y=e^{\sin 4x}$
(9) $y=\left(\frac{1}{2}\right)^x$
(10) $y=\frac{e^{2x}}{x}$
(11) $y=\frac{e^x}{3^x}$
(12) $y=\frac{e^{kx}-e^{-kx}}{e^{kx}+e^{-kx}}$ (k는 상수)

† $y=a^x$의 도함수 $y'=a^x\ln a$ $(a\neq 1,\ a>0)$

2. 다음 함수의 도함수를 구하여라.

(1) $y=x\ln x$
(2) $y=\ln x^2$
(3) $y=\ln(x^2+3)$
(4) $y=\log_2(\ln x)$
(5) $y=\ln\sqrt{3x}$
(6) $y=\frac{\sqrt{\ln x^2}}{x}$
(7) $y=\ln(\sin x+\tan x)$
(8) $y=e^{2x}\ln x$
(9) $y=\sin(\ln x)$
(10) $y=\cos[\ln(\sin^2 x)]$

3. 음함수 미분법을 사용하여 도함수 $\frac{dy}{dx}$를 구하여라.

(1) $e^x+e^y=e^{x+y}$
(2) $e^{xy}+e^y=x+10$
(3) $e^{x^2y}-e^y=x$
(4) $e^{4y}-\ln y=x+1$
(5) $e^{xy}-y^2=\cos x$
(6) $y^2-e^{-xy}=1$
(7) $e^{xy}+3x-5y=\cos y$
(8) $x^2y-e^{2x}=\sin y$

4. 로그함수 미분법을 사용하여 $y=a^x$의 도함수는 $y'=a^x \ln a$임을 보여라.

5. 로그함수 미분법을 사용하여 다음 함수의 도함수를 구하여라.

(1) $y=\dfrac{e^x}{\sqrt[4]{x+1}}$　　(2) $y=\dfrac{x^2}{\sqrt[3]{1+x}}$

(3) $y=\dfrac{1}{x\sqrt{x}(x+1)}$　　(4) $y=\dfrac{(x+1)\sqrt{x+1}}{\sqrt{x+2}}$

† $\log_a x=\dfrac{\ln x}{\ln a}$, $\ln A^m = m\ln A$, $\ln(AB)=\ln A+\ln B$

6. $y=\ln(x+\sqrt{1+x^2})$의 도함수를 구하여라.

7. 곡선 $y=2^x$의 $x=1$에서 접선의 방정식을 구하여라.

† 곡선 $y=2^x$은 점 $(1, 2)$를 지나고 접선의 기울기는 $y'(x=1)$이다.

8. $y_1=e^x\cos x$, $y_2=e^x\sin x$의 1계 도함수와 2계 도함수를 구하고, y_1과 y_2가 각각 방정식 $y''-2y'+2y=0$을 만족함을 보여라.

9. 곡선 $\cos^2(x+y)+y=k$가 점 $\mathrm{P}(\pi/8, 0)$을 지날 때 상수 k의 값을 구하고, 점 P를 지나는 접선의 방정식을 구하여라.

† $\cos^2 x=\dfrac{1+\cos 2x}{2}$, $\sin 2x = 2\sin x\cos x$

10. 질량-용수철 계에서 용수철에 매달려 있는 물체의 평형 상태로부터 변위 $s(t)$가 다음과 같이 주어질 때 시간 t에서 속도 $v(t)$와 $t=0$에서 초기속도 $v(0)$을 구하여라.

$$s(t)=e^{-t/4}\cos 2t$$

† 속도 $v(t)=\dfrac{ds(t)}{dt}$, 가속도 $a(t)=\dfrac{dv(t)}{dt}$

6.5 편미분

6.5.1 편미분

이변수함수 $z=f(x,y)$가 있을 때, 한 점 (a,b)에 대하여 다음 극한값

$$\lim_{h\to 0}\frac{f(a+h,b)-f(a,b)}{h} \qquad \cdots ①$$

이 유한 확정으로 존재하면 $f(x,y)$는 점 (a,b)에서 x에 대하여 편미분 가능하다고 하고 이것을 $f_x(a,b)$로 나타낸다. 같은 방법으로

$$\lim_{h\to 0}\frac{f(a,b+h)-f(a,b)}{h} \qquad \cdots ②$$

이 유한 확정으로 존재하면 $f(x,y)$는 점 (a,b)에서 y에 대하여 편미분 가능하다고 하고 이것을 $f_y(a,b)$로 나타낸다.

보충설명 식 ①, ②는 각각 점 (a,b)에서 x와 y에 대한 순간변화율을 나타내고, 함수 $f(x,y)$는 점 (a,b)에서 x 및 y에 대하여 편미분 가능(partially differentiable)하다고 한다. $f_x(a,b)$와 $f_y(a,b)$는 다음과 같다.

$$f_x(a,b)=\lim_{h\to 0}\frac{f(a+h,b)-f(a,b)}{h}$$

$$f_y(a,b)=\lim_{h\to 0}\frac{f(a,b+h)-f(a,b)}{h}$$

여기에서 $f_x(a,b)$를 점 (a,b)에서 x에 대한 편미분계수(partial differential coefficient)라 하고, $f_y(a,b)$를 점 (a,b)에서 y에 대한 편미분계수라 한다. $f_x(a,b)$와 $f_y(a,b)$를 각각 $\left.\frac{\partial f}{\partial x}\right|_{(a,b)}$와 $\left.\frac{\partial f}{\partial y}\right|_{(a,b)}$로도 나타낸다.

6.5.2 편도함수(partial derivative)

이변수함수 $z=f(x,y)$에 대하여 x에 대한 편도함수 f_x를 다음과 같이 정의하고

$$f_x = \lim_{h\to 0}\frac{f(x+h,y)-f(x,y)}{h}$$

기호로는 다음과 같이 나타낸다.

$$f_x,\ f_x(x,y),\ \frac{\partial f}{\partial x},\ \frac{\partial}{\partial x}f(x,y),\ z_x,\ \frac{\partial z}{\partial x},\ D_x f$$

같은 방법으로 y에 대한 편도함수 f_y를 다음과 같이 정의하고

$$f_y = \lim_{h\to 0}\frac{f(x,y+h)-f(x,y)}{h}$$

기호로는 다음과 같이 나타낸다.

$$f_y,\ f_y(x,y),\ \frac{\partial f}{\partial y},\ \frac{\partial}{\partial y}f(x,y),\ z_y,\ \frac{\partial z}{\partial y},\ D_y f$$

함수 f의 편도함수를 구하는 것을 편미분한다고 한다.

6.5.3 편도함수를 구하는 규칙

다음과 같이 이변수함수

$$z=f(x,y)$$

의 편도함수를 구한다.

(1) x에 대한 편도함수 $\dfrac{\partial f}{\partial x}$를 구할 때는 y를 상수로 보고 $f(x,y)$를 x에 대해 미분한다.

(2) y에 대한 편도함수 $\dfrac{\partial f}{\partial y}$를 구할 때는 x를 상수로 보고 $f(x,y)$를 y에 대해 미분한다.

보충설명 함수 $f(x,y)$의 x, y에 대한 편도함수는 각각 y, x를 상수로 하고 f의 x, y에 대한 도함수를 의미한다. 즉,

$$\frac{\partial f}{\partial x} = \left(\frac{df}{dx}\right)_{y=\text{상수}}, \quad \frac{\partial f}{\partial y} = \left(\frac{df}{dy}\right)_{x=\text{상수}}$$

로부터 편도함수 f_x와 f_y를 구할 수 있는데 이것을 편미분법(partial differentiation)이라 한다.

예 함수 $f(x, y) = x^2 + xy + y$ 의 편도함수 $f_x(x, y)$, $f_y(x, y)$

(1) $f_x(x, y) = \frac{\partial f}{\partial x} = \frac{\partial}{\partial x}(x^2 + xy + y) = \frac{\partial}{\partial x}(x^2) + y\frac{\partial}{\partial x}(x) + \frac{\partial}{\partial x}(y)$

$= 2x + y \times 1 + 0 = 2x + y$

(← x에 대한 미분이므로 y는 상수로 생각한다. 이때 x^2, xy, y를 x에 대해 미분하면 각각 $2x$, y, 0이다.)

(2) $f_y(x, y) = \frac{\partial f}{\partial y} = \frac{\partial}{\partial y}(x^2 + xy + y) = \frac{\partial}{\partial y}(x^2) + x\frac{\partial}{\partial y}(y) + \frac{\partial}{\partial y}(y)$

$= 0 + x \times 1 + 1 = x + 1$

(← y에 대한 미분이므로 x는 상수로 생각한다. 이때 x^2, xy, y를 y에 대해 미분하면 각각 0, x, 1이다.)

6.5.4 다변수함수의 편도함수

일반적으로 n 변수함수

$$z = f(x_1, x_2, \cdots, x_{n-1}, x_n)$$

에서 x_i $(i = 1, 2, \cdots, n)$를 제외한 나머지 변수를 모두 고정하고 z를 x_i만의 함수로 생각하여 z를 x_i에 대해 미분한 것을 z의 x_i에 대한 편도함수라 하고 다음과 같이 나타낸다.

$$f_{x_i}, \quad \frac{\partial z}{\partial x_i}, \quad \frac{\partial}{\partial x_i} f(x_1, x_2, \cdots, x_n)$$

예 삼변수함수 $w = f(x, y, z) = 3x^2 + xy + z^2$ 의 편도함수 $f_x(x, y, z)$, $f_y(x, y, z)$, $f_z(x, y, z)$는 다음과 같다.

(1) $f_x = \frac{\partial}{\partial x}(3x^2 + xy + z^2) = 3\frac{\partial}{\partial x}(x^2) + y\frac{\partial}{\partial x}(x) + \frac{\partial}{\partial x}(z^2)$

$= 3 \times 2x + y \times 1 + 0 = 6x + y$

(← x에 대한 미분이므로 y, z는 모두 상수로 생각한다. 이때 $3x^2$, xy, z^2을 x에 대해 미분하면 각각 $6x$, y, 0이다.)

(2) $f_y = \frac{\partial}{\partial y}(3x^2 + xy + z^2) = 3\frac{\partial}{\partial y}(x^2) + x\frac{\partial}{\partial y}(y) + \frac{\partial}{\partial y}(z^2)$

$= 0 + x \times 1 + 0 = x$

(← y에 대한 미분이므로 x, z는 모두 상수로 생각한다. 이때 $3x^2$, xy, z^2을 y에 대해 미분하면 각각 0, x, 0이다.)

(3) $f_z = \frac{\partial}{\partial z}(3x^2 + xy + z^2) = 3\frac{\partial}{\partial z}(x^2) + \frac{\partial}{\partial z}(xy) + \frac{\partial}{\partial z}(z^2)$

$= 0 + 0 + 2z = 2z$

(← z에 대한 미분이므로 x, y는 모두 상수로 생각한다. 이때 $3x^2$, xy, z^2을 z에 대해 미분하면 각각 0, 0, $2z$이다.)

6.5.5 고계편도함수

이변수함수 $z = f(x, y)$가 편도함수 f_x, f_y를 가지고 f_x, f_y가 x, y에 대하여 편미분 가능하면 이계편도함수를 얻을 수 있고 다음과 같이 나타낸다.

$$\frac{\partial}{\partial x}\left(\frac{\partial z}{\partial x}\right) = \frac{\partial^2 z}{\partial x^2} = \frac{\partial^2 f}{\partial x^2} \quad \text{또는 } (z_x)_x = z_{xx},\ (f_x)_x = f_{xx}$$

$$\frac{\partial}{\partial x}\left(\frac{\partial z}{\partial y}\right) = \frac{\partial^2 z}{\partial x\,\partial y} = \frac{\partial^2 f}{\partial x \partial y} \quad \text{또는 } (z_y)_x = z_{yx},\ (f_y)_x = f_{yx}$$

$$\frac{\partial}{\partial y}\left(\frac{\partial z}{\partial x}\right) = \frac{\partial^2 z}{\partial y\,\partial x} = \frac{\partial^2 f}{\partial y \partial x} \quad \text{또는 } (z_x)_y = z_{xy},\ (f_x)_y = f_{xy}$$

$$\frac{\partial}{\partial y}\left(\frac{\partial z}{\partial y}\right) = \frac{\partial^2 z}{\partial y^2} = \frac{\partial^2 f}{\partial y^2} \quad \text{또는 } (z_y)_y = z_{yy},\ (f_y)_y = f_{yy}$$

이계편도함수를 얻는 방법과 같은 방법으로 3계 이상의 편도함수를 얻을 수 있는데 이들을 통틀어 고계편도함수라 한다.

기호설명 $z=f(x,y)$에 대하여 f_{xy}는 $f(x,y)$를 x에 대하여 먼저 편미분하고 다음에 y에 대하여 편미분한 것을 나타낸다. 반면, $\dfrac{\partial^2 z}{\partial x \partial y}$는 z를 y에 대하여 먼저 편미분하고 다음에 x에 대하여 편미분한 것을 나타낸다.

$f_{xy}=\dfrac{\partial^2 z}{\partial y \partial x}=\dfrac{\partial^2 f}{\partial y \partial x}$, $f_{yx}=\dfrac{\partial^2 f}{\partial x \partial y}$이다.

예 (1) 이변수함수 $f(x,y)=x^3+x^2y+y^4$ 의 이계편도함수 f_{xx}, f_{xy}, f_{yx}, f_{yy}는 다음과 같다.

일계편도함수 $f_x=3x^2+2xy$, $f_y=x^2+4y^3$이고,

$$f_{xx}=\frac{\partial}{\partial x}(3x^2+2xy)=3\times 2x+2y\times 1=6x+2y$$

$$f_{xy}=\frac{\partial}{\partial y}(3x^2+2xy)=0+2x\times 1=2x$$

$$f_{yx}=\frac{\partial}{\partial x}(x^2+4y^3)=2x+0=2x$$

$$f_{yy}=\frac{\partial}{\partial y}(x^2+4y^3)=0+4\times 3y^2=12y^2$$

(2) 세 개 이상의 변수를 갖는 함수의 고계편도함수도 이변수함수와 같은 방법으로 정의된다. 예를 들어 함수

$$f(x,y,z)=x^3y^2+\sin 2x+x^2z^3$$

의 이계편도함수 f_{xx}는 다음과 같다.

일계편도함수 $f_x=3x^2y^2+2\cos 2x+2xz^3$

이계편도함수 $f_{xx}=6xy^2-4\sin 2x+2z^3$

6.5.6 클로레 정리(Clairaut's theorem)

함수 $f(x,y)$, 일계편도함수 f_x, f_y, 이계편도함수 f_{xy}, f_{yx}가 한 영역에서 모두 연속이면 다음 관계식이 성립한다.

$$f_{xy}(x,y)=f_{yx}(x,y)$$

예 $f(x,y)=x^2y+xy^3$일 때 $\dfrac{\partial f}{\partial x}=2xy+y^3$, $\dfrac{\partial f}{\partial y}=x^2+3xy^2$이므로

$$f_{xy}=\frac{\partial}{\partial y}\left(\frac{\partial f}{\partial x}\right)=\frac{\partial}{\partial y}(2xy+y^3)=2x+3y^2$$

$$f_{yx}=\frac{\partial}{\partial x}\left(\frac{\partial f}{\partial y}\right)=\frac{\partial}{\partial x}(x^2+3xy^2)=2x+3y^2$$

$$\therefore\ f_{xy}=f_{yx}$$

6.5.7 전미분

이변수함수 $z=f(x,y)$의 전미분(total differential)은 다음과 같이 정의된다.

$$dz=\frac{\partial z}{\partial x}dx+\frac{\partial z}{\partial y}dy=\frac{\partial f}{\partial x}dx+\frac{\partial f}{\partial y}dy$$

설명 미분가능한 일변수함수 $y=f(x)$에 대해 미분 dx를 독립변수로 정의하고, y의 전미분은 $dy=f'(x)dx$으로 정의한다.

미분가능한 이변수함수 $z=f(x,y)$의 점 (x_0,y_0)에서의 전미분은 다음과 같이 정의된다.

$$dz=f_x(x_0,y_0)dx+f_y(x_0,y_0)dy$$

여기에서 dz는 x_0, y_0, dx, dy를 독립변수로 하는 하나의 함수이다. 따라서 다음과 같은 식을 얻을 수 있다.

$$dz=\frac{\partial f}{\partial x}dx+\frac{\partial f}{\partial y}dy \quad \text{또는} \quad dz=\frac{\partial z}{\partial x}dx+\frac{\partial z}{\partial y}dy$$

예 $z=f(x,y)=xe^y$에서 전미분 dz는 다음과 같다.

$$\begin{aligned}dz&=\frac{\partial f}{\partial x}dx+\frac{\partial f}{\partial y}dy=\left[\frac{\partial}{\partial x}(xe^y)\right]dx+\left[\frac{\partial}{\partial y}(xe^y)\right]dy\\&=e^ydx+xe^ydy\end{aligned}$$

예제 6.5.1 $f(x,y)=\dfrac{\sqrt{x}}{y}$에 대하여 (1) $\dfrac{\partial f}{\partial x}$, (2) $\dfrac{\partial f}{\partial y}$를 구하여라.

풀이 (1) $\frac{\partial f}{\partial x}=\frac{\partial}{\partial x}\left(\frac{\sqrt{x}}{y}\right)=\frac{1}{y}\frac{d}{dx}(\sqrt{x})=\frac{1}{y}\times\frac{1}{2\sqrt{x}}=\frac{1}{2y\sqrt{x}}$

(2) $\frac{\partial f}{\partial y}=\frac{\partial}{\partial y}\left(\frac{\sqrt{x}}{y}\right)=\sqrt{x}\frac{d}{dy}\left(\frac{1}{y}\right)=\sqrt{x}\times\left(-\frac{1}{y^2}\right)=-\frac{\sqrt{x}}{y^2}$

예제 6.5.2 $f(x,y)=2x^2+3xy-4y^2$에 대하여 점 $(1,2)$에서 편미분계수 $f_x(1,2)$와 $f_y(1,2)$를 구하여라.

풀이 $f_x(x,y)=\frac{\partial}{\partial x}(2x^2+3xy-4y^2)=2\frac{\partial}{\partial x}(x^2)+3y\frac{\partial}{\partial x}(x)-4\frac{\partial}{\partial x}(y^2)$

$=2\times 2x+3y\times 1-0=4x+3y$

$f_y(x,y)=\frac{\partial}{\partial y}(2x^2+3xy-4y^2)=2\frac{\partial}{\partial y}(x^2)+3x\frac{\partial}{\partial y}(y)-4\frac{\partial}{\partial y}(y^2)$

$=0+3x\times 1-4\times 2y=3x-8y$

$\therefore\ f_x(1,2)=4\times 1+3\times 2=10,\quad f_y(1,2)=3\times 1-8\times 2=-13$

예제 6.5.3 다음 함수에 대하여 f_x와 f_y를 구하여라.

(1) $f(x,y)=x\sin y$ (2) $f(x,y)=\ln(x^2+3y^2+1)$

풀이 (1) $f_x=\frac{\partial}{\partial x}(x\sin y)=\sin y\frac{\partial}{\partial x}(x)=\sin y\times 1=\sin y$

$f_y=\frac{\partial}{\partial y}(x\sin y)=x\frac{\partial}{\partial y}(\sin y)=x\times\cos y=x\cos y$

(2) $f_x=\frac{\partial}{\partial x}[\ln(x^2+3y^2+1)]=\frac{1}{x^2+3y^2+1}\frac{\partial}{\partial x}(x^2+3y^2+1)$

$=\frac{1}{x^2+3y^2+1}\times 2x=\frac{2x}{x^2+3y^2+1}$

$f_y=\frac{\partial}{\partial y}[\ln(x^2+3y^2+1)]=\frac{1}{x^2+3y^2+1}\frac{\partial}{\partial y}(x^2+3y^2+1)$

$=\frac{1}{x^2+3y^2+1}\times 6y=\frac{6y}{x^2+3y^2+1}$

예제 6.5.4 $f(x,y)=x^2e^y+xy+ye^x$의 2계편도함수를 모두 구하여라.

풀이 $f_x = \frac{\partial}{\partial x}(x^2 e^y + xy + ye^x) = e^y \frac{\partial}{\partial x}(x^2) + y \frac{\partial}{\partial x}(x) + y \frac{\partial}{\partial x}(e^x)$

$= 2xe^y + y + ye^x$

$f_y = \frac{\partial}{\partial y}(x^2 e^y + xy + ye^x) = x^2 \frac{\partial}{\partial y}(e^y) + x \frac{\partial}{\partial y}(y) + e^x \frac{\partial}{\partial y}(y)$

$= x^2 e^y + x + e^x$

$f_{xy} = \frac{\partial}{\partial y}(f_x) = \frac{\partial}{\partial y}(2xe^y + y + ye^x)$

$= 2x \frac{\partial}{\partial y}(e^y) + \frac{\partial}{\partial y}(y) + e^x \frac{\partial}{\partial y}(y) = 2xe^y + 1 + e^x$

$f_{xx} = \frac{\partial}{\partial x}(f_x) = \frac{\partial}{\partial x}(2xe^y + y + ye^x)$

$= 2e^y \frac{\partial}{\partial x}(x) + \frac{\partial}{\partial x}(y) + y \frac{\partial}{\partial x}(e^x) = 2e^y + 0 + ye^x$

$= 2e^y + ye^x$

$f_{yy} = \frac{\partial}{\partial y}(f_y) = \frac{\partial}{\partial y}(x^2 e^y + x + e^x)$

$= x^2 \frac{\partial}{\partial y}(e^y) + \frac{\partial}{\partial y}(x) + \frac{\partial}{\partial y}(e^x) = x^2 e^y + 0 + 0$

$= x^2 e^y$

예제 6.5.5 다음 함수의 전미분을 구하여라.

(1) $z = f(x, y) = x^2 + 3xy - y^4$ (2) $z = f(x, y) = x^2 \ln y$

풀이 (1) $dz = \frac{\partial f}{\partial x} dx + \frac{\partial f}{\partial y} dy$

$= \left[\frac{\partial}{\partial x}(x^2 + 3xy - y^4)\right] dx + \left[\frac{\partial}{\partial y}(x^2 + 3xy - y^4)\right] dy$

$= (2x + 3y)dx + (3x - 4y^3)dy$

(2) $dz = \frac{\partial f}{\partial x} dx + \frac{\partial f}{\partial y} dy$

$= \left[\frac{\partial}{\partial x}(x^2 \ln y)\right] dx + \left[\frac{\partial}{\partial y}(x^2 \ln y)\right] dy$

$= 2x \ln y \, dx + \frac{x^2}{y} dy$

6.5 연습문제

1. 다음 함수의 일계편도함수(f_x, f_y)를 구하여라.

(1) $f(x,y)=x+2xy+3y$

(2) $f(x,y)=x^2y+3xy+4y^3$

(3) $f(x,y)=x^3-xy^2+x^2y^3$

(4) $f(x,y)=x\sqrt{x^2+y^2}$

(5) $f(x,y)=xe^{2y}$

(6) $f(x,y)=e^{2x+3y}$

2. 다음 함수의 이계편도함수(f_{xx}, f_{xy}, f_{yy})를 구하여라.

(1) $f(x,y)=2x+3y$

(2) $f(x,y)=x^2+2xy+y^2$

(3) $f(x,y)=e^{x+2y}$

(4) $f(x,y)=e^{xy}$

(5) $f(x,y)=e^x \sin y$

(6) $f(x,y)=x \ln y$

3. 다음 함수의 일계편도함수(f_x, f_y, f_z)를 구하여라.

(1) $f(x,y,z)=xy+2yz+3zx$

(2) $f(x,y,z)=\ln(x^2+2y^2+3z^2)$

(3) $f(x,y,z)=xy-x^2y^3z^4$

(4) $f(x,y,z)=xe^{\frac{y}{z}}$

(5) $f(x,y,z)=\sin(2x+3y+4z)$

(6) $f(x,y,z)=\dfrac{x}{2y+3z}$

4. 함수 $f(x,y)=x^y$ $(x>0)$의 이계편도함수 f_{xx}를 구하여라.

5. 함수 $f(x,y)=\ln(x+\sqrt{x^2+y^2})$일 때 f_x를 구하여라.

6. 함수 $f(x,y,z)=e^{xy}\ln(z^2+1)$일 때 f_x, f_y, f_z를 구하여라.

7. 함수 $f(x,y,z)=\sin(2x+3yz)$일 때 f_{xy}, f_{yz}, f_{zx}를 구하여라.

8. 속도 포텐셜 $\phi(x,y)=\dfrac{x}{x^2+y^2}$일 때 $u=\dfrac{\partial\phi}{\partial x}$와 $v=\dfrac{\partial\phi}{\partial y}$를 구하여라.

제 7 장

적분

7.1 적분의 기초

7.1.1 부정적분

함수 $F(x)$의 도함수가 $f(x)$일 때, 즉 $\frac{dF(x)}{dx} = f(x)$일 때

$$\int f(x)dx = F(x) + C \quad (C\text{는 적분상수})$$

로 나타내고 $\int f(x)dx$를 $f(x)$의 부정적분이라 한다.

† 부정적분의 정의 : $F'(x) = f(x) \Leftrightarrow \int f(x)dx = F(x) + C$

7.1.2 부정적분과 미분의 관계

(1) $\frac{d}{dx}\int f(x)dx = f(x)$

(2) $\int \frac{d}{dx} f(x)dx = f(x) + C \quad (C\text{는 적분상수})$

설명 (1) $\int f(x)dx = F(x) + C$를 x에 대해 미분하면

$$\frac{d}{dx}\int f(x)dx = \frac{d}{dx}[F(x) + C] = \frac{d}{dx}F(x) = f(x)(\leftarrow \text{적분의 정의})$$

$$\therefore \frac{d}{dx}\int f(x)dx = f(x)$$

(2) $\int \left[\frac{d}{dx} f(x)\right] dx = F(x)$로 하면 적분의 정의에 의해

$$\frac{d}{dx}F(x) = \frac{d}{dx}f(x)\text{이므로 } \frac{d}{dx}[F(x) - f(x)] = 0$$

따라서 $F(x)-f(x)=C$ (C는 상수)에서 $F(x)=f(x)+C$

$$\therefore \int \left[\frac{d}{dx}f(x)\right]dx = f(x)+C$$

7.1.3 적분 공식 (C는 적분상수)

$\int kf(x)dx = k\int f(x)dx$ (k는 상수)	
$\int [f(x)\pm g(x)]dx = \int f(x)dx \pm \int g(x)dx$ (복호동순)	
$\int kdx = kx+C$ (k는 상수)	$\int x^n dx = \frac{1}{n+1}x^{n+1}+C$ $(n\neq -1)$
$\int \frac{1}{x}dx = \ln\lvert x\rvert + C$	$\int e^x dx = e^x + C$
$\int a^x dx = \frac{a^x}{\ln a}+C$ $(a>0,\ a\neq 1)$	$\int \sin x dx = -\cos x + C$
$\int \cos x dx = \sin x + C$	$\int \tan x dx = -\ln\lvert\cos x\rvert + C$
$\int \sec^2 x dx = \tan x + C$	$\int \csc^2 x dx = -\cot x + C$
$\int \sec x \tan x dx = \sec x + C$	$\int \csc x \cot x dx = -\csc x + C$
$\int \frac{1}{\sqrt{1-x^2}}dx = \sin^{-1}x + C$	$\int \frac{1}{1+x^2}dx = \tan^{-1}x + C$
$\int \sinh x\, dx = \cosh x + C$	$\int \cosh x\, dx = \sinh x + C$
$\int \mathrm{sech}^2 x\, dx = \tanh x + C$	$\int \frac{1}{\sqrt{1+x^2}}dx = \sinh^{-1}x + C$
$\int \frac{1}{\sqrt{x^2-1}}dx = \cosh^{-1}x + C$	$\int \frac{1}{1-x^2}dx = \tanh^{-1}x + C$

설명 적분은 미분의 역연산이므로 미분 공식으로부터 부정적분 공식을 얻을 수 있다. 예를 들어 $\int x^n dx$의 적분 공식은 다음과 같이 얻어진다.

미분법에 의해 $\frac{d}{dx}(x^{n+1}) = (n+1)x^n$이므로 $\frac{d}{dx}\left(\frac{1}{n+1}x^{n+1}\right) = x^n$이다. 따라서 적분의 정의에 의해

$$\int x^n dx = \frac{1}{n+1}x^{n+1} + C \quad (n \neq -1,\ C\text{는 적분상수})$$

이고, $n=-1$인 경우 $\frac{d}{dx}(\ln x) = \frac{1}{x}$이므로

$$\int \frac{1}{x}dx = \ln x + C \quad (C\text{는 적분상수})$$

이다.

예제 7.1.1 [부정적분의 정의] 다음 식을 만족하는 $f(x)$를 구하여라.

$$\int f(x)dx = x^2 + x + \sin x + \ln x + C \ (C\text{는 상수})$$

풀이 준 식의 우변을

$$x^2 + x + \sin x + \ln x = F(x)$$

로 하면 준 식은

$$\int f(x)dx = F(x) + C$$

가 된다. 따라서 부정적분의 정의

$$\frac{dF(x)}{dx} = f(x) \ \Leftrightarrow \ \int f(x)dx = F(x) + C' \ (C'\text{는 적분상수})$$

에 의해 $f(x)$는 다음과 같다.

$$f(x) = \frac{dF(x)}{dx} = \frac{d}{dx}(x^2 + x + \sin x + \ln x)$$

$$= 2x + 1 + \cos x + \frac{1}{x}$$

예제 7.1.2 [부정적분과 미분의 관계] 다음 함수 $g(x)$가 $g(0)=0$을 만족할 때 $g(1)$의 값을 구하여라.

$$g(x) = \int \left[\frac{d}{dx}(x^2 + e^x)\right]dx$$

풀이 $\int \frac{d}{dx}f(x)dx = f(x) + C' \quad (C'\text{는 적분상수})$이므로

$$g(x) = \int \left[\frac{d}{dx}(x^2 + e^x)\right]dx = x^2 + e^x + C$$

이고, $g(0)=0+1+C=0$에서 상수 $C=-1$이다. 따라서

$$g(x)=x^2+e^x-1$$

이고, $g(1)$의 값은 다음과 같다.

$$g(1)=1+e-1=e$$

예제 7.1.3 [적분 공식] 다음 부정적분을 구하여라.

$$h(x)=\int(2x-3\sin^2 x)dx-3\int\cos^2 x\,dx$$

풀이 적분 공식 $\int[f(x)+g(x)]dx=\int f(x)dx+\int g(x)dx$를 사용한다.

$$\begin{aligned}h(x)&=\int(2x-3\sin^2 x)dx-3\int\cos^2 x\,dx\\&=\int(2x-3\sin^2 x-3\cos^2 x)dx\\&=\int[2x-3(\sin^2 x+\cos^2 x)]dx\quad(\leftarrow \sin^2 x+\cos^2 x=1)\\&=\int(2x-3)dx\\&=2\int xdx-3\int dx\\&=2\times\left(\frac{1}{1+1}x^{1+1}\right)-3x+C\\&=x^2-3x+C\quad(C\text{는 적분상수})\end{aligned}$$

예제 7.1.4 다음 부정적분을 구하여라.

(1) $\int(5x^4+6x^2+7)dx$ (2) $\int(x\sqrt{x}+\sqrt[4]{x})dx$

(3) $\int\left(e^x+2\cos x+\frac{3}{x}\right)dx$ (4) $\int\frac{x^2}{x^4-1}dx-\int\frac{1}{x^4-1}dx$

풀이 (1)

$$\begin{aligned}\int(5x^4+6x^2+7)dx&=\int 5x^4dx+\int 6x^2dx+\int 7dx\\&=5\int x^4dx+6\int x^2dx+7\int dx\\&=5\times\left(\frac{1}{4+1}x^{4+1}\right)+6\times\left(\frac{1}{2+1}x^{2+1}\right)+7x+C\end{aligned}$$

$$= x^5 + 2x^3 + 7x + C$$

(2) $\int (x\sqrt{x} + \sqrt[4]{x})dx = \int (x^{\frac{3}{2}} + x^{\frac{1}{4}})dx$

$$= \int x^{\frac{3}{2}} dx + \int x^{\frac{1}{4}} dx$$

$$= \frac{1}{\frac{3}{2}+1} x^{\frac{3}{2}+1} + \frac{1}{\frac{1}{4}+1} x^{\frac{1}{4}+1} + C$$

$$= \frac{2}{5} x^{\frac{5}{2}} + \frac{4}{5} x^{\frac{5}{4}} + C$$

$$= \frac{2}{5} x^2 \sqrt{x} + \frac{4}{5} x \sqrt[4]{x} + C$$

(3) $\int \left(e^x + 2\cos x + \frac{3}{x}\right)dx = \int e^x dx + 2\int \cos x dx + 3\int \frac{1}{x} dx$

$$= e^x + 2\sin x + 3\ln x + C$$

(4) $\int \frac{x^2}{x^4 - 1} dx - \int \frac{1}{x^4 - 1} dx = \int \frac{x^2 - 1}{x^4 - 1} dx$

$$= \int \frac{x^2 - 1}{(x^2 - 1)(x^2 + 1)} dx$$

$$= \int \frac{1}{x^2 + 1} dx$$

$$= \tan^{-1} x + C$$

예제 7.1.5 다음과 같이 주어진 함수 $f(x)$에서 $f(0) = 4$일 때 $f(-1)$의 값을 구하여라.

$$f(x) = \int 1dx + \int (2x)dx + \int (3x^2)dx$$

풀이 $f(x) = \int 1dx + 2\int x dx + 3\int x^2 dx$

$$= x + 2 \times \left(\frac{1}{1+1} x^{1+1}\right) + 3 \times \left(\frac{1}{2+1} x^{2+1}\right) + C$$

$$= x + x^2 + x^3 + C$$

여기에서 $f(0) = 4$이므로 $C = 4$이다.

$$\therefore \ f(-1) = -1 + 1 - 1 + 4 = 3$$

7.1 연습문제

1. 다음 부정적분을 구하여라.

(1) $\int 3x^2 dx$

(2) $\int x^4 dx$

(3) $\int (2x^{14}) dx$

(4) $\int \frac{6}{x^4} dx$

(5) $\int \sqrt{x}\, dx$

(6) $\int \frac{1}{\sqrt[4]{x}} dx$

(7) $\int \left(\frac{9}{x^{10}} + \frac{3}{x^4}\right) dx$

(8) $\int \left(\frac{1}{x\sqrt{x}} + \sqrt[4]{x}\right) dx$

(9) $\int (x^2\sqrt{x} + x\sqrt[4]{x}) dx$

(10) $\int \left(4e^x + 2^{x+2} + \frac{3}{x}\right) dx$

(11) $\int (\sin x + \cos x + \sec^2 x) dx$

(12) $\int (2\cos x + 3x^4) dx$

(13) $\int \left(2e^x - \frac{3}{x^2+1}\right) dx$

(14) $\int (2\sin 2x - 3\cos 3x) dx$

(15) $\int \frac{\sqrt{x}+2}{x\sqrt{x}} dx$

(16) $\int \frac{2e^{2x}+1}{e^x} dx$

(17) $\int \sqrt{x^2+1}\, dx - \int \frac{x^2}{\sqrt{x^2+1}} dx$

† $\sqrt[m]{x^n} = x^{n/m}$, $\int e^{-x} dx = -e^{-x} + C$, $a^{m+n} = a^m a^n$, $(\sinh^{-1} x)' = \frac{1}{\sqrt{1+x^2}}$

$\int f dx + \int g dx = \int (f+g) dx$

2. 다음 식을 만족하는 $f(x)$를 구하여라. (단, C는 상수이다.)

$$\int f(x) dx = x^4 + \cos 3x + e^{5x} + C$$

3. 함수 $g(x)$가 $g(0) = 2$를 만족할 때 $g(\pi/2)$의 값을 구하여라.

$$g(x) = \int \left[\frac{d}{dx}(\cos^2 x + 2\sin x)\right] dx$$

4. 함수 $f(x)$가 $f(0)=2$를 만족할 때 $f(1)$의 값을 구하여라.

$$f(x)=\int \frac{x^2}{x+1}dx-\int \frac{1}{x+1}dx$$

5. 함수 $f(x)$의 도함수 $f'(x)=4x^3-2x+\sin x$이고 $f(0)=2$일 때 $f(x)$를 구하여라.

6. 자유 낙하하는 물체의 시간 t에서 가속도가 $a(t)=-g$일 때 물체의 속도 $v(t)$와 위치 $s(t)$를 구하여라. (단, $v(t)=\dfrac{ds(t)}{dt}$, $a(t)=\dfrac{dv(t)}{dt}$이고 시간 $t=0$에서 속도와 위치는 각각 v_0, s_0이며, g는 중력가속도이다.)

† $v(t)=\int a(t)dt$, $s(t)=\int v(t)dt$

7. 시간 t에서 속도가 $v(t)=4-2t$이고, $t=0$에서 처음위치가 $s(0)=6$일 때 위치함수 $s(t)$를 구하여라.

† $s(t)=\int v(t)dt$

8. 가속도 $a(t)=\cos t+2$이고, $t=0$에서 처음 위치 $s(0)=1$, 처음 속도 $v(0)=4$일 때 위치함수 $s(t)$를 구하여라.

9. 다음 식을 만족하는 $f(x)$를 모두 구하여라.

$$f''(x)=2\cos x+6x+1+e^x$$

† $f'(x)=\int f''(x)dx$, $f(x)=\int f'(x)dx$

10. 다음 조건을 만족하는 $f(x)$를 구하여라.

$$f''(x)=12x,\quad f(0)=4,\quad f'(0)=3$$

7.2 치환적분법

7.2.1 치환적분법

함수 $u=g(x)$가 미분가능하면

$$\int f[g(x)]g'(x)dx=\int f(u)du$$

이다.

† 변수를 치환할 때 $u=g(x)$로 놓으면 u의 미분 du와 x의 미분 dx 사이에는 $\frac{du}{dx}=g'(x)$에서 $du=g'(x)dx$의 관계식이 성립한다. 치환적분법은 '[6.2.1] 합성함수 미분법'의 역이라고 할 수 있다.

증명 $u=g(x)$일 때

$$\frac{d}{dx}\left[\int f(u)du\right]=\frac{d}{du}\left[\int f(u)du\right]\frac{du}{dx}=f(u)\times\frac{du}{dx}$$
$$=f[g(x)]\times g'(x)$$

이다. 따라서 적분의 정의에 의해 $\int f(u)du$는 $f[g(x)]\times g'(x)$의 부정적분이므로 다음 관계식이 성립한다.

$$\int f[g(x)]g'(x)dx=\int f(u)du$$

7.2.2 분자가 분모의 도함수인 경우

임의의 연속함수 $f(x)$에 대하여

$$\int\frac{f'(x)}{f(x)}dx=\ln|f(x)|+C \quad (\text{단, } f(x)\neq 0)$$

증명 $u=f(x)$라 하면 $du=f'(x)dx$이므로 다음 관계식이 성립한다.

$$\begin{aligned}\int \frac{f'(x)}{f(x)}dx &= \int \frac{1}{f(x)}\cdot f'(x)dx \\ &= \int \frac{1}{u}du \\ &= \ln|u|+C \\ &= \ln|f(x)|+C\end{aligned}$$

7.2.3 공학에서 많이 사용되는 적분 공식 (k는 상수)

(1) $\int x^n dx = \frac{1}{n+1}x^{n+1}+C \ (n \neq -1)$

(2) $\int \frac{1}{x}dx = \ln|x|+C$

(3) $\int e^{kx}dx = \frac{1}{k}e^{kx}+C$

(4) $\int \sin kx dx = -\frac{1}{k}\cos kx+C$

(5) $\int \cos kx dx = \frac{1}{k}\sin kx+C$

† 실제로 공학에서 많이 사용되는 적분 공식은 [7.2.3]이므로 이 공식 5개는 꼭 기억하도록 한다. 식 (3)~(5)는 $u=kx$로 치환하면 다음 기본 적분 공식으로부터 곧바로 유도된다.

$$\int e^x dx = e^x+C, \quad \int \sin x dx = -\cos x+C, \quad \int \cos x dx = \sin x+C$$

한편 수학적인 문제에서는 공식 $\int \frac{1}{1+x^2}dx = \tan^{-1}x+C$도 많이 사용된다.

예제 7.2.1 [치환적분] 다음 부정적분을 구하여라.

(1) $\int (x+1)^4 dx$

(2) $\int \cos(3x+4)dx$

(3) $\int 20x(x^2+1)^4 dx$

(4) $\int 2x e^{x^2}dx$

풀이 (1) $u=x+1$로 하면 $du=(x+1)'dx=dx$이므로

$$\begin{aligned}\int (x+1)^4 dx &= \int u^4 du = \frac{1}{4+1}u^{4+1}+C = \frac{1}{5}u^5+C \\ &= \frac{1}{5}(x+1)^5+C\end{aligned}$$

(2) $u=3x+4$로 하면 $du=(3x+4)'dx=3dx$에서 $dx=\frac{1}{3}du$이므로

$$\int \cos(3x+4)dx=\int \cos u \cdot \frac{1}{3}du=\frac{1}{3}\int \cos u\, du=\frac{1}{3}\sin u+C$$

$$=\frac{1}{3}\sin(3x+4)+C$$

(3) $x^2+1=u$로 하여 양변을 미분하면 $2xdx=du$이므로

$$\int 20x(x^2+1)^4dx=\int 10(x^2+1)^4(2xdx)=\int 10u^4du$$

$$=10\times\left(\frac{1}{5}u^5\right)+C=2(x^2+1)^5+C$$

(4) $x^2=u$로 하면 $2xdx=du$이므로

$$\int 2x\,e^{x^2}dx=\int e^{x^2}\cdot 2xdx=\int e^u du$$

$$=e^u+C=e^{x^2}+C$$

예제 7.2.2 [유리함수–치환적분] 다음 부정적분을 구하여라.

(1) $\int \frac{x}{x^2+4}dx$ (2) $\int \frac{2x+1}{(x^2+x+2)^3}dx$

풀이 (1) $x^2+4=u$로 하면 $2xdx=du$에서 $xdx=\frac{1}{2}du$이므로

$$\int \frac{x}{x^2+4}dx=\int \frac{1}{x^2+4}(xdx)=\int \frac{1}{u}\left(\frac{1}{2}du\right)=\frac{1}{2}\int \frac{1}{u}du$$

$$=\frac{1}{2}\ln u+C=\frac{1}{2}\ln(x^2+4)+C$$

(2) $x^2+x+2=u$로 하여 양변을 미분하면 $(2x+1)dx=du$이므로

$$\int \frac{2x+1}{(x^2+x+2)^3}dx=\int \frac{1}{(x^2+x+2)^3}(2x+1)dx$$

$$=\int \frac{1}{u^3}du=\int u^{-3}du$$

$$=\frac{1}{-3+1}u^{-3+1}+C=-\frac{1}{2}u^{-2}+C$$

$$=-\frac{1}{2(x^2+x+2)^2}+C$$

예제 7.2.3 [삼각함수–치환적분] 다음 부정적분을 구하여라.[1)]

(1) $\int \sin^5 x \cos x dx$ (2) $\int 2\sin x \cos x\, e^{\sin^2 x} dx$

풀이 (1) $\sin x = u$로 하면 $\cos x dx = du$이므로

$$\int \sin^5 x \cos x dx = \int \sin^5 x (\cos x dx) = \int u^5 du$$
$$= \frac{1}{6}u^6 + C$$
$$= \frac{1}{6}\sin^6 x + C$$

(2) $\sin^2 x = u$로 하면 $2\sin x \cos x dx = du$이므로

$$\int 2\sin x \cos x e^{\sin^2 x} dx = \int e^{\sin^2 x}(2\sin x \cos x dx) = \int e^u du$$
$$= e^u + C$$
$$= e^{\sin^2 x} + C$$

예제 7.2.4 [삼각함수–반각공식 이용] 다음 부정적분을 구하여라.

(1) $\int \cos^2 x dx$ (2) $\int \sin^2 (4x) dx$

풀이 (1) $\int \cos^2 x dx = \int \left(\frac{1+\cos 2x}{2}\right) dx = \frac{1}{2}\left(\int 1 dx + \int \cos 2x dx\right)$

$$= \frac{1}{2}\left(x + \frac{1}{2}\sin 2x\right) + C$$
$$= \frac{1}{2}x + \frac{1}{4}\sin 2x + C$$

(2) $\int \sin^2 4x dx = \int \left(\frac{1-\cos 8x}{2}\right) dx = \frac{1}{2}\left(\int 1 dx - \int \cos 8x dx\right)$

$$= \frac{1}{2}\left(x - \frac{1}{8}\sin 8x\right) + C$$
$$= \frac{1}{2}x - \frac{1}{16}\sin 8x + C$$

---

1) 삼각함수 적분은 어려워 보이지만 많은 경우 기본공식을 사용하여 적분할 수 있다.

예제 7.2.5 [삼각함수–반각공식 이용] 다음 부정적분을 구하여라.

(1) $\int \sin^2 x \cos^2 x\, dx$ (2) $\int \cos^4 x dx$

풀이 (1) $\int \sin^2 x \cos^2 x dx = \int \left(\frac{1-\cos 2x}{2}\right)\left(\frac{1+\cos 2x}{2}\right)dx$

$$= \frac{1}{4}\int (1-\cos^2 2x)dx$$

$$= \frac{1}{4}\int \left(1-\frac{1+\cos 4x}{2}\right)dx = \frac{1}{8}\int (1-\cos 4x)dx$$

$$= \frac{1}{8}\left(x-\frac{1}{4}\sin 4x\right)+C$$

(2) $\int \cos^4 x dx = \int (\cos^2 x)^2 dx = \int \left(\frac{1+\cos 2x}{2}\right)^2 dx$

$$= \frac{1}{4}\int (1+2\cos 2x+\cos^2 2x)dx$$

$$= \frac{1}{4}\int \left(1+2\cos 2x+\frac{1+\cos 4x}{2}\right)dx$$

$$= \frac{1}{8}\int (3+4\cos 2x+\cos 4x)dx$$

$$= \frac{1}{8}\left(3x+2\sin 2x+\frac{1}{4}\sin 4x\right)+C$$

† 반각공식 $\sin^2 x = \frac{1-\cos 2x}{2}$, $\cos^2 x = \frac{1+\cos 2x}{2}$를 반복적으로 이용하여 차수를 줄여서 적분한다.

예제 7.2.6 [삼각함수 치환법] 다음 부정적분을 구하여라.[2)]

(1) $\int \frac{1}{\sqrt{1-x^2}}dx$ (2) $\int \frac{1}{1+x^2}dx$

(3) $\int \sqrt{9-x^2}\, dx$

2) 삼각함수 치환법은 조금 어려워 보이지만 적분 방법 중 하나이므로 소개한다. 기본적으로 사용되는 것은 역삼각함수와 삼각함수 적분법이다.

풀이 (1) $x=\sin\theta\ \left(-\frac{\pi}{2}<\theta<\frac{\pi}{2}\right)$로 하면 $dx=\cos\theta d\theta$이므로

$$\int\frac{1}{\sqrt{1-x^2}}dx=\int\frac{\cos d\theta}{\sqrt{1-\sin^2\theta}}$$

$$=\int\frac{\cos d\theta}{\sqrt{\cos^2\theta}}=\int\frac{\cos\theta d\theta}{\cos\theta}=\int d\theta$$

$$=\theta+C\quad(-\pi/2<\theta<\pi/2\text{에서 }\cos\theta>0)$$

$$=\sin^{-1}x+C$$

(2) $x=\tan\theta\ \left(-\frac{\pi}{2}<\theta<\frac{\pi}{2}\right)$로 하면 $dx=\sec^2\theta d\theta$이므로

$$\int\frac{1}{1+x^2}dx=\int\frac{\sec^2\theta d\theta}{1+\tan^2\theta}=\int\frac{\sec^2\theta d\theta}{\sec^2\theta}=\int d\theta$$

$$=\theta+C$$

$$=\tan^{-1}x+C$$

(3) $x=3\sin\theta\ \left(-\frac{\pi}{2}<\theta<\frac{\pi}{2}\right)$로 하면 $dx=3\cos\theta d\theta$이다.

$$\therefore\ \int\sqrt{9-x^2}\,dx=\int\sqrt{9-9\sin^2\theta}\cdot3\cos\theta d\theta$$

$$=\int\sqrt{9(1-\sin^2\theta)}\cdot3\cos\theta d\theta$$

$$=\int\sqrt{9\cos^2\theta}\cdot3\cos\theta d\theta$$

$$=\int9\cos^2\theta d\theta$$

$$=9\int\left(\frac{1+\cos2\theta}{2}\right)d\theta$$

$$=\frac{9}{2}\left(\theta+\frac{1}{2}\sin2\theta\right)+C\qquad\cdots①$$

여기에서 $x=3\sin\theta$이므로 $\sin\theta=\frac{x}{3}$에서

$$\theta=\sin^{-1}\left(\frac{x}{3}\right)\qquad\cdots②$$

이고, [그림]에서 $\cos\theta=\frac{\sqrt{9-x^2}}{3}$이므로

$$\sin2\theta=2\sin\theta\cos\theta=2\left(\frac{x}{3}\right)\left(\frac{\sqrt{9-x^2}}{3}\right)=\frac{2}{9}x\sqrt{9-x^2}\qquad\cdots③$$

이다. 식 ②, ③을 식 ①에 대입하면 다음과 같이 주어진 식의 부정적분이 구해진다.

$$\int \sqrt{9-x^2}\,dx = \frac{9}{2}\left(\sin^{-1}\frac{x}{3} + \frac{1}{9}x\sqrt{9-x^2}\right) + C$$

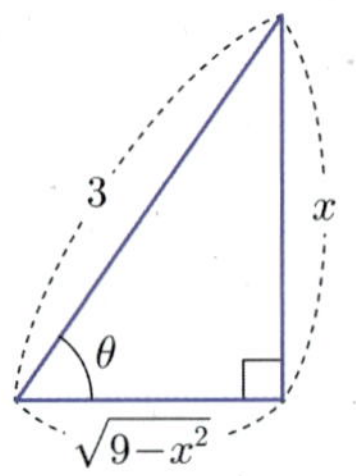

[그림]

† 삼각함수 치환법 : 피적분함수가 $\sqrt{a^2-x^2}$ 이면 $x = a\sin\theta$, $\sqrt{a^2+x^2}$ 이면 $x = a\tan\theta$ 로 치환한다.

7.2 연습문제

1. 다음 부정적분을 구하여라.

(1) $\int (x+1)^4 dx$ (2) $\int \frac{x^3}{x^4+1} dx$

(3) $\int x^2(x^3+1)^4 dx$ (4) $\int x^3 e^{x^4+2} dx$

(5) $\int x\cos(x^2)dx$ (6) $\int \frac{1+\cos x}{x+\sin x} dx$

(7) $\int (x+1)\sin(x^2+2x)dx$ (8) $\int \frac{(\ln x)^4}{x} dx$

(9) $\int (2\sin x+3)^4 \cos x dx$ (10) $\int \frac{\cos\sqrt{x}}{\sqrt{x}} dx$

(11) $\int \frac{x^2}{1+x^6} dx$ (12) $\int \tan x\, dx$

2. 다음 부정적분을 구하여라. (단, $a(a \neq 0)$, b, $n(n \neq -1)$은 상수이다.)

(1) $\int (ax+b)^n dx$ (2) $\int e^{ax+b} dx$

(3) $\int \frac{1}{\sqrt[n]{ax+b}} dx$ (4) $\int \sin^2(ax+b)dx$

3*. 다음 부정적분을 구하여라.[3)]

(1) $\int \sin x \cdot \cos(\cos x)dx$ (2) $\int \frac{\sin x}{\sqrt{\cos x}} dx$

(3) $\int \sin^3 x\, dx$ (4) $\int \sin^4 x\, dx$

† $\sin^3 x = \sin^2 x \sin x = (1-\cos^2 x)\sin x$, $\sin^4 x = (\sin^2 x)^2$

† 삼각함수, 지수함수, 로그함수 등을 초월함수라 한다.

3) *표시한 문제는 기초수학에서는 약간 어려워 보이는 '초월함수가 관계되는 적분'을 나타낸다. 그러나 정답과 문제풀이를 보면 큰 어려움 없이 이해할 수 있으리라 생각된다.

4*. 다음 부정적분을 구하여라.

(1) $\displaystyle\int \frac{(\tan^{-1}x)^4}{1+x^2}dx$ (2) $\displaystyle\int \frac{(\sin^{-1}x)^2}{\sqrt{1-x^2}}dx$

(3) $\displaystyle\int \frac{\cos(1/x)}{x^2}dx$ (4) $\displaystyle\int \frac{e^{\sqrt{x}}}{\sqrt{x}}dx$

5*. $u=\sec x+\tan x$로 치환할 때 다음 물음에 답하여라.

(1) $du=\sec x(\tan x+\sec x)dx$ 임을 보여라.

(2) 부정적분 $\displaystyle\int \sec x\,dx$를 구하여라.

† $\displaystyle\int \sec x\,dx=\int \frac{\sec x(\sec x+\tan x)}{\sec x+\tan x}dx$

6*. 삼각함수의 곱의 공식 $\cos x\cos y=\frac{1}{2}\cos(x+y)+\frac{1}{2}\cos(x-y)$를 이용하여 부정적분 $\displaystyle\int(\cos 2x\cos 3x)dx$를 구하여라.

7*. $x=3\tan\theta \quad (0<\theta<\pi/2)$일 때 다음 물음에 답하여라.

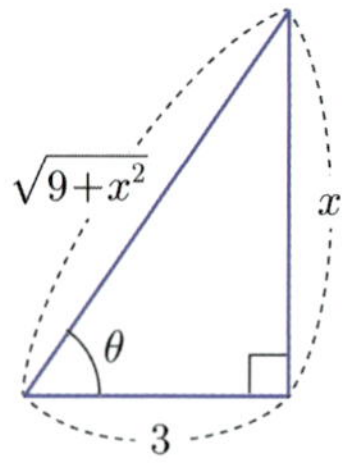

(1) $\sin\theta=\dfrac{x}{\sqrt{9+x^2}}$, $\cos\theta=\dfrac{3}{\sqrt{9+x^2}}$ 임을 보여라

(2) $dx=3\sec^2\theta d\theta$ 임을 보여라.

(3) 부정적분 $\displaystyle\int \frac{1}{(9+x^2)^{3/2}}dx$를 구하여라.

8*. (1) $\dfrac{4}{x^2+2x+5}=\dfrac{1}{\left(\dfrac{x+1}{2}\right)^2+1}$ 임을 보여라.

(2) $\dfrac{d}{dx}\tan^{-1}x=\dfrac{1}{x^2+1}$을 이용하여 부정적분 $\displaystyle\int \frac{4}{x^2+2x+5}dx$를 구하여라.

7.3 부분적분법

7.3.1 부분적분법

두 함수 $f(x)$, $g(x)$가 미분가능할 때

$$\int f'(x)g(x)dx = f(x)g(x) - \int f(x)g'(x)dx$$

가 되며, 이 식을 이용하여 적분하는 방법을 부분적분법이라 한다.

† 편의상 부분적분법은 $\int u'v = uv - \int uv'$로 간단하게 표현한다. 부분적분법의 요령은, u와 v를 적절히 선택하여 우변의 $\int uv'$ 항이 쉽게 적분할 수 있는 형태가 되도록 만드는 데에 있다. [7.3.1]에서 $u = f$, $v = g$에 대응된다.

증명 $\frac{d}{dx}[f(x)g(x)] = f'(x)g(x) + f(x)g'(x)$이므로 적분의 정의에 의해

$$\begin{aligned} f(x)g(x) &= \int [f'(x)g(x) + f(x)g'(x)]\,dx \\ &= \int f'(x)g(x)dx + \int f(x)g'(x)dx \end{aligned}$$

$$\therefore \int f'(x)g(x)dx = f(x)g(x) - \int f(x)g'(x)dx$$

예제 7.3.1 다음 부정적분을 구하여라.

(1) $\int x e^x dx$ (2) $\int x \sin x\, dx$

풀이 (1) $u = e^x$, $v = x$로 선택하면 $v' = 1$이므로 $\int uv' = \int e^x dx$가 적분이 가능한 형태가 된다.

$$\begin{aligned} \int xe^x dx &= \int (e^x)' x dx = e^x x - \int e^x (x)' dx \\ &= xe^x - \int e^x dx \end{aligned}$$

$$= xe^x - e^x + C$$

(2) $u = -\cos x$, $v = x$로 하면 $v' = 1$이므로 $\int uv' = \int (-\cos x)dx$가 적분 가능한 형태가 된다.

$$\int x\sin x dx = \int (-\cos x)' x dx = -\cos x \cdot x - \int (-\cos x) \cdot (x)' dx$$
$$= -x\cos x + \int \cos x dx$$
$$= -x\cos x + \sin x + C$$

예제 7.3.2 [항이 하나일 때] 다음 부정적분을 구하여라.

(1) $\int \ln x dx$ (2) $\int \tan^{-1} x\, dx$

풀이 적당한 함수를 도입하여 우변이 적분 가능한 형태가 되게 만든다. (1), (2)에서는 모두 $u = x$로 하면 적분이 된다.

(1) $u = x$, $v = \ln x$로 하면 $v' = \dfrac{1}{x}$이므로 $\int uv' = \int 1 dx$는 적분 가능한 형태가 된다.

$$\int \ln x dx = \int (x)' \ln x dx = x\ln x - \int x(\ln x)' dx$$
$$= x\ln x - \int x\left(\frac{1}{x}\right)dx$$
$$= x\ln x - \int 1 dx$$
$$= x\ln x - x + C$$

(2) $u = x$, $v = \tan^{-1} x$로 하면 $v' = \dfrac{1}{x^2+1}$이고, $\int uv' = \int \dfrac{x}{x^2+1}dx$는 적분 가능한 형태이다.

$$\int \tan^{-1} x dx = \int (x)' \tan^{-1} x dx = x\tan^{-1} x - \int x(\tan^{-1} x)' dx$$
$$= x\tan^{-1} x - \int x\left(\frac{1}{x^2+1}\right)dx$$
$$= x\tan^{-1} x - \int \left(\frac{x}{x^2+1}\right)dx$$
$$= x\tan^{-1} x - \frac{1}{2}\ln(x^2+1) + C$$

이상에서 $x^2+1=u$로 치환하면 $2xdx=du$이므로

$$\int \frac{x}{x^2+1}dx = \int \frac{1}{u}\cdot\frac{1}{2}du = \frac{1}{2}\int\frac{1}{u}du = \frac{1}{2}\ln u = \frac{1}{2}\ln(x^2+1)$$

이다.

예제 7.3.3 [부분적분법 반복 적용] 다음 부정적분을 구하여라.

(1) $\int x^2 e^x dx$ (2) $\int x^2 \sin x dx$

풀이 부분적분법을 한 번 수행하여 적분이 되지 않으면 반복하여 부분적분법을 적용한다.

(1) $$\int x^2 e^x dx = \int (e^x)' x^2 dx = e^x x^2 - \int e^x (x^2)' dx$$
$$= x^2 e^x - \int e^x (2x) dx$$
$$= x^2 e^x - 2\int (e^x)' x dx = x^2 e^x - 2\left[xe^x - \int e^x (x)' dx\right]$$
$$= x^2 e^x - 2\left[xe^x - \int e^x dx\right]$$
$$= x^2 e^x - 2(xe^x - e^x) + C = e^x(x^2 - 2x + 2) + C$$

(2) $$\int x^2 \sin x dx = \int (-\cos x)' x^2 dx = -x^2\cos x - \int (-\cos x)(x^2)' dx$$
$$= -x^2 \cos x + \int \cos x (2x) dx$$
$$= -x^2 \cos x + 2\int (\sin x)' x dx$$
$$= -x^2 \cos x + 2\left[x\sin x - \int \sin x (x)' dx\right]$$
$$= -x^2 \cos x + 2\left[x\sin x - \int \sin x dx\right]$$
$$= -x^2 \cos x + 2(x \sin x + \cos x) + C$$

예제 7.3.4 [부분적분 하였을 때 같은 적분식이 나오는 경우]

$\int e^x \sin x dx$를 구하여라.

풀이 $I=\int e^x \sin x dx=\int (e^x)' \sin x\, dx = e^x \sin x - \int e^x (\sin x)' dx$

$$= e^x \sin x - \int e^x \cos x dx$$

$$= e^x \sin x - \int (e^x)' \cos x dx$$

$$= e^x \sin x - \left[e^x \cos x - \int e^x (\cos x)' dx \right]$$

$$= e^x \sin x - \left[e^x \cos x - \int e^x (-\sin x) dx \right]$$

$$= e^x \sin x - e^x \cos x - \int e^x \sin x dx$$

$$= e^x \sin x - e^x \cos x - I$$

즉, $I = e^x \sin x - e^x \cos x - I$이므로

$$I = \frac{e^x}{2}(\sin x - \cos x)$$

이고, 부정적분이므로 적분 상수를 더하면 다음 적분식이 구해진다.

$$\int e^x \sin x\, dx = \frac{e^x}{2}(\sin x - \cos x) + C \quad (C\text{는 상수})$$

예제 7.3.5 [변수 치환 + 부분적분] $\int \frac{\cos\sqrt{x}}{2} dx$를 구하여라.

풀이 $\sqrt{x} = t$로 치환하여 양변을 미분하면 $\frac{1}{2\sqrt{x}} dx = dt$이므로

$$dx = 2\sqrt{x}\, dt = 2t\, dt$$

$$\therefore \int \frac{\cos\sqrt{x}}{2} dx = \int \frac{\cos t}{2} \cdot (2t dt) = \int \cos t \cdot t\, dt = \int (\sin t)' t\, dt$$

$$= t \sin t - \int \sin t\ (t)' dt$$

$$= t \sin t - \int \sin t\, dt$$

$$= t \sin t + \cos t + C$$

$$= \sqrt{x} \sin\sqrt{x} + \cos\sqrt{x} + C$$

7.3 연습문제

1. 다음 부정적분을 구하여라.

(1) $\int x e^{4x} dx$ (2) $\int \ln(x+1) dx$

(3) $\int x \sin(2x) dx$ (4) $\int x \cos(3x) dx$

(5) $\int \frac{x}{e^{2x}} dx$ (6) $\int (x+2)e^x dx$

(7) $\int \frac{\ln x}{x^2} dx$ (8) $\int \frac{\ln x}{x} dx$

(9) $\int x^3 e^{x^2} dx$ (10) $\int x^4 \ln x dx$

(11) $\int \cos x \ln(\sin x) dx$ (12) $\int x \tan^{-1} x dx$

(13) $\int x \sinh x \, dx$ (14) $\int \cos(\ln x) dx$

† $\cos x = (\sin x)'$, $\frac{x^2}{x^2+1} = 1 - \frac{1}{x^2+1}$, $\int \frac{1}{x^2+1} dx = \tan^{-1} x$

2*. $\sqrt{x} = t$의 치환과 부분적분을 이용하여 $\int \frac{\sin\sqrt{x}}{2} dx$를 계산하여라.

3*. $\int \frac{e^{\sqrt{x}}}{2} dx$를 계산하여라.

4*. $x^2 = t$의 치환과 부분적분을 이용하여 $\int 2x^3 \sin(x^2) dx$를 계산하여라.

5*. $u = x$, $v = \sin^{-1} x$와 치환적분법을 이용하여 $\int \sin^{-1} x \, dx$를 계산하여라.

† $\int \frac{x}{\sqrt{1-x^2}} dx = -\sqrt{1-x^2} + C$, $\frac{d}{dx}\sqrt{f(x)} = \frac{f'(x)}{2\sqrt{f(x)}}$

6*. 다음 부정적분을 구하여라.

(1) $\int 2x\ln(x^2+3)dx$　　　(2) $\int (2x+1)\ln(x^2+x+1)dx$

† $2x=(x^2+3)'$, $(2x+1)=(x^2+x+1)'$

7*. 부분적분을 이용하여 $\int x\sqrt{x+1}\,dx$를 계산하여라.

† $\sqrt{x+1}=\frac{2}{3}[(x+1)^{3/2}]'$, $\int (x+a)^n dx=\frac{1}{n+1}(x+a)^{n+1}+C$

† $\sqrt{x+1}=u$의 치환을 이용하여 적분할 수 있다.

8*. 치환과 부분적분을 이용하여 $\int \tan^{-1}\sqrt{x}\,dx$를 계산하여라.

9. 함수 $f(x)$가 다음 관계식을 만족할 때 $f(1)$의 값을 구하여라.

$$\frac{d}{dx}f(x)=x\,e^x+1,\quad f(0)=1$$

7.4 유리함수 적분법[4)]

7.4.1 분자의 차수가 분모의 차수보다 큰 경우

분자의 차수가 분모의 차수보다 큰 경우에는 다항식의 나눗셈을 하여 분자의 차수를 분모보다 작게 한 후 부분분수를 이용한 유리함수 적분법으로써 적분한다.

설명 분자의 차수가 분모의 차수보다 큰 경우, 분자를 분모로 나눈 몫을 $P(x)$라 하면, 몫 $P(x)$는 다항식이므로 $\int x^n dx = \frac{1}{n+1}x^{n+1}$을 사용하면 바로 적분된다. 부분분수에 의한 유리함수 적분법은 분자의 차수가 분모의 차수보다 낮은 경우에 대한 적분법을 말한다.

예제 7.4.1 $\int \frac{3x^3+4x^2+2x+5}{x+1}dx$를 계산하여라.

풀이 분자의 차수가 분모의 차수보다 높으므로 다음과 같이 나눗셈을 하여 분자를 간단하게 만든다.

$$
\begin{array}{r|l}
 & 3x^2 + x + 1 \\
\hline
x+1 & 3x^3 + 4x^2 + 2x + 5 \\
 & 3x^3 + 3x^2 \\
\hline
 & \qquad x^2 + 2x + 5 \\
 & \qquad x^2 + x \\
\hline
 & \qquad\qquad x + 5 \\
 & \qquad\qquad x + 1 \\
\hline
 & \qquad\qquad\quad 4
\end{array}
$$

4) 미적분학에서 유리함수 적분법을 다루고 있으므로 소개한다. 그런데 공학에서는 많이 취급되지 않으므로 이 단원을 생략해도 무방하다.

몫은 $3x^2+x+1$, 나머지는 4이다.

$$\therefore \int \frac{3x^3+4x^2+2x+5}{x+1}dx = \int\left(3x^2+x+1+\frac{4}{x+1}\right)dx$$
$$= x^3+\frac{1}{2}x^2+x+4\ln|x+1|+C$$

7.4.2 분모가 서로 다른 1차식으로 인수분해 되는 경우

분모가 서로 다른 일차식으로 인수분해 되면 다음과 같이 일차식의 부분분수로 분해한다. (단, $P(x)$의 차수는 n보다 작다.)

$$\frac{P(x)}{(a_1x+b_1)(a_2x+b_2)\cdots\cdots(a_nx+b_n)} = \frac{A_1}{a_1x+b_1}+\frac{A_2}{a_2x+b_2}+\cdots\cdots+\frac{A_n}{a_nx+b_n}$$

여기에서 부분분수식의 각 항은 다음과 같이 적분된다.

$$\int \frac{A_m}{a_mx+b_m}dx = \frac{A_m}{a_m}\ln|a_mx+b_m|+C$$

† 부분분수 분해 : 다음과 같이 분모와 분자가 모두 다항식으로 이루어진 하나의 유리함수를 두 개 이상의 유리함수의 합으로 나타내는 것을 부분분수로 분해한다고 한다.

$$\frac{2x+3}{(x+1)(x+2)} = \frac{1}{x+1}+\frac{1}{x+2}, \quad \frac{3x-1}{x(x-1)(x+1)} = \frac{1}{x}+\frac{1}{x-1}-\frac{2}{x+1}$$

예제 7.4.2 [부분분수 : 두 개의 서로 다른 일차항이 있는 경우]

$\displaystyle\int \frac{5x+3}{x^2+2x-3}dx$를 계산하여라.

풀이 먼저 피적분함수를 다음과 같이 부분분수들의 합으로 나타낸다.

$$\frac{5x+3}{x^2+2x-3} = \frac{5x+3}{(x-1)(x+3)} = \frac{A}{x-1}+\frac{B}{x+3}$$
$$= \frac{A(x+3)+B(x-1)}{(x-1)(x+3)}$$

첫 번째 식과 마지막 식의 분자를 비교하면

$$5x+3 = A(x+3)+B(x-1)$$

이 된다. 이 방정식은 모든 x에 대해 성립하므로 $x=1$을 대입하면

$$5+3=A\times(1+3)$$

이 되어 $A=2$가 된다. 마찬가지로 $x=-3$을 대입하면

$$5\times(-3)+3=B\times(-3-1)$$

이 되어 $B=3$이 구해진다.

$$\therefore \int \frac{5x+3}{x^2+2x-3}dx=\int\left(\frac{2}{x-1}+\frac{3}{x+3}\right)dx$$

$$=2\ln|x-1|+3\ln|x+3|+C$$

예제 7.4.3 [부분분수 : 세 개의 서로 다른 일차항이 있는 경우]

$\displaystyle\int \frac{4x+2}{x^3+3x^2+2x}dx$를 계산하여라.

풀이 피적분함수를 다음과 같이 부분분수들의 합으로 나타낸다.

$$\frac{4x+2}{x^3+3x^2+2x}=\frac{4x+2}{x(x+1)(x+2)}=\frac{A}{x}+\frac{B}{x+1}+\frac{C}{x+2}$$

$$=\frac{A(x+1)(x+2)+Bx(x+2)+Cx(x+1)}{x(x+1)(x+2)}$$

첫 번째 식과 마지막 식의 분자를 비교하면

$$4x+2=A(x+1)(x+2)+Bx(x+2)+Cx(x+1)$$

이 된다. 이 방정식은 모든 x에 대해 성립하므로 $x=0,\ -1,\ -2$를 대입하면

$$2=A\times 2,\ -2=B\times(-1),\ -6=C\times 2$$

가 되어 $A=1,\ B=2,\ C=-3$이 각각 구해진다.

$$\therefore \int \frac{4x+2}{x^3+3x^2+2x}dx=\int\left(\frac{1}{x}+\frac{2}{x+1}-\frac{3}{x+2}\right)dx$$

$$=\ln|x|+2\ln|x+1|-3\ln|x+2|+C$$

7.4.3 분모에 1차식의 n제곱이 있는 경우

(1) 분모가 일차인수 $(ax+b)$의 n제곱 $(ax+b)^n$ $(n\geq 2)$을 포함하고 있으면 다음과 같이 부분분수 분해를 하여 적분한다.

$$\frac{P(x)}{(ax+b)^n}=\frac{A_1}{ax+b}+\frac{A_2}{(ax+b)^2}+\cdots\cdots+\frac{A_n}{(ax+b)^n}$$

(단, $P(x)$의 차수는 n보다 작다.)

(2) 적분 : $\displaystyle\int\frac{1}{(ax+b)^m}dx=-\frac{1}{a(m-1)(ax+b)^{m-1}}+C \quad (m\neq 1)$

예제 7.4.4 [일차항의 제곱이 있는 부분분수]

$\displaystyle\int\frac{3x+1}{x^3+2x^2+x}dx$를 계산하여라.

풀이 분모 $x^3+2x^2+x=x(x+1)^2$에 일차인수의 제곱 $(x+1)^2$이 포함되어 있으므로 다음과 같이 부분분수로 분해한다.

$$\frac{3x+1}{x^3+2x^2+x}=\frac{3x+1}{x(x+1)^2}=\frac{A}{x}+\frac{B}{x+1}+\frac{C}{(x+1)^2}$$
$$=\frac{A(x+1)^2+Bx(x+1)+Cx}{x(x+1)^2}$$

첫 번째 식과 마지막 식의 분자를 비교하면

$$3x+1=A(x+1)^2+Bx(x+1)+Cx$$

가 된다. 이 식에 $x=0$을 대입하면 $A=1$, $x=-1$을 대입하면 $C=2$가 구해진다. 그리고 우변에서 2차 항(x^2)의 계수 $A+B=0$이 되어야 하므로 $B=-A=-1$이다.

$$\therefore \int\frac{3x+1}{x^3+2x^2+x}dx=\int\left[\frac{1}{x}-\frac{1}{x+1}+\frac{2}{(x+1)^2}\right]dx$$
$$=\ln|x|-\ln|x+1|-\frac{2}{x+1}+C$$

참고 기타 유리함수 적분법

일반적으로 유리함수는 다양한 형태로 나타난다. 이상에서 언급한 경우 외에 수학에서 많이 취급하는 유리함수 적분 형태로는 다음과 같은 것이 있다.

1 분모가 2차식의 인수를 갖는 경우

유리함수의 분모에 반복되지 않는 이차식의 인수가 있을 때는 다음과 같이 부분분수 분해를 한다. (단, $P(x)$의 차수는 $2n$보다 작다.)

$$\frac{P(x)}{(a_1x^2+b_1x+c_1)(a_2x^2+b_2x+c_2)\cdots(a_nx^2+b_nx+c_n)}$$
$$=\frac{A_1x+B_1}{(a_1x^2+b_1x+c_1)}+\frac{A_2x+B_2}{(a_2x^2+b_2x+c_2)}+\cdots+\frac{A_nx+B_n}{(a_nx^2+b_nx+c_n)}$$

2 분모가 2차식인 경우의 적분

분모를 완전제곱으로 고친 후 다음 적분 공식을 이용한다. $(a \neq 0)$

$$\int \frac{1}{x^2+a^2}dx=\frac{1}{a}\tan^{-1}\left(\frac{x}{a}\right)+C$$
$$\int \frac{1}{(x+b)^2+a^2}dx=\frac{1}{a}\tan^{-1}\left(\frac{x+b}{a}\right)+C$$

3 분모에 2차식의 n 제곱이 있는 경우

분모의 인수에 이차식 (ax^2+bx+c)의 n제곱 $(ax^2+bx+c)^n$ $(n \geq 2)$이 포함되어 있으면 다음과 같이 부분분수 분해를 할 수 있다.

$$\frac{P(x)}{(ax^2+bx+c)^n}=\frac{A_1x+B_1}{ax^2+bx+c}+\frac{A_2x+B_2}{(ax^2+bx+c)^2}+\cdots\cdots+\frac{A_nx+B_n}{(ax^2+bx+c)^n}$$

(단, $P(x)$의 차수는 $2n$보다 작다.)

이상에서 설명한 (1)~(3)에 대한 예제를 '연습문제 7.4'의 문제 3, 4번에 소개하였다. 이와 같은 유리함수 적분은 다소 복잡하고, 실제 공학 문제와는 거리가 있지만 수학적인 문제로서는 다루고 있으므로 여기에서 소개한다. 공학도로서는 부담 없이 재미삼아 풀어보면 된다. 해답의 풀이 과정을 보면 어렵지 않게 이해할 수 있으리라 생각한다.

7.4 연습문제

1. 다음 부정적분을 계산하여라.

(1) $\displaystyle\int \frac{x^3+2x^2+3x-4}{x-1}dx$　　(2) $\displaystyle\int \frac{2x^3+x^2+3x+3}{x^2+1}dx$

(3) $\displaystyle\int \frac{x^3+2x^2+7x+3}{x^2+2x+5}dx$

† $\displaystyle\int \frac{2x}{x^2+1}dx = \ln(x^2+1)+C,\ \int \frac{1}{(x+b)^2+a^2}dx = \frac{1}{a}\tan^{-1}\left(\frac{x+b}{a}\right)+C$

2. [부분분수 : 1차식] 다음 부정적분을 계산하여라.

(1) $\displaystyle\int \frac{2}{x^2+4x+3}dx$　　(2) $\displaystyle\int \frac{5x}{x^2-x-6}dx$

(3) $\displaystyle\int \frac{x-1}{x^2+3x+2}dx$　　(4) $\displaystyle\int \frac{4}{x(x+1)(x+2)}dx$

(5) $\displaystyle\int \frac{x^2+2x+3}{(x-1)(x+1)(x+2)}dx$　　(6) $\displaystyle\int \frac{x+2}{x^2(x+1)}dx$

(7) $\displaystyle\int \frac{-x^2+3x+1}{x(x+1)^2}dx$　　(8) $\displaystyle\int \frac{x^2+1}{(x-1)(x+1)^2}dx$

3*. [이차식의 항이 있는 부분분수] $\displaystyle\int \frac{2x^2+3x+2}{x^3+x}dx$를 계산하여라.

4*. [이차식의 제곱이 있는 부분분수] $\displaystyle\int \frac{-x^3+3x^2-x+2}{x(x^2+1)^2}dx$를 계산하여라.

5*. [변수치환과 부분분수 적분법] $e^x=t$의 치환을 이용하여 $\displaystyle\int \frac{e^{2x}}{e^{2x}+e^x-2}dx$를 계산하여라.

7.5 정적분

7.5.1 정적분의 정의

함수 $f(x)$가 구간 $[a, b]$에서 연속일 때 극한값 $\lim\limits_{n\to\infty}\sum\limits_{k=1}^{n} f(x_k)\Delta x$를

$$\int_a^b f(x)dx$$

로 나타내고, 이 값을 함수 $f(x)$의 a에서 b까지 정적분이라 한다.

$$\int_a^b f(x)dx = \lim_{n\to\infty}\sum_{k=1}^{n} f(x_k)\Delta x,\ \ \Delta x = \frac{b-a}{n},\ \ x_k = a + k\Delta x$$

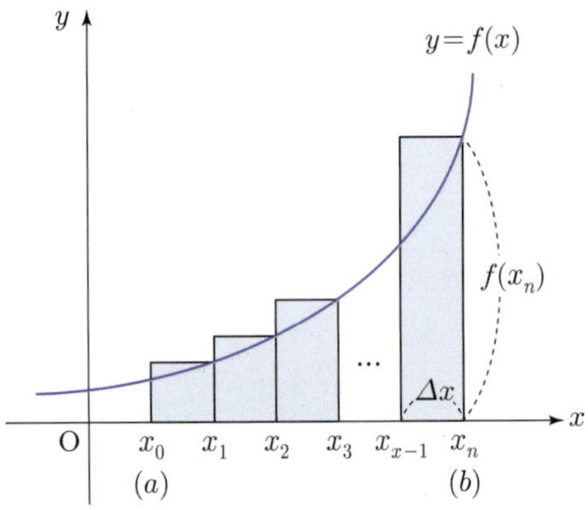

설명 위 그림과 같이 함수 $f(x)$가 폐구간 $[a, b]$에서 연속이고 $f(x) \geq 0$일 때, 구간 $[a, b]$를 n등분하여 분점과 양 끝점을 차례로 $x_0(=a)$, x_1, x_2, $\cdots$, x_{n-1}, x_n $(=b)$이라 하고 각 소구간의 길이를 $\Delta x = (b-a)/n$이라 하면 n개의 직사각형의 넓이의 합은

$$S_n = f(x_1)\Delta x + f(x_2)\Delta x + \cdots + f(x_{n-1})\Delta x + f(x_n)\Delta x = \sum_{k=1}^{n} f(x_k)\Delta x$$

이다. 여기에서 $\Delta x \to 0$, 즉 $n \to \infty$이면 S_n은 곡선 $y=f(x)$와 x축 및 직선 $x=a$, $x=b$로 둘러싸인 도형의 넓이 S에 한없이 가까워지므로 이것을 극한으로 나타내면 다음과 같다.

$$S=\lim_{n\to\infty} S_n = \lim_{n\to\infty}\sum_{k=1}^{n} f(\Delta x_k)\Delta x$$

함수 $f(x)$가 폐구간 $[a,b]$에서 연속이고 $f(x)<0$일 때는 $f(x_k)\Delta x<0$이므로 $\lim_{n\to\infty} S_n = \lim_{n\to\infty}\sum_{k=1}^{n} f(\Delta x_k)\Delta x = -S$가 된다. 일반적으로 함수 $f(x)$가 폐구간 $[a,b]$에서 연속일 때 극한값 $\lim_{n\to\infty}\sum_{k=1}^{n} f(\Delta x_k)\Delta x$가 존재하고, 이 극한값을 함수 $f(x)$의 a에서 b까지 정적분이라 하며 기호로는 $\int_a^b f(x)dx$로 나타낸다.

7.5.2 정적분의 성질

함수 $f(x)$, $g(x)$가 구간 $[a,b]$에서 연속일 때 다음 식이 성립한다.

(1) $\int_a^a f(x)dx = 0$

(2) $\int_a^b f(x)dx = -\int_b^a f(x)dx$

(3) $\int_a^b kf(x)dx = k\int_a^b f(x)dx$ (단, k는 상수)

(4) $\int_a^b [f(x)\pm g(x)]dx = \int_a^b f(x)dx \pm \int_a^b g(x)dx$ (복호동순)

(5) $\int_a^b f(x)dx = \int_a^c f(x)dx + \int_c^b f(x)dx$

7.5.3 미적분학의 기본정리(I)

함수 $f(x)$가 구간 $[a,b]$에서 연속이면 $F(x)=\int_a^x f(t)\,dt$ $(a\le x\le b)$로 정의된 함수 $F(x)$는 구간 $[a,b]$에서 연속이고 $\frac{d}{dx}F(x)=f(x)$이다.

7.5.4 미적분학의 기본정리(Ⅱ)

함수 $f(x)$가 구간 $[a, b]$에서 연속이고 $\dfrac{d}{dx}F(x) = f(x)$이면

$$\int_a^b f(x)dx = [F(x)]_a^b = F(b) - F(a)$$

이다.

예제 7.5.1 다음 정적분의 값을 구하여라.

(1) $\displaystyle\int_0^2 x^n dx \ (n \neq -1)$

(2) $\displaystyle\int_1^2 (3x^2 - 4x + 5)dx$

(3) $\displaystyle\int_0^1 (x+1)^3 dx + \int_1^0 (x-1)^3 dx$

(4) $\displaystyle\int_0^1 (6x^2 + 4x + 3)dx + \int_1^2 (6x^2 + 4x + 3)dx$

풀이 (1) $\displaystyle\int_0^2 x^n dx = \left[\frac{1}{n+1}x^{n+1}\right]_0^2 = \frac{1}{n+1}(2^{n+1} - 0) = \frac{2^{n+1}}{n+1}$

(2) $\displaystyle\int_1^2 (3x^2 - 4x + 5)dx = [x^3 - 2x^2 + 5x]_1^2$

$$= (2^3 - 2 \cdot 2^2 + 5 \cdot 2) - (1^3 - 2 \cdot 1^2 + 5 \cdot 1)$$
$$= 10 - 4 = 6$$

(3) $\displaystyle\int_0^1 (x+1)^3 dx + \int_1^0 (x-1)^3 dx = \int_0^1 (x+1)^3 dx - \int_0^1 (x-1)^3 dx$

$$= \int_0^1 [(x+1)^3 - (x-1)^3]dx$$
$$= \int_0^1 (6x^2 + 2)dx = [2x^3 + 2x]_0^1$$
$$= (2 \cdot 1^3 + 2 \cdot 1) - (0 + 0) = 4$$

(4) $\int_0^1 (6x^2+4x+3)dx + \int_1^2 (6x^2+4x+3)dx$

$$= \int_0^2 (6x^2+4x+3)dx = \left[2x^3+2x^2+3x\right]_0^2$$

$$= (2 \cdot 2^3 + 2 \cdot 2^2 + 3 \cdot 2) - (0+0+0) = 30$$

7.5.5 정적분의 치환적분

함수 $f(x)$가 구간 $[a, b]$에서 연속이고, 함수 $t = g(x)$는 $\alpha = g(a)$, $\beta = g(b)$인 구간 $[\alpha, \beta]$에서 $g'(x)$가 연속이다. 이때 $g(x) = t$의 변수 치환에 의한 정적분은 다음과 같다.

$$\int_a^b f[g(x)]g'(x)dx = \int_\alpha^\beta f(t)dt, \quad \alpha = g(a), \ \beta = g(b)$$

증명 함수 F를 f의 원시함수라 하면 $F[g(x)]$는 $f[g(x)]g'(x)$의 원시함수이므로 기본정리 (II)에 의하여

$$\int_a^b f[g(x)]g'(x)dx = [F\{g(x)\}]_a^b$$

$$= F\{g(b)\} - F\{g(a)\} = F(\beta) - F(\alpha)$$

이다. 또한 함수 $f(t)$의 적분에서 기본정리 (II)에 의하여

$$\int_\alpha^\beta f(t)dt = [F(x)]_\alpha^\beta = F(\beta) - F(\alpha)$$

이다. 따라서 $\int_a^b f[g(x)]g'(x)dx = \int_\alpha^\beta f(t)dt$이다.

예제 7.5.2 치환적분을 이용하여 다음 정적분의 값을 구하여라.

(1) $\int_0^1 (x+2)^3 dx$

(2) $\int_0^1 3x^2(x^3+1)^4 dx$

(3) $\int_0^2 \frac{2x+1}{x^2+x+1} dx$

(4) $\int_0^{\frac{\pi}{2}} \sin^4 x \cos x dx$

풀이 (1) $x+2=t$로 하면 $dx=dt$이고, $x=0$일 때 $t=2$, $x=1$일 때 $t=3$이므로 t에 대한 적분구간은 $[2,3]$이 된다.

$$\therefore \int_0^1 (x+2)^3\,dx = \int_2^3 t^3 dt$$

$$= \left[\frac{1}{4}t^4\right]_2^3 = \frac{1}{4}(3^4-2^4) = \frac{65}{4}$$

(2) $x^3+1=t$로 하면 $3x^2dx=dt$이고, $x=0$일 때 $t=1$, $x=1$일 때 $t=2$이므로 t에 대한 적분구간은 $[1,2]$가 된다.

$$\therefore \int_0^1 3x^2(x^3+1)^4dx = \int_0^1 (x^3+1)^4 3x^2dx = \int_1^2 t^4dt$$

$$= \left[\frac{1}{5}t^5\right]_1^2 = \frac{1}{5}\times(2^5-1^5) = \frac{31}{5}$$

(3) $x^2+x+1=t$로 하면 $(2x+1)dx=dt$이고, $x=0$일 때 $t=1$, $x=2$일 때 $t=7$이므로 t에 대한 적분구간은 $[1,7]$이 된다.

$$\therefore \int_0^2 \frac{2x+1}{x^2+x+1}dx = \int_0^2 \frac{1}{x^2+x+1}(2x+1)dx = \int_1^7 \frac{1}{t}dt$$

$$= [\ln t]_1^7 = (\ln 7 - \ln 1) = \ln 7$$

(4) $\sin x = t$로 하면 $\cos x dx = dt$이므로 $\sin^4 x \cos x\, dx = t^4 dt$이고, t에 대한 적분구간은 $x=0$일 때 $t=0$, $x=\frac{\pi}{2}$일 때 $t=1$이므로 $[0,1]$이 된다.

$$\therefore \int_0^{\frac{\pi}{2}} \sin^4 x \cos x dx = \int_0^1 t^4 dt = \left[\frac{1}{5}t^5\right]_0^1 = \frac{1}{5}$$

예제 7.5.3 삼각함수 치환을 이용하여 $\int_0^R \sqrt{R^2-x^2}\,dx$의 값을 구하여라. (단, $R>0$이다.)

풀이 $x=R\sin\theta \left(-\frac{\pi}{2}\le\theta\le\frac{\pi}{2}\right)$로 하면 $dx=R\cos\theta d\theta$

$x=0$일 때 $\theta=0$, $x=R$일 때 $\theta=\frac{\pi}{2}$

$$\therefore \int_0^R \sqrt{R^2-x^2}\,dx = \int_0^{\frac{\pi}{2}} \sqrt{R^2-R^2\sin^2\theta}\; R\cos\theta d\theta$$

$$= \int_0^{\frac{\pi}{2}} \sqrt{R^2(1-\sin^2\theta)}\, R\cos\theta d\theta$$

$$= \int_0^{\frac{\pi}{2}} \sqrt{R^2(\cos^2\theta)}\, R\cos\theta d\theta = \int_0^{\frac{\pi}{2}} R^2\cos^2\theta d\theta$$

$$= \int_0^{\frac{\pi}{2}} \frac{R^2(1+\cos 2\theta)}{2} d\theta = \frac{R^2}{2}\left[\theta + \frac{1}{2}\sin 2\theta\right]_0^{\frac{\pi}{2}}$$

$$= \frac{\pi R^2}{4}$$

† $y=\sqrt{R^2-x^2}$의 그래프를 그려보면 $\int_0^R \sqrt{R^2-x^2}\,dx$는 반지름 R인 $\frac{1}{4}$원의 면적임을 알 수 있다. 따라서 반지름 R인 원의 면적은 πR^2이다.

7.5.6 넓이(Ⅰ)

함수 $f(x)$가 폐구간 $[a,b]$에서 연속일 때 곡선 $y=f(x)$와 x축 및 두 직선 $x=a$, $x=b$로 둘러싸인 도형의 넓이는

$$S=\int_a^b |f(x)|\,dx$$

이다.

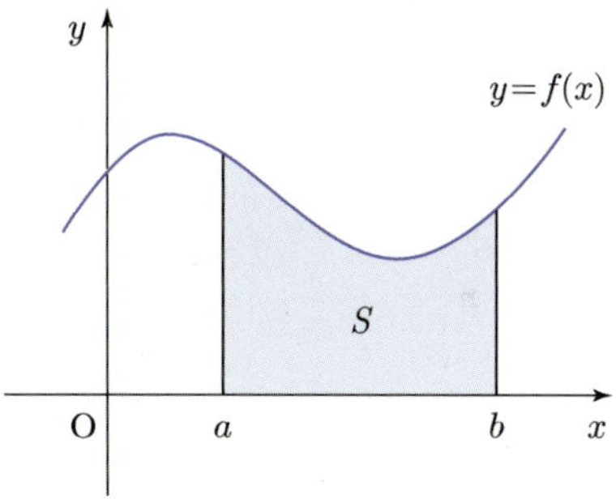

설명 정적분의 정의에 의해 폐구간 $[a,b]$에서 $f(x)\geq 0$이면 곡선 $y=f(x)$와 x축 및 두 직선 $x=a$, $x=b$로 둘러싸인 도형의 넓이 $S=\int_a^b f(x)dx$이다. 폐구간 $[a,b]$에서 $y=f(x)\leq 0$이면 도형의 넓이 S는 $y=f(x)$와 x축에 대해 대칭인 $y=-f(x)$와 x축 및 두 직선 $x=a$, $x=b$로 둘러싸인 도형의 넓이와 같으므로 $S=\int_a^b [-f(x)]dx$이다. 따라서 도형의 넓이는 다음과 같이 표현된다.

$$S=\int_a^b |f(x)|\,dx$$

7.5.7 넓이(Ⅱ)

두 함수 $f(x)$, $g(x)$가 폐구간 $[a, b]$에서 연속일 때 두 곡선 $y=f(x)$, $y=g(x)$ 및 두 직선 $x=a$, $x=b$로 둘러싸인 도형의 넓이는

$$S=\int_a^b |f(x)-g(x)|dx$$

이다.

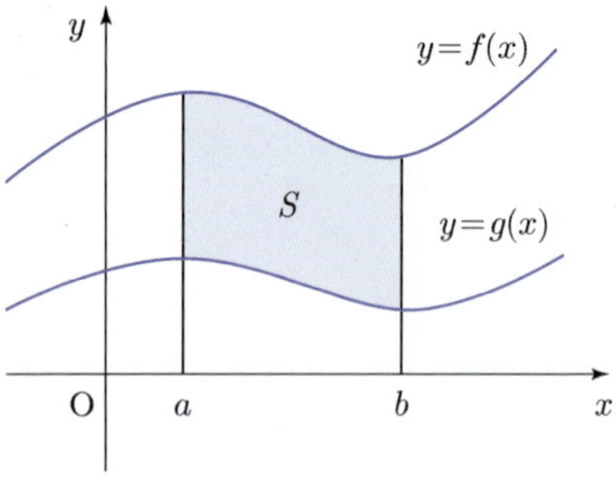

예제 7.5.4 포물선 $y=x^2+1$과 x축 및 두 직선 $x=-1$, $x=2$로 둘러싸인 도형의 넓이를 구하여라.

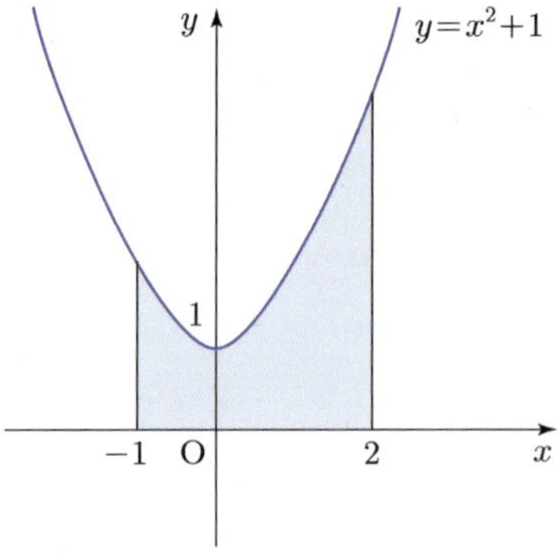

풀이 적분구간 $[-1, 2]$에서 $x^2+1>0$이므로 넓이(S)는 다음과 같다.

$$\begin{aligned}S&=\int_{-1}^{2}(x^2+1)dx\\&=\left[\frac{1}{3}x^3+x\right]_{-1}^{2}\\&=\left(\frac{1}{3}\cdot 2^3+2\right)-\left(-\frac{1}{3}-1\right)\\&=6\end{aligned}$$

예제 7.5.5 그림과 같이 길이 L의 외팔보가 다음과 같은 정현파(sinusoidal) 분포 하중 $w(x)$를 받고 있을 때 보에 작용하는 전 하중을 구하여라.

$$w(x) = w_0 \sin\left(\frac{\pi x}{L}\right)$$

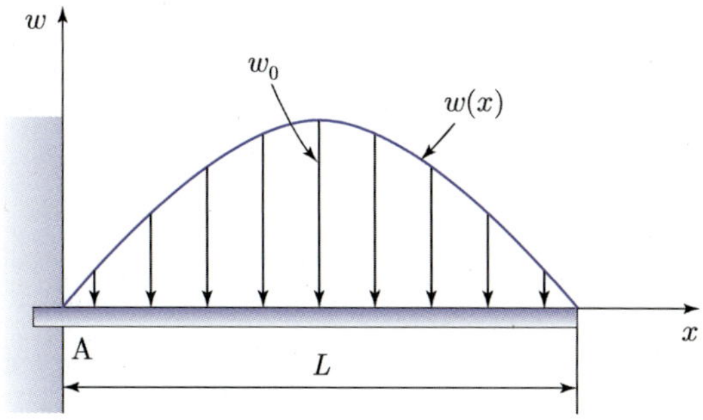

풀이 전 하중(W)은 분포 하중을 보 길이 전체에 걸쳐 적분한 값과 같다.

$$W = \int_0^L w(x)dx = \int_0^L w_0 \sin\left(\frac{\pi x}{L}\right)dx$$

$$= \frac{w_0 L}{\pi}\left[-\cos\left(\frac{\pi x}{L}\right)\right]_0^L$$

$$= \frac{w_0 L}{\pi}[1-(-1)]$$

$$= \frac{2w_0 L}{\pi} \quad (\downarrow)$$

7.5 연습문제

1. 다음 정적분의 값을 구하여라.

(1) $\int_0^2 (x^3 - x + 1)dx$

(2) $\int_1^2 (4x^3 - 3x^2 + 1)dx$

(3) $\int_{-\pi/2}^{\pi/2} (\sin x + \cos x)dx$

(4) $\int_{-\frac{1}{2}}^{\frac{1}{2}} \cos \pi x dx$

(5) $\int_0^1 \sin \pi x dx$

(6) $\int_0^{\frac{\pi}{2}} (\sin 2x + \cos 2x)dx$

(7) $\int_{T_1}^{T_2} \frac{mC_p}{T} dT$ (m, C_p는 상수)

(8) $\int_0^1 e^x dx$

2. [치환 적분] 다음 정적분의 값을 구하여라.

(1) $\int_0^1 (x+1)^4 dx$

(2) $\int_0^1 (2x+1)^4 dx$

(3) $\int_0^1 \frac{1}{(x+1)^2} dx$

(4) $\int_0^3 \frac{1}{2\sqrt{x+1}} dx$

(5) $\int_{10}^{11} (x-10)^{10} dx$

(6) $\int_0^{\frac{1}{2}} 2x \cos(\pi x^2) dx$

(7) $\int_0^{\frac{\pi}{2}} e^{\sin x} \cos x dx$

(8) $\int_0^{\frac{\pi}{2}} \frac{\sin x \cos x}{1 + \sin^2 x} dx$

† $(\sin^n x)' = n \sin^{n-1} x \cos x$

3. 다음 등식이 성립함을 보여라. (단, a는 상수이다.)

(1) $f(x)$가 우함수이면 $\int_{-a}^{a} f(x)dx = 2\int_0^a f(x)dx$

(2) $f(x)$가 기함수이면 $\int_{-a}^{a} f(x)dx = 0$

† $f(-x) = f(x)$가 성립하는 함수를 우함수, $f(-x) = -f(x)$인 함수를 기함수라 한다.

4. 위 문제 3의 우함수와 기함수의 성질을 이용하여 $\int_{-2}^{2}(x^3+x+1)\sqrt{4-x^2}\,dx$의 값을 구하여라.

† $\int_{-R}^{R}\sqrt{R^2-x^2}\,dx$는 반지름 R인 반원의 면적이다.

5. $\int_0^1 \frac{x^3}{x+1}dx - \int_1^0 \frac{1}{y+1}dy$의 값을 구하여라.

6. $\int_0^3 |x^2-2x|\,dx$의 값을 구하여라.

7*. $\int_{-3}^{3} \frac{1}{x^2+9}dx$의 값을 구하여라.

† $\int \frac{1}{x^2+a^2}dx = \frac{1}{a}\tan^{-1}\left(\frac{x}{a}\right)+C,\quad \tan x = y \Leftrightarrow y = \tan^{-1}x$

8*. $\sin x = t$의 치환을 이용하여 다음 값을 구하여라.

(1) $\int_0^{\frac{\pi}{2}} \cos^3 x\,dx$ (2) $\int_0^{\frac{\pi}{2}} \cos^3 x \sin^2 x\,dx$

† $\cos x\,dx = dt,\ \cos^3 x = \cos^2 x\cos x = (1-\sin^2 x)\cos x$

9. 포물선 $y=-x^2+4$와 직선 $y=x+2$로 둘러싸인 부분의 넓이를 구하여라.

10. 곡선 $y=e^x$과 직선 $y=x$, $x=0$, $x=1$로 둘러싸인 도형의 넓이를 구하여라.

11. 곡선 $y=4x^3-12x^2+8x$와 x축으로 둘러싸인 도형의 넓이를 구하여라.

12. $0 \le x \le \pi$에서 곡선 $y=\sin x$, $y=\cos x$와 $x=0$으로 둘러싸인 부분의 넓이를 구하여라.

제 8 장

1계 미분방정식

8.1 기본 개념

8.1.1 미분방정식(differential equation)

하나의 독립변수를 가진 미지함수와 그 도함수를 포함하고 있는 방정식을 상미분방정식(ordinary differential equation)이라 하고, 두 개 이상의 독립변수를 가진 미지함수와 이들의 편도함수를 포함하는 방정식을 편미분방정식(partial differential equation)이라 하며, 상미분방정식과 편미분방정식을 통틀어 미분방정식이라고 한다.

† 여기에서는 상미분 항을 $\dfrac{dy}{dx}$, $\dfrac{d^2y}{dx^2}$, $\cdots$ 혹은 y', y'', $\cdots$ 등으로 표기한다.

예 (1) 다음은 상미분방정식의 예이다.

① 미지함수가 $y(x)$일 때

$y' + y = \sin x$

$y'' + \omega^2 y = 0$ (ω는 상수)

$y' + p(x)y = q(x)y^a$ (a는 임의의 실수 : Bernoulli 방정식)

$y' = Ay - By^2$ ($y > 0$, $A > By$: Logistic equation)

② $\dfrac{d^2y}{dt^2} + g = 0$ (g : 중력가속도, y : 높이, t : 시간)

③ $m\dfrac{d^2y}{dt^2} + ky = 0$ (m : 질량, k : 스프링상수, y : 이동거리)

④ $L\dfrac{d^2I}{dt^2} + R\dfrac{dI}{dt} + \dfrac{1}{C}I = E_0\omega\cos\omega t$ (I : 전류, L : 인덕턴스, C : 커패시턴스, t : 시간, $E_0\omega\cos\omega t$: 기전력의 도함수)

(2) 다음은 편미분방정식의 예이다.

① $\frac{\partial^2 u}{\partial t^2} = c^2 \frac{\partial^2 u}{\partial x^2}$ (파동방정식, Longitudinal Vibration of a Beam)

② $\frac{\partial^2 v}{\partial t^2} + b^2 \frac{\partial^4 v}{\partial x^4} = 0$ (Transverse Vibration of a Beam)

③ $\nabla^2 v = \frac{\partial^2 v}{\partial x^2} + \frac{\partial^2 v}{\partial y^2} + \frac{\partial^2 v}{\partial z^2} = 0$ (Laplace equation)

④ $\frac{\partial T}{\partial t} = \alpha\left(\frac{\partial^2 T}{\partial x^2} + \frac{\partial^2 T}{\partial y^2} + \frac{\partial^2 T}{\partial z^2}\right) + \frac{\omega}{\rho c}$ (열전도방정식)

⑤ $\frac{\partial u}{\partial x} + \frac{\partial v}{\partial y} + \frac{\partial w}{\partial z} = 0$ (유체에서 연속방정식)

⑥ $\frac{\partial^2 E}{\partial x^2} + \frac{\partial^2 E}{\partial y^2} + \frac{\partial^2 E}{\partial z^2} + k^2 E = 0$ (Helmholtz equation : 전자기학)

8.1.2 미분방정식의 계수(order)와 차수(degree)

미분방정식의 계수는 방정식에 나타난 도함수의 최대 계수(가장 많이 미분한 횟수)이고, 계수가 최고인 도함수의 차수(지수)를 그 미분방정식의 차수라 한다.

예 (1) $y' = x^2 - y^2$은 계수가 1, 차수가 1인 상미분방정식

(→ 1계 1차 상미분방정식)

(2) $(y'')^3 + y' + y^4 = 0$은 계수가 2, 차수가 3인 상미분방정식

(→ 2계 3차 상미분방정식)

(3) $y'' + (y')^2 + xy = x^3$은 계수가 2, 차수가 1인 상미분방정식

(→ 2계 1차 상미분방정식)

(4) $\frac{\partial^2 u}{\partial t^2} = c^2 \frac{\partial^2 u}{\partial x^2}$은 2계 1차 편미분방정식

(5) $\left(\frac{\partial^2 u}{\partial t^2}\right)^2 = \left(\frac{\partial^2 u}{\partial x^2}\right)^2$은 2계 2차 편미분방정식

8.1.3 선형미분방정식(linear differential equation)

x의 함수 $a_i(x)$ $(i=0,1,2,\cdots,n)$, $f(x)$에 대하여

$$a_n(x)\frac{d^n y}{dx^n}+a_{n-1}(x)\frac{d^{n-1}y}{dx^{n-1}}+\cdots+a_1(x)\frac{dy}{dx}+a_0(x)y=f(x) \quad \cdots ①$$

의 형태로 표현되는 n계 상미분방정식을 선형미분방정식이라 하고, 선형이 아닌 미분방정식을 비선형미분방정식(non-linear differential equation)이라고 한다.
$f(x)=0$일 때 ①을 제차방정식(homogeneous equation)이라 하고,
$f(x)\neq 0$일 때 ①을 비제차방정식(nonhomogeneous equation)이라고 한다.

† 제차방정식은 동차방정식, 비제차방정식은 비동차방정식이라고도 한다. 선형미분방정식의 차수는 1이 되고, 미지함수(y)와 그 도함수(y', $y''\cdots$, $y^{(n)}$)들을 서로 곱한 항은 나타나지 않는다.

예 (1) 다음은 선형미분방정식의 예이다.

① $e^x y'+y=x^2+\cos x$ (→ 1계 선형미분방정식)

② $\frac{dy}{dx}+P(x)y=Q(x)$ (→ 1계 선형미분방정식)

③ $y''+xy'+x^2y=\sin x$ (→ 2계 선형미분방정식)

④ $\frac{d^2Q}{dt^2}-4\frac{dQ}{dt}+3Q=2\sin t$ (→ 2계 선형미분방정식)

(2) 다음은 비선형미분방정식의 예이다.

① $y''+yy'+x^2y=x$: yy'가 있으므로 비선형미분방정식

② $(x-y)\frac{dy}{dx}=(x+y)$: $y\frac{dy}{dx}$가 있으므로 비선형미분방정식

③ $(y')^2-xy'+y=0$: $(y')^2$이 있으므로 비선형미분방정식

④ $y'+\sin y=x$: $\sin y$가 초월함수이므로 비선형미분방정식

8.1.4 초깃값 문제(initial value problem)

미지함수가 $y(x)$일 때 주어진 구간에 포함되는 x_0에 대하여 다음과 같은 초기조건(initial condition)

$$y(x_0)=y_0,\ y'(x_0)=y_1,\ y''(x_0)=y_2,\ \cdots,\ y^{(n-1)}(x_0)=y_{n-1}$$

을 포함하는 미분방정식 $F(x, y, y', \cdots, y^{(n)})=0$을 초깃값 문제라 한다.

예 (1) 1계 미분방정식 : $y'+xy=0,\ y(0)=1$

(2) 2계 미분방정식 : $y''+2y'+y=e^x,\ y(0)=1,\ y'(0)=-1$

1계 미분방정식에서는 한 개의 초기조건, 2계 미분방정식에서는 두 개의 초기조건이 주어진다.

8.1.5 경곗값 문제(boundary value problem)

미지함수에 대하여 두 개 이상의 점에서 함숫값 또는 도함수 값이 주어질 때 이 조건을 경계조건(boundary condition)이라 하고, 경계조건을 만족하는 미분방정식의 해를 구하는 문제를 경곗값 문제라 한다.

예 2계 미분방정식에서는 두 개의 경계조건이 주어진다.

$$y''+2y'+5y=0,\quad y(0)=1,\ y'(\pi)=3$$

8.1.6 1계 미분방정식(first-order differential equation)

미지함수(y)의 도함수(y')만을 포함하고 y 및 독립변수(x)의 함수를 포함할 수 있는 방정식을 1계 미분방정식이라 한다.

$$F(x, y, y')=0 \quad \text{혹은} \quad y'=f(x, y)$$

예 다음과 같은 미분방정식은 1계 미분방정식이다.

(1) $xy' + 2y + 3x = 0$

(2) $y' = x + y + 1$

8.1.7 1계 미분방정식의 해(solution)

하나의 열린구간 $a < x < b$의 모든 x에서 도함수 $y' = h'(x)$를 가지고 식 $F(x, y, y') = 0$을 만족하는 함수 $y = h(x)$를 미분방정식 $F(x, y, y') = 0$의 해라 한다.

예 $y = x^3$이면 $y' = 3x^2$이고 $xy' = x(3x^2) = 3x^3 = 3y$이다. 따라서 모든 x에 대하여 $y = x^3$은 미분방정식 $xy' - 3y = 0$을 만족한다.

이때 $y = x^3$을 미분방정식 $xy' - 3y = 0$의 해라고 한다.

8.1.8 양함수 해(explicit solution), 음함수 해(implicit solution)

미분방정식의 해를 $y = h(x)$와 같이 양함수로 나타낸 것을 양함수 해, $H(x,y) = 0$과 같이 음함수 형태로 나타낸 것을 음함수 해라 한다.

예 (1) 양함수 해 : $xy' = 2y$의 해는 $y = Cx^2$ (C는 상수)이다.

여기에서 $y' = 2Cx$이므로 $xy' = x(2Cx) = 2(Cx^2) = 2y$가 된다. 따라서 $y = Cx^2$은 $xy' = 2y$의 해이다.

(2) 음함수 해 : $x^2 + y^2y' = 0$의 해는 $x^3 + y^3 = C$ (C는 상수)이다.

음함수 미분법에 의해 $x^3 + y^3 = C$의 양변을 미분하면

$$3x^2 + 3y^2y' = 0 \text{이므로 } x^2 + y^2y' = 0$$

이다. 따라서 $x^3 + y^3 = C$는 $x^2 + y^2y' = 0$의 해이다.

8.1.9 일반해(general solution), 특수해(particular solution)

(1) 일반해 : 일반적으로 n계 미분방정식은 n개의 임의상수를 포함하는 해를 갖는다. 이와 같이 임의상수를 포함하는 해를 일반해라 한다.

(2) 특수해 : 초기조건이나 경계조건이 주어졌을 때 일반해의 상수 값이 결정된 함수를 특수해라 한다.

예 (1) $y' = 2x$의 일반해는 $y = x^2 + C$이다. (1계 미분방정식의 일반해는 1개의 임의상수를 포함한다)

$y(0) = 1$의 조건이 주어지면 $C = 1$이고 특수해는 $y = x^2 + 1$이다.

(2) $y'' - 3y' + 2y = 0$의 일반해는 $y = C_1 e^x + C_2 e^{2x}$이다. (2계 미분방정식의 일반해는 2개의 임의상수를 포함한다)

$y(0) = 0$, $y'(0) = 1$의 조건이 주어지면

$$y(0) = C_1 + C_2 = 0, \quad y'(0) = C_1 + 2C_2 = 1$$

로부터 $C_1 = -1$, $C_2 = 1$이고 특수해는 $y = -e^x + e^{2x}$이다.

예제 8.1.1 다음 각 함수가 주어진 미분방정식의 해가 될 수 있는가를 확인하여라.

(1) $y' - x + y = 0, \quad y = x - 1 + Ce^{-x}$

(2) $y'' + 9y = 0, \quad y = A\cos 3x + B\sin 3x$

풀이 (1) $y = x - 1 + Ce^{-x}$, $y' = 1 - Ce^{-x}$

를 주어진 미분방정식에 대입하면

$$y' - x + y = (1 - Ce^{-x}) - x + (x - 1 + Ce^{-x}) = 0$$

따라서 $y = x - 1 + Ce^{-x}$은 $y' - x + y = 0$의 해이다.

(2) $y = A\cos 3x + B\sin 3x$, $y' = -3A\sin 3x + 3B\cos 3x$

$y'' = -9A\cos 3x - 9B\sin 3x$

를 주어진 미분방정식에 대입하면

$$y'' + 9y = (-9A\cos 3x - 9B\sin 3x) + 9(A\cos 3x + B\sin 3x) = 0$$

따라서 $y=A\cos 3x+B\sin 3x$는 $y''+9y=0$의 해이다.

예제 8.1.2 [초깃값 문제] $y=Ae^x+Be^{2x}+\frac{x}{2}+\frac{3}{4}$이 $y''-3y'+2y=x$의 해가 됨을 확인하고 $y(0)=1$, $y'(0)=0$일 때 상수 A, B의 값을 구하여라.

풀이 $y=Ae^x+Be^{2x}+\frac{x}{2}+\frac{3}{4}$, $y'=Ae^x+2Be^{2x}+\frac{1}{2}$, $y''=Ae^x+4Be^{2x}$를 주어진 미분방정식에 대입하면

$$\begin{aligned}&y''-3y'+2y\\&=(Ae^x+4Be^{2x})-3\left(Ae^x+2Be^{2x}+\frac{1}{2}\right)+2\left(Ae^x+Be^{2x}+\frac{x}{2}+\frac{3}{4}\right)\\&=(A-3A+2A)e^x+(4B-6B+2B)e^{2x}-\frac{3}{2}+x+\frac{3}{2}\\&=x\end{aligned}$$

이므로 $y=Ae^x+Be^{2x}+\frac{x}{2}+\frac{3}{4}$은 $y''-3y'+2y=x$의 해가 된다.

초기조건을 적용하면

$$y(0)=1 : A+B+\frac{3}{4}=1$$

$$y'(0)=0 : A+2B+\frac{1}{2}=0$$

이므로 $A=1$, $B=-\frac{3}{4}$이다.

즉, 초기조건 $y(0)=1$, $y'(0)=0$을 만족하는 특수해는

$y=Ae^x+Be^{2x}+\frac{x}{2}+\frac{3}{4}=e^x-\frac{3}{4}e^{2x}+\frac{x}{2}+\frac{3}{4}$이 된다.

예제 8.1.3 다음 함수가 일반해가 되는 미분방정식을 구하여라. (단, A, B, C는 상수이다.)

(1) $y=Cx^2-2x$　　　　(2) $y^2=Ax+B$

풀이 (1) $y=Cx^2-2x$의 양변을 x에 대해 미분하면

$$y'=2Cx-2 \qquad \cdots①$$

이고, 식 ①에 $y=Cx^2-2x$로부터 구한 $C=(y+2x)/x^2$을 대입하여 정리하면

$$y' = 2\left(\frac{y+2x}{x^2}\right)x - 2 = 2\left(2+\frac{y}{x}\right) - 2 = 2 + \frac{2y}{x} \qquad \cdots②$$

이다. 식 ②의 양변에 x를 곱하여 정리하면 다음과 같은 1계 미분방정식을 구할 수 있다.

$$2(x+y) - xy' = 0 \qquad \cdots③$$

(2) $y^2 = Ax + B$의 양변을 x에 대해 미분하면

$$2yy' = A \qquad \cdots①$$

이고, 상수 A를 없애기 위해 곱의 미분방법을 적용하여 이 식을 한 번 더 x에 대해 미분하면

$$2y' \times y' + 2y \times y'' = 0 \qquad \cdots②$$

이다. 식 ②의 양변을 2로 나누면 2계 미분방정식

$$yy'' + (y')^2 = 0 \qquad \cdots③$$

이 구해진다.

8.1 연습문제

1. 다음 미분방정식의 독립변수와 종속변수를 기술하고, 상미분방정식인지 편미분방정식인지 분류하여라.

(1) $\dfrac{dy}{dx} = x^2 + y^2$

(2) $\dfrac{dx}{dy} = x^2 + y^2$

(3) $x^2y'' + xy' + (x^2 - n^2)y = 0$

(4) $\dfrac{\partial^2 u}{\partial t^2} = 3\dfrac{\partial^2 u}{\partial x^2}$

(5) $\dfrac{d^4 V}{dt^4} + 4\dfrac{d^2 V}{dt^2} + 8V = 0$

(6) $\dfrac{\partial^2 T}{\partial x^2} + \dfrac{\partial^2 T}{\partial y^2} + \dfrac{\partial^2 T}{\partial z^2} = 0$

2. 다음 미분방정식이 ( )계 ( )차 (선형) 혹은 (비선형) 미분방정식인지 분류하여라.

(1) $y' + 2xy = 3x^2$

(2) $y' + y^2 = x + 1$

(3) $(y')^2 + y = x^3 + 1$

(4) $y' + y = e^y$

(5) $y'' + 2y' + 3y = 0$

(6) $x^2y'' + xy' + y = x$

(7) $yy'' + y = x$

(8) $y''' = \sin x$

(9) $y''' + y'' + y' + y = x$

(10) $(y')^2 + y''' = x$

3. $y(x)$가 주어진 미분방정식의 한 해임을 보이고, 주어진 초기조건을 만족하는 특수해를 가지기 위한 상수 C의 값을 구하여라.

(1) $y' = y - x,\ y = Ce^x + x + 1,\ y(0) = 3$

(2) $y' = -3x^2y,\ y = Ce^{-x^3},\ y(0) = 3$

(3) $y' - y = e^{2x},\ y = e^{2x} + Ce^x,\ y(0) = 4$

(4) $y' + 2y = 4,\ y = Ce^{-2x} + 2,\ y(0) = 3$

(5) $y' - y = -y^2,\ y = \dfrac{1}{1 + Ce^{-x}},\ y(0) = 2$

4. $x(t) = A\cos\omega t + B\sin\omega t$ (A, B는 상수)가 $\dfrac{d^2x}{dt^2} + 9x = 0$의 해가 되기 위한 상수 ω의 값을 구하여라.

5. $y = x^m$이 $x^2y'' - xy' - 3y = 0$의 해가 되기 위한 상수 m의 값을 구하여라.

6. $u(t) = Ae^t + Be^{-3t} + \sin t$가 방정식 $\dfrac{d^2u}{dt^2} + 2\dfrac{du}{dt} - 3u = 2\cos t - 4\sin t$의 일반해가 됨을 보이고, 초기조건이 $u(0) = 2$, $u'(0) = 7$일 때 특수해를 구하여라. (단, A, B는 상수이다.)

† '9장. 2계 미분방정식'에서 이와 같은 일반해를 구한다.

7. $Q(t) = e^{-t} + e^{-2t}(A\sin 3t + B\cos 3t)$가 방정식 $\dfrac{d^2Q}{dt^2} + 4\dfrac{dQ}{dt} + 13Q = 10e^{-t}$의 해가 됨을 보이고, 초기조건이 $Q(0) = 2$, $Q'(0) = 3$일 때 특수해를 구하여라.

8. 일반해가 $x^2 + Cy^2 = 1$ (C는 상수)가 되는 1계 미분방정식을 구하여라.

9. 원의 방정식 $x^2 + y^2 = R^2$이 미분방정식 $x + yy' = 0$의 해가 된다는 것을 보이고, 조건 $y(3) = 4$를 만족하는 상수 R의 값을 구하여라. (단, $R > 0$이다.)

10. $y = x\sqrt{Cx - 1}$이 미분방정식 $2xyy' = 3y^2 + x^2$을 만족함을 보이고, $y(1) = 2$일 때 상수 C의 값을 구하여라.

11. $y = 5e^{-2x} + 2x^2 + 2x + 1$이 미분방정식 $y' + 2y = 4(x+1)^2$의 해가 됨을 보여라.

12. $y = A\cos\pi x + B\sin\pi x$가 미분방정식 $y'' + \pi^2 y = 0$의 해가 됨을 보여라. (단, A, B는 상수이다.)

8.2 변수분리형 미분방정식

8.2.1 변수분리형 미분방정식

미지함수 $y(x)$에 대한 1계 미분방정식이

$$g(y)dy = f(x)dx$$

의 형태로 나타나는 방정식을 변수분리형 미분방정식이라 하고, 이 미분방정식의 해는 다음과 같이 양변을 적분하여 구할 수 있다. (C는 상수)

$$\int g(y)dy = \int f(x)dx + C$$

† 미적분학에서 $\left(\dfrac{dy}{dx}\right) \times dx = dy$이므로, 1계 미분방정식 $g(y)y' = f(x)$ 또는 $g(y)\dfrac{dy}{dx} = f(x)$도 $g(y)dy = f(x)dx$로 변형되는 같은 형태의 변수분리형 미분방정식이다.

설명 독립변수 x와 종속변수 y를 서로 분리하여 방정식의 좌변과 우변에 나타낼 수 있기 때문에 변수분리형이라 한다.

예 미분방정식 $yy' + 4x = 0$의 일반해는 다음과 같이 구할 수 있다.
주어진 미분방정식은

$$y\frac{dy}{dx} = -4x \qquad \cdots ①$$

이므로 양변에 dx를 곱하면

$$ydy = -4xdx \qquad \cdots ②$$

이고, 식 ②의 양변을 적분하면

$$\int ydy = \int (-4x)dx$$

$$\therefore \frac{y^2}{2} = -2x^2 + C' \quad (C'\text{은 상수}) \qquad \cdots ③$$

이다. 따라서 주어진 미분방정식의 일반해(③)를 다음과 같이 쓸 수 있다.

$$x^2 + \frac{y^2}{4} = C \quad (C = C'/2) \qquad \cdots ④$$

$$\text{혹은 } 4x^2 + y^2 = C \quad (C = 2C') \qquad \cdots ⑤$$

예제 8.2.1 다음 미분방정식의 일반해를 구하여라.

(1) $xy' = y$ (2) $y' = y^2 e^x$

(3) $y' = ky$ (k는 상수) (4) $xy' = (y+1)$

풀이 (1) 주어진 방정식은

$$x\frac{dy}{dx} = y \qquad \cdots ①$$

이다. 식 ①의 양변에 dx를 곱하고 변수를 분리하여 양변을 적분하면

$$\frac{dy}{y} = \frac{dx}{x}$$

$$\int \frac{dy}{y} = \int \frac{dx}{x}$$

$$\therefore \ \ln|y| = \ln|x| + C' \qquad \cdots ②$$

이다. 로그함수의 정의에 의해 식 ②는

$$|y| = e^{C'} \times |x| \qquad \cdots ③$$

로 쓸 수 있으므로 구하는 일반해는 다음과 같다.

$$y = Cx \ \ (C\text{는 상수}) \qquad \cdots ④$$

(2) 주어진 방정식은

$$\frac{dy}{dx} = y^2 e^x \qquad \cdots ①$$

이다. 식 ①의 양변에 dx를 곱하고 변수를 분리하여 양변을 적분하면

$$\frac{dy}{y^2} = e^x dx$$

$$\int \frac{dy}{y^2} = \int e^x dx$$

$$\therefore \ -\frac{1}{y} = e^x + C' \qquad \cdots ②$$

이다. 식 ②로부터 일반해를 다음과 같이 쓸 수 있다.

$$y = \frac{1}{C - e^x} \quad (C\text{는 상수}) \qquad \cdots ③$$

(3) 주어진 방정식은

$$\frac{dy}{dx} = ky \qquad \cdots ①$$

이다. 식 ①의 양변에 dx를 곱하고 변수를 분리하여 양변을 적분하면

$$\frac{dy}{y} = kdx$$

$$\int \frac{dy}{y} = \int kdx$$

$$\therefore \ \ln|y| = kx + C' \qquad \cdots ②$$

이다. 로그함수의 정의에 의해 식 ②는

$$|y| = e^{kx + C'} = e^{C'} \times e^{kx} \qquad \cdots ③$$

로 쓸 수 있으므로 구하는 일반해는 다음과 같다.

$$y = Ce^{kx} \qquad \cdots ④$$

(4) 주어진 방정식은

$$x\frac{dy}{dx} = (y+1) \qquad \cdots ①$$

이다. 식 ①의 양변에 dx를 곱하고 변수를 분리하여 양변을 적분하면

$$\frac{dy}{y+1} = \frac{dx}{x}$$

$$\int \frac{dy}{y+1} = \int \frac{1}{x}dx$$

$$\therefore \ \ln|y+1| = \ln|x| + C' \qquad \cdots ②$$

이다. 로그함수의 정의에 의해 식 ②는

$$|y+1| = e^{C'} \times |x| = C''|x| \qquad \cdots ③$$

로 쓸 수 있으므로 다음과 같은 일반해를 구할 수 있다.

$$|y+1| = C''|x|$$

$$\therefore \ y = Cx - 1 \qquad \cdots ④$$

† 미분방정식의 일반해는 다양한 형태로 쓸 수 있지만 최대한 알기 쉬운 간단한 형태로 표현하도록 한다.

예제 8.2.2 다음 초깃값 문제의 해를 구하여라.

(1) $y' - y^2 = 1, \quad y(0) = \sqrt{3}$

(2) $e^x y' = 2(x+1)y^2, \quad y(0) = \dfrac{1}{7}$

풀이 (1) 주어진 미분방정식은

$$\frac{dy}{dx} = y^2 + 1 \qquad \cdots ①$$

이다. 식 ①의 양변에 dx를 곱하고 변수를 분리하여 양변을 적분하면

$$\frac{dy}{y^2+1} = dx$$

$$\int \frac{dy}{y^2+1} = \int 1dx$$

$$\therefore \quad \tan^{-1}y = x + C \qquad \cdots ②$$

이므로 일반해는

$$y = \tan(x + C) \qquad \cdots ③$$

이다. 여기에서 초기조건 $y(0) = \sqrt{3}$을 적용하면

$$\sqrt{3} = \tan(0 + C)$$

$$\therefore \quad C = \frac{\pi}{3} \qquad \cdots ④$$

가 얻어진다. 식 ④를 ③에 대입하면 구하는 해는 다음과 같다.

$$y = \tan\left(x + \frac{\pi}{3}\right) \qquad \cdots ⑤$$

(2) 주어진 미분방정식은

$$e^x \frac{dy}{dx} = 2(x+1)y^2 \qquad \cdots ①$$

이다. 식 ①의 양변에 dx를 곱하고 변수를 분리하여 양변을 적분하면

$$\frac{dy}{y^2} = 2e^{-x}(x+1)\,dx$$

$$\int \frac{dy}{y^2} = \int 2e^{-x}(x+1)dx \qquad \cdots ②$$

이다. 식 ②의 좌변은

$$\int \frac{dy}{y^2} = -\frac{1}{y} \qquad \cdots ③$$

이고, 우변은

$$\begin{aligned}\int 2e^{-x}(x+1)dx &= \int 2(-e^{-x})'(x+1)dx \\ &= -2e^{-x}(x+1) - \int (-2e^{-x})(x+1)'dx \\ &= -2e^{-x}(x+1) + \int 2e^{-x}dx \\ &= -2e^{-x}(x+1) - 2e^{-x} \\ &= -2e^{-x}(x+2) \qquad \cdots ④\end{aligned}$$

이므로 식 ②는 다음과 같이 쓸 수 있다.

$$-\frac{1}{y} = -2e^{-x}(x+2) + C' \qquad \cdots ⑤$$

식 ⑤로부터 일반해는

$$y = \frac{1}{2e^{-x}(x+2) + C} \quad (C = -C') \qquad \cdots ⑥$$

이고, 초기조건 $y(0) = \frac{1}{7}$을 적용하면

$$\frac{1}{7} = \frac{1}{2 \times 2 + C}$$

$$\therefore \quad C = 3 \qquad \cdots ⑦$$

이 얻어진다. 식 ⑦을 ⑥에 대입하면 구하는 해는 다음과 같다.

$$y = \frac{1}{2e^{-x}(x+2) + 3} \qquad \cdots ⑧$$

8.2 연습문제

1. 다음 미분방정식의 일반해를 구하여라.

(1) $y' = 2x + 1$

(2) $y' = y + 1$

(3) $y' = 2x(y+1)$

(4) $yy' = 1$

(5) $(x+1)y' = 2$

(6) $(x^2 + x)y' = 1$

(7) $(x^2+1)y' = x$

(8) $(x^2 + 3x + 2)y' = 1$

(9) $(\cos^2 x)y' = 2$

(10) $e^x y' = 1$

(11) $y' = \sin x \sec y$

(12) $(1 + x^2)y' = 2$

† (12)번 문제에서 $\int \frac{1}{1+x^2} dx = \tan^{-1} x + C$

2. 다음 초깃값 문제를 풀어라.

(1) $y' + 5y = 0,\ y(0) = 2$

(2) $y' + 2xy = 0,\ y(0) = 3$

(3) $y' + 2y = 3,\ y(0) = 4$

(4) $y' - y\tan x = 0,\ y(0) = \frac{\pi}{2}$

(5) $y' - 2xy = 0,\ y(0) = 4$

(6) $xy' + y = 0,\ y(2) = 3$

(7) $(x^2 - 1)y' + 4y = 0,\ y(0) = 1$

(8) $e^{2y}y' - \cos x = 0,\ y(0) = 0$

3. 변수분리형 고계 미분방정식은 방정식의 계수만큼 차례로 적분하여 해를 구할 수 있다. 예를 들어 다음 방정식 (1)은 y'에 대한 변수분리형 1계 미분방정식이므로 적분하여 y'을 구한다. 그리고 다시 y'을 적분하여 y를 구한다. 이와 같은 방법으로 다음 경곗값 문제의 해[y, $u(t)$, $u(y)$]를 구하여라.

(1) $y'' = \frac{15}{4}\sqrt{x},\ y(0) = 3,\ y'(0) = 5$

(2) $y'' = 2x - 1,\ y(0) = 1,\ y'(1) = 2$

(3) $2x^2 y'' = x^4 - 1,\ y(1) = y'(1) = 0$

(4) $\frac{d^2u}{dt^2} = -6t + 2\cos t,\ u(0) = u'(0) = 1$

(5) $\frac{d^2u}{dy^2} = \frac{\Delta P}{\mu L},\ u(H) = u(-H) = 0$ (단, ΔP, μ, L은 상수이다.)

8.3 동차형 미분방정식

8.3.1 동차함수(homogeneous function)

이변수 함수 $F(x,y)$가 임의의 실수 t에 대하여

$$F(tx, ty) = t^n F(x,y)$$

를 만족할 때 $F(x,y)$를 n차 동차함수라 한다.

예 (1) $F(x,y) = \left(\dfrac{y}{x}\right)^2$:

$F(tx, ty) = \left(\dfrac{ty}{tx}\right)^2 = \left(\dfrac{y}{x}\right)^2 = t^0 F(x,y)$이므로 동차함수.

(2) $F(x,y) = x^2 + y^2$:

$F(tx, ty) = (tx)^2 + (ty)^2 = t^2(x^2+y^2) = t^2 F(x,y)$이므로 동차함수.

(3) 함수 $x+y+1$, e^{x+y}, $\sin(x+y)$는 $F(tx, ty) \neq t^n F(x,y)$이므로 동차함수가 아니다.

8.3.2 동차형 미분방정식(homogeneous differential equation)

1계 미분방정식 $M(x,y)dx + N(x,y)dy = 0$에서 함수 M, N이 임의의 실수 t에 대하여

$$M(tx, ty) = t^n M(x,y),\ \ N(tx, ty) = t^n N(x,y)$$

를 만족할 때 주어진 미분방정식을 동차형 미분방정식이라 한다.

예 다음은 동차형 미분방정식의 예이다.

(1) $(x+y)dx + xdy = 0$

(2) $(x^2-y^2+xy)dx+(x^2+y^2)dy=0$

(3) $(2x^3+y^3+2x^2y-xy^2)dx+(x^3-y^3)dy=0$

8.3.3 동차형 미분방정식의 해

동차형 미분방정식은 $\frac{dy}{dx}=f\left(\frac{y}{x}\right)$로 표현된다. 여기에서

$$\frac{y}{x}=u \quad (y=ux)$$

로 치환하면

$$\frac{dy}{dx}=u+x\frac{du}{dx} \quad (dy=udx+xdu)$$

이므로 방정식 $\frac{dy}{dx}=f\left(\frac{y}{x}\right)$는 $u+x\frac{du}{dx}=f(u)$, 즉

$$xdu=[f(u)-u]dx$$

가 되어 변수분리형 미분방정식

$$\frac{du}{f(u)-u}=\frac{dx}{x}$$

로 변환된다. 이 식의 양변을 적분한 후

$$\int\frac{du}{f(u)-u}=\ln x+C \quad (C\text{는 상수})$$

$u=\frac{y}{x}$를 대입하여 주어진 미분방정식의 해를 구할 수 있다.

예 미분방정식 $x\frac{dy}{dx}-(x+y)=0$의 해는 다음과 같이 구할 수 있다.

양변을 x로 나누고 dx를 곱하면 주어진 미분방정식은

$$dy-\left(1+\frac{y}{x}\right)dx=0 \qquad \cdots①$$

이다. 식 ①에서 $u=\frac{y}{x}$ $(y=ux)$로 치환하면 $dy=udx+xdu$이므로 식 ①은

$$udx+xdu-(1+u)dx=0$$

$$\therefore\ xdu-dx=0 \qquad \cdots②$$

이 되어 변수분리형 미분방정식

$$du = \frac{dx}{x} \qquad \cdots ③$$

로 변환된다. 식 ③의 양변을 적분하면

$$\int du = \int \frac{dx}{x}$$

$$\therefore \quad u = \ln x + C \qquad \cdots ④$$

이므로 $u = \dfrac{y}{x}$를 식 ④에 대입하면 다음과 같이 미분방정식의 일반해가 구해진다.

$$\frac{y}{x} = \ln x + C$$

$$\therefore \quad y = x\ln x + Cx \qquad \cdots ⑤$$

예제 8.3.1 다음 미분방정식의 일반해를 구하여라.

(1) $2(x+y)dx - xdy = 0$

(2) $x\dfrac{dy}{dx} + (x+y) = 0$

풀이 $M(x,y) = x+y$, $N(x,y) = x$로 하면 $M(tx, ty) = t(x+y) = tM(x,y)$, $N(tx,ty) = tx = tN(x,y)$이므로 방정식 (1), (2)는 모두 동차형 미분방정식이다.

(1) 준 식의 양변을 x로 나누어주면

$$2\left(1 + \frac{y}{x}\right)dx - dy = 0 \qquad \cdots ①$$

이다. 식 ①에서 $u = \dfrac{y}{x}$ $(y = ux)$로 치환하면 $dy = udx + xdu$이므로 식 ①은

$$2(1+u)dx - (udx + xdu) = 0$$

$$\therefore \quad (2+u)dx - xdu = 0 \qquad \cdots ②$$

이고, 식 ②의 변수를 분리하고 적분하면

$$\frac{du}{2+u} = \frac{dx}{x}$$

$$\int \frac{du}{2+u} = \int \frac{dx}{x} + C'$$

$$\therefore\ \ \ln|2+u| = \ln|x| + C' \qquad \cdots③$$

이다. 식 ③에서 로그공식 $\ln A - \ln B = \ln\dfrac{A}{B}$를 사용하면

$$\ln\left|\frac{2+u}{x}\right| = C'$$

$$\frac{2+u}{x} = C$$

$$\therefore\ \ 2+u = Cx \qquad \cdots④$$

를 얻는다. 식 ④에 $u = \dfrac{y}{x}$를 대입하면 다음과 같이 일반해가 구해진다.

$$2 + \frac{y}{x} = Cx$$

$$\therefore\ \ y = Cx^2 - 2x \qquad \cdots⑤$$

(2) 준 식의 양변을 x로 나누어주면

$$\frac{dy}{dx} + \left(1 + \frac{y}{x}\right) = 0 \qquad \cdots①$$

이다. 식 ①에서 $u = \dfrac{y}{x}$ $(y = ux)$로 치환하면 $\dfrac{dy}{dx} = u + x\dfrac{du}{dx}$이므로 식 ①은

$$u + x\frac{du}{dx} + (1+u) = 0$$

$$x\frac{du}{dx} + (2u+1) = 0 \qquad \cdots②$$

으로 변환된다. 식 ②의 변수를 분리하여 적분하면

$$\int \frac{du}{2u+1} + \int \frac{dx}{x} = 0$$

$$\frac{1}{2}\ln|2u+1| + \ln|x| = C'$$

$$\therefore\ \ \ln|2u+1| + 2\ln|x| = C'' \qquad \cdots③$$

이다. 식 ③에서 로그공식 $m\ln A = \ln A^m$, $\ln A + \ln B = \ln AB$를 사용하면

$$\ln\left|x^2(2u+1)\right| = C''$$

$$\therefore\ \ x^2(2u+1) = C''' \qquad \cdots④$$

를 얻는다. 식 ④에 $u=\dfrac{y}{x}$를 대입하면 다음과 같이 일반해가 구해진다.

$$x^2\left(2\frac{y}{x}+1\right)=C'''$$

$$x(2y+x)=C'''$$

$$\therefore\ \ y=-\frac{x}{2}+\frac{C}{x} \qquad \cdots ⑤$$

예제 8.3.2 미분방정식 $-y^2dx+x(x+y)dy=0$, $y(1)=1$을 만족하는 해를 구하여 $x=f(y)$의 형태로 나타내어라.

풀이 $M(x,y)=-y^2$, $N(x,y)=x(x+y)$로 하면

$$M(tx,ty)=-(ty)^2=-t^2(y^2)=-t^2M(x,y)$$

$$N(tx,ty)=(tx)(tx+ty)=t^2[x(x+y)]=t^2N(x,y)$$

이므로 동차형 미분방정식이다. 주어진 미분방정식을 x^2으로 나눠주면

$$-\left(\frac{y}{x}\right)^2dx+\left(1+\frac{y}{x}\right)dy=0 \qquad \cdots ①$$

이고. $u=\dfrac{y}{x}(y=ux)$로 치환하면 $dy=udx+xdu$이므로 식 ①은

$$-u^2dx+(1+u)(udx+xdu)=0$$

$$\therefore\ \ udx+x(1+u)du=0 \qquad \cdots ②$$

가 된다. 식 ②의 변수를 분리하고 적분하면

$$\frac{dx}{x}+\frac{1+u}{u}du=0$$

$$\int\frac{dx}{x}+\int\left(\frac{1}{u}+1\right)du=0$$

$$\therefore\ \ \ln x+\ln u+u=C \qquad \cdots ③$$

이다. 식 ③에 로그공식 $\ln A+\ln B=\ln AB$를 적용하면

$$\ln xu+u=C \qquad \cdots ④$$

이고, 식 ④에 $u=\dfrac{y}{x}$를 대입하면

$$\ln\left(x\times\frac{y}{x}\right)+\frac{y}{x}=C$$

$$\therefore \ \ln y + \frac{y}{x} = C \qquad \cdots ⑤$$

가 얻어진다. 식 ⑤에 조건 $y(1) = 1$을 적용하면 $C = 1$이므로 주어진 방정식의 해는 다음과 같다.

$$\ln y + \frac{y}{x} = 1$$

$$\therefore \ x = \frac{y}{1 - \ln y} \qquad \cdots ⑥$$

동차형 미분방정식 판정

$M(x, y)\,dx + N(x, y)dy = 0$에서 함수 $M(x, y)$, $N(x, y)$의 각 단항식의 변수 (x, y)의 차수의 합이 모두 같으면 동차형 미분방정식이 된다.

(예1) $2(x+y)dx - xdy = 0$: x의 차수는 1, y의 차수는 1이므로 단항식 x, y의 차수가 모두 1로서 같다.

∴ 동차형 미분방정식.

(예2) $(x^2 + xy - y^2)dx + xydy = 0$: x^2의 차수는 2, xy의 차수는 $1+1=2$, y^2의 차수는 2이므로 각 단항식의 변수의 차수의 합이 모두 2로서 같다.

∴ 동차형 미분방정식.

(예3) $(x^4 + y^4)dx - 2x^3y\,dy = 0$: x^4의 차수는 4, y^4의 차수는 4, x^3y의 차수는 $3+1=4$이므로 모두 4로서 같다.

∴ 동차형 미분방정식.

(예4) $(x+y+4)dx - xdy = 0$: 단항식 x, y의 차수는 1이지만, 상수항 4의 차수는 0이므로 단항식(x, y, 4)들의 차수가 모두 같지는 않다.

∴ 동차형 미분방정식이 아니다.

8.3 연습문제

1. 다음 함수가 동차함수인지 판별하여라.

(1) $x^3+xy^2-2y^3$

(2) $x+y+1$

(3) $\sin(x+y)$

(4) $\sin\left(\dfrac{x+y}{x}\right)$

(5) $x(x+y)-2x^2+3y^2$

(6) $2x^4y+3y^5-4x^{-3}y^8$

2. 다음 미분방정식의 일반해를 구하여라.

(1) $xy'-(x+y)=0$

(2) $xy\dfrac{dy}{dx}=4x^2+2y^2$

(3) $(xe^{\frac{y}{x}}+y)dx-xdy=0$

(4) $y(x+y)dx-x^2dy=0$

(5) $\left(x\sec\dfrac{y}{x}-2y\right)dx+2xdy=0$

(6) $(x+y)+(-x+y)\dfrac{dy}{dx}=0$

3. 미분방정식 $(x^2+xy+y^2)-x^2dy=0$의 일반해를 구하여라.

† $\displaystyle\int\frac{du}{1+u^2}=\tan^{-1}u+C$

4. 미분방정식 $2xy\dfrac{dy}{dx}=y^2-x^2$, $y(1)=2$의 해를 구하여라.

5. 미분방정식 $2x^3y\dfrac{dy}{dx}=x^4+y^4$, $y(1)=0$을 풀어라.

† $\displaystyle\int\frac{2x}{(x^2-1)^2}dx=-\frac{1}{x^2-1}+C$

6. 미분방정식 $(x-2y)+3xy'=0$, $y(1)=1$을 만족하는 $y(x)$를 구하여라.

7. 미분방정식 $2xyy'=x^2+3y^2$, $y(1)=1$의 해를 구하여라.

8.4 완전미분방정식

8.4.1 완전미분방정식(exact differential equation)

미분방정식

$$M(x,y)dx + N(x,y)dy = 0 \quad \cdots ①$$

의 좌변이 적당한 함수 $u(x,y)$의 전미분

$$du = \frac{\partial u}{\partial x}dx + \frac{\partial u}{\partial y}dy \quad \cdots ②$$

와 일치할 때 미분방정식 ①을 완전미분방정식이라 한다. 이때 식 ①은 $du = 0$이 되므로 적분하면

$$u(x,y) = C \ (C\text{는 상수}) \quad \cdots ③$$

인 일반해를 얻는다.

식 ①이 완전미분방정식이 될 필요충분조건은 다음과 같다.

$$\frac{\partial M}{\partial y} = \frac{\partial N}{\partial x} \quad \cdots ④$$

설명 이변수함수의 전미분은

$$du = \frac{\partial u}{\partial x}dx + \frac{\partial u}{\partial y}dy$$

이므로, $\frac{\partial u}{\partial x} = M$, $\frac{\partial u}{\partial y} = N$을 만족하는 적당한 함수 $u(x,y)$가 존재하면 미분방정식

$$du = Mdx + Ndy = 0$$

은 완전미분방정식이 된다.

한편 $\frac{\partial M}{\partial y} = \frac{\partial^2 u}{\partial y \partial x}$, $\frac{\partial N}{\partial x} = \frac{\partial^2 u}{\partial x \partial y}$이므로 $\frac{\partial M}{\partial y} = \frac{\partial N}{\partial x}$이다.

예 (1) 미분방정식 $(y^2+1)dx+2xydy=0$ $\cdots ①$

$M=y^2+1$, $N=2xy$로 하면 $\dfrac{\partial M}{\partial y}=2y$, $\dfrac{\partial N}{\partial x}=2y$

$\therefore$ $\dfrac{\partial M}{\partial y}=\dfrac{\partial N}{\partial x}$이므로 ①은 완전미분방정식이다.

(2) $du=0$이면 $u(x,y)=C$ (C는 상수)이다.

$$(y^2+1)dx+2xydy=d(xy^2+x)=0$$

이므로 완전미분방정식 ①의 해는 $xy^2+x=C$이다.

8.4.2 완전미분방정식 $M(x,y)dx+N(x,y)dy=0$의 일반해

$\dfrac{\partial u}{\partial x}=M$을 x에 대해 적분하고 적분상수를 $k(y)$로 하면

$$u=\int Mdx+k(y) \qquad \cdots ①$$

이다. 식 ①을 y에 대해 미분하면 $\dfrac{\partial u}{\partial y}=N$이므로

$$\frac{\partial}{\partial y}\int Mdx+\frac{dk}{dy}=N \qquad \cdots ②$$

으로부터

$$\frac{dk}{dy}=N-\frac{\partial}{\partial y}\int Mdx \qquad \cdots ③$$

이다. 식 ③으로부터 $\dfrac{dk}{dy}$를 구한 후, y에 대해 적분하여 $k(y)$를 얻는다.
$u(x,y)$가 결정되면

$$u(x,y)=C \ (C\text{는 상수}) \qquad \cdots ④$$

인 일반해를 얻는다.

† $\dfrac{\partial u}{\partial y}=N$을 y에 대해 적분하면 $u=\int Ndy+l(x)$이다. 이 식을 x에 대해 미분하여 $\dfrac{\partial u}{\partial x}=M$으로부터 $\dfrac{dl}{dx}$를 구한 후, x에 대해 적분하여 $l(x)$를 결정하고 일반해 $u(x,y)=C$를 구할 수도 있다.

예 완전미분방정식 $(y^2+1)dx+2xydy=0$의 일반해는 다음과 같이 구할 수 있다.

$M=y^2+1$, $N=2xy$로 하면 $\dfrac{\partial u}{\partial x}=M$으로부터

$$u=\int Mdx+k(y)=\int (y^2+1)dx+k(y)=x(y^2+1)+k(y) \qquad \cdots ①$$

이다. 식 ①을 y에 대해 미분하면

$$\frac{\partial u}{\partial y}=2xy+\frac{dk}{dy} \qquad \cdots ②$$

이고, $\dfrac{\partial u}{\partial y}=N=2xy$이므로

$$2xy+\frac{dk}{dy}=2xy$$

$$\therefore\ k(y)=C' \ (C'\text{은 상수}) \qquad \cdots ③$$

이다. 식 ③을 ①에 대입하면

$$u=x(y^2+1)+C' \qquad \cdots ④$$

이므로 일반해는 다음과 같다.

$$u(x,y)=x(y^2+1)=C \ (C\text{는 상수}) \qquad \cdots ⑤$$

8.4.3 적분인자(integrating factor) : 완전미분방정식으로 변환

완전미분방정식이 아닌 방정식

$$P(x,y)dx+Q(x,y)dy=0$$

에 함수 $F(x,y)$를 곱한 미분방정식

$$F(x,y)\,P(x,y)dx+F(x,y)\,Q(x,y)dy=0$$

이 완전미분방정식이 될 때 함수 $F(x,y)$를 적분인자라 한다.

예 미분방정식 $2ydx+xdy=0$ $\cdots ①$

(1) 식 ①에서 $M=2y$, $N=x$로 하면

$$\frac{\partial M}{\partial y}=2, \quad \frac{\partial N}{\partial x}=1$$

이다. 따라서

$$\frac{\partial M}{\partial y} \neq \frac{\partial N}{\partial x}$$

이므로 식 ①은 완전미분방정식이 아니다.

(2) 식 ①에 $F(x) = x$를 곱한 미분방정식

$$2xydx + x^2dy = 0 \qquad \cdots ②$$

에서 $M = 2xy,\ N = x^2$으로 하면

$$\frac{\partial M}{\partial y} = 2x, \quad \frac{\partial N}{\partial x} = 2x$$

$$\therefore \ \frac{\partial M}{\partial y} = \frac{\partial N}{\partial x}$$

이다. 따라서 식 ②는 완전미분방정식이다. 이때 식 ①을 완전미분방정식 ②로 변환시키는 함수 $F(x) = x$를 적분인자라 한다.

(3) 변환된 미분방정식은

$$2xydx + x^2dy = d(x^2y) = 0$$

이므로

$$x^2y = C \ (C\text{는 상수})$$

인 ①의 해를 구할 수 있다.

8.4.4 적분인자를 구하는 방법

미분방정식 $P(x,y)dx + Q(x,y)dy = 0$이 완전미분방정식이 아닐 때 다음의 각각의 경우에 대하여 $F(x)$ 또는 $F(y)$가 하나의 적분인자가 된다.

(1) $\frac{1}{Q}\left(\frac{\partial P}{\partial y} - \frac{\partial Q}{\partial x}\right)$가 x만의 함수일 때,

$$R(x) = \frac{1}{Q}\left(\frac{\partial P}{\partial y} - \frac{\partial Q}{\partial x}\right), \quad F(x) = e^{\int R(x)dx}$$

(2) $\frac{1}{P}\left(\frac{\partial Q}{\partial x} - \frac{\partial P}{\partial y}\right)$가 y만의 함수일 때,

$$R(y) = \frac{1}{P}\left(\frac{\partial Q}{\partial x} - \frac{\partial P}{\partial y}\right), \quad F(y) = e^{\int R(y)dy}$$

† $\int R(x)dx$, $\int R(y)dy$의 적분 결과는 로그함수 형태로 나오는 경우가 많은데 이때는

$e^{\ln X}=X$를 이용하여 적분인자 $F(x)$를 구한다.

설명 $FPdx+FQdy=0$이 완전미분방정식이 될 조건 $\frac{\partial}{\partial y}(FP)=\frac{\partial}{\partial x}(FQ)$로부터

$$P\frac{\partial F}{\partial y}+F\frac{\partial P}{\partial y}=Q\frac{\partial F}{\partial x}+F\frac{\partial Q}{\partial x} \quad \cdots ①$$

이다. 여기에서 $F=F(x)$이면 $\frac{\partial F}{\partial y}=0$이고 $\frac{\partial F}{\partial x}=\frac{dF}{dx}$이므로 식 ①은

$$F\frac{\partial P}{\partial y}=Q\frac{dF}{dx}+F\frac{\partial Q}{\partial x} \quad \cdots ②$$

가 된다. 식 ②의 양변을 FQ로 나누고 항을 정리하면 식 ②는

$$\frac{1}{F}\frac{dF}{dx}=\frac{1}{Q}\left(\frac{\partial P}{\partial y}-\frac{\partial Q}{\partial x}\right) \quad \cdots ③$$

로 된다. 식 ③의 우변을 $R(x)$로 하면 $\frac{1}{F}\frac{dF}{dx}=R(x)$이므로 변수를 분리하여 적분하면

$$\frac{dF}{F}=R(x)dx$$

$$\therefore \ \ln F=\int R(x)dx \quad \cdots ④$$

이므로

$$F(x)=e^{\int R(x)dx} \quad \cdots ⑤$$

를 얻는다.

마찬가지로 $F=F(y)$이면 $\frac{1}{F}\frac{dF}{dy}=\frac{1}{P}\left(\frac{\partial Q}{\partial x}-\frac{\partial P}{\partial y}\right)$를 얻고 이 식의 우변을 $R(y)$로 하여 적분하면 $F(y)=e^{\int R(y)dy}$가 구해진다.

예 미분방정식 $(4x+3y)dy+xdy=0$의 적분인자와 일반해.

(1) 적분인자 : $P=4x+3y,\ \ Q=x$로 하면 $\frac{\partial P}{\partial y}=3,\ \frac{\partial Q}{\partial x}=1$이므로

$$\frac{\partial P}{\partial y}\neq\frac{\partial Q}{\partial x}$$

이다. 따라서 준 식은 완전미분방정식이 아니다. 여기에서

$$R(x)=\frac{1}{Q}\left(\frac{\partial P}{\partial y}-\frac{\partial Q}{\partial x}\right)=\frac{1}{x}(3-1)=\frac{2}{x}$$

로 하면

$$\int R(x)dx = \int \frac{2}{x}dx = 2\ln x$$

이므로 하나의 적분인자

$$F(x) = e^{\int R(x)dx} = e^{2\ln x} = e^{\ln x^2} = x^2$$

을 구할 수 있다.

(2) 일반해 : $F(x) = x^2$을 주어진 미분방정식 $(4x+3y)dy + xdy = 0$에 곱하면

$$(4x^3 + 3x^2y)dy + x^3dy = 0$$

이고, 이 식을 전미분 형태로 쓰면

$$(4x^3 + 3x^2y)dy + x^3dy = d(x^4 + x^3y) = 0$$

이 되므로 일반해 $x^4 + x^3y = C$를 구할 수 있다.

예제 8.4.1 다음 완전미분방정식을 풀어라.

(1) $d(x^2y^2 - 2x + y) = 0$

(2) $\sin y\,dx + x\cos y\,dy = 0$

(3) $xy' + y = 0$

(4) $(y+1)dx + (x+1)dy = 0$

풀이 $du = 0$이면 $u(x,y) = C$ (C는 상수)이다.

(1) $d(x^2y^2 - 2x + y) = 0$

$\therefore\ x^2y^2 - 2x + y = C$

(2) $\sin y\,dx + x\cos y\,dy = d(x\sin y) = 0$

$\therefore\ x\sin y = C$

(3) $xy' + y = x\dfrac{dy}{dx} + y = 0$

양변에 dx를 곱하면

$xdy + ydx = d(xy) = 0$

$\therefore\ xy = C$

(4) $(y+1)dx + (x+1)dy = d(xy + x + y) = 0$

$\therefore\ xy + x + y = C$

† 간단한 완전미분방정식인 경우 이와 같이 $du = 0$의 꼴로 변형하여 곧바로 해를 구할 수 있다.

예제 8.4.2 다음 방정식이 완전미분방정식임을 보이고 일반해를 구하여라.

$$(3x^2-4y)dx+(-4x+2y+3)dy=0$$

풀이 $M=3x^2-4y$, $N=-4x+2y+3$으로 하면, $\dfrac{\partial M}{\partial y}=-4$, $\dfrac{\partial N}{\partial x}=-4$이므로

$$\frac{\partial M}{\partial y}=\frac{\partial N}{\partial x}$$

이다. 따라서 주어진 방정식은 완전미분방정식이다.

$\dfrac{\partial u}{\partial x}=M$으로부터

$$u=\int M dx+k(y)=\int(3x^2-4y)dx+k(y)$$

$$=x^3-4xy+k(y) \qquad \cdots ①$$

이다. 식 ①을 y에 대해 미분하면

$$\frac{\partial u}{\partial y}=-4x+\frac{dk}{dy}$$

이고, $\dfrac{\partial u}{\partial y}=N=-4x+2y+3$이므로

$$\frac{\partial u}{\partial y}=-4x+\frac{dk}{dy}=-4x+2y+3 \qquad \cdots ②$$

이 된다. 식 ②에서

$$\frac{dk}{dy}=2y+3 \qquad \cdots ③$$

이고, 이 식을 적분하면

$$k(y)=y^2+3y+\text{상수} \qquad \cdots ④$$

를 얻는다. 식 ④를 식 ①에 대입하면 일반해는 다음과 같다.

$$u=x^3-4xy+y^2+3y=C \quad (C\text{는 상수}) \qquad \cdots ⑤$$

† [예제 8.4.2]에서 완전미분방정식의 해는 $u(x,y)=C$ (C는 상수)이다.

예제 8.4.3 다음 초깃값 문제를 풀어라.

$$(2\cos x-y)dx-(3\sin y+x)dy=0, \quad y(0)=\pi$$

풀이 $M=2\cos x-y$, $N=-3\sin y-x$로 하면, $\dfrac{\partial M}{\partial y}=-1$, $\dfrac{\partial N}{\partial x}=-1$이므로

$$\frac{\partial M}{\partial y}=\frac{\partial N}{\partial x}$$

이다. 따라서 주어진 미분방정식은 완전미분방정식이다.

$\frac{\partial u}{\partial x}=M$으로부터

$$u=\int M dx+k(y)=\int(2\cos x-y)dx+k(y)$$
$$=2\sin x-xy+k(y) \qquad \cdots①$$

이다. 식 ①을 y에 대하여 미분하면

$$\frac{\partial u}{\partial y}=-x+\frac{dk}{dy}$$

이고, $\frac{\partial u}{\partial y}=N=-3\sin x-y$이므로

$$\frac{\partial u}{\partial y}=-x+\frac{dk}{dy}=-3\sin y-x \qquad \cdots②$$

이 된다. 식 ②에서

$$\frac{dk}{dy}=-3\sin y \qquad \cdots③$$

이고, 이 식을 적분하면

$$k=3\cos y+\text{상수} \qquad \cdots④$$

를 얻는다. 식 ④를 식①에 대입하면 일반해는

$$u=2\sin x-xy+3\cos y=C \qquad \cdots⑤$$

가 된다. 식 ⑤에 초기조건 $y(0)=\pi$를 적용하면

$$2\sin 0-0+3\cos\pi=C$$
$$\therefore\ C=-3 \qquad \cdots⑥$$

이므로 구하는 특수해는 다음과 같다.

$$2\sin x-xy+3\cos y=-3 \qquad \cdots⑦$$

예제 8.4.4 적분인자를 이용하여 다음 미분방정식을 풀어라.

(1) $\sin y\,dx+\cos y\,dy=0$ (2) $y\sin x\,dx-3\cos x\,dy=0$

풀이 (1) $P=\sin y$, $Q=\cos y$로 하면 $\frac{\partial P}{\partial y}=\cos y$, $\frac{\partial Q}{\partial x}=0$이므로,

$$\frac{\partial P}{\partial y} \neq \frac{\partial Q}{\partial x}$$

이다. 따라서 완전미분방정식이 아니다.

여기에서 x의 함수인 적분인자를 생각하여

$$R(x) = \frac{1}{Q}\left(\frac{\partial P}{\partial y} - \frac{\partial Q}{\partial x}\right) = \frac{1}{\cos y}(\cos y - 0) = 1 \qquad \cdots ①$$

로 하면

$$\int R(x)dx = \int dx = x$$

이므로 적분인자는

$$F(x) = e^{\int R(x)dx} = e^x \qquad \cdots ②$$

이다. 식 ②의 $F(x) = e^x$을 주어진 미분방정식에 곱하면

$$e^x \sin y dy + e^x \cos y dy = 0 \qquad \cdots ③$$

이 된다. 식 ③은

$$e^x \sin y dy + e^x \cos y dy = d(e^x \sin y) = 0 \qquad \cdots ④$$

으로 쓸 수 있으므로 일반해는 다음과 같다.

$$e^x \sin y = C \ (C\text{는 상수}) \qquad \cdots ⑤$$

(2) $P = y\sin x$, $Q = -3\cos x$로 하면 $\frac{\partial P}{\partial y} = \sin x$, $\frac{\partial Q}{\partial x} = 3\sin x$이므로,

$$\frac{\partial P}{\partial y} \neq \frac{\partial Q}{\partial x}$$

이다. 따라서 완전미분방정식이 아니다.

여기에서 y의 함수인 적분인자를 생각하여

$$R(y) = \frac{1}{P}\left(\frac{\partial Q}{\partial x} - \frac{\partial P}{\partial y}\right) = \frac{1}{y\sin x}(3\sin x - \sin x) = \frac{2}{y} \qquad \cdots ①$$

로 하면

$$\int R(y)dy = \int \frac{2}{y}dy = 2\ln y$$

이므로 적분인자는

$$F(y) = e^{\int R(y)dy} = e^{2\ln y} = e^{\ln y^2} = y^2 \qquad \cdots ②$$

이다. 식 ②의 $F(y) = y^2$을 주어진 미분방정식에 곱하면

$$y^3 \sin x dx - 3y^2 \cos x\, dy = 0 \qquad \cdots ③$$

이고, 식 ③은 다음과 같은 전미분 형태로 표현된다.

$$y^3 \sin x dx - 3y^2 \cos x\, dy = -d(y^3 \cos x) = 0 \quad \cdots ④$$

따라서 일반해는 다음과 같다.

$$y^3 \cos x = C \ (C\text{는 상수}) \quad \cdots ⑤$$

† 적분인자를 구할 때 $R(x) = \frac{1}{Q}\left(\frac{\partial P}{\partial y} - \frac{\partial Q}{\partial x}\right)$와 $R(y) = \frac{1}{P}\left(\frac{\partial Q}{\partial x} - \frac{\partial P}{\partial y}\right)$ 중에서 적분이 쉽고 간단한 형태의 결과가 나오는 것을 선택한다. [예제 8.4.4]의 문제 (1)과 (2)에서 '[8.4.4] 적분인자를 구하는 방법'을 적용하면 $R(x)$와 $R(y)$는 다음과 같다.

(1) $R(x) = 1$, $R(y) = -\frac{\cos y}{\sin y}$ (2) $R(x) = \frac{2\sin x}{3\cos x}$, $R(y) = \frac{2}{y}$

8.4 연습문제

1. 이변수함수 $u(x,y)$의 전미분 $du=\frac{\partial u}{\partial x}dx+\frac{\partial u}{\partial y}dy$이다. 다음 함수의 전미분을 구하여라.

(1) $u=x^2y^3$

(2) $u=4x^2+9y^2$

(3) $u=x\sin(y^2)$

(4) $u=xy+\ln(x^2+y^2)$

2. 전미분 $du=\frac{\partial u}{\partial x}dx+\frac{\partial u}{\partial y}dy$를 사용하여 다음과 같은 일반해를 갖는 완전미분방정식을 구하여라. (단, C는 상수이다.)

(1) $x^2-2xy+y^3=C$

(2) $x\cos 3y=C$

(3) $e^{x^2}-xy+y^2=C$

(4) $\cos y+x^3\sin(y^2)=C$

3. 다음 방정식이 완전미분방정식임을 보이고 일반해를 구하여라.

(1) $xdx-ydy=0$

(2) $\ln y\,dx+\frac{x}{y}dy=0$

(3) $2ye^{-2x}-e^{-2x}dy=0$

(4) $2x\sin(y)dx+x^2\cos(y)dy=0$

(5) $(2x+y\cos x)dx+(\sin x-3y^2)dy=0$

4. 다음 초깃값 문제를 풀어라.

(1) $(1-2y)dx+(-2x+3)dy=0,\ y(0)=3$

(2) $(3x^2-2xy+2)dx-2x=0,\ y(1)=1$

(3) $2x\cos 2y\,dx+(-2x^2\sin 2y+\cos y)dy=0,\ y(0)=\frac{\pi}{2}$

(4) $(2x\ln x+x-2y)dx+(-2x+2y)dy=0,\ y(1)=3$

(5) $[(x+1)e^x+2e^y]dx+2xe^y dy=0,\ y(1)=1$

5. 방정식 $(x+2y)dx+(kx+3y)dy=0$이 완전미분방정식이 되기 위한 상수 k의 값을 구하고, 그때의 해를 구하여라.

6. 주어진 함수 F가 방정식의 적분인자임을 보이고 미분방정식을 풀어라.

(1) $(a+1)ydx+(b+1)xdy=0$, $F=x^a y^b$, (a, b는 상수)

(2) $2\left(\dfrac{1}{x}+\dfrac{y}{x}\right)dx+\left(3+\dfrac{2}{y}\right)dy=0$, $F=x^2y^2$

(3) $(xy+y)dx+xdx=0$, $F=\dfrac{1}{xy}$

(4) $[x+\tan(x+y)]dx+xdy=0$, $F=\cos(x+y)$

(5) $\cos x dx+(2\sin x \tan 2y)dy=0$, $F=\cos 2y$

7. 적분인자를 구하고 적분인자를 이용하여 미분방정식을 풀어라.

(1) $3y^2dx+2xydy=0$

(2) $2xydx+3x^2dy=0$

(3) $(2\sin y-3x)dx+x\cos y dy=0$

(4) $-y\sin x\, dx+(2\cos x+4y^2)dy=0$

(5) $[2+3x(1+\cos y)]dx-x^2\sin y dy=0$

8. 다음 미분방정식의 일반해를 구하여라.

$$\cos(x+y)dx+[3y^2+2y+1+\cos(x+y)]dy=0$$

9. 다음 미분방정식의 적분인자를 구하고 초기조건을 만족하는 특수해를 구하여라.

$$(e^{x+y}+ye^y)dx+(xe^y-1)dy=0, \quad y(0)=0$$

† $R(y)=\dfrac{1}{P}\left(\dfrac{\partial Q}{\partial x}-\dfrac{\partial P}{\partial y}\right)$

10. 다음 초깃값 문제의 해를 구하여라.

(1) $2ye^{-2x}dx-e^{-2x}dy=0$, $y(0)=5$

(2) $(e^y-ye^x)dx+(xe^y-e^x)dy=0$, $y(0)=2$

(3) $(e^{x+y}-y)dx+(xe^{x+y}+1)dy=0$, $y(0)=3$

8.5 1계 선형미분방정식

8.5.1 1계 선형미분방정식

미분방정식 $\dfrac{dy}{dx}+p(x)y=r(x)$ …①

을 1계 선형미분방정식이라 한다.

$r(x)=0$일 때 식 ①을 제차방정식(homogeneous equation)이라 하고,

$r(x)\neq 0$일 때는 비제차방정식(nonhomogeneous equation)이라고 한다.

설명 미지함수 y에 대한 1계 미분방정식이고, y와 그 도함수 y'의 차수는 1차이며 $p(x)$와 $r(x)$는 x만의 함수이다.

예 다음 방정식은 모두 1계 선형미분방정식이다.

(1) $y'-y=e^{2x}$ (2) $y'+2x^2y=1$

(3) $y'+y\tan x=\sin x\cos x$

8.5.2 제차방정식의 해

제차방정식 $\dfrac{dy}{dx}+p(x)y=0$의 해는 다음과 같다.

$$y=Ce^{-\int p(x)dx}\quad (C\text{는 상수})$$

증명 방정식 $\dfrac{dy}{dx}+p(x)y=0$의 변수를 분리하여 나타내면

$$\frac{dy}{y}+p(x)dx=0 \qquad \cdots ①$$

이다. 식 ①을 적분하면

$$\ln|y| + \int p(x)dx = C'$$

$$\therefore \ \ln|y| = \ln\left[e^{C'} \times e^{-\int p(x)dx}\right] \quad \cdots ②$$

이고, 식 ②로부터 제차방정식의 해는 다음과 같이 표현된다.

$$y = Ce^{-\int p(x)dx} \ (\text{상수 } C = \pm e^{C'}) \quad \cdots ③$$

예 (1) $y' - y = 0$의 해 : $y = Ce^{-\int(-1)dx} = Ce^{x}$

(2) $y' + 2xy = 0$의 해 : $y = Ce^{-\int 2x dx} = Ce^{-x^2}$

(3) $y' + y\cos x = 0$의 해 : $y = Ce^{-\int \cos dx} = Ce^{-\sin x}$

8.5.3 비제차방정식의 해

비제차방정식 $\frac{dy}{dx} + p(x)y = r(x)$의 해는 다음과 같다.

$$h = \int p(x)dx$$

$$y = e^{-h}\left(\int e^{h} r dx + C\right) \ (C\text{는 상수})$$

증명 비제차방정식

$$\frac{dy}{dx} + p(x)y = r(x) \quad \cdots ①$$

는 다음과 같이 쓸 수 있다.

$$(py - r)dx + dy = 0 \quad \cdots ②$$

여기에서 $P = py - r$, $Q = 1$로 하여 [8.4.4]에 따라 적분인자 $F(x)$를 구한다. $\frac{\partial P}{\partial y} = p$, $\frac{\partial Q}{\partial x} = 0$이므로

$$R(x) = \frac{1}{Q}\left(\frac{\partial P}{\partial y} - \frac{\partial Q}{\partial x}\right) = \frac{1}{1}(p - 0) = p$$

$$\therefore \ F(x) = e^{\int R(x)dx} = e^{\int p(x)dx} \quad \cdots ③$$

이다. 식 ①에 $F(x)$를 곱하면

$$e^{\int pdx}\left(\frac{dy}{dx}+py\right)=re^{\int pdx}$$

$$\frac{d}{dx}\left(ye^{\int pdx}\right)=re^{\int pdx} \qquad \cdots ④$$

이고, 식 ④를 적분하면

$$ye^{\int pdx}=\int re^{\int pdx}dx+C \qquad \cdots ⑤$$

가 된다. 식 ⑤로부터 미분방정식 ①의 해(y)는 다음과 같이 표현된다.

$$y=e^{-\int pdx}\left(\int re^{\int pdx}dx+C\right)=e^{-h}\left(\int e^{h}rdx+C\right) \qquad \cdots ⑥$$

식 ⑥에서 $h=\int p(x)dx$이다.

예 미분방정식 $y'-y=e^{x}$의 해 : [8.5.3]으로부터

$$p=-1,\ r=e^{x}$$

이므로

$$h=\int pdx=\int(-1)dx=-x$$

이다. 따라서 미분방정식 $y'-y=e^{x}$의 해는 다음과 같다.

$$y=e^{-h}\left(\int e^{h}rdx+C\right)=e^{x}\left(\int e^{-x}\times e^{x}dx+C\right)$$

$$=e^{x}\left(\int dx+C\right)=e^{x}(x+C)$$

예제 8.5.1 다음 미분방정식의 일반해를 구하여라.

(1) $y'-y=2$ (2) $y'+2y=e^{-2x}$

(3) $y'-\frac{2}{x}y=2x^{3}$ (4) $y'+y=\sin x$

풀이 (1) $y'-y=2$에서 $p=-1,\ r=2$

$$\therefore\ h=\int pdx=\int(-1)dx=-x$$

$$y=e^{-h}\left(\int e^{h}rdx+C\right)=e^{x}\left(\int 2e^{-x}dx+C\right)$$

$$= e^{x}(-2e^{-x} + C) = -2 + Ce^{x}$$

(2) $y' + 2y = e^{-2x}$에서 $p = 2$, $r = e^{-2x}$

$$\therefore \ h = \int p dx = \int 2dx = 2x$$

$$y = e^{-h}\left(\int e^{h} r dx + C\right) = e^{-2x}\left(\int e^{2x} \times e^{-2x} dx + C\right)$$

$$= e^{-2x}(x + C)$$

(3) $y' - \frac{2}{x}y = 2x^3$에서 $p = -\frac{2}{x}$, $r = 2x^3$이므로

$$h = \int p dx = \int \left(-\frac{2}{x}\right) dx = -2\ln x$$

이다. 여기에서 $e^{\ln X} = X$에 의해

$$e^{-h} = e^{2\ln x} = e^{\ln x^2} = x^2$$

$$e^{h} = e^{-2\ln x} = e^{\ln x^{-2}} = x^{-2}$$

이 된다. 따라서 미분방정식의 해는 다음과 같다.

$$y = e^{-h}\left(\int e^{h} r dx + C\right) = x^2\left[\int (x^{-2} \times 2x^3) dx + C\right]$$

$$= x^2(x^2 + C) = x^4 + Cx^2$$

(4) $y' + y = \sin x$에서 $p = 1$, $r = \sin x$이므로

$$h = \int p dx = \int (1) dx = x \qquad \cdots ①$$

$$y = e^{-h}\left(\int e^{h} r dx + C\right) = e^{-x}\left[\int (e^{x} \times \sin x) dx + C\right] \qquad \cdots ②$$

이다. 식 ②에서 $\int e^{x} \sin x \, dx$를 다음과 같이 부분적분법을 사용하여 구한다.

$$I = \int e^{x} \sin x dx = \int (e^{x})' \sin x dx = e^{x} \sin x - \int e^{x} \cos dx$$

$$= e^{x} \sin x - \int (e^{x})' \cos x dx$$

$$= e^{x} \sin x - \left(e^{x} \cos x + \int e^{x} \sin x dx\right)$$

$$= e^{x} \sin x - e^{x} \cos x - I$$

$$\therefore \ I = \int e^{x} \sin x dx = \frac{1}{2} e^{x}(\sin x - \cos x) \qquad \cdots ③$$

식 ③을 ②에 대입하면 다음과 같은 미분방정식의 해가 구해진다.

$$y = e^{-x}\left[\int e^x \sin x\, dx + C\right] = e^{-x}\left[\frac{1}{2}e^x(\sin x - \cos x) + C\right]$$

$$= \frac{1}{2}(\sin x - \cos x) + Ce^{-x}$$

예제 8.5.2 다음 조건을 만족하는 미분방정식의 특수해를 구하여라.

(1) $y' = x - y,\ y(0) = 2$

(2) $xy' - y = x^2 \sin 2x,\ y(\pi) = 0$

풀이 (1) 주어진 미분방정식은 $y' + y = x$이므로 $p = 1,\ r = x$로 하면

$$h = \int p dx = \int (1) dx = x \quad \cdots ①$$

$$y = e^{-h}\left(\int e^h r dx + C\right) = e^{-x}\left[\int (e^x \times x) dx + C\right] \quad \cdots ②$$

이다. 식 ②에서 적분은

$$\int e^x x dx = \int (e^x)' x dx = xe^x - \int e^x dx = xe^x - e^x \quad \cdots ③$$

이다. 식 ③을 ②에 대입하면 일반해는

$$y = e^{-x}(xe^x - e^x + C) = x - 1 + Ce^{-x} \quad \cdots ④$$

가 된다. 식 ④에 조건 $y(0) = 1$을 적용하면

$$0 - 1 + C = 1$$

$$\therefore\ C = 2 \quad \cdots ⑤$$

이므로 구하는 특수해는 다음과 같다.

$$y = x - 1 + 2e^{-x} \quad \cdots ⑥$$

(2) 주어진 방정식의 양변을 x로 나누어주면

$$y' - \frac{1}{x}y = x \sin 2x \quad \cdots ①$$

가 된다. 식 ①에서 $p = -\frac{1}{x},\ r = x\sin 2x$이므로

$$h = \int p dx = \int \left(-\frac{1}{x}\right) dx = -\ln x \quad \cdots ②$$

이다. 여기에서 $e^{\ln X} = X$를 적용하면

$$e^{-h} = e^{\ln x} = x \qquad \cdots ③$$

$$e^{h} = e^{-\ln x} = e^{\ln x^{-1}} = \frac{1}{x} \qquad \cdots ④$$

이므로 일반해는 다음과 같다.

$$y = e^{-h}\left(\int e^{h} r dx + C\right) = x\left[\int\left(\frac{1}{x} \times x \sin 2x\right)dx + C\right]$$

$$= x\left(-\frac{1}{2}\cos 2x + C\right) \qquad \cdots ⑤$$

식 ⑤에 조건 $y(\pi) = 0$을 적용하면

$$\pi\left(-\frac{1}{2}\cos 2\pi + C\right) = 0$$

$$\therefore \quad C = \frac{1}{2}\cos 2\pi = \frac{1}{2} \qquad \cdots ⑥$$

이 된다. 따라서 방정식의 특수해는 다음과 같다.

$$y = \frac{x}{2}(1 - \cos 2x) \qquad \cdots ⑦$$

예제 8.5.3 방정식 $y' - 2xy = 1$ 을 풀어라.

풀이 $y' - 2xy = 1$에서 $p = -2x$, $r = 1$이므로

$$h = \int p dx = \int(-2x)dx = -x^2$$

$$y = e^{-h}\left(\int e^{h} r dx + C\right) = e^{x^2}\left(\int e^{-x^2} dx + C\right)$$

$$= e^{x^2}\left[\frac{\sqrt{\pi}}{2} erf(x) + C\right]$$

† 오차함수(error function)와 여오차함수(complementary error function)는 다음과 같이 정의된다.

$$erf(x) = \frac{2}{\sqrt{\pi}}\int_0^x e^{-\xi^2} d\xi, \quad erfc(x) = \frac{2}{\sqrt{\pi}}\int_x^\infty e^{-\xi^2} d\xi$$

$erf(0) = 0$, $erf(\infty) = 1$이고 두 함수 사이에는 $erf(x) + erfc(x) = 1$의 관계식이 성립한다. 오차함수는 확률·통계 및 1차원 확산 방정식 등 여러 분야에서 나타나기 때문에 수치적인 방법으로 함숫값을 구하여 표로 만들어서 사용하고 있다.

8.5.4 기초적인 선형미분방정식의 일반해

(1) $y' = 0 \quad \rightarrow \quad y = C$

(2) $y' + p(x)y = 0 \quad \rightarrow \quad y = Ce^{-h},\ h = \int p(x)dx$

(3) $y' + p(x)y = r(x) \quad \rightarrow \quad y = e^{-h}\left(\int e^{h} r dx + C\right),\ h = \int p(x)dx$

여기에서 C는 상수이다.

† 이 식들은 공학에서 많이 나타나는 기초적인 선형미분방정식의 일반해이다.

8.5 연습문제

1. 다음 미분방정식의 일반해를 구하여라. (단, $k \neq 0$, g는 상수이다.)

(1) $y' - 5xy = 0$

(2) $y' - 3x^2 y = 0$

(3) $y' + 2y = 3$

(4) $y' + y = 2e^{-x}$

(5) $y' + \dfrac{1}{x}y = x$

(6) $y' - \dfrac{2}{x}y = x^3$

(7) $y' - ky = e^{kx}$

(8) $y' + ky = e^{kx}$

(9) $(x^2+1)y' + xy = 0$

(10) $y' + y = x$

(11) $y' - y = e^{2x}$

(12) $\dfrac{dv}{dt} + kv = g$

2. 다음 초깃값 문제를 풀어라.

(1) $y' - y = 2$, $y(0) = 1$

(2) $xy' - y = x$, $y(e) = 0$

(3) $xy' - 4y = x$, $y(1) = 0$

(4) $y' + y = 2x$, $y(0) = 1$

(5) $y' + y = x^2$, $y(0) = 1$

(6) $y' - y = x^2$, $y(0) = 0$

(7) $xy' - 2y = x^3$, $y(1) = 3$

(8) $y' + 2xy = x$, $y(0) = 0$

(9) $y' + 3y = 6$, $y(0) = 1$

(10) $y' + 2y = e^{4x}$, $y(0) = 1$

(11) $x^2y' + 3xy = \dfrac{1}{x}$, $y(1) = 4$

(12) $y' + \dfrac{y}{x^2} = 2xe^{1/x}$, $y(1) = 3e$

† (5)번 문제에서 적분할 때 $\int x^2 e^x dx = e^x(x^2 - 2x + 2)$

3*. 다음 초깃값 문제를 풀어라.

(1) $y' - y\sin 2x = 0$, $y(\pi/4) = 3$

(2) $y' + y\tan x = e^{-x}\cos x$, $y(0) = 0$

(3) $xy' - y = x^2\cos 3x$, $y(\pi/6) = 0$

(4) $y' + y\tan x = \sin 2x$, $y(0) = 3$

(5) $xy' - 2y = x^3\sin 2x$, $y(\pi) = 0$

(6) $y' + y = 5\cos 2x$, $y(0) = 0$

† (5)번 문제에서 적분할 때 $\int x\sin kx\,dx = \dfrac{\sin kx}{k^2} - \dfrac{x\cos kx}{k}$

(6)번 문제에서 적분할 때 $I = \int e^x \cos 2x\,dx = \dfrac{1}{5}e^x(\cos 2x + 2\sin 2x)$

제9장

2계 미분방정식

9.1 2계 선형미분방정식

9.1.1 2계 선형미분방정식

미분방정식의 계수가 2이고 선형인 다음과 같은 형태의 방정식을 2계 선형미분방정식이라 한다.

$$\frac{d^2y}{dx^2}+p(x)\frac{dy}{dx}+q(x)y=r(x)$$

특히 $r(x)=0$인 다음 형태의 방정식을 제차(동차)방정식이라 하고,

$$\frac{d^2y}{dx^2}+p(x)\frac{dy}{dx}+q(x)y=0$$

$r(x)\neq 0$인 경우를 비제차(비동차)방정식이라 한다.

예 다음은 2계 선형미분방정식의 예이다.

① $y''+4y'+3y=e^x$

② $y''+\omega^2y=0$ (ω는 상수)

③ $y''+4y=2e^{-x}\sin x$

④ $x^2y''+axy'+by=0$ (a, b는 상수 : Euler-Cauchy equation)

⑤ $m\frac{d^2y}{dt^2}+ky=0$ (m, k는 상수)

⑥ $L\frac{d^2\theta}{dt^2}+g\theta=0$ (L, g는 상수)

⑦ $L\frac{d^2I}{dt^2}+R\frac{dI}{dt}+\frac{1}{C}I=E_0\omega\cos\omega t$ (L, R, C, E_0, ω는 상수)

이상에서 ②, ④, ⑤, ⑥을 제차방정식, ①, ③, ⑦을 비제차방정식이라 한다.

9.1.2 중첩의 원리(superposition principle)

$y_1 = y_1(x)$, $y_2 = y_2(x)$가 제차방정식

$$y'' + p(x)y' + q(x)y = 0 \qquad \cdots ①$$

의 해이면 두 개의 해의 1차 결합(linear combination)인 다음 함수도 ①의 해가 된다.

$$y = c_1 y_1 + c_2 y_2 \ (c_1,\ c_2\text{는 상수}) \qquad \cdots ②$$

† 중첩의 원리(principle of superposition) 또는 선형성의 원리(linearity principle)라고 한다.

증명 y_1, y_2가 $y'' + p(x)y' + q(x)y = 0$의 해이면

$$y_1'' + py_1' + qy_1 = 0, \quad y_2'' + py_2' + qy_2 = 0$$

이다. 따라서 $y = c_1 y_1 + c_2 y_2$일 때

$$\begin{aligned} y'' + py' + qy &= (c_1 y_1 + c_2 y_2)'' + p(c_1 y_1 + c_2 y_2)' + q(c_1 y_1 + c_2 y_2) \\ &= c_1 y_1'' + c_2 y_2'' + p(c_1 y_1' + c_2 y_2') + q(c_1 y_1 + c_2 y_2) \\ &= c_1(y_1'' + py_1' + qy_1) + c_2(y_2'' + py_2' + qy_2) \\ &= 0 \end{aligned}$$

이므로 $y = c_1 y_1 + c_2 y_2$는 방정식 $y'' + p(x)y' + q(x)y = 0$의 해이다.

예 $y_1 = e^x$, $y_2 = e^{-x}$은 $y'' - y = 0$을 만족한다.

$$(\because\ y_1'' - y_1 = e^x - e^x = 0,\ y_2'' - y_2 = e^{-x} - e^{-x} = 0)$$

$y = 2y_1 + 3y_2 = 2e^x + 3e^{-x}$일 때

$$\begin{aligned} y'' - y &= (2e^x + 3e^{-x})'' - (2e^x + 3e^{-x}) \\ &= 2e^x + 3e^{-x} - (2e^x + 3e^{-x}) = 0 \end{aligned}$$

이므로 $y = 2y_1 + 3y_2$는 방정식 $y'' - y = 0$의 해가 된다.

† 9.2절에서 이와 같은 y_1과 y_2를 구하는 방법을 공부한다.

Note

정리 [9.1.2]는 비제차방정식 또는 비선형방정식에서는 성립하지 않는다.

[비제차미분방정식]

$y_1 = e^x + x$, $y_2 = e^{-x} + x$는 비제차미분방정식

$$y'' - y = -x \qquad \cdots ①$$

의 해이다.

$$(\because\ y_1'' - y_1 = e^x - (e^x + x) = -x,\ y_2'' - y_2 = e^{-x} - (e^{-x} + x) = -x)$$

$y = 2y_1 + 3y_2 = 2(e^x + x) + 3(e^{-x} + x) = 2e^x + 3e^{-x} + 5x$일 때

$$\begin{aligned} y'' - y &= (2e^x + 3e^{-x} + 5x)'' - (2e^x + 3e^{-x} + 5x) \\ &= 2e^x + 3e^{-x} - (2e^x + 3e^{-x} + 5x) = -5x \end{aligned}$$

이므로 $y = 2y_1 + 3y_2$는 비제차방정식 ①의 해가 아니다.

[비선형미분방정식]

$y_1 = 1$, $y_2 = x^2$은 비선형미분방정식

$$yy'' - xy' = 0 \qquad \cdots ②$$

의 해이다.

$$(\because\ y_1y_1'' - xy_1' = 1 \times 0 - x \times 0 = 0,\ y_2y_2'' - xy_2' = x^2 \times 2 - x \times 2x = 0)$$

그러나 $y = y_1 + y_2 = 1 + x^2$일 때 ②의 좌변은

$$(1 + x^2)(1 + x^2)'' - x(1 + x^2)' = (1 + x^2) \times 2 - x \times 2x = 1$$

이고, 또는 $y = 2y_2 = 2x^2$일 때 ②의 좌변은

$$(2x^2)(2x^2)'' - x(2x^2)' = (2x^2) \times 4 - x \times 4x = 4x^2$$

이므로 $y = 1 + x^2$, $y = 2x^2$ 등은 ②의 해가 아니다.

9.1.3 1차독립(linearly independent), 1차종속(linearly dependent)

두 함수 $y_1(x)$, $y_2(x)$가 정의된 구간 I에서

$$c_1y_1 + c_2y_2 = 0 \quad \cdots ①\text{이면 } c_1 = c_2 = 0$$

일 때, 두 함수 $y_1(x)$, $y_2(x)$를 1차독립이라 하고, 적어도 하나가 0이 아닌 상수 c_1, c_2에 대해서 식 ①이 성립하면 두 함수를 1차종속이라 한다.

예 (1) $y_1 = x$, $y_2 = x^2$:

$$c_1y_1 + c_2y_2 = c_1x + c_2x^2 = 0$$

이면 $c_1 = c_2 = 0$이므로 y_1과 y_2는 1차독립이다.

(2) $y_1 = x$, $y_2 = 2x$:

$$c_1y_1 + c_2y_2 = c_1x + c_2 \times 2x = (c_1 + 2c_2)x = 0$$

을 만족하는 0이 아닌 상수 c_1, $c_2(c_1 + 2c_2 = 0)$가 있으므로 y_1과 y_2는 1차종속이다. 즉, $y_1 = \frac{1}{2}y_2$ 또는 $y_2 = 2y_1$등과 같이 상수를 곱하여 서로 표현되므로 1차독립이 아니다.

9.1.4 Wronskian과 두 함수의 1차독립·종속

두 함수 $y_1(x)$, $y_2(x)$가 정의된 구간 I에서 Wronskian determinant를 다음과 같이 정의할 때

$$W(y_1, y_2) = \begin{vmatrix} y_1 & y_2 \\ y_1' & y_2' \end{vmatrix} = y_1y_2' - y_2y_1'$$

$W \neq 0$이면 두 함수 $y_1(x)$과 $y_2(x)$는 1차독립이고, $W = 0$이면 1차종속이다.

예 (1) $y_1 = x$, $y_2 = x^2$:

$$W = \begin{vmatrix} x & x^2 \\ (x)' & (x^2)' \end{vmatrix} = \begin{vmatrix} x & x^2 \\ 1 & 2x \end{vmatrix} = 2x^2 - x^2 = x^2 \neq 0$$

$\therefore$ y_1과 y_2는 1차독립

(2) $y_1 = x^2,\ y_2 = 2x^2$:

$$W = \begin{vmatrix} x^2 & 2x^2 \\ (x^2)' & (2x^2)' \end{vmatrix} = \begin{vmatrix} x^2 & 2x^2 \\ 2x & 4x \end{vmatrix} = 4x^3 - 4x^3 = 0$$

$\therefore$ y_1과 y_2는 1차종속

9.1.5 일반해, 기저, 특수해

어떤 열린구간 I에서 미분방정식

$$y'' + p(x)y' + q(x)y = 0 \qquad \cdots ①$$

의 일반해는 구간 I에서 1차독립인 식 ①의 해 y_1, y_2의 1차 결합으로 다음과 같이 표현된다.

$$y = c_1y_1 + c_2y_2 \ (c_1,\ c_2\text{는 상수}) \qquad \cdots ②$$

여기에서 y_1, y_2를 식 ①의 기저(basis) 또는 기본계라 하고, 임의 상수 c_1, c_2에 특정 값이 지정되면 식 ①의 특수해가 얻어진다.

예 미분방정식의 기저, 일반해, 특수해 :

$$y'' - y = 0 \qquad \cdots ①$$

다음 두 함수 y_1, y_2는 각각 식 ①을 만족하고 1차독립이므로 y_1, y_2는 식 ①의 기저이다.

$$y_1 = e^x,\ y_2 = e^{-x} \qquad \cdots ②$$

따라서 일반해는

$$y = c_1y_1 + c_2y_2 = c_1e^x + c_2e^{-x} \qquad \cdots ③$$

이고, 식 ③에서 임의 상수 c_1, c_2의 값이 정해진

$$y = e^x - 2e^{-x}, \quad y = 2e^x + 5e^{-x} \qquad \cdots ④$$

등을 식 ①의 특수해라 한다.

9.1.6 초깃값 문제(initial value problem)

다음과 같이 미분방정식과 초기조건이 주어지는 문제를 초깃값 문제라 한다.

$$y'' + p(x)y' + q(x)y = 0, \quad y(x_0) = K_0, \ y'(x_0) = K_1$$

설명 2계 미분방정식에 두 개의 초기조건이 주어지면 일반해에서 나타나는 두 개의 임의상수 값이 결정된다(특수해).

예 미분방정식 $y'' - y = 0$과 초기조건 $y(0) = 1, \ y'(0) = 3$을 만족하는 특수해 :
미분방정식의 일반해는

$$y = c_1 y_1 + c_2 y_2 = c_1 e^{x} + c_2 e^{-x} \qquad \cdots①$$

이다. 식 ①에 초기조건 $y(0) = 1$을 적용하면

$$c_1 + c_2 = 1 \qquad \cdots②$$

이고, $y'(0) = 3$을 적용하면

$$y' = c_1 e^{x} - c_2 e^{-x}$$

$$\therefore \ c_1 - c_2 = 3 \qquad \cdots③$$

이다. 식 ②, ③으로부터 두 개의 상수

$$c_1 = 2, \ c_2 = -1 \qquad \cdots④$$

가 결정된다. 식 ④를 ①에 대입하면 초기조건을 만족하는 특수해는 다음과 같다.

$$y = 2e^{x} - e^{-x} \qquad \cdots⑤$$

예제 9.1.1 주어진 함수 y_1, y_2가 다음 미분방정식 ①의 기저임을 보이고 일반해와 초기조건을 만족하는 특수해를 구하여라.

$$y'' + y = 0 \ \cdots① \ \ y(0) = 1, \ y'(0) = 2, \ y_1 = \cos x, \ y_2 = \sin x$$

풀이 주어진 함수 $y_1 = \cos x$, $y_2 = \sin x$를 각각 식 ①에 대입하면

$$y_1'' + y_1 = -\cos x + \cos x = 0 \qquad \cdots②$$

$$y_2'' + y_2 = -\sin x + \sin x = 0 \qquad \cdots③$$

이다. 식 ②, ③에서 y_1, y_2는 각각 식 ①을 만족하므로 방정식 ①의 한 해가 된다. 그리고

$$W(y_1, y_2) = \begin{vmatrix} y_1 & y_2 \\ y_1' & y_2' \end{vmatrix}$$

$$= \begin{vmatrix} \cos x & \sin x \\ (\cos x)' & (\sin x)' \end{vmatrix} = \begin{vmatrix} \cos x & \sin x \\ -\sin x & \cos x \end{vmatrix} = \cos^2 x - (-\sin^2 x)$$

$$= \cos^2 x + \sin^2 x$$

$$= 1 \neq 0$$

이므로 y_1과 y_2는 1차독립이다. 따라서 y_1과 y_2는 미분방정식 ①의 기저이며 일반해는 다음과 같이 표현된다.

$$y = c_1 y_1 + c_2 y_2 = c_1 \cos x + c_2 \sin x \qquad \cdots ④$$

식 ④에 초기조건 $y(0) = 1$을 적용하면

$$c_1 \cos 0 + c_2 \sin 0 = 1$$

$$\therefore \ c_1 = 1 \qquad \cdots ⑤$$

이고, $y' = -c_1 \sin x + c_2 \cos x$이므로 $y'(0) = 2$를 적용하면

$$-c_1 \sin 0 + c_2 \cos 0 = 2$$

$$\therefore \ c_2 = 2 \qquad \cdots ⑥$$

이다. 식 ⑤와 ⑥을 식 ④에 대입하면 다음과 같은 미분방정식의 특수해가 구해진다.

$$y = \cos x + 2 \sin x \qquad \cdots ⑦$$

예제 9.1.2 $y_p = Ax + B$로 가정하여 비제차방정식 $y'' + 2y' - 3y = 6x + 8$을 만족하는 하나의 특수해 y_p를 구하여라.

풀이 $y_p = Ax + B$, $y_p' = A$, $y_p'' = 0$을 주어진 미분방정식에 대입하여 상수 A, B를 결정한다.

$$y_p'' + 2y_p' - 3y_p = 6x + 8$$

$$0 + 2A - 3(Ax + B) = 6x + 8$$

$$\therefore \ -3Ax + (2A - 3B) = 6x + 8 \qquad \cdots ①$$

식 ①에서 양변의 계수를 비교하면

$$x : -3A = 6 \quad \cdots ②$$

$$\text{상수항} : 2A - 3B = 8 \quad \cdots ③$$

이다. 식 ②, ③으로부터

$$A = -2, \; B = -4 \quad \cdots ④$$

가 구해진다. 따라서 방정식을 만족하는 특수해는 다음과 같다.

$$y_p = Ax + B = -2x - 4 \quad \cdots ⑤$$

예제 9.1.3 $x(t) = A\cos\omega t + B\sin\omega t$ (A, B, ω는 상수)가 다음 방정식의 해임을 보이고, 초기조건 $x(0) = x_0$, $x'(0) = x_1$을 만족하는 특수해를 구하여라.

$$\frac{d^2x}{dt^2} + \omega^2 x = 0 \quad (\omega > 0)$$

풀이 $x' = -A\omega\sin\omega t + B\omega\cos\omega t$, $x'' = -A\omega^2\cos\omega t - B\omega^2\sin\omega t$이므로

$$\begin{aligned} x'' + \omega^2 x &= (-A\omega^2\cos\omega t - B\omega^2\sin\omega t) + \omega^2(A\cos\omega t + B\sin\omega t) \\ &= (-A\omega^2 + A\omega^2)\cos\omega t + (-B\omega^2 + B\omega^2)\sin\omega t \\ &= 0 \end{aligned}$$

을 만족한다. 따라서 $x(t) = A\cos\omega t + B\sin\omega t$는 $x'' + \omega^2 x = 0$의 해이다. 다음에 초기조건을 적용하여 상수 A, B를 구한다.

$x(0) = x_0$을 적용하면

$$x(0) = A\cos 0 + B\sin 0 = x_0$$

$$\therefore \; A = x_0 \quad \cdots ①$$

이고, $x'(0) = x_1$을 적용하면

$$x'(0) = -A\omega\sin 0 + B\omega\cos 0 = x_1$$

$$\therefore \; B = \frac{x_1}{\omega} \quad \cdots ②$$

이다. 식 ①, ②로부터 주어진 초기조건을 만족하는 특수해는 다음과 같다.

$$x_p(t) = A\cos\omega t + B\sin\omega t = x_0\cos\omega t + \frac{x_1}{\omega}\sin\omega t \quad \cdots ③$$

9.1 연습문제

1. 주어진 함수(y_1, y_2)가 미분방정식의 해가 되는가를 조사하여라.

(1) $y'' - 5y' + 4 = 0$, $y_1 = e^{4x}$, $y_2 = e^{-x}$

(2) $y'' + 2y' - 3y = 0$, $y_1 = e^{x}$, $y_2 = e^{3x}$

(3) $2y'' - 5y' + 2y = 0$, $y_1 = e^{x/2}$, $y_2 = e^{2x}$

(4) $y'' + 9y = 0$, $y_1 = \cos 3x$, $y_2 = \sin 2x$

(5) $y'' - 2y' + 2y = 0$, $y_1 = e^{x}\cos x$, $y_2 = e^{x}\sin x$

(6) $xy'' - (x+2)y' + 2y = 0$, $y_1 = e^{x}$

(7) $x^2y'' - 2xy' - 4y = 0$, $y_1 = x^4$

(8) $4x^2y'' + 8xy' + y = 0$, $y_1 = \sqrt{x}$

2. Wronskian Determinant을 이용하여 주어진 함수들이 일차독립인지 일차종속인지를 판별하여라.

(1) $y_1 = 2$, $y_2 = x$

(2) $y_1 = 2x$, $y_2 = -3x$

(3) $y_1 = x$, $y_2 = x^2$

(4) $y_1 = e^{x}$, $y_2 = e^{-x}$

(5) $y_1 = \sin x$, $y_2 = -\cos x$

(6) $y_1 = \ln x$, $y_2 = \ln x^3$

(7) $y_1 = \sin(x + \pi/2)$, $y_2 = 2\cos(-x)$

(8) $y_1 = \ln(2x)$, $y_2 = \ln(3x)$

3. 주어진 두 함수(y_1, y_2)가 미분방정식의 해의 기저(미분방정식을 만족하고 서로 독립)임을 보이고, 초기조건을 만족하는 특수해를 구하여라.

(1) $y'' - y = 0$, $y(0) = 0$, $y'(0) = 2$, $y_1 = e^{x}$, $y_2 = e^{-x}$

(2) $y'' - 3y' + 2y = 0$, $y(0) = 0$, $y'(0) = 1$, $y_1 = e^{x}$, $y_2 = e^{2x}$

(3) $y'' + 4y = 0$, $y(0) = 1$, $y'(0) = 1$, $y_1 = \cos 2x$, $y_2 = \sin 2x$

(4) $y'' - 2y' + y = 0$, $y(0) = 1$, $y'(0) = 0$, $y_1 = e^{x}$, $y_2 = xe^{x}$

(5) $y'' - 2y' + 5y = 0$, $y(0) = 1$, $y'(0) = 2$, $y_1 = e^{x}\cos 2x$, $y_2 = e^{x}\sin 2x$

4. 다음 비제차방정식에서 $y_p = Ax + B$ 로 가정하고 방정식을 만족하는 상수 A, B를 결정하여 하나의 특수해 y_p를 구하여라.

(1) $y'' + y = x$

(2) $y'' + 2y' + 3y = 3x + 1$

(3) $y'' - 3y' + 4y = -8x + 10$

5. $y_p = A\cos x + B\sin x$가 방정식 $y'' + 2y' + 4y = -13\sin x$를 만족할 때 상수 A, B의 값을 구하여라.

6. $y_1 = e^x$, $y_2 = e^{-x}$이 미분방정식 ①의 해이면 식 ②의 함수 Y_1, Y_2도 ①의 해가 됨을 보여라.

$$y'' + p(x)y' + q(x)y = 0 \qquad \cdots ①$$

$$Y_1 = \cosh x = \frac{e^x + e^{-x}}{2}, \quad Y_2 = \sinh x = \frac{e^x - e^{-x}}{2} \qquad \cdots ②$$

† Y_1, Y_2는 일차독립이므로 주어진 방정식의 기저가 된다. 문제에 따라서는 미분방정식의 일반해를 $y = c_1e^x + c_2e^{-x}$으로 하지 않고 $y = c_1\cosh x + c_2\sinh x$로 하는 것이 편리할 때가 있다.

7. 주어진 함수 y_1, y_2가 미분방정식을 만족함을 보이고 일반해를 구하여라.

(1) $x^2y'' - xy' + y = 0$, $y_1 = x$, $y_2 = x\ln x$

(2) $x^2y'' - 3xy' + 4y = 0$, $y_1 = x^2$, $y_2 = x^2\ln x$

8. 주어진 함수 y가 미분방정식을 만족함을 보여라.

(1) $y'' - y = e^{2x}$, $y = c_1e^x + c_2e^{-x} + \frac{1}{3}e^{2x}$

(2) $y'' + y = \cos x$, $y = c_1\cos x + c_2\sin x + \frac{1}{2}x\sin x$

9.2 제차방정식

9.2.1 상수계수를 갖는 제차방정식($ay'' + by' + cy = 0$)의 해

계수가 상수(실수)인 2계 선형방정식 ①의 해는 특성방정식 ②의 근의 형태에 따라 세 가지로 분류된다. (a, b, c, c_1, c_2, A, B는 상수이다.)

○미분방정식 : $ay'' + by' + cy = 0$ … ①

○특성방정식 : $a\lambda^2 + b\lambda + c = 0$ … ②

(1) 서로 다른 두 실근 λ_1, λ_2 : 일반해 $y = c_1 e^{\lambda_1 x} + c_2 e^{\lambda_2 x}$

(2) 중근 $\lambda = -\dfrac{b}{2a}$: 일반해 $y = (c_1 + c_2 x)e^{\lambda x}$

(3) 허근 $\lambda = \alpha \pm i\beta$: 일반해 $y = e^{\alpha x}(A\cos\beta x + B\sin\beta x)$

† 식 ②는 특성방정식(characteristic equation) 또는 보조방정식(auxiliary equation)이라고 한다.

설명 $y = e^{\lambda x}$(λ는 상수), $y' = \lambda e^{\lambda x}$, $y'' = \lambda^2 e^{\lambda x}$을 방정식 ①에 대입하면

$$a\lambda^2 e^{\lambda x} + b\lambda e^{\lambda x} + ce^{\lambda x} = 0$$

$$(a\lambda^2 + b\lambda + c)e^{\lambda x} = 0 \qquad \cdots ③$$

이다. 식 ③에서 $e^{\lambda x} \neq 0$이므로 $a\lambda^2 + b\lambda + c = 0$이다. 따라서 λ가 특성방정식 ②의 근일 때 $y = e^{\lambda x}$은 미분방정식 ①의 해가 된다.

(1) 서로 다른 두 실근을 갖는 경우 : 특성방정식 ②가 서로 다른 두 실근 λ_1, λ_2를 가지면 중첩의 원리에 의해 미분방정식 ①의 일반해는 다음과 같이 표현된다.

$$y = c_1 e^{\lambda_1 x} + c_2 e^{\lambda_2 x} \quad (c_1,\ c_2\text{는 상수}) \qquad \cdots ④$$

(2) 중근을 갖는 경우 : 특성방정식 ②에서 근의 공식에 의해

$$\lambda = \frac{-b \pm \sqrt{b^2-4ac}}{2a} \qquad \cdots ⑤$$

이고, 식 ⑤에서 중근을 갖는 경우 $b^2-4ac=0$이므로

$$\lambda = -\frac{b}{2a}$$

$$\therefore \ b+2a\lambda = 0 \qquad \cdots ⑥$$

이다. 먼저 λ가 특성방정식을 만족하므로 $y_1 = e^{\lambda x}$은 ①의 해이다. 이에 대하여

$$y_2 = xe^{\lambda x} \qquad \cdots ⑦$$

으로 하면

$$y_2{}' = (1+\lambda x)e^{\lambda x}, \ y_2{}'' = (2\lambda + \lambda^2 x)e^{\lambda x} \qquad \cdots ⑧$$

이므로

$$\begin{aligned} ay_2{}'' + by_2{}' + cy_2 &= a(2\lambda+\lambda^2 x)e^{\lambda x} + b(1+\lambda x)e^{\lambda x} + cxe^{\lambda x} \\ &= [(2a\lambda+b)+(a\lambda^2+b\lambda+c)x]e^{\lambda x} = 0 \end{aligned}$$

이다. 즉, $y_2 = xe^{\lambda x}$은 미분방정식 ①을 만족하는 하나의 해가 된다. 따라서 중첩의 원리에 의해 미분방정식 ①의 일반해는 다음과 같이 표현된다.

$$y = c_1 e^{\lambda x} + c_2 x e^{\lambda x} = (c_1 + c_2 x)e^{\lambda x} \ (c_1, \ c_2\text{는 상수}) \qquad \cdots ⑨$$

(3) 허근을 갖는 경우 : 특성방정식 ②가 허근 $\alpha \pm i\beta$를 가지면 두 근은

$$\lambda_1 = \alpha + i\beta, \quad \lambda_2 = \alpha - i\beta \qquad \cdots ⑩$$

이다. 식 ⑩에 대응하는 두 해는

$$y_1 = e^{\lambda_1 x} = e^{(\alpha+i\beta)x}, \quad y_2 = e^{\lambda_2 x} = e^{(\alpha-i\beta)x}$$

이므로, 중첩의 원리에 의해 미분방정식 ①의 일반해는 다음과 같다.

$$\begin{aligned} y &= c_1 y_1 + c_2 y_2 \ (c_1, \ c_2\text{는 상수}) \\ &= c_1 e^{(\alpha+i\beta)x} + c_2 e^{(\alpha-i\beta)x} \\ &= c_1 e^{\alpha x} e^{i\beta x} + c_2 e^{\alpha x} e^{-i\beta x} \\ &= e^{\alpha x}(c_1 e^{i\beta x} + c_2 e^{-i\beta x}) \\ &= e^{\alpha x}[c_1(\cos\beta x + i\sin\beta x) + c_2(\cos\beta x - i\sin\beta x)] \\ &= e^{\alpha x}[(c_1+c_2)\cos\beta x + (ic_1 - ic_2)\sin\beta x] \end{aligned} \qquad \cdots ⑪$$

식 ⑪에서 $c_1 + c_2 = A$, $ic_1 - ic_2 = B$로 하면 다음과 같은 미분방정식의 일반해가 구해진다.

$$y = e^{\alpha x}(A\cos\beta x + B\sin\beta x) \quad (A,\ B\text{는 상수}) \qquad \cdots ⑫$$

† 오일러 공식(Euler's formula)

$$e^{i\theta} = \cos\theta + i\sin\theta,\ e^{-i\theta} = \cos\theta - i\sin\theta$$

† 2차방정식 근의 공식

$$a\lambda^2 + b\lambda + c = 0\text{의 근 } \lambda = \frac{-b \pm \sqrt{b^2 - 4ac}}{2a}$$

$$A\lambda^2 + 2B\lambda + C = 0\text{의 근 } \lambda = \frac{-B \pm \sqrt{B^2 - AC}}{A}$$

예 (1) $y'' - 3y' + 2y = 0$의 일반해 :

특성방정식 $\lambda^2 - 3\lambda + 2 = (\lambda - 1)(\lambda - 2) = 0$에서 $\lambda_1 = 1$, $\lambda_2 = 2$

$\therefore$ 일반해 $y = c_1 e^{\lambda_1 x} + c_2 e^{\lambda_2 x} = c_1 e^x + c_2 e^{2x}$

(2) $y'' - 2y' + y = 0$의 일반해 :

특성방정식 $\lambda^2 - 2\lambda + 1 = (\lambda - 1)^2 = 0$에서 중근 $\lambda = 1$

$\therefore$ 일반해 $y = (c_1 + c_2 x)e^{\lambda x} = (c_1 + c_2 x)e^x$

(3) $y'' - 2y' + 5y = 0$의 일반해 :

특성방정식 $\lambda^2 - 2\lambda + 5 = 0$에서 허근 $\lambda = 1 \pm 2i$이므로 $\lambda = \alpha \pm i\beta$에서 $\alpha = 1$, $\beta = 2$이다.

$\therefore$ 일반해 $y = e^{\alpha x}(A\cos\beta x + B\sin\beta x) = e^x(A\cos 2x + B\sin 2x)$

예제 9.2.1 다음 미분방정식의 일반해를 구하여라.

(1) $y'' + 5y' - 14y = 0$　　　(2) $y'' + 6y' + 9y = 0$

(3) $y'' + \omega^2 y = 0$ ($\omega > 0$인 상수)

풀이 (1) 특성방정식 $\lambda^2 + 5\lambda - 14 = (\lambda - 2)(\lambda + 7) = 0$은 서로 다른 두 실근 $\lambda_1 = 2$, $\lambda_2 = -7$을 가지므로 일반해는 다음과 같다.

$$y = c_1 e^{\lambda_1 x} + c_2 e^{\lambda_2 x} = c_1 e^{2x} + c_2 e^{-7x}$$

(2) 특성방정식 $\lambda^2+6\lambda+9=(\lambda+3)^2=0$은 중근 $\lambda=-3$을 가지므로 일반해는 다음과 같다.

$$y=(c_1+c_2x)e^{\lambda x}=(c_1+c_2x)e^{-3x}$$

(3) 특성방정식 $\lambda^2+\omega^2=0$은 허근 $\lambda=\pm i\omega$를 가지므로 $\alpha=0$, $\beta=\omega$이고, 일반해는 다음과 같다.

$$y=e^{\alpha x}(A\cos\beta x+B\sin\beta x)=e^0(A\cos\omega x+B\sin\omega x)$$
$$=A\cos\omega x+B\sin\omega x$$

예제 9.2.2 다음 초깃값 문제를 풀어라.

(1) $y''-y'-2y=0,\quad y(0)=1,\ y'(0)=5$

(2) $y''-4y'+4y=0,\quad y(0)=2,\ y'(0)=1$

(3) $y''-4y'+5y=0,\quad y(0)=1,\ y'(0)=-2$

풀이 (1) 특성방정식은

$$\lambda^2-\lambda-2=(\lambda-2)(\lambda+1)=0 \qquad \cdots ①$$

이다. 식 ①은 서로 다른 두 실근 $\lambda_1=-1$, $\lambda_2=2$를 가지므로 일반해는

$$y=c_1e^{\lambda_1 x}+c_2e^{\lambda_2 x}=c_1e^{-x}+c_2e^{2x} \qquad \cdots ②$$

이고, 식 ②를 미분하면

$$y'=-c_1e^{-x}+2c_2e^{2x} \qquad \cdots ③$$

이다. 다음에 주어진 초기조건을 적용하면

$$y(0)=1:\ c_1+c_2=1 \qquad \cdots ④$$

$$y'(0)=5:\ -c_1+2c_2=5 \qquad \cdots ⑤$$

이다. 식 ④와 ⑤로부터 상수를 구하면

$$c_1=-1,\quad c_2=2 \qquad \cdots ⑥$$

가 된다. 따라서 초기조건을 만족하는 방정식의 해는 다음과 같다.

$$y=c_1e^{-x}+c_2e^{2x}=-e^{-x}+2e^{2x} \qquad \cdots ⑦$$

(2) 특성방정식

$$\lambda^2-4\lambda+4=(\lambda-2)^2=0 \qquad \cdots ①$$

이 중근 $\lambda=2$를 가지므로 일반해는

$$y=(c_1+c_2x)e^{\lambda x}=(c_1+c_2x)e^{2x} \quad \cdots ②$$

이다. 식 ②를 미분하면

$$y'=c_2e^{2x}+2(c_1+c_2x)e^{2x} \quad \cdots ③$$

이고, 초기조건을 적용하여 상수 c_1, c_2를 구한다.

$$y(0)=2 : c_1=2 \quad \cdots ④$$

$$y'(0)=1 : c_2+2c_1=1 \quad \cdots ⑤$$

식 ④와 ⑤로부터

$$c_1=2, \quad c_2=-3 \quad \cdots ⑥$$

이므로 주어진 초기조건과 방정식을 만족하는 해는 다음과 같다.

$$y=(c_1+c_2x)e^{2x}=(2-3x)e^{2x} \quad \cdots ⑦$$

(3) 특성방정식은

$$\lambda^2-4\lambda+5=0 \quad \cdots ①$$

이다. 근의 공식을 사용하여 식 ①의 근을 구하면

$$\lambda=\frac{-(-2)\pm\sqrt{(-2)^2-(1\times 5)}}{1}=2\pm\sqrt{-1}=2\pm i \quad \cdots ②$$

이다. 특성방정식이 허근 $\lambda=2\pm i$를 가지므로 $\alpha=2$, $\beta=1$이고 일반해는 다음과 같다.

$$y=e^{\alpha x}(A\cos\beta x+B\sin\beta x)=e^{2x}(A\cos x+B\sin x) \quad \cdots ③$$

식 ③을 미분하면

$$y'=2e^{2x}(A\cos x+B\sin x)+e^{2x}(-A\sin x+B\cos x) \quad \cdots ④$$

이다. 여기에서 초기조건을 적용하면

$$y(0)=1 : A=1 \quad \cdots ⑤$$

$$y'(0)=-2 : 2A+B=-2 \quad \cdots ⑥$$

이다. 식 ⑤와 ⑥으로부터 상수를 구하면

$$A=1, \ B=-4 \quad \cdots ⑦$$

이므로 주어진 초기조건과 방정식을 만족하는 해는 다음과 같다.

$$y=e^{2x}(A\cos x+B\sin x)=e^{2x}(\cos x-4\sin x) \quad \cdots ⑧$$

9.2 연습문제

1. 다음 미분방정식의 일반해를 구하여라.

(1) $y'' - 2y' - 8y = 0$

(2) $y'' + 5y' - 6y = 0$

(3) $y'' - 4y' + 2y = 0$

(4) $y'' + 5y = 0$

(5) $y'' - 8y' - 20y = 0$

(6) $16y'' - y = 0$

(7) $y'' - 10y' + 25y = 0$

(8) $y'' + 2\sqrt{3}\,y' + 3y = 0$

(9) $4y'' + 4y' - 3y = 0$

(10) $y'' - 6y' + 10y = 0$

(11) $y'' + 4y' + 7y = 0$

(12) $y'' + 2y' + (1 + \pi^2)y = 0$

(13) $y'' + 2ky' + k^2y = 0$ ($k > 0$인 상수)

(14) $y'' - 2y' + (1 + \omega^2)y = 0$ ($\omega > 0$인 상수)

2. 다음 초깃값 문제의 해를 구하여라.

(1) $y'' + 2y' - 15y = 0,\ y(0) = 2,\ y'(0) = -2$

(2) $y'' - y' - 12y = 0,\ y(0) = 3,\ y'(0) = -2$

(3) $y'' - 4y = 0,\ y(0) = 3,\ y'(0) = 2$

(4) $y'' - 2\sqrt{3}\,y' + 3y = 0,\ y(0) = 3,\ y'(0) = 2$

(5) $y'' - 2y' - y = 0,\ y(0) = 0,\ y'(0) = 4$

(6) $y'' + 4y' + 4y = 0,\ y(0) = 1,\ y'(0) = 1$

(7) $y'' + 4y' + 13y = 0,\ y(0) = 1,\ y'(0) = 4$

(8) $y'' + 9\pi^2 y = 0,\ y(0) = 1,\ y'(0) = -1$

(9) $y'' - 2ky' + (k^2 - 4)y = 0$ ($k > 0$인 상수), $y(0) = 0,\ y'(0) = 1$

(10) $y'' - 2y' + (1 + 4\pi^2)y = 0,\ y(0) = 1,\ y'(0) = 2$

(11) $\dfrac{d^2\theta}{dt^2} + 16\theta = 0,\ \theta(0) = \dfrac{\pi}{4},\ \theta'(0) = \dfrac{\pi}{6}$

3. 다음 경곗값 문제를 풀어라.

(1) $y'' + 4y = 0,\ y(0) = 2,\ y(\pi/4) = 3$

(2) $y'' + 2y' + 2y = 0,\ y(0) = 2,\ y(\pi/2) = 0$

(3) $y'' + 2y' + (1 + \pi^2)y = 0,\ y(0) = 0,\ y(1/2) = e^{1/2}$

9.3 비제차방정식

9.3.1 비제차선형방정식의 해

다음과 같은 비제차선형방정식($r(x) \neq 0$) ①과 이에 대응하는 제차방정식 ②가 있다.

$$ay'' + by' + cy = r(x) \qquad \cdots ①$$

$$ay'' + by' + cy = 0 \qquad \cdots ②$$

식 ①의 비제차선형방정식을 만족하는 하나의 특수해를 $y_p = y_p(x)$, 제차방정식 ②의 일반해를 $y_h = y_h(x)$로 하면 비제차방정식 ①의 일반해는 다음과 같다.

$$y(x) = y_h(x) + y_p(x)$$

† 비제차방정식에 대응하는 제차방정식의 해를 비제차방정식의 여함수(complementary function) 또는 보충해(complementary solution)라 하며 y_c 또는 y_h로 쓴다. y_h는 '9.2'절의 방법으로 구하고, y_p는 미정계수법(9.4절)이나 매개변수 변화법(9.5절)을 사용하여 구한다.

설명 $y(x) = y_h(x) + y_p(x)$에서 $y_h = y - y_p$를 방정식 ②에 대입하여 y가 ①의 해가 되는가를 조사해 보자. y_h가 제차방정식 ②를 만족하므로

$$a{y_h}'' + b{y_h}' + cy_h = 0$$

이다. 따라서

$$\begin{aligned} a{y_h}'' + b{y_h}' + cy_h &= a(y - y_p)'' + b(y - y_p)' + c(y - y_p) \\ &= (ay'' + by' + cy) - (a{y_p}'' + b{y_p}' + cy_p) \\ &= (ay'' + by' + cy) - r(x) = 0 \end{aligned}$$

$$[\because \ y_p\text{가 ①의 해이므로 } a{y_p}'' + b{y_p}' + cy_p = r(x)]$$

이므로 $ay'' + by' + cy = r(x)$를 만족한다. 따라서 $y(x) = y_h(x) + y_p(x)$는 ①의 일반해이다.

예 (1) $y''-y=e^{2x}$ ⋯③을 만족하는 하나의 특수해가 $y_p=\frac{1}{3}e^{2x}$이라고 하면 제차방정식 $y''-y=0$의 일반해는 $y_h=c_1e^x+c_2e^{-x}$이므로 ③의 일반해는 $y=y_h+y_p=c_1e^x+c_2e^{-x}+\frac{1}{3}e^{2x}$이다.

(2) $y''+y=\sin 2x$ ⋯④를 만족하는 특수해가 $y_p=-\frac{1}{3}\sin 2x$라고 하면 제차방정식 $y''+y=0$의 일반해는 $y_h=c_1\cos x+c_2\sin x$이므로 ④의 일반해는 $y=y_h+y_p=c_1\cos x+c_2\sin x-\frac{1}{3}\sin 2x$이다.

예제 9.3.1 y_p가 주어진 미분방정식을 만족함을 보이고 일반해를 구하여라.

(1) $y''+y=x^3+6x$, $y_p=x^3$

(2) $y''-2y'-3y=-4e^x-3e^{2x}$, $y_p=e^x+e^{2x}$

풀이 (1) $y_p=x^3$이면 $y_p'=3x^2$, $y_p''=6x$이므로

$$y_p''+y_p=6x+x^3 \qquad \cdots①$$

이다. 따라서 y_p는 주어진 미분방정식을 만족한다. 그리고 제차방정식

$$y''+y=0 \qquad \cdots②$$

의 일반해는 특성방정식

$$\lambda^2+1=0 \qquad \cdots③$$

이 허근 $\lambda=\pm i$를 가지므로

$$y_h=A\cos x+B\sin x \qquad \cdots④$$

이다. 따라서 주어진 미분방정식의 일반해는 다음과 같다.

$$y=y_h+y_p=A\cos x+B\sin x+x^3 \ (A,\ B\text{는 상수}) \qquad \cdots⑤$$

(2) $y_p=e^x+e^{2x}$이면 $y_p'=e^x+2e^{2x}$, $y_p''=e^x+4e^{2x}$이다. 따라서

$$\begin{aligned} y_p''-2y_p'-3y_p &= (e^x+4e^{2x})-2(e^x+2e^{2x})-3(e^x+e^{2x}) \\ &= -4e^x-3e^{2x} \qquad \cdots① \end{aligned}$$

이므로 y_p는 주어진 미분방정식을 만족한다. 그리고 제차방정식

$$y''-2y'-3y=0 \qquad \cdots②$$

의 일반해는 특성방정식

$$\lambda^2-2\lambda-3=(\lambda-3)(\lambda+1)=0 \qquad \cdots③$$

이 두 실근 $\lambda=-1$, 3을 가지므로

$$y_h = c_1 e^{-x} + c_2 e^{3x} \qquad \cdots ④$$

이다. 따라서 주어진 미분방정식의 일반해는 다음과 같다.

$$y = y_h + y_p = c_1 e^{-x} + c_2 e^{3x} + e^x + e^{2x} \ (c_1,\ c_2\text{는 상수}) \qquad \cdots ⑤$$

예제 9.3.2 y_p가 주어진 미분방정식을 만족함을 보이고 초기조건을 만족하는 y를 구하여라.

$$y'' - 3y' + 2y = 10x - 15,\ y(0) = -1,\ y'(0) = 1,\ y_p = 5x$$

풀이 $y_p = 5x$이면 $y_p{}' = 5$, $y_p{}'' = 0$이므로

$$y_p{}'' - 3y_p{}' + 2y_p = 0 - 3\times 5 + 2\times 5x = 10x - 15 \qquad \cdots ①$$

이다. 따라서 y_p는 주어진 미분방정식을 만족한다. 그리고 제차방정식

$$y'' - 3y' + 2y = 0 \qquad \cdots ②$$

의 일반해는 특성방정식

$$\lambda^2 - 3\lambda + 2 = (\lambda - 1)(\lambda - 2) = 0 \qquad \cdots ③$$

이 두 실근 $\lambda = 1$, 2를 가지므로

$$y_h = c_1 e^x + c_2 e^{2x} \qquad \cdots ④$$

이다. 따라서 주어진 미분방정식의 일반해는

$$y = y_h + y_p = c_1 e^x + c_2 e^{2x} + 5x \ (c_1,\ c_2\text{는 상수}) \qquad \cdots ⑤$$

이다. 식 ⑤로부터

$$y' = c_1 e^x + 2c_2 e^{2x} + 5 \qquad \cdots ⑥$$

이고, 초기조건을 적용하면

$$y(0) = -1 : c_1 + c_2 = -1 \qquad \cdots ⑦$$

$$y'(0) = 1 : c_1 + 2c_2 + 5 = 1 \qquad \cdots ⑧$$

이다. 식 ⑦, ⑧의 연립방정식을 풀면 $c_1 = 2$, $c_2 = -3$이 구해진다. 따라서 주어진 초기조건과 방정식을 만족하는 해는 다음과 같다.

$$y = c_1 e^x + c_2 e^{2x} + 5x = 2e^x - 3e^{2x} + 5x \qquad \cdots ⑨$$

예제 9.3.3 y_p가 주어진 미분방정식을 만족함을 보이고 초기조건을 만족하는 y를 구하여라.

$$y'' + y = -9\sin 2x,\ y(0) = 2,\ y'(0) = 5,\ y_p = 3\sin 2x$$

풀이 $y_p = 3\sin 2x$ 이면 $y_p{}' = 6\cos 2x$, $y_p{}'' = -12\sin 2x$ 이므로

$$y_p{}'' + y_p = -12\sin 2x + 3\sin 2x = -9\sin 2x \quad \cdots ①$$

이다. 따라서 y_p는 주어진 미분방정식을 만족한다. 제차방정식

$$y'' + y = 0 \quad \cdots ②$$

의 특성방정식

$$\lambda^2 + 1 = 0 \quad \cdots ③$$

이 두 허근 $\lambda = \pm i$ 를 가지므로 제차방정식의 일반해는

$$y_h = A\cos x + B\sin x \quad \cdots ④$$

이다. 따라서 주어진 미분방정식의 일반해는

$$y = y_h + y_p = A\cos x + B\sin x + 3\sin 2x \ \ (A, B \text{ 는 상수}) \quad \cdots ⑤$$

이다. 식 ⑤로부터

$$y' = -A\sin x + B\cos x + 6\cos 2x \quad \cdots ⑥$$

이고, 초기조건을 적용하면

$$y(0) = 2 : A = 2 \quad \cdots ⑦$$

$$y'(0) = 5 : B + 6 = 5 \quad \cdots ⑧$$

이다. 식 ⑦, ⑧의 연립방정식을 풀면 $A = 2$, $B = -1$이므로 주어진 초기조건과 방정식을 만족하는 해는 다음과 같다.

$$y = A\cos x + B\sin x + 3\sin 2x = 2\cos x - \sin x + 3\sin 2x \quad \cdots ⑨$$

9.3 연습문제

1. y_p가 주어진 미분방정식을 만족함을 보이고 일반해를 구하여라.

(1) $y'' - 4y = -16x$, $y_p = 4x$

(2) $y'' + 2y' + y = 2x^2 + 8x + 3$, $y_p = 2x^2 - 1$

(3) $y'' + 5y' + 4y = 10e^x$, $y_p = e^x$

(4) $y'' - 4y' + 8y = 7\sin x - 4\cos x$, $y_p = \sin x$

(5) $y'' - 4y = 4e^{2x}$, $y_p = xe^{2x}$

(6) $y'' - 3y' + 2y = e^x \sin x$, $y_p = \dfrac{e^x}{2}(\cos x - \sin x)$

(7) $y'' - 2y' + y = 2e^x$, $y_p = x^2 e^x$

(8) $y'' - 2y' + 2y = 2e^x \cos x$, $y_p = xe^x \sin x$

(9) $y'' + y' - 2y = e^x + e^{-x}$, $y_p = \dfrac{1}{3}xe^x - \dfrac{1}{2}e^{-x}$

2. y_p가 주어진 미분방정식을 만족함을 확인하고 초깃값 문제를 풀어라.

(1) $y'' - 4y = 12x$, $y(0) = 3$, $y'(0) = -5$, $y_p = -3x$

(2) $y'' - 5y' + 6y = -24x + 50$, $y(0) = 0$, $y'(0) = 9$, $y_p = -4x + 5$

(3) $y'' + 2y' - 3y = 4e^x$, $y(0) = 1$, $y'(0) = 6$, $y_p = xe^x$

(4) $y'' - 2y' + y = x^2 - x$, $y(0) = 2$, $y'(0) = 4$, $y_p = x^2 + 3x + 4$

(5) $y'' + 4y = 3\cos x$, $y(0) = 3$, $y'(0) = 6$, $y_p = \cos x$

(6) $y'' + y = 5e^{2x} + x - 1$, $y(0) = 2$, $y'(0) = 1$, $y_p = e^{2x} + x - 1$

(7) $y'' + 2y' + 2y = 2x$, $y(0) = 1$, $y'(0) = 2$, $y_p = x - 1$

(8) $y'' + \pi^2 y = -\dfrac{1}{x^2} + \pi^2 \ln x$, $y(1) = 2$, $y'(1) = \pi + 1$, $y_p = \ln x$

(9) $y'' + 2y' + 10y = 10\cos x$, $y(0) = 0$, $y'(0) = 0$, $y_p = \dfrac{1}{17}(18\cos x + 4\sin x)$

9.4 미정계수법

9.4.1 미정계수법을 이용한 특수해 구하기

상수 계수를 갖는 비제차미분방정식

$$ay'' + by' + cy = r(x) \ \ (r(x) \neq 0,\ a,\ b,\ c\text{는 상수}) \qquad \cdots ①$$

의 특수해 y_p는 $r(x)$가 다항식, 지수함수, 삼각함수 또는 이들의 곱과 합으로 구성될 때는 [표 9.4.1]과 같이 가정하여 방정식 ①을 만족하는 상수를 결정함으로써 구할 수 있다.

[표 9.4.1]

$r(x)$	y_p의 형태
$Cx^n(n=0,1,\cdots)$	$A_nx^n + A_{n-1}x^{n-1} + \cdots A_1x + A_0$
$Ce^{\gamma x}$	$Ae^{\gamma x}$
$C\cos\omega x$	$A\cos\omega x + B\sin\omega x$
$C\sin\omega x$	$A\cos\omega x + B\sin\omega x$
$Ce^{\gamma x}\cos\omega x$	$e^{\gamma x}(A\cos\omega x + B\sin\omega x)$
$Ce^{\gamma x}\sin\omega x$	$e^{\gamma x}(A\cos\omega x + B\sin\omega x)$

(단, C, γ, ω, $A_i(i=0,1,\cdots,n)$, A, B는 상수이다.)

예 기본적으로는 다음과 같이 y_p를 가정한다. 그러나 제차방정식의 해에 따라 [표 9.4.1]의 y_p에 $x^n(n=1,2,\cdots)$을 곱하여 적용한다([9.4.2]).

(1) $r(x) = 3x^2$이면 $y_p = A_2x^2 + A_1x + A_0$로 놓는다.

(2) $r(x) = 4e^{2x}$이면 $y_p = Ae^{2x}$으로 한다.

(3) $r(x) = 5\sin 3x$이면 $y_p = A\cos 3x + B\sin 3x$로 한다.

9.4.2 미정계수법을 적용하는 방법

$$ay'' + by' + cy = r(x) \ \ (r(x) \neq 0, \ a, \ b, \ c\text{는 상수}) \qquad \cdots ①$$

(1) 기본법칙 : 식 ①의 $r(x)$가 [표 9.4.1]의 첫 째 줄에 있는 함수들 중의 하나이면, 이에 대응하는 두 번째 줄에 있는 함수 y_p를 가정하고 y_p와 그 도함수들을 식 ①에 대입하여 방정식을 만족하는 상수들을 결정한다.

(2) 수정법칙 : y_p로 선택한 항이 식 ①에 대응하는 제차방정식의 해가 되면 선택한 $x^k y_p (k = 1, 2, \cdots)$의 어느 항도 제차방정식의 해가 되지 않을 때까지 x를 반복하여 y_p에 곱하고 그 곱 $x^k y_p$를 새로운 y_p로 가정한다.

(3) 합법칙 : $r(x)$가 [표 9.4.1]의 첫 째 줄에 있는 함수들의 합이면, 이에 대응하는 두 번째 줄에 있는 함수들의 합을 y_p로 가정한다.

예 (1) $y'' + 3y' + 2y = 2e^{5x}$:

제차방정식 $y'' + 3y' + 2y = 0$의 해는 $y_h = c_1 e^{-x} + c_2 e^{-2x}$이다. 따라서 $r(x)$의 함수 e^{5x}은 제차방정식의 해가 아니므로 $y_p = Ae^{5x}$으로 가정한다.

(2) $y'' + y' - 2y = 3e^x$:

제차방정식 $y'' + y' - 2y = 0$의 해는 $y_h = c_1 e^x + c_2 e^{-2x}$이므로 $r(x)$의 함수 e^x이 제차방정식의 해가 된다. 이 경우에는 e^x에 x를 곱하여 $y_p = Axe^x$으로 가정한다.

(3) $y'' - 4y' + 5y = 2e^x + 3x + 4$:

제차방정식 $y'' - 4y' + 5y = 0$의 해는 $y_h = e^{2x}(c_1 \cos x + c_2 \sin x)$이므로 $r(x)$의 함수 $2e^x$, $3x + 4$가 제차방정식의 해가 아니다. 따라서 $2e^x$에 대응하는 $y_{p1} = Ae^x$과 $3x + 4$에 대응하는 $y_{p2} = Bx + C$를 합한 함수

$y_p = y_{p1} + y_{p2} = Ae^x + Bx + C$를 가정한다.

[표 9.4.2]에 여러 가지 $r(x)$와 이에 대응하는 y_p의 형태를 제시하였다. 단, y_p에 있는 함수는 제차방정식의 해 y_h에 있는 함수와 중복되지 않는다고 가정한다.

[표 9.4.2]

$r(x)$	y_p의 형태
1 (상수)	A
$2x+3$	$Ax+B$
$2x^2-3x+4$	Ax^2+Bx+C
x^3+x^2-4	Ax^3+Bx^2+Cx+D
$\sin 2x$	$A\cos 2x+B\sin 2x$
$\cos 2x$	$A\cos 2x+B\sin 2x$
$x\sin 2x$	$(Ax+B)\cos 2x+(Cx+D)\sin 2x$
e^{3x}	Ae^{3x}
$(2x+1)e^{3x}$	$(Ax+B)e^{3x}$
x^2e^{3x}	$(Ax^2+Bx+C)e^{3x}$
$e^{2x}\sin 3x$	$e^{2x}(A\sin 3x+B\cos 3x)$
$e^{2x}\cos 3x$	$e^{2x}(A\sin 3x+B\cos 3x)$
$xe^{2x}\sin 3x$	$e^{2x}[(Ax+B)\sin 3x+(Cx+D)\cos 3x]$

(단, A, B, C, D는 상수이다.)

9.4.3 비제차방정식의 일반해

비제차방정식 ①의 일반해를 구하는 과정은 다음과 같다.

$$ay''+by'+cy=r(x) \qquad \cdots ①$$

$$ay''+by'+cy=0 \qquad \cdots ②$$

(1) 제차방정식 ②의 일반해 y_h를 구한다.

(2) 비제차방정식 ①을 만족하는 특수해 y_p를 구한다.

(3) 비제차방정식 ①의 일반해는 다음과 같다.

$$y=y_h+y_p \qquad \cdots ③$$

예 미분방정식

$$y''+2y'-8y=10e^x \qquad \cdots ①$$

의 일반해를 구하는 과정은 다음과 같다.

(1) 먼저 주어진 방정식에 대응하는 제차방정식

$$y'' + 2y' - 8y = 0 \qquad \cdots ②$$

의 일반해(y_h)를 구한다. 특성방정식

$$\lambda^2 + 2\lambda - 8 = (\lambda - 2)(\lambda + 4) = 0 \qquad \cdots ③$$

에서 두 실근 $\lambda = 2, -4$를 가지므로 제차방정식의 일반해는

$$y_h = c_1 e^{-4x} + c_2 e^{2x} \qquad \cdots ④$$

이다.

(2) 비제차방정식 ①을 만족하는 특수해(y_p)를 구한다.

비제차방정식의 $r(x) = e^x$은 y_h에 있는 함수 e^{-4x}, e^{2x}과 중복되지 않으므로 특수해를

$$y_p = Ae^x \qquad \cdots ⑤$$

으로 가정한다.

$$y_p{}' = Ae^x,\ y_p{}'' = Ae^x \qquad \cdots ⑥$$

을 구하여 식 ①에 대입하면

$$Ae^x + 2Ae^x - 8Ae^x = 10e^x$$

$$\therefore\ -5Ae^x = 10e^x \qquad \cdots ⑦$$

이다. 여기에서 $e^x \neq 0$이므로 $-5A = 10$이고 상수 $A = -2$가 된다. 따라서 비제차방정식의 특수해는

$$y_p = Ae^x = -2e^x \qquad \cdots ⑧$$

이다.

(3) 비제차방정식 ①의 일반해는 다음과 같이 제차방정식의 해와 비제차방정식의 특수해의 합이다.

$$y = y_h + y_p = c_1 e^{-4x} + c_2 e^{2x} - 2e^x \qquad \cdots ⑨$$

예제 9.4.1 [기본법칙] 다음 미분방정식의 일반해를 구하여라.

$$y'' + y = 2x^2 + 3x + 5 \qquad \cdots ①$$

풀이 비제차방정식 ①에 대응하는 제차방정식

$$y'' + y = 0 \qquad \cdots ②$$

의 일반해(y_h)는 특성방정식

$$\lambda^2 + 1 = 0 \qquad \cdots ③$$

이 허근 $\lambda = \pm i$를 가지므로

$$y_h = c_1 \cos x + c_2 \sin x \qquad \cdots ④$$

이다. [표 9.4.1]에 의해 식 ①의 특수해를

$$y_p = Ax^2 + Bx + C \qquad \cdots ⑤$$

로 가정하면

$$y_p{}' = 2Ax + B, \ y_p{}'' = 2A \qquad \cdots ⑥$$

이고 식 ⑤와 ⑥의 y_p와 $y_p{}''$을 식 ①에 대입하면

$$\begin{aligned} y_p{}'' + y_p &= 2A + (Ax^2 + Bx + C) \\ &= Ax^2 + Bx + (2A + C) = 2x^2 + 3x + 5 \qquad \cdots ⑦ \end{aligned}$$

의 관계식을 얻는다. 식 ⑦의 양변의 계수를 비교하면 $A = 2$, $B = 3$, $C = 1$이므로 다음과 같이 식 ⑤의 특수해가 구해진다.

$$y_p = Ax^2 + Bx + C = 2x^2 + 3x + 1 \qquad \cdots ⑧$$

식 ④와 ⑧로부터 미분방정식 ①의 일반해는 다음과 같다.

$$y = y_h + y_p = c_1 \cos x + c_2 \sin x + 2x^2 + 3x + 1 \ (c_1,\ c_2\text{는 상수}) \qquad \cdots ⑨$$

예제 9.4.2 [단순근인 경우 수정법칙] 다음 초깃값 문제를 풀어라.

$$y'' + y' - 2y = 9e^x \ \cdots ① \quad y(0) = 3, \ y'(0) = 3$$

풀이 비제차방정식 ①에 대응하는 제차방정식

$$y'' + y = 0 \qquad \cdots ②$$

의 일반해(y_h)는 특성방정식

$$\lambda^2 + \lambda - 2 = (\lambda - 1)(\lambda + 2) = 0 \qquad \cdots ③$$

이 서로 다른 두 실근 $\lambda = 1, -2$를 가지므로

$$y_h = c_1 e^{-2x} + c_2 e^x \qquad \cdots ④$$

이다. 여기에서 비제차방정식의 $r(x) = 9e^x$은 식 ④의 y_h에 있는 함수 e^x과 중복되므로 e^x에 x를 곱하여 특수해를

$$y_p = Axe^x \qquad \cdots ⑤$$

으로 가정한다. 식 ⑤로부터

$$y_p' = A(e^x + xe^x), \quad y_p'' = A(2e^x + xe^x) \qquad \cdots ⑥$$

이다. 식 ⑤와 ⑥의 y_p, y_p', y_p''을 식 ①에 대입하면

$$y_p'' + y_p' - 2y_p = A(2e^x + xe^x) + A(e^x + xe^x) - 2Axe^x$$
$$= 3Ae^x = 9e^x \qquad \cdots ⑦$$

의 관계식을 얻는다. 식 ⑦에서 양변의 계수를 비교하면 $A = 3$이므로 식 ⑤의 특수해는

$$y_p = Axe^x = 3xe^x \qquad \cdots ⑧$$

이다. 따라서 식 ①의 일반해는 다음과 같다.

$$y = y_h + y_p = c_1 e^{-2x} + c_2 e^x + 3xe^x \ (c_1,\ c_2\text{는 상수}) \qquad \cdots ⑨$$

끝으로 주어진 초기조건을 적용하여 상수 c_1, c_2를 구한다. 식 ⑨로부터

$$y' = -2c_1 e^{-2x} + c_2 e^x + (3e^x + 3xe^x) \qquad \cdots ⑩$$

이므로

$$y(0) = 3 : c_1 + c_2 = 3 \qquad \cdots ⑪$$
$$y'(0) = 3 : -2c_1 + c_2 + 3 = 3 \qquad \cdots ⑫$$

이다. 식 ⑪과 ⑫로부터 $c_1 = 1$, $c_2 = 2$이다. 따라서 초기조건과 미분방정식을 만족하는 해는 다음과 같다.

$$y = c_1 e^{-2x} + c_2 e^x + 3xe^x = e^{-2x} + 2e^x + 3xe^x \qquad \cdots ⑬$$

예제 9.4.3 [중근인 경우 수정법칙] 다음 미분방정식의 일반해를 구하여라.

$$y'' - 2y' + y = 8e^x \qquad \cdots ①$$

풀이 비제차방정식 ①에 대응하는 제차방정식

$$y'' - 2y' + y = 0 \qquad \cdots ②$$

의 일반해(y_h)는 특성방정식

$$\lambda^2 - 2\lambda + 1 = (\lambda - 1)^2 = 0 \qquad \cdots ③$$

이 중근 $\lambda = 1$을 가지므로

$$y_h = (c_1 + c_2 x)e^x \qquad \cdots ④$$

이다. 비제차방정식에서 $r(x) = 8e^x$이므로 y_h에 있는 함수 e^x과 중복된

다. 그런데 여기에서는 e^x에 x를 곱한 함수 xe^x도 다시 y_h에 있는 함수 xe^x과 중복된다. 따라서 x를 한 번 더 곱하여 특수해를

$$y_p = Ax^2e^x \qquad \cdots ⑤$$

로 하여 상수 A를 결정한다. 식 ⑤로부터

$$y_p' = A(2xe^x + x^2e^x), \quad y_p'' = A(2e^x + 4xe^x + x^2e^x) \qquad \cdots ⑥$$

이다. 식 ⑤와 ⑥의 y_p, y_p', y_p''을 식 ①에 대입하면

$$\begin{aligned} y_p'' - 2y_p' + y_p &= A(2e^x + 4xe^x + x^2e^x) - 2A(2xe^x + x^2e^x) + Ax^2e^x \\ &= 2Ae^x = 8e^x \qquad \cdots ⑦ \end{aligned}$$

이다. 식 ⑦에서 양변의 계수를 비교하면 $A = 4$이므로 비제차방정식의 특수해는

$$y_p = Ax^2e^x = 4x^2e^x \qquad \cdots ⑧$$

이다. 따라서 미분방정식 ①의 일반해는 다음과 같다.

$$y = y_h + y_p = (c_1 + c_2x)e^x + 4x^2e^x \quad (c_1,\ c_2\text{는 상수}) \qquad \cdots ⑨$$

예제 9.4.4 [합법칙] 다음 초깃값 문제를 풀어라.

$$y'' + 2y' + 2y = 10e^x + 12\cos 2x - 6\sin 2x \qquad \cdots ①$$
$$y(0) = 3, \quad y'(0) = 5$$

풀이 (1) 제차방정식의 일반해 : 특성방정식 $\lambda^2 + 2\lambda + 2 = 0$이 허근 $\lambda = -1 \pm i$를 가지므로

$$y_h = e^{-x}(A\cos x + B\sin x) \qquad \cdots ②$$

이다.

(2) 특수해와 ①의 일반해 : [표 9.4.1]과 합법칙으로부터 특수해를

$$y_p = Ce^x + D\cos 2x + E\sin 2x \qquad \cdots ③$$

로 가정한다.

$$y_p' = Ce^x - 2D\sin 2x + 2E\cos 2x \qquad \cdots ④$$

$$y_p'' = Ce^x - 4D\cos 2x - 4E\sin 2x \qquad \cdots ⑤$$

이므로 식 ③, ④, ⑤의 y_p, y_p', y_p''을 식 ①에 대입하면

$$y_p'' + 2y_p' + 2y_p = Ce^x - 4D\cos 2x - 4E\sin 2x$$

$$+2(Ce^x - 2D\sin 2x + 2E\cos 2x)$$
$$+2(Ce^x + D\cos 2x + E\sin 2x)$$
$$= 5Ce^x + (-2D + 4E)\cos 2x + (-4D - 2E)\sin 2x$$
$$= 10e^x + 12\cos 2x - 6\sin 2x \qquad \cdots ⑥$$

의 관계식을 얻는다. 식 ⑥에서 양변의 지수함수 항, 코사인함수 항, 사인함수 항의 계수를 비교하면

$$e^x \quad : 5C = 10 \qquad \cdots ⑦$$
$$\cos 2x : -2D + 4E = 12 \qquad \cdots ⑧$$
$$\sin 2x : -4D - 2E = -6 \qquad \cdots ⑨$$

의 관계식을 얻는다. 식 ⑦, ⑧, ⑨로부터 $C = 2$, $D = 0$, $E = 3$이 구해진다. 따라서 비제차방정식의 특수해는

$$y_p = Ce^x + D\cos 2x + E\sin 2x = 2e^x + 3\sin 2x \qquad \cdots ⑩$$

이고 식 ①의 일반해는 다음과 같다.

$$y = y_h + y_p = e^{-x}(A\cos x + B\sin x) + 2e^x + 3\sin 2x \qquad \cdots ⑪$$

(3) 초기조건을 만족하는 해 : 식 ⑪에 $y(0) = 3$을 적용하면

$$A + 2 = 3$$
$$\therefore \quad A = 1 \qquad \cdots ⑫$$

이다. 식 ⑪로부터

$$y' = -e^{-x}(A\cos x + B\sin x) + e^{-x}(-A\sin x + B\cos x)$$
$$+ 2e^x + 6\cos 2x \qquad \cdots ⑬$$

이고, 식 ⑬에 $y'(0) = 5$를 적용하면

$$-A + B + 2 + 6 = 5$$
$$\therefore \quad B = -2 \qquad \cdots ⑭$$

이다. 따라서 최종적으로 주어진 초기조건과 미분방정식을 만족하는 해는 다음과 같다.

$$y = e^{-x}(A\cos x + B\sin x) + 2e^x + 3\sin 2x$$
$$= e^{-x}(\cos x - 2\sin x) + 2e^x + 3\sin 2x \qquad \cdots ⑮$$

9.4 연습문제

1. 다음 미분방정식의 일반해를 구하여라.

(1) $y'' + 2y = 6x$

(2) $y'' - 2y' - 8y = 18e^{x}$

(3) $y'' + 4y' + 4y = 8x$

(4) $y'' + 3y' + 2y = 10\cos x$

(5) $y'' + 3y' + 2y = 4x^{2} + 12x + 2$

(6) $y'' + 2y' + y = -6\cos x - 4\sin x$

(7) $y'' + 4y' - 5y = 12e^{x}$

(8) $y'' + 4y = 8\cos 2x$

(9) $y'' + 3y' + 2y = 5e^{-2x}$

(10) $y'' + 2y' + 4y = 4x^{2} + 3e^{-x}$

(11) $y'' - 5y' + 6y = 50\sin 4x$

(12) $y'' + 2y' - 3y = 8xe^{-x}$

(13) $y'' + 4y' + 4y = 9e^{x} - 8\sin 2x$

(14) $y'' - 2y' - 3y = 8e^{3x} + 27x^{2}$

(15) $y'' - 2y' + y = 8e^{x} + 3$

(16) $y'' - 3y' + 2y = 2e^{x}\sin x$

(17) $y'' - 4y' + 13y = e^{x}(-4\cos x + 18\sin x)$

2. 다음 초깃값 문제를 풀어라.

(1) $y'' - 5y' + 6y = 12,\ y(0) = 0,\ y'(0) = 1$

(2) $y'' - 3y' + 2y = 6e^{-x},\ y(0) = 2,\ y'(0) = 3$

(3) $y'' + 16y = 32x,\ y(0) = 2,\ y'(0) = 6$

(4) $y'' + 4y = 5\sin 3x,\ y(0) = 0,\ y'(0) = 0$

(5) $y'' - 2y' + y = e^{x},\ y(0) = 0,\ y'(0) = 3$

(6) $y'' + 16y = \cos 4x,\ y(0) = 0,\ y'(0) = 1$

(7) $y'' + y = \sin x,\ y(0) = 1,\ y'(0) = 1$

(8) $y'' + y' = 4e^{x} + 3\cos x - 3\sin x + 4,\ y(0) = 0,\ y'(0) = 7$

(9) $y'' + 4y' + 8y = 20\cos 2x,\ y(0) = 0,\ y'(0) = 0$

(10) $y'' + 4y' + 4y = 6e^{-2x},\ y(0) = 2,\ y'(0) = 1$

3. 다음 초깃값 문제의 해를 (1) $\omega \neq 1$, (2) $\omega = 1$인 경우로 나누어 각각 구하여라.

$$\frac{d^{2}u}{dt^{2}} + u = \cos\omega t,\ u(0) = 0,\ u'(0) = 0$$

9.5 매개변수 변화법

9.5.1 매개변수 변화법(Method of variation of parameters)

연속인 함수 $p(x)$, $q(x)$, $r(x)$를 갖는 2계 선형미분방정식

$$y'' + p(x)y' + q(x)y = r(x) \qquad \cdots ①$$

의 특수해 y_p는 다음과 같다.

$$y_p(x) = -y_1 \int \frac{y_2 r}{W} dx + y_2 \int \frac{y_1 r}{W} dx \qquad \cdots ②$$

여기에서 y_1, y_2는 식 ①에 대응하는 제차방정식

$$y'' + p(x)y' + q(x)y = 0 \qquad \cdots ③$$

의 해의 기저이고 W는 y_1, y_2의 Wronskian이다.

$$W = y_1 y_2' - y_2 y_1' \qquad \cdots ④$$

증명 제차방정식 ③의 일반해는

$$y_h(x) = c_1 y_1(x) + c_2 y_2(x) \qquad \cdots ⑤$$

이다. 매개변수 변화법은 상수 c_1, c_2를 y_h에서 매개변수로 간주하여 임의 함수 $u(x)$, $v(x)$로 치환하는 것을 포함하며, 다음 함수

$$y_p(x) = u(x)y_1(x) + v(x)y_2(x) \qquad \cdots ⑥$$

가 식 ①의 특수해가 되도록 $u(x)$, $v(x)$를 결정한다. 식 ⑥의 y_p를 미분하면

$$y_p' = u'y_1 + uy_1' + v'y_2 + vy_2' \qquad \cdots ⑦$$

인데, 식 ①은 두 함수 u, v에 대한 하나의 조건을 부여한다. 여기에서 y_p가 식 ①을 만족하고

$$u'y_1 + v'y_2 = 0 \qquad \cdots ⑧$$

을 만족하도록 u, v를 결정한다. 이때 y_p', y_p''은 다음과 같다.

$$y_p{}' = uy_1{}' + vy_2{}' \qquad \cdots ⑨$$

$$y_p{}'' = u'y_1{}' + uy_1{}'' + v'y_2{}' + vy_2{}'' \qquad \cdots ⑩$$

y_p, $y_p{}'$, $y_p{}''$을 식 ①에 대입하고 u를 포함하는 항과 v를 포함하는 항을 각각 모아서 정리하면

$$u(y_1{}'' + py_1{}' + qy_1) + v(y_2{}'' + py_2{}' + qy_2) + u'y_1{}' + v'y_2{}' = r \qquad \cdots ⑪$$

이 된다. 여기에서 y_1, y_2는 제차방정식 ③의 해이므로

$$y_1{}'' + py_1{}' + qy_1 = 0, \quad y_2{}'' + py_2{}' + qy_2 = 0 \qquad \cdots ⑫$$

이다. 식 ⑪과 ⑫로부터 u, v에 대한 다음 두 번째 조건을 얻을 수 있다.

$$u'y_1{}' + v'y_2{}' = r \qquad \cdots ⑬$$

u'과 v'에 대한 연립방정식 ⑧과 ⑬을 풀면

$$⑧ \times y_2{}' - ⑬ \times y_2 : u'(y_1y_2{}' - y_2y_1{}') = -y_2r$$

$$\therefore \ u' = -\frac{y_2r}{W} \qquad \cdots ⑭$$

$$⑬ \times y_1 - ⑧ \times y_1{}' : v'(y_1y_2{}' - y_2y_1{}') = y_1r$$

$$\therefore \ v' = \frac{y_1r}{W} \qquad \cdots ⑮$$

이다. 식 ⑭와 ⑮를 적분하면

$$u = -\int \frac{y_2r}{W}dx, \quad v = \int \frac{y_1r}{W}dx \qquad \cdots ⑯$$

가 된다. 식 ⑯을 ⑥에 대입하면 특수해는 다음과 같다.1)

$$y_p(x) = -y_1\int \frac{y_2r}{W}dx + y_2\int \frac{y_1r}{W}dx \qquad \cdots ⑰$$

예

$$y'' - 3y' + 2y = e^{-x} \qquad \cdots ①$$

의 특수해 : 특성방정식

$$\lambda^2 - 3\lambda + 2 = 0 \qquad \cdots ②$$

이 두 실근 $\lambda = 1, 2$를 가지므로 식 ①에 대응하는 제차방정식의 두 기저는 e^x, e^{2x}이다. 여기에서

$$y_1 = e^x, \quad y_2 = e^{2x} \qquad \cdots ③$$

1) 식의 유도과정은 참고로 하고 이 식을 사용하여 특수해를 구할 줄 알면 된다.

으로 한다. Wronskian은

$$W = y_1 y_2{}' - y_2 y_1{}' = e^x \times 2e^{2x} - e^{2x} \times e^x = e^{3x} \quad \cdots ④$$

이고, 식 ①에서 $r = e^{-x}$이므로 다음과 같은 특수해를 구할 수 있다.

$$\begin{aligned} y_p(x) &= -y_1 \int \frac{y_2 r}{W} dx + y_2 \int \frac{y_1 r}{W} dx \\ &= -e^x \int \frac{e^{2x} \times e^{-x}}{e^{3x}} dx + e^{2x} \int \frac{e^x \times e^{-x}}{e^{3x}} dx \\ &= -e^x \int e^{-2x} dx + e^{2x} \int e^{-3x} dx \\ &= -e^x \left(-\frac{1}{2} e^{-2x}\right) + e^{2x} \left(-\frac{1}{3} e^{-3x}\right) \\ &= \frac{1}{2} e^{-x} - \frac{1}{3} e^{-x} \\ &= \frac{1}{6} e^{-x} \end{aligned}$$

† 일반적으로 계수가 상수이고 $r(x)$의 항이 다항식, 지수함수, 삼각함수 등인 경우에는 미정계수법을 사용하는 것이 편리하다. 위 예에서 $y_p = Ae^{-x}$으로 가정하면 $y_p{}' = -Ae^{-x}$, $y_p{}'' = Ae^{-x}$이므로 이 식을 식 ①에 대입하면 $A = 1/6$을 구할 수 있다. 매개변수 변화법은 $r(x)$가 미정계수법을 적용하지 못하는 함수 형태인 경우에 주로 사용한다.

예제 9.5.1 다음 비제차미분방정식의 일반해를 구하여라.

$$y'' + y = \sec x$$

풀이 특성방정식 $\lambda^2 + 1 = 0$이 허근 $\lambda = \pm i$를 가지므로 제차방정식의 두 기저는 $\cos x$, $\sin x$이다. 여기에서

$$y_1 = \cos x, \ y_2 = \sin x \quad \cdots ①$$

로 하면 Wronskian은

$$\begin{aligned} W &= y_1 y_2{}' - y_2 y_1{}' = \cos x \times \cos x - \sin x \times (-\sin x) \\ &= \cos^2 x + \sin^2 x = 1 \end{aligned} \quad \cdots ②$$

이고, $r = \sec x$이므로 특수해는

$$y_p(x) = -y_1 \int \frac{y_2 r}{W} dx + y_2 \int \frac{y_1 r}{W} dx$$

$$=-\cos x\int\frac{\sin x\times\sec x}{1}dx+\sin x\int\frac{\cos x\times\sec x}{1}dx$$

$$(\leftarrow \sec x=1/\cos x)$$

$$=-\cos x\int\frac{\sin x}{\cos x}dx+\sin x\int dx$$

$$=-\cos x\times(-\ln|\cos x|)+\sin x\times x$$

$$=\cos x\ln|\cos x|+x\sin x \qquad \cdots ③$$

이다. 따라서 제차방정식의 일반해는

$$y_h=A\cos x+B\sin x\ \ (A,\ B\text{는 상수}) \qquad \cdots ④$$

이므로 주어진 미분방정식의 일반해는 다음과 같다.

$$y=y_h+y_p=A\cos x+B\sin x+\cos x\ln|\cos x|+x\sin x \qquad \cdots ⑤$$

예제 9.5.2 다음 비제차미분방정식의 일반해를 구하여라.

$$y''-2y'+y=\frac{e^x}{x}$$

풀이 특성방정식 $\lambda^2-2\lambda+1=(\lambda-1)^2=0$이 중근 $\lambda=1$을 가지므로 제차방정식의 두 기저는 e^x, xe^x이다. 여기에서

$$y_1=e^x,\ \ y_2=xe^x \qquad \cdots ①$$

으로 하면 Wronskian은

$$W=y_1y_2'-y_2y_1'=e^x\times(e^x+xe^x)-xe^x\times(e^x)=e^{2x} \qquad \cdots ②$$

이고, $r=e^x/x$이므로 특수해는

$$y_p(x)=-y_1\int\frac{y_2r}{W}dx+y_2\int\frac{y_1r}{W}dx$$

$$=-e^x\int\frac{xe^x\times(e^x/x)}{e^{2x}}dx+xe^x\int\frac{e^x\times(e^x/x)}{e^{2x}}dx$$

$$=-e^x\int dx+xe^x\int\frac{1}{x}dx$$

$$=-e^x\times x+xe^x\times(\ln|x|)$$

$$=-xe^x+xe^x\ln|x|$$

$$=xe^x(-1+\ln|x|) \qquad \cdots ③$$

이다. 따라서 제차방정식의 일반해는

$$y_h = (c_1 + c_2 x)e^x \quad (c_1,\ c_2\text{는 상수}) \qquad \cdots④$$

이므로 주어진 미분방정식의 일반해는 다음과 같다.

$$y = y_h + y_p = (c_1 + c_2 x)e^x + xe^x(-1 + \ln|x|) \qquad \cdots⑤$$

예제 9.5.3 다음 비제차미분방정식의 일반해를 구하여라.

$$y'' + 2y' + 2y = \frac{1}{e^x \sin x}$$

풀이 특성방정식 $\lambda^2 + 2\lambda + 2 = 0$이 허근 $\lambda = -1 \pm i$을 가지므로 제차방정식의 두 기저는 $e^{-x}\cos x$, $e^{-x}\sin x$이다. 여기에서

$$y_1 = e^{-x}\cos x,\ y_2 = e^{-x}\sin x \qquad \cdots①$$

로 한다. Wronskian은

$$\begin{aligned} W &= y_1 y_2' - y_2 y_1' \\ &= e^{-x}\cos x \times (-e^{-x}\sin x + e^{-x}\cos x) \\ &\quad - e^{-x}\sin x \times (-e^{-x}\cos x - e^{-x}\sin x) \\ &= e^{-2x}(\cos^2 x + \sin^2 x) \\ &= e^{-2x} \end{aligned} \qquad \cdots②$$

이고, $r = \dfrac{1}{e^x \sin x}$이므로 특수해는

$$\begin{aligned} y_p(x) &= -y_1 \int \frac{y_2 r}{W} dx + y_2 \int \frac{y_1 r}{W} dx \\ &= -e^{-x}\cos x \int \frac{e^{-x}\sin x \times (1/e^x \sin x)}{e^{-2x}} dx \\ &\quad + e^{-x}\sin x \int \frac{e^{-x}\cos x \times (1/e^x \sin x)}{e^{-2x}} dx \\ &= -e^{-x}\cos x \int dx + e^{-x}\sin x \int \frac{\cos x}{\sin x} dx \\ &= -e^{-x}\cos x \times (x) + e^{-x}\sin x \times \ln|\sin x| \\ &= -xe^{-x}\cos x + e^{-x}\sin x \ln|\sin x| \end{aligned} \qquad \cdots③$$

이다. 따라서 제차방정식의 일반해는

$$y_h = e^{-x}(A\cos x + B\sin x) \ (A, \ B\text{는 상수}) \quad \cdots ④$$

이므로 주어진 미분방정식의 일반해는 다음과 같다.

$$\begin{aligned} y &= y_h + y_p \\ &= e^{-x}(A\cos x + B\sin x) - xe^{-x}\cos x + e^{-x}\sin x \ln|\sin x| \quad \cdots ⑤ \end{aligned}$$

9.5 연습문제

1*. 다음 미분방정식을 풀어라.

(1) $y'' + y = \csc x$

(2) $y'' + 4y = \sec 2x$

(3) $y'' + 9y = \csc 3x$

(4) $y'' + 2y' + y = e^{-x}\cos x$

(5) $y'' + 2y' + y = \dfrac{e^{-x}}{x}$

(6) $y'' - 4y' + 4y = \dfrac{e^{2x}}{x}$

(7) $y'' - 2y' + y = \dfrac{e^{x}}{x^2}$

(8) $y'' - 2y' + y = 20x^3 e^x$

(9) $y'' - 2y' + 2y = e^x \sec x$

(10) $y'' - 2y' + 2y = e^x \csc x$

(11) $y'' - 2y' + 5y = e^x \csc 2x$

(12) $y'' - 2y' + 5y = e^x \sec 2x$

(13) $y'' - 2y' + y = e^x \ln x$

(14) $y'' + 6y' + 9y = \dfrac{2e^{-3x}}{1+x^2}$

(15) $y'' + 2y' + 2y = 2e^{-x}\sec^3 x$

(16) $y'' - 2y' + y = \dfrac{2e^{x}}{1+x^2}$

† $\displaystyle\int \frac{1}{1+x^2}dx = \tan^{-1}x,\quad \int \frac{2x}{1+x^2}dx = \ln(1+x^2)$

$\displaystyle\sec x = \frac{1}{\cos x},\quad \int \sec^2 x\,dx = \tan x,\quad \int \frac{2\sin x}{\cos^3 x}dx = \frac{1}{\cos^2 x} = \sec^2 x$

2*. 다음 방정식 ①에 대한 물음에 답하여라.

$$y'' - 2y' + y = 15\sqrt{x}\,e^x + x \qquad \cdots ①$$

(1) 제차방정식 $y'' - 2y' + y = 0$의 일반해를 구하여라.

(2) 매개변수 변화법으로 비제차방정식 $y'' - 2y' + y = 15\sqrt{x}\,e^x$의 특수해를 구하여라.

(3) 미정계수법으로 $y'' - 2y' + y = x$의 특수해를 구하여라.

(4) 식 ①의 일반해를 구하여라.

연습문제 풀이 및 정답

1.1 연습문제

1. (1) x (2) $-6x+3$ (3) $x-1$
   (4) $13x-13y$ (5) $-16x+44y-19$ (6) $7x-4$
   (7) $-30x-6$ (8) $10x-6y+13$ (9) $-8x+10y$

2. $(\ )=-x-5$

3. $A=-6x-5,\quad B=4x+6,\quad C=5x,\quad D=x-1$

4. $$-\frac{2}{3}(4x-y+6)+\frac{1}{2}(5x-3y+8)=\left(-\frac{8}{3}+\frac{5}{2}\right)x+\left(\frac{2}{3}-\frac{3}{2}\right)y+(-4+4)$$
$$=-\frac{1}{6}x-\frac{5}{6}y=-\frac{1}{6}\times 3-\frac{5}{6}\times\left(-\frac{1}{5}\right)=-\frac{1}{3}$$

5. $$2(A-B)-3(A-2B)-5B=(2-3)A+(-2+6-5)B=-A-B$$
$$=-2x-3y+x+2y=-x-y$$

1.2 연습문제

1. (1) 1

   (2) $\frac{3}{2}$: 계수가 소수이므로 양변에 10을 곱하여 계수를 정수로 바꾸어 계산한다.

   (3) $-\frac{2}{3}$: 계수가 분수이므로 양변에 6을 곱하여 계수를 모두 정수로 바꾸어 계산한다.

   (4) $-\frac{5}{3}$: 양변에 10을 곱한 후 다시 2를 곱하여 계수를 모두 정수로 바꾸어 계산한다.

   (5) $3(a-1)x=2(a-1)$

   $a\neq 1$이면 $x=\frac{2}{3}$, $a=1$이면 모든 수 (부정)

   † 계수가 소수 혹은 분수이면 양변에 적당한 수를 곱하여 계수를 정수로 바꾼 후 계산하는 것이 편리하다.

2. (1) $x=y=-2$ (2) $x=3,\ y=0$
   (3) $x=3,\ y=-2$ (4) $x=2,\ y=-4$
   (5) $x=-4,\ y=3$ (6) $x=3,\ y=1$

3. 세로의 길이를 x라 하면 가로의 길이는 $x+3$이므로
   둘레의 길이는 $2x+2(x+3)=14,\ 4x=8\quad \therefore\ x=2$ [m]

4. 세 수를 각각 $n-2,\ n,\ n+2$로 하면
$$(n-2)+n+(n+2)=45,\quad 3n=45\quad \therefore\ n=15$$

이므로 세 수는 13, 15, 17이다.

5. $F = ma = m \times \dfrac{v - v_0}{t} = 10 \times \dfrac{15-5}{5} = 20\ [\mathrm{N}]$

6. 큰 수를 x, 작은 수를 y라 하면

$$x + y = 56, \quad x - y = 14 \quad \therefore\ x = 35,\ y = 21$$

7. 큰 수를 x, 작은 수를 y라 하면

$$x + y = 32, \quad x = 5y + 2 \quad \therefore\ x = 27,\ y = 5$$

8. 십의 자리수를 x, 일의 자리수를 y라고 한다.

각 자리 숫자의 합은 8이므로

$$x + y = 8 \qquad \cdots ①$$

이다. 이 수의 십의 자리와 일의 자리를 바꾼 수($10y + x$)는 처음 수($10x + y$)의 2배보다 17이 더 작으므로

$$10y + x = 2(10x + y) - 17 \quad \therefore\ 19x - 8y = 17 \qquad \cdots ②$$

이다. ①, ②를 연립하여 풀면 $x = 3$, $y = 5$이므로 구하고자 하는 처음 수는 35이다.

9. 올라간 거리를 x라 하면 내려간 거리는 $x + 3$이고, $t = \dfrac{s}{v}$이므로 올라갈 때와 내려갈 때 걸린 시간은 각각 $x/3$, $(x+3)/4$이다.

$$\frac{x}{3} + \frac{x+3}{4} = 6, \quad 4x + 3(x+3) = 6 \times 12,\ 7x = 63 \ \therefore\ x = 9\ [\mathrm{km}]$$

10. 두 지점 A, B 사이의 거리를 $x\,[\mathrm{km}]$라 하면

$$\frac{x}{60} = \frac{x}{70} + \frac{5}{60}, \quad 7x = 6x + 5 \times 7 \quad \therefore\ x = 35\ [\mathrm{km}]$$

11. 처음 속도 $v_0 = 126\,\mathrm{km/h} = \dfrac{126 \times 1000\mathrm{m}}{3600\mathrm{s}} = 35\mathrm{m/s}$이므로 다음과 같이 자동차가 정지할 때까지 걸린 시간이 구해진다.

$$0 = v_0 + at \quad \therefore\ t = -\frac{v_0}{a} = -\frac{35\mathrm{m/s}}{(-3.5\mathrm{m/s^2})} = 10\mathrm{s}$$

12. 소금의 양은 일정하다. 더 넣은 물의 양을 x라 하면

$$500 \times \frac{10}{100} = (500 + x) \times \frac{8}{100} \ \rightarrow\ 5000 = 4000 + 8x$$

$$\therefore\ x = 125\ [\mathrm{g}]$$

13. 늘어난 가로의 길이를 $x\ [\mathrm{m}]$라 한다.

처음 넓이 $= 5 \times 7 = 35\ [\mathrm{m^2}]$, 나중 넓이 $= (5+2) \times (7+x)\ [\mathrm{m^2}]$

이므로 x는 다음과 같다.

$$(5+2) \times (7+x) = 2 \times 35 \ \rightarrow\ 49 + 7x = 70$$

$$\therefore\ x = 3\ [\mathrm{m}]$$

14. 회원 수를 x라 한다. 500원씩 모으면 1500원이 모자라므로 필요한 금액은 $500x + 1500$이고,

600원씩 모으면 2000원이 남으므로 필요한 금액은 $600x-2000$이다. 따라서 x는 다음과 같다.

$$500x+1500=600x-2000 \quad \therefore\ x=35[\text{명}]$$

1.3 연습문제

1. (1) $8x^2-2x-15$ (2) $-6x^2+11xy-4y^2$
   (3) $x^2-y^2-z^2-2yz$ (4) $x^2-4xy+4y^2-1$

2. 준 식은 다음과 같다.

$$(7+6x+5x^2+4x^3+3x^4+2x^5+x^6)\times(7+6x+5x^2+4x^3+3x^4+2x^5+x^6)$$

이 식을 전개하였을 때 x^3은 (상수$\times x^3$) 또는 $(x\times x^2)$으로 만들어지므로

x^3의 계수는 $7\times4+6\times5+5\times6+4\times7=116$이다.

3. $x^2-3x+1=0$의 양변을 x로 나누면 $x-3+\dfrac{1}{x}=0 \ \therefore x+\dfrac{1}{x}=3$

$$\therefore\ x^2+\frac{1}{x^2}=\left(x+\frac{1}{x}\right)^2-2=3^2-2=7$$

$$x^3+\frac{1}{x^3}=\left(x+\frac{1}{x}\right)^3-3\left(x+\frac{1}{x}\right)=3^3-3\times3=18$$

$$\therefore\ x^3+x^2+x+\frac{1}{x}+\frac{1}{x^2}+\frac{1}{x^3}=18+7+3=28$$

4. x^2항의 계수 $2a-1=7$에서 $a=4$이다. 따라서 상수항은 $-a=-4$이다.

5. $x=y=z=1$을 대입하면 계수의 총합은

$$(2-3+4-5)(-5+4-3+2)=(-2)\times(-2)=4\text{이다.}$$

6. 몫은 $3x^2+4x+9$, 나머지는 19

7. $x+y=4,\quad xy=(2+\sqrt{3})(2-\sqrt{3})=4-3=1$
   (1) $x^2+y^2=(x+y)^2-2xy=4^2-2\times1=14$
   (2) $\dfrac{y}{x}+\dfrac{x}{y}=\dfrac{y^2+x^2}{xy}=\dfrac{14}{1}=14$

8. $x+y=2,\ xy=(1+\sqrt{2})(1-\sqrt{2})=1-2=-1$

   $\therefore\ x^2+y^2=(x+y)^2-2xy=2^2-2\times(-1)=6$

   $\therefore\ x^4+y^4=(x^2+y^2)^2-2(xy)^2=6^2-2\times(-1)^2=34$

9. (1) $x^2-4xy+y^2=(x+y)^2-6xy=3^2-6\times5=-21$
   (2) $\dfrac{y^2}{x}+\dfrac{x^2}{y}=\dfrac{x^3+y^3}{xy}=\dfrac{(x+y)^3-3xy(x+y)}{xy}=\dfrac{3^3-3\times5\times3}{5}=-\dfrac{18}{5}$

10. 조건식 $\dfrac{1}{x}+\dfrac{1}{y}=6$에서 $\dfrac{x+y}{xy}=6$이므로 $x+y=6xy$이다.

$$\therefore \quad \frac{x+y}{x-2xy+y}=\frac{x+y}{(x+y)-2xy}=\frac{6xy}{6xy-2xy}=\frac{3}{2}$$

11. $(x+y)^2=x^2+2xy+y^2 \rightarrow (\sqrt{3})^2=7+2xy \rightarrow xy=-2$

$$\therefore \quad x^4+y^4=(x^2+y^2)^2-2(xy)^2=7^2-2(-2)^2=41$$

1.4 연습문제

1. (1) $a=1,\ b=1$ (2) $a=1,\ b=-2,\ c=4$
(3) $a=-1,\ b=2,\ c=2$ (4) $a=1,\ b=2,\ c=3$
(5) $a=1,\ b=-1,\ c=-2$

2. (1) $a=3,\ b=-1,\ c=5$ (2) $a=3,\ b=-5,\ c=4$

3. $ax(x-1)+bx(x-2)+c(x-1)(x-2)=2x^2-x-2$
준 식에 $x=0,\ x=1,\ x=2$를 대입하면 $a=2, b=1, c=-1$가 구해진다.

4. $(2x+1)(-x-2)(3x+2)(-5x-4)=Ax^4+Bx^3+Cx^2+Dx+E$
좌변에서 x^4의 계수는 $2\times(-1)\times3\times(-5)=A$이므로 $A=30$이고, 상수항은 $1\times(-2)\times2\times(-4)=E$이므로 $E=16$이다.
그리고 준 식의 양변에 $x=-1$을 대입하면

$$(-1)\times(-1)\times(-1)\times1=A-B+C-D+E$$

이다. 따라서 $B-C+D=A+E+1=30+16+1=47$이다.

5. $\dfrac{x+4}{(x-2)(x+2)}=\dfrac{a}{x+2}+\dfrac{b}{x-2}=\dfrac{a(x-2)+b(x+2)}{(x+2)(x-2)}$
첫 번째 식과 마지막 식의 분자를 비교하면

$$x+4=a(x-2)+b(x+2)$$

가 된다. 이 식에 $x=2$를 대입하면 $b=\dfrac{3}{2}$, $x=-2$를 대입하면 $c=-\dfrac{1}{2}$이 구해진다.

6. $\dfrac{3x+1}{x(x+1)^2}=\dfrac{a}{x}+\dfrac{b}{x+1}+\dfrac{c}{(x+1)^2}=\dfrac{a(x+1)^2+bx(x+1)+cx}{x(x+1)^2}$
첫 번째 식과 마지막 식의 분자를 비교하면

$$3x+1=a(x+1)^2+bx(x+1)+cx$$

가 된다. 이 식에 $x=0$을 대입하면 $a=1$, $x=-1$을 대입하면 $c=2$가 구해진다. 그리고 우변에서 2차항(x^2)의 계수 $a+b=0$이 되어야 하므로 $b=-a=-1$이다.

7. 준 식 $(x-1)(x^2-2)f(x)=x^4+ax^2+b$에서 $x=1,\ x^2=2$를 대입하면

$$0=1+a+b,\ 0=2^2+2a+b$$

의 관계식이 얻어진다. 이 식으로부터 $a=-3,\ b=2$가 구해진다.

1.5 연습문제

1. (1) $(a-2)(b-1)$ (2) $(a-b)(x-y)$
   (3) $(x-a)(x-1)$ (4) $(3x-4y)^2$
   (5) $(2x-3)(6x+7)$ (6) $(x+2y)(2x-3y)$
2. (1) $(x-1)(x+1)(x^2+1)(x^4+1)$ (2) $(a+4)(a^2-4a+16)$
   (3) $(x-y-z)(x+y-z)$ (4) $(a-b)(a+c)$
   (5) $(x-y+2)(x+y-3)$ (6) $(x^2-x-4)(x^2-x-10)$
3. 49
4. -28 : $a^3+b^3=(a+b)(a^2-ab+b^2)$, $a^2+b^2=(a+b)^2-2ab$
5. $a=2027$로 하여 인수분해하면 $A=a-1=2026$
6. 몫 : x^3-2x^2+2x-1, 나머지 : 6
7. $a=4$, $b=-10$
8. (1) $(x+1)(x^2-x+3)$ (2) $(x+1)(x-2)(x-3)$
9. $$\begin{aligned} x^2-6xy+5y^2-x-3y-2 &= x^2-x(6y+1)+5y^2-3y-2 \\ &= x^2-x(6y+1)+(5y+2)(y-1) \\ &= \{x-(5y+2)\}\{x-(y-1)\}=(x-5y-2)(x-y+1) \end{aligned}$$
10. $$\begin{aligned} x^4+x^2+1 &= (x^4+2x^2+1)-x^2 \\ &= (x^2+1)^2-x^2 \\ &= (x^2+1-x)(x^2+1+x)=(x^2-x+1)(x^2+x+1) \end{aligned}$$

2.1 연습문제

1. (1) $\sqrt{10}-3$ (2) 5 (3) a^2+3a+3 (4) $2-\sqrt{2}$
2. (1) $3\sqrt{3}-3$ (2) $\dfrac{\sqrt{2}}{2}$
3. (1) $-\sqrt{2}-\sqrt{7}$ (2) $\sqrt{3}-1$
4. $a=\dfrac{2}{5}$, $b=\dfrac{5}{12}$ $\therefore$ $ab=\dfrac{1}{6}$
5. $$\sqrt{0.5}+\sqrt{500}=\sqrt{\frac{50}{100}}+\sqrt{5\cdot 100}=\frac{\sqrt{50}}{10}+10\sqrt{5}=\frac{1}{10}b+10a$$
   $$\therefore\ x=10,\ y=\frac{1}{10}$$

6. $a=4, b=-1$

7. $a=3,\ b=-2$

8. $a=-\frac{3}{2},\ b=1$

9. (1) $-4+2i$ (2) 0 (3) -13

(4) 4 (5) $5-5i$ (6) $\frac{8}{5}$

10. $\alpha^2\beta+\alpha\beta^2=\alpha\beta(\alpha+\beta)=33-9i$

11. $a=2, b=-3$

12. $a=10, b=-5$

13. $z^2=\left(\frac{1+i}{\sqrt{2}}\right)^2=\frac{2i}{2}=i \quad \therefore\ z^6=z^4\cdot z^2=-i, \quad z^8=(z^2)^4=1$

$\therefore\ a=1, b=-1$

14. $z^2=\left(\frac{1-i}{\sqrt{2}}\right)^2=\frac{-2i}{2}=-i$이므로

$z^4=(-i)^2=-1,\ z^6=z^4\times z^2=(-1)\times(-i)=i$

$\rightarrow\ z^6+z^4=i-1=a+bi \quad \therefore\ a=-1,\ b=1$

15. $i^2=-1,\ i^3=i^2\cdot i=-i,\ i^4=1$을 이용하여 $i^3,\ i^6,\ i^9$을 계산한다.

$i^3=-i, \quad i^6=i^4\cdot i^2=i^2=-1, \quad i^9=(i^4)^2\cdot i=i$

$\therefore\ \frac{3}{i^3}+\frac{2}{i^6}+\frac{7}{i^9}=-\frac{3}{i}+\frac{2}{-1}+\frac{7}{i}=3i-2-7i \quad \left(\leftarrow i^2=-1,\ \frac{1}{i}=-i\right)$

$=-2-4i=a+bi$

$\therefore\ a=-2, \quad b=-4$

16. $\frac{1+i}{1-i}=\frac{(1+i)^2}{(1-i)(1+i)}=\frac{2i}{2}=i$

$\therefore\ f\left(\frac{1+i}{1-i}\right)=f(i)=i^6+2i^5+i^4+3i^3+i^2+4i+1$

$=-1+2i+1-3i-1+4i+1=3i=a+bi$

$\therefore\ a=0, b=3$

2.2 연습문제

1. (1) $-3, -5$ (2) $-3, 7$ (3) $-\frac{5}{4}, 3$

(4) $\frac{1}{6}, -\frac{5}{2}$ (5) $\pm i$ (6) $-2\pm\sqrt{7}$

2. $k=4,\ a=8$

3. (1) $\sqrt{5}$ (2) 7

4. $a=-4, b=1$

5. $a=-2, b=\frac{3}{2}$

6. $a=\frac{25}{4}$, 근$=-\frac{5}{2}$

7. $k=3$

8. $x^2+4x+1=0$

9. $\alpha=-1,\ \beta=3\ \therefore\ k=1, 3$

10. 한 근을 $2m$으로 하면 다른 한 근은 $3m$이고 근과 계수의 관계식을 이용하여 m의 값을 먼저 구한다. $\alpha=\frac{2}{3}$, $\beta=1\ \therefore\ k=2$

11. $2x^2+4x-1=0$

12. (1) $\alpha\beta(\alpha+\beta)=2$ (2) $\frac{\alpha+\beta}{\alpha\beta}=\frac{1}{2}$

(3) $(\alpha+\beta)^2-2\alpha\beta=-3$ (4) $(\alpha+\beta)+\alpha\beta+1=4$

13. 두 근은 -1, β이고 근과 계수의 관계식을 이용한다. $k=-3,\ \beta=\frac{5}{2}$

14. 처음 정사각형의 한 변의 길이를 x[m] $(x>0)$라 하면

$$(x+4)(x-4)=\frac{3}{4}x^2 \rightarrow x^2-16=\frac{3}{4}x^2$$

$$\frac{1}{4}x^2=16 \quad \therefore\ x=8\ [\mathrm{m}]$$

15. $a=6,\ b=8,\ c=10$

16. $3m=m^2-40 \quad \therefore\ m=8$

17. 12m : 직사각형의 가로와 세로의 길이는 각각 12m, 3m이다.

18. $\pi(x+3)^2=2\pi x^2,\ x^2-6x-9=0 \quad \therefore\ x=3+3\sqrt{2}\ [\mathrm{m}]\ (\because\ x>0)$

† 반지름 r인 원의 넓이는 πr^2

19. 처음 값을 A라 하면 $A\left(1+\frac{x}{100}\right)\left(1-\frac{x}{100}\right)=A\left(1-\frac{4}{100}\right)$이므로

$$1-\left(\frac{x}{100}\right)^2=1-\frac{4}{100}$$

$$\therefore\ x=20$$

2.3 연습문제

1. (1) $x \geq 2$ (2) $x \leq 0$

   (3) $x > 1$ (4) $x \leq -0.7$

2. $x < a+2 \quad \therefore \; a=1$

3. $2x-(x-5) < 4x+2$의 해는 $x>1$이고,

   $4x+k > 3-2(x-1)$의 해는 $x > \dfrac{5-k}{6} \; \rightarrow \; \dfrac{5-k}{6}=1 \quad \therefore \; k=-1$

4. $(k-1)x \; < \; -3(k-1)$, 여기에서 $k-1<0$이므로 $x>-3$

5. 부등호의 방향이 바뀌었으므로 $a<3$이고 이때 $x < \dfrac{b}{a-3}$가 된다. 그런데 부등식의 해가 $x<\dfrac{1}{4}$이므로 $\dfrac{b}{a-3}=\dfrac{1}{4}$이다.

   $b^2=1$이면 $b=1$ 또는 $b=-1$이다.

   ① $b=1$일 때 $\dfrac{1}{a-3}=\dfrac{1}{4}$에서 $a=7$이 되는데 이것은 $a<3$을 만족하지 않으므로 해가 아니다.

   ② $b=-1$일 때 $\dfrac{-1}{a-3}=\dfrac{1}{4}$에서 $a=-1$이고, 이것은 $a<3$을 만족한다. 따라서 구하는 a의 값은 -1이다.

6. (1) $-4 \leq x \leq 1$ (2) $x < -5$

7. (1) $3+1 \leq x+y \leq 5+2 \quad \therefore \; 4 \leq x+y \leq 7$

   (2) $-6 \leq -3y \leq -3 \quad \therefore \; 3-6 \leq x-3y \leq 5-3 \quad \therefore \; -3 \leq x-3y \leq 2$

8. $ax-2 > bx+3$에서 $(a-b)x>5$

   $$\therefore \; x < \frac{5}{a-b} \; (\because \; a-b<0\text{이므로 부등호의 방향이 바뀐다.})$$

9. $38 < (m-2)+m+(m+2) < 46, \; 38 < 3m < 46$

   $$\therefore \; 12.66\cdots < m < 15.33\cdots$$

   $$\therefore \; m=14 \; (\because \; m\text{은 짝수})$$

   따라서 구하는 세 짝수는 12, 14, 16이다.

10. 삼각형이 될 조건은 (가장 긴 변) < (나머지 두 변의 합)이다.

    $$x+7 < x+(x+3) \quad \therefore \; x>4$$

11. 연속하는 세 정수를 $n-1, \; n, \; n+1$로 한다.

    $$(n-1)+n+(n+1) > 23 \quad \therefore \; n=8, 9, 10, \cdots$$

    $$(n-1)+n-(n+1) < 7 \quad \therefore \; n=8, 7, 6, \cdots$$

    따라서 $n=8$이므로 구하는 세 수는 7, 8, 9이다.

2.4 연습문제

1. (1) $x > 2$ 또는 $x < -2$　(2) $2 \le x \le 4$　(3) $x = -2$

(4) ①의 해는 $x \le 1$ 또는 $x \ge 2$, ②의 해는 $-3 < x < 4$

$\therefore$ 연립부등식의 해는 $-3 < x \le 1,\ 2 \le x < 4$

2. $\alpha = -2, \beta = 3$

3. $a = -2, b = -1$

4. ① $k > 3$: $x > k$ 또는 $x < 3$

② $k = 3$: $x \ne 3$인 모든 수

③ $k < 3$: $x > 3$ 또는 $x < k$

5. $-4 \le k \le 4$

6. $-1 - \sqrt{5} < x < -1 + \sqrt{5}$　$\therefore\ x = -3,\ -2,\ -1,\ 0,\ 1$

7. $D/4 = k^2 + k(k-3) \ge 0,\ k(2k-3) \ge 0$

$\therefore\ k \ge \dfrac{3}{2}$ 또는 $k \le 0$

8. 가로와 세로의 길이를 각각 x[cm], y[cm]이라 하면 둘레의 길이에서

$$2(x+y) = 22 \quad \therefore\ y = 11 - x$$

가로(x) 길이가 세로(y) 길이보다 길거나 같으므로

$$x \ge 11 - x \quad \therefore\ x \ge \frac{11}{2} = 5.5 \qquad \cdots①$$

직사각형의 넓이 조건에서

$$x(11-x) \ge 24, \quad (x-3)(x-8) \le 0 \quad \therefore\ 3 \le x \le 8 \qquad \cdots②$$

이다. ①, ②를 동시에 만족하는 x의 범위는 $5.5 \le x \le 8$이므로 가로(x) 길이의 최댓값과 최솟값은 각각 8[cm], 5.5[cm]이다.

9. $h = 45t - 5t^2 \ge 70,\ 5(t^2 - 9t + 14) \le 0,\ 5(t-2)(t-7) \le 0$

$\therefore\ 2 \le t \le 7$

즉, $h \ge 70$[m]가 되는 시간은 $2 \le t \le 7$이므로 $7 - 2 = 5$[초] 동안 물체가 70m 이상의 높이에 존재한다.

10. 피타고라스 정리 $a^2 + b^2 = c^2$을 이용한다. 가로와 세로가 각각 $7 - x$, $2 + x$인 직사각형의 대각선의 길이는 $\sqrt{(7-x)^2 + (2+x)^2}$ 이므로

$$(7-x)^2 + (2+x)^2 \le (3\sqrt{5})^2 \ \rightarrow\ x^2 - 5x + 4 \le 0$$

$$(x-1)(x-4) \le 0$$

$$\therefore\ 1 \le x \le 4$$

2.5 연습문제

1. $(\sqrt{2(a+b)})^2-(\sqrt{a}+\sqrt{b})^2=2(a+b)-(a+2\sqrt{a}\sqrt{b}+b)$

$$=a-2\sqrt{a}\sqrt{b}+b=(\sqrt{a}-\sqrt{b})^2 \geq 0$$

$\therefore\ (\sqrt{2(a+b)})^2 \geq (\sqrt{a}+\sqrt{b})^2$

여기에서 $\sqrt{2(a+b)}>0$, $\sqrt{a}+\sqrt{b}>0$

$\therefore\ \sqrt{2(a+b)} \geq \sqrt{a}+\sqrt{b}$ (단, 등호는 $a=b$일 때 성립한다.)

2. $3^x+3^{-x} \geq 2\sqrt{3^x \times 3^{-x}}=2 \quad \therefore\ y_{\min}=2$

3. $\dfrac{a+b}{2} \geq \sqrt{ab}$, $\dfrac{10}{2} \geq \sqrt{ab} \quad \therefore\ 25 \geq ab$: 따라서 ab의 최댓값은 25이다.

4. $a+b \geq 2\sqrt{ab}$, $a+b \geq 2\sqrt{36}=12 \quad \therefore\ a+b \geq 12$

따라서 $a+b$의 최솟값은 12이다.

5. $3a+5b \geq 2\sqrt{3a \cdot 5b}=2\sqrt{3 \cdot 5ab}=2\sqrt{3 \cdot 5 \cdot 3}=6\sqrt{5}$

$$\therefore\ 3a+5b \geq 6\sqrt{5}$$

따라서 $3a+5b$의 최솟값은 $6\sqrt{5}$이다.

6. (1) 최솟값 2 : $a+\dfrac{1}{a} \geq 2\sqrt{a \times \dfrac{1}{a}}=2$

(2) 최솟값 12 : $4a+\dfrac{9}{a} \geq 2\sqrt{(4a) \times \dfrac{9}{a}}=2\sqrt{4 \times 9}=2\sqrt{36}=2 \times 6=12$

(3) 최솟값 4 : $(a+b)\left(\dfrac{1}{a}+\dfrac{1}{b}\right)=2+\dfrac{b}{a}+\dfrac{a}{b}$

$$\frac{b}{a}+\frac{a}{b} \geq 2\sqrt{\frac{b}{a} \times \frac{a}{b}}=2$$

(4) 최솟값 9 : $\left(a+\dfrac{1}{b}\right)\left(b+\dfrac{4}{a}\right)=ab+\dfrac{4}{ab}+5$

$$ab+\frac{4}{ab} \geq 2\sqrt{ab \times \frac{4}{ab}}=2\sqrt{4}=2 \times 2=4$$

7. $\left(\dfrac{b}{a}+\dfrac{d}{c}\right)\left(\dfrac{a}{b}+\dfrac{c}{d}\right)=1+\dfrac{bc}{ad}+\dfrac{ad}{bc}+1$

$$=2+\frac{bc}{ad}+\frac{ad}{bc} \geq 2+2\sqrt{\frac{bc}{ad} \cdot \frac{ad}{bc}}=4$$

$\therefore\ \left(\dfrac{b}{a}+\dfrac{d}{c}\right)\left(\dfrac{a}{b}+\dfrac{c}{d}\right)$의 최솟값은 4이다.

8. 최솟값 4 :

$$a+\frac{1}{a-2}=a-2+\frac{1}{a-2}+2$$

$$a-2+\frac{1}{a-2} \geq 2\sqrt{(a-2)\times\frac{1}{a-2}}=2$$

9. $x+\frac{1}{x}+\frac{3x}{x^2+1}=\frac{x^2+1}{x}+\frac{3x}{x^2+1} \geq 2\sqrt{\left(\frac{x^2+1}{x}\right)\times\left(\frac{3x}{x^2+1}\right)} \geq 2\sqrt{3}$

   $\therefore$ 최솟값은 $2\sqrt{3}$

10. $(3^2+4^2)(x^2+y^2) \geq (3x+4y)^2$, $25\times 9 \geq (3x+4y)^2$

    $\therefore -15 \leq 3x+4y \leq 15$

11. $3a+5b \geq 2\sqrt{3a\cdot 5b}$, 여기에서 $3a+5b=10$

    $\therefore 10 \geq 2\sqrt{15ab}$

    $\therefore (\sqrt{3a}+\sqrt{5b})^2=3a+5b+2\sqrt{15ab}=10+2\sqrt{15ab} \leq 10+10=20$

    따라서 $x=\sqrt{3a}+\sqrt{5b}$로 하면

    $$x^2 \leq 20 \quad \therefore -\sqrt{20} \leq x \leq \sqrt{20}$$

    여기에서 $x>0$이므로 $0<x \leq \sqrt{20}=2\sqrt{5}$이다. 따라서 $\sqrt{3a}+\sqrt{5b}$의 최댓값은 $2\sqrt{5}$이다.

12. 피타고라스 정리에 의해 $a^2+b^2=6^2=36$이므로

    $$a^2+b^2 \geq 2\sqrt{a^2\times b^2}=2ab$$

    $$36 \geq 2ab \quad \therefore 18 \geq ab$$

    $$\therefore \text{넓이의 최댓값} \quad S_{max}=\frac{1}{2}ab=\frac{1}{2}\times 18=9$$

3.1 연습문제

1. (1) $-1 \leq y \leq 5$　　(2) $1 \leq y \leq 5$
2. (1) $y=x^2+3$　　(2) $y=x^2+2x+3$　　(3) $y=x^2+4$
3. $x=-2$
4. $\frac{x-1}{2}=X$로 하면 $f(X)=2(2X+1)+3$ $\quad\therefore f(2)=13$
5. $x+3=X$로 하면 $f(X)=(X-3)^2+2(X-3)+3$ $\quad\therefore f(1)=3$
6. (1) $y=-2x+6$　　(2) $y=x^2-2$
7. $a=1, b=-2$
8. $f^{-1}(x)=x+1$, $g(f^{-1}(1))=g(2)=3$
9. $1-x=X$로 하면 $x=1-X$이고 $f(X)=2(1-X)$ $\quad\therefore f(x)=2(1-x)$
10. $x-1=X$로 하면 $x=1+X$이고 $f(X)=(1+X)^2$ $\quad\therefore f(x)=(1+x)^2$
11. $(f\circ f)(3)=f(3+k)=(3+k)+k=k$ $\quad\therefore k=-3$

3.2 연습문제

1. (1) $y=-2x+1$　　(2) $y=-\dfrac{3}{2}x+3$

(3) $y=2x-1$　　(4) $y=x+3$

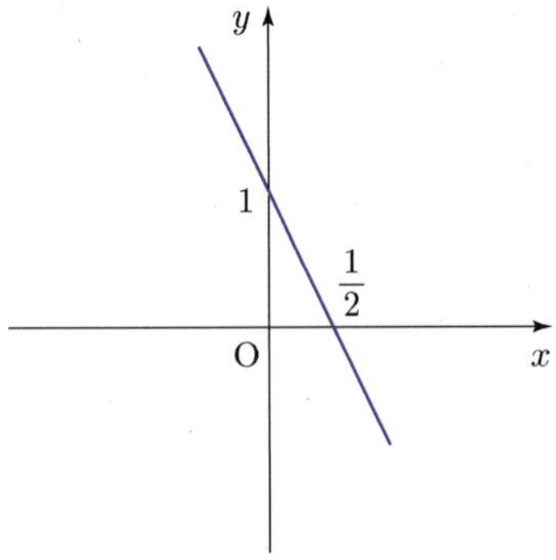

(1)

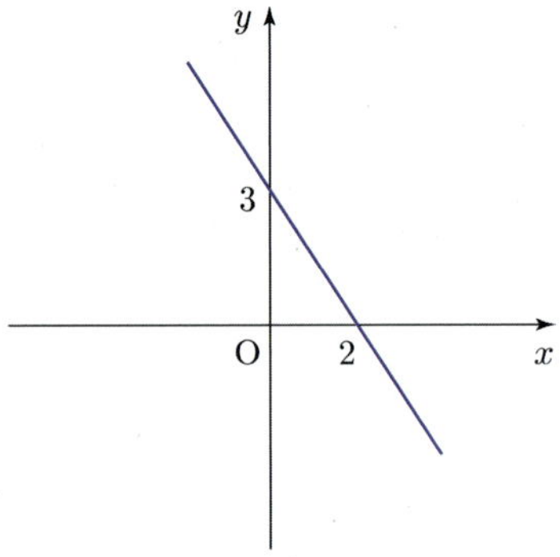

(2)

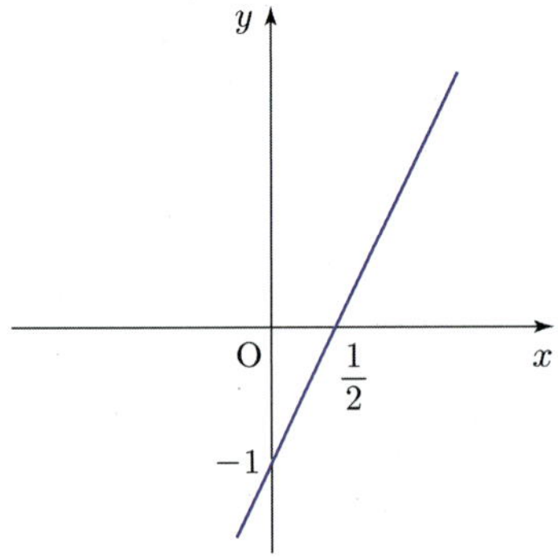

(3)

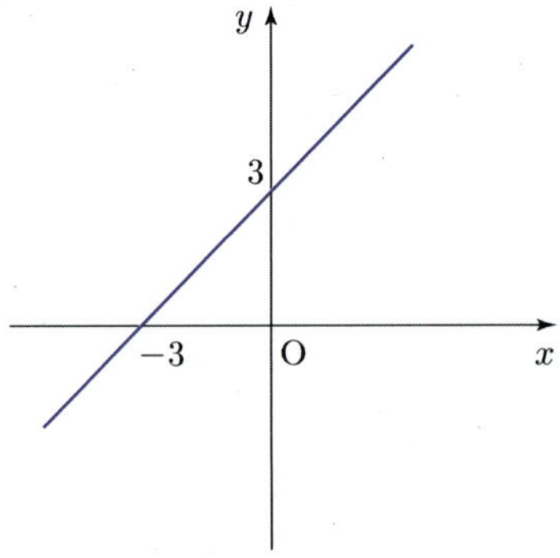

(4)

2. (1) 꼭짓점 $(0,\ -4)$, 대칭축 $x=0$

(2) 꼭짓점 $(0,\ 9)$, 대칭축 $x=0$

(3) $y=\left(x-\dfrac{3}{2}\right)^2+\dfrac{3}{4}$, 꼭짓점 $\left(\dfrac{3}{2},\ \dfrac{3}{4}\right)$, 대칭축 $x=\dfrac{3}{2}$

(4) $y=-(x-2)^2-1$, 꼭짓점 $(2,\ -1)$, 대칭축 $x=2$

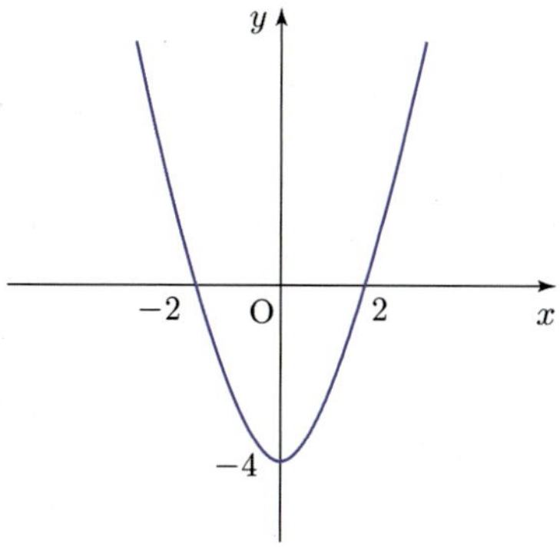

(1)

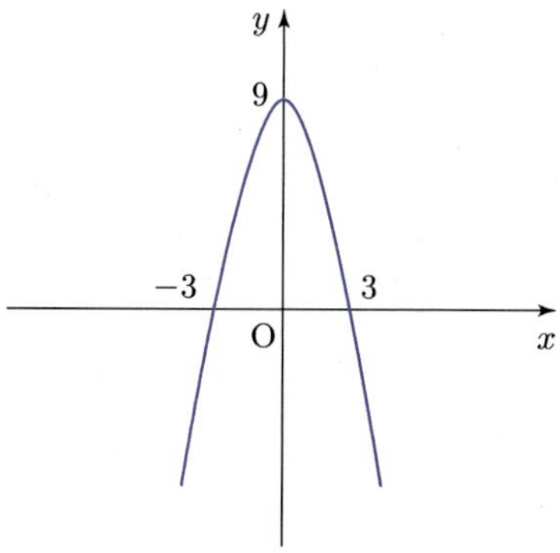

(2)

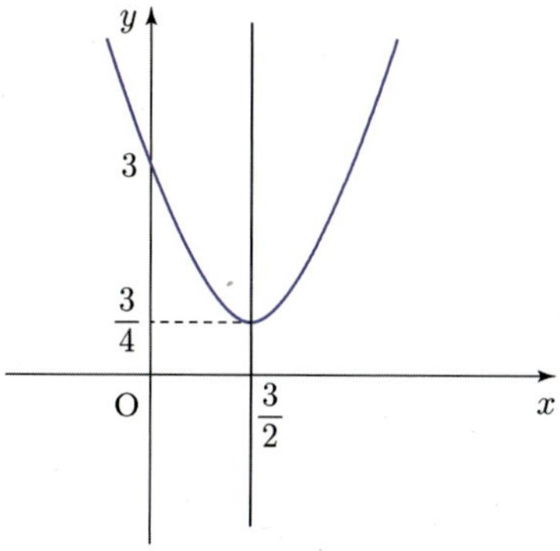

(3)

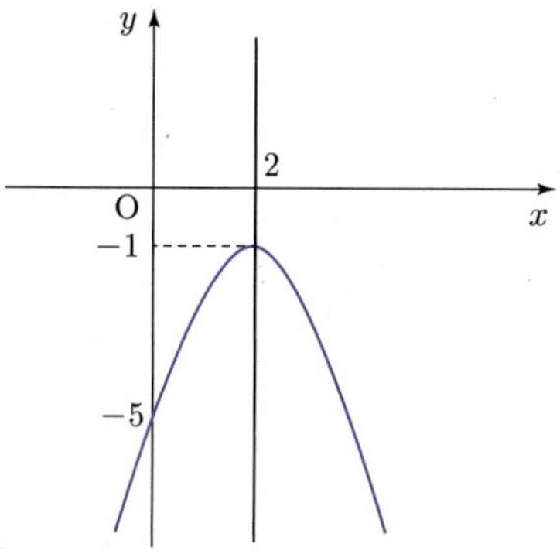

(4)

3. (1) 최댓값 4, 최솟값 0 (2) 최댓값 5, 최솟값 1

(3) 최댓값 11, 최솟값 -5

4. $f(x)=x^2+2$

5. $b=6, c=5$

6. $k<0$ 또는 $k>4$

7. $2-2\sqrt{2}<k<2+2\sqrt{2}$

8. $a=1, b=-2$

3.3 연습문제

1. (1) $y=\dfrac{1}{3x-2}+2$

점근선 $x=\dfrac{2}{3}, y=2$

(2) $y=-\dfrac{1}{2x-1}+3$

점근선 $x=\dfrac{1}{2}, y=3$

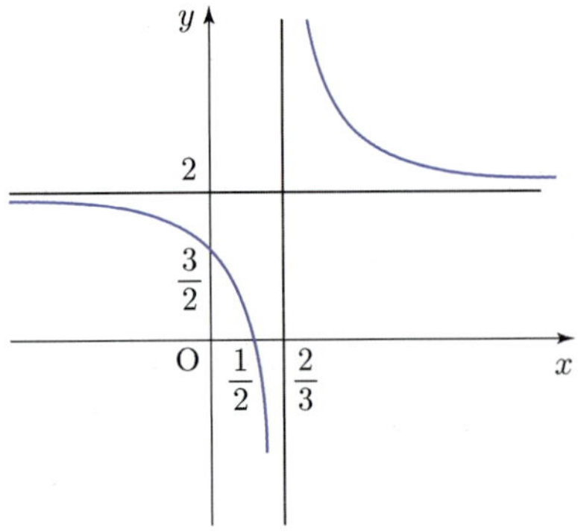

(1)

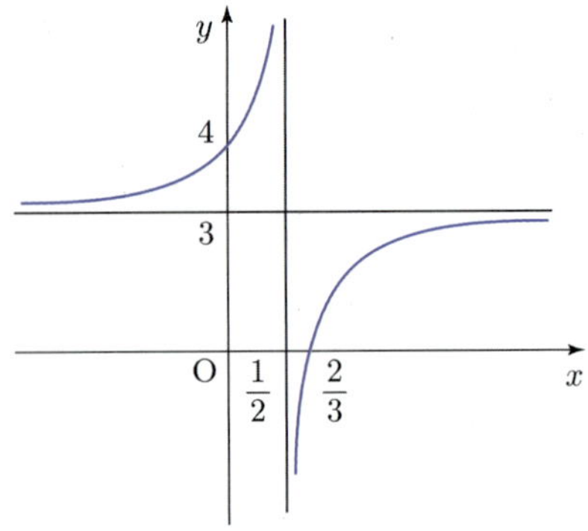

(2)

2. (1) $y=\dfrac{-x+4}{5x-3}$ (2) $y=\dfrac{-x+3}{2x-2}$

3. (1) $y=\sqrt{x-3}+2$
$x \geq 3, y \geq 2$

(2) $y=-\sqrt{2(x-2)}+1$
$x \geq 2, y \leq 1$

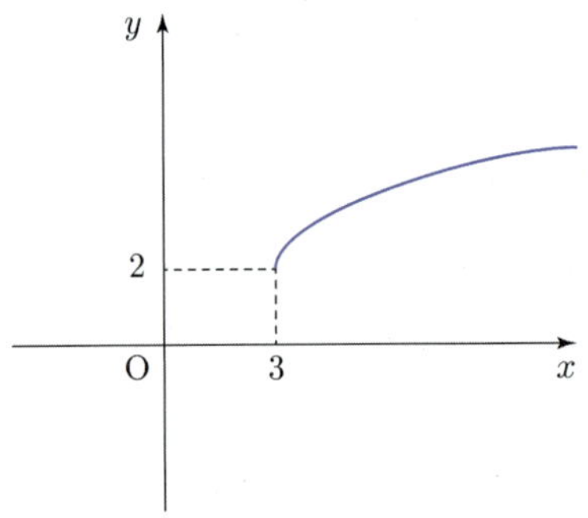

(1)

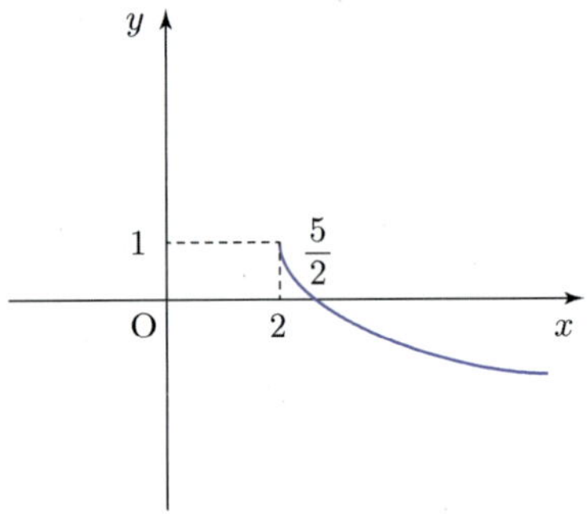

(2)

4. (1) $y=x^2+2,\ x \geq 0, y \geq 2$ (2) $y=x^2-2x-1,\ x \geq 1, y \geq -2$

5. $k=1$: $\dfrac{k}{\left(\dfrac{k}{x+1}\right)+1}=\dfrac{x+1}{x+2}$

6. $k< -2$: $y=\sqrt{-x+2}$ 와 $y=x+k$의 그래프를 그려본다. $y=x+k$의 그래프는 기울기 1, x절편 $-k$, y절편 k이다.

7. $k=\dfrac{9}{4}$: $y=\sqrt{x+2}$ 와 $y=x+k$의 그래프를 그리고, $(\sqrt{x+2})^2=(x+k)^2$에서 판별식을 이용한다.

8. $x=0$에서 최솟값이므로 $k=1$, $x=-3$에서 최댓값 3.

9. $\sqrt{x-2}=x+k$, 양변을 제곱하면 $x-2=(x+k)^2$

$$x^2+(2k-1)x+k^2+2=0$$

$$\therefore \ D=(2k-1)^2-4(k^2+2)=-4k-7=0$$

$$\therefore \ k=-\frac{7}{4}$$

직선 $y=x+k$가 점 $(2,0)$을 지날 때 $k=-2$

따라서 구하는 k의 값의 범위는 $-2 \le k < -\frac{7}{4}$

3.4 연습문제

1. (1) $(x+2)^2+(y-3)^2=16$ (2) $x^2+y^2=r^2$
2. $(x-2)^2+(y-1)^2=1$
3. $(x-2)^2+(y-1)^2=2^2$

   † 2, 3번 문제는 그래프를 그려보면 반지름을 알 수 있다.
4. $(x-2)^2+(y-3)^2=13$
5. (1) $(x-1)^2+(y+2)^2=5$, 중심 $(1,-2)$, 반지름 $\sqrt{5}$

   (2) $x^2+y^2+4x-2y+\frac{1}{2}=0$, $(x+2)^2+(y-1)^2=\frac{9}{2}$

   $$\therefore \text{ 중심 } (-2,1), \text{ 반지름 } \frac{3}{\sqrt{2}}$$
6. $(x-1)^2+(y+2)^2=4^2$

   전개하여 계수를 비교하면 $A=-2$, $B=4$, $C=-11$
7. $(x+2)^2+(y-3)^2=10$
8. $(x-3)^2+(y-1)^2=5$
9. 중심이 x축 위에 있는 원의 방정식은 $(x-a)^2+y^2=r^2$으로 쓸 수 있다. 점 $(0,1)$, $(2,-3)$을 지나므로 대입하면 $a^2+1=r^2 \cdots$①, $(2-a)^2+9=r^2 \cdots$②. ①−②에서 a를 구하고 다음에 r을 구한다. $a=3$, $r^2=10$이고, 구하는 원의 방정식은 $(x-3)^2+y^2=10$이다.
10. 주어진 방정식 $x^2+y^2+2ax-4ay+4a^2+4a-3=0$에서

    $$(x+a)^2+(y-2a)^2=a^2+4a^2-(4a^2+4a-3)=a^2-4a+3$$

    따라서 주어진 식이 원의 방정식이 되기 위해서는

    $$r^2=a^2-4a+3=(a-1)(a-3)>0 \quad \therefore \ a>3 \text{ 또는 } a<1$$
11. 중심이 $(0,0)$이고 반지름이 5인 원의 방정식은 $x^2+y^2=25$이다. 따라서 교점의 좌표는 다음 두 연립방정식을 풀어서 구할 수 있다.

    $$y=x+1 \ \cdots ① \qquad x^2+y^2=25 \ \cdots ②$$

    ①을 ②에 대입하여 x를 구한 후 y값을 구한다.

교점의 좌표는 $(3, 4)$, $(-4, -3)$이다.

4.1 연습문제

1. (1) 제2사분면 (2) 제3사분면 (3) 제1사분면 (4) 제1사분면

2. (1) $\frac{3\pi}{4}$ (2) 3π (3) $210°$ (4) $300°$

3. (①, ⑤, ⑥), (②, ③, ④)

4. (1) $l=10\pi\,[\text{cm}]$, $S=60\pi\,[\text{cm}^2]$ (2) $l=3\pi\,[\text{cm}]$, $S=\frac{45}{2}\pi\,[\text{cm}^2]$

5. $S=5\pi\,[\text{cm}^2]$

6. $r=3(\text{cm})$, $\theta=\frac{4\pi}{3}$

7. $S=\frac{25}{16}\,[\text{cm}^2]$, $r=\frac{5}{4}\,[\text{cm}]$, $\theta=2[\text{rad}]$

8. $\frac{2\pi}{3}-2$

9. $S=\frac{1}{2}r(L-2r)$는 $r=\frac{L}{4}$일 때 최대, 이때 $l=\frac{L}{2}$ $\therefore\ \theta=2\,\text{rad}$

10. $\frac{\pi}{4}D^2=\frac{1}{2}r^2\theta=\frac{1}{2}\times 6^2\times\frac{\pi}{3}$ $\therefore\ D=2\sqrt{6}$

11. (1) $\overline{\text{AB}}=\sqrt{6}+\sqrt{2}$, $\overline{\text{BC}}=1$, $\overline{\text{CD}}=\sqrt{3}$

    (2) $\sin 15°=\frac{\sqrt{6}-\sqrt{2}}{4}$, $\cos 15°=\frac{\sqrt{6}+\sqrt{2}}{4}$, $\tan 15°=2-\sqrt{3}$

12. $\tan x=\frac{12}{5}$: △ABC와 △EBD는 ∠B가 공통인 직각삼각형이므로 서로 닮은꼴이다.

13. $\overline{\text{AH}}=h$, $\overline{\text{BH}}=\frac{h}{\tan 60°}=\frac{h}{\sqrt{3}}$ $\therefore\ \overline{\text{AB}}=h+\frac{h}{\sqrt{3}}=100$

$$\therefore\ h=\frac{100\sqrt{3}}{\sqrt{3}+1}=\frac{100\sqrt{3}(\sqrt{3}-1)}{(\sqrt{3}+1)(\sqrt{3}-1)}=50(3-\sqrt{3})$$

14. $\overline{\text{BC}}=2$ $\therefore\ \sin B+\cos C=\frac{1}{2}+\frac{1}{2}=1$

15. 삼각형의 내각의 합은 $180°$이므로 $\angle\text{BCA}=x$이다. 그리고 피타고라스 정리로부터 변 $\overline{\text{BC}}=10$이므로 $\sin x=\sin\text{C}=\frac{8}{10}=\frac{4}{5}$이다.

16. (1) $F_x=F\cos\theta=10\cos 30°=5\sqrt{3}\,[\text{N}]$, $F_y=F\sin\theta=10\sin 30°=5\,[\text{N}]$

    (2) 피타고라스 정리에 의해 힘의 방향을 나타내는 삼각형의 빗변의 길이는 5이므로

$\cos\theta=\frac{3}{5}$, $\sin\theta=\frac{4}{5}$

$$F_x=F\cos\theta=10\times\frac{3}{5}=6[\text{N}],\quad F_y=F\sin\theta=10\times\frac{4}{5}=8[\text{N}]$$

17. 피타고라스 정리를 적용하면

$$(x+8)^2=x^2+(x+7)^2 \rightarrow x^2+16x+64=x^2+(x^2+14x+49)$$

$$\rightarrow x^2-2x-15=0 \rightarrow (x-5)(x+3)=0 \quad \therefore \ x=5 \ (\because \ x>0)$$

이므로 세 변의 길이는 5, 12, 13이다.

18. 한 근 $\alpha=\cos30°=\frac{\sqrt{3}}{2}$이므로 다른 한 근 $\beta=-\frac{\sqrt{3}}{2}$이다. 따라서 근과 계수의 관계로부터

$$\alpha+\beta=-\frac{a}{4}=0 \quad \therefore \ a=0$$

$$\alpha\beta=\frac{b}{4}=-\frac{3}{4} \quad \therefore \ b=-3$$

4.2 연습문제

1. 순서대로 ($\sin\theta$, $\cos\theta$, $\tan\theta$)

(1) $\left(\frac{2}{\sqrt{13}}, \frac{3}{\sqrt{13}}, \frac{2}{3}\right)$ (2) $\left(\frac{1}{\sqrt{5}}, -\frac{2}{\sqrt{5}}, -\frac{1}{2}\right)$

(3) $\left(-\frac{1}{\sqrt{5}}, -\frac{2}{\sqrt{5}}, \frac{1}{2}\right)$ (4) $\left(-\frac{3}{\sqrt{13}}, \frac{2}{\sqrt{13}}, -\frac{3}{2}\right)$

2. 순서대로 ($\sin\theta$, $\cos\theta$, $\tan\theta$)

(1) $\left(\frac{1}{2}, -\frac{\sqrt{3}}{2}, -\frac{1}{\sqrt{3}}\right)$ (2) $\left(\frac{1}{\sqrt{2}}, \frac{1}{\sqrt{2}}, 1\right)$

(3) $\left(-\frac{\sqrt{3}}{2}, -\frac{1}{2}, \sqrt{3}\right)$ (4) $\left(-\frac{1}{2}, -\frac{\sqrt{3}}{2}, \frac{1}{\sqrt{3}}\right)$

3. $\sin\theta=-\frac{2}{\sqrt{13}}$, $\cos\theta=-\frac{3}{\sqrt{13}}$

4. $(\sin\theta+\cos\theta)^2=\sin^2\theta+2\sin\theta\cos\theta+\cos^2\theta=1+2\sin\theta\cos\theta$

$$=1+2\times\frac{1}{4}=\frac{3}{2}$$

$$\therefore \ \sin\theta+\cos\theta=\sqrt{\frac{3}{2}}=\frac{\sqrt{6}}{2}$$

5. $a=-2$

6. (1) $\frac{\pi}{4}$ (2) 0 (3) $\frac{\pi}{3}$ (4) $\frac{\pi}{3}$

7. (1) $\theta \approx 48.59°$ (2) $\theta \approx 66.42°$ (3) $\theta \approx 29.74°$

4.3 연습문제

1. (1) $\sin 0 = 0$ (2) $\cos 0 = 1$ (3) $\sin(\pi/2) = 1$
(4) $\cos(\pi/2) = 0$ (5) $\sin\pi = 0$ (6) $\cos\pi = -1$
(7) $\tan 0 = 0$ (8) $\tan(\pi/2) = +\infty$

2. (1) 주기 π, 최댓값 4, 최솟값 -2

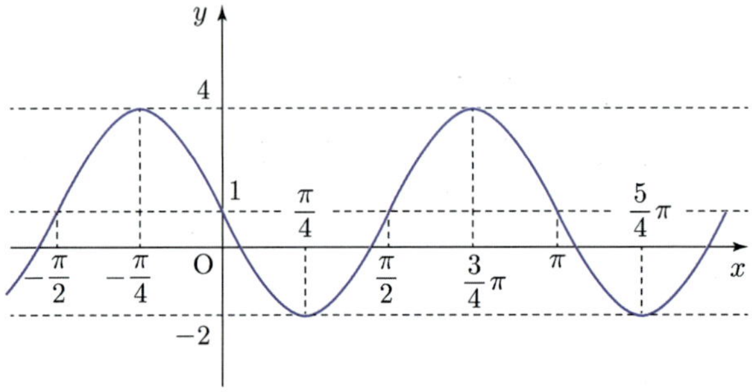

(2) 주기 4π, 최댓값 1, 최솟값 -3

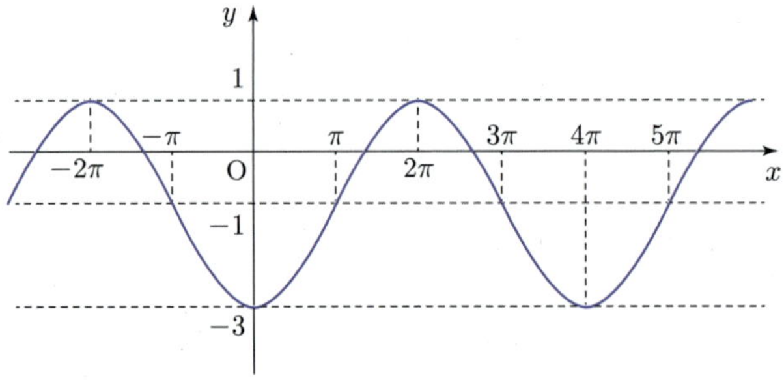

3. 주기 $\frac{\pi}{2}$

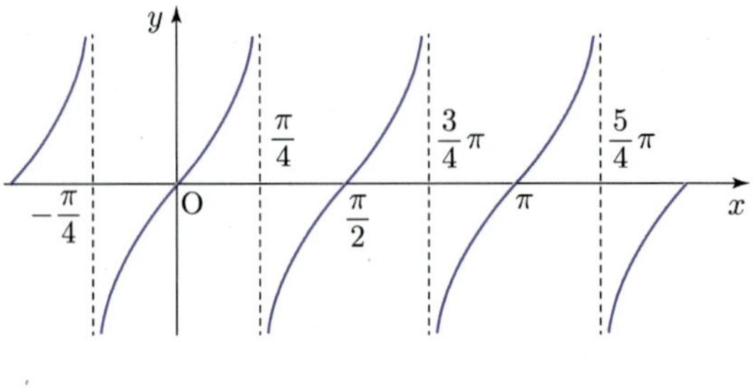

4. (1) $y=2\sin(3x-4\pi)+5$ (2) $y=3\cos\left(\frac{1}{4}x+\frac{3}{4}\pi\right)+3$

5. $A=\frac{1}{2}$, $C=3$, $\omega=\pi$

6. $\omega=\frac{\pi}{2}$, $\alpha=-2\pi$

7. 최댓값 6, 최솟값 $\frac{2}{3}$

8. $y=2\cos^2x-3\sin^2x+4=2\cos^2x-3(1-\cos^2x)+4=5\cos^2x+1$

$\cos x=X\ (-1\le X\le 1)$로 하면 $y=5X^2+1$

$\therefore$ $X=\pm 1$에서 최댓값 6, $X=0$에서 최솟값 1

4.4 연습문제

1. $2\sqrt{2}$

2. $R=\frac{a}{2\sin A}=\frac{4}{2\sin 30°}=4$

3. $\cos A=\frac{b^2+c^2-a^2}{2bc}=\frac{2^2+3^2-(\sqrt{7})^2}{2\times 2\times 3}=\frac{1}{2}$ $\therefore$ $A=\frac{\pi}{3}$

4. $\sqrt{\frac{3}{5}}$

5. $2\sqrt{2}$

6. 2

7. $\frac{\pi}{6}$, $\frac{5\pi}{6}$

8. $\frac{\sqrt{23}}{4}$ $\left(\leftarrow \cos A=\frac{3}{4\sqrt{2}}\right)$

9. $\angle B=45°$, $S=\frac{9+3\sqrt{3}}{4}$

10. $S=\frac{1}{2}ca\sin \mathrm{B}=\frac{1}{2}\times 4\sqrt{5}\times x\times \sin 30°=40$ $\therefore$ $x=8\sqrt{5}$

4.5 연습문제

1. (1) $\frac{\sqrt{6}-\sqrt{2}}{4}$ (2) $\frac{\sqrt{6}+\sqrt{2}}{4}$ (3) $2-\sqrt{3}$

2. $\sin\frac{\pi}{8}=\frac{\sqrt{2-\sqrt{2}}}{2}$, $\cos\frac{\pi}{8}=\frac{\sqrt{2+\sqrt{2}}}{2}$

3. (1) $\sqrt{3}$ (2) $\frac{2+\sqrt{3}}{4}$

(3) $\frac{\sqrt{6}+\sqrt{2}}{2}$ (4) $\frac{1}{\sqrt{2}}$

4. -1

5. (1) $\frac{1}{3}$ (2) $-\frac{2\sqrt{2}}{3}$

(3) $-\frac{1}{2\sqrt{2}}$ $\left(\leftarrow\sqrt{18-4\sqrt{18}}=\sqrt{18-2\sqrt{12\times 6}}=2\sqrt{3}-\sqrt{6}\right)$

6. (1) $\frac{1}{2}$ (2) $\frac{1}{2}$

7. $\cos2\alpha=-\frac{7}{25}$, $\tan\frac{\alpha}{2}=2$

8. $\sin^2\frac{\alpha}{2}=\frac{3-\sqrt{6}}{6}$, $\cos^2\frac{\alpha}{2}=\frac{3+\sqrt{6}}{6}$

9. $\tan2\alpha=-2\sqrt{2}$, $\cos2\alpha=-\frac{1}{3}$, $\sin2\alpha=\frac{2\sqrt{2}}{3}$

10. $A=\frac{3}{8}$, $B=-\frac{1}{2}$, $C=\frac{1}{8}$

11. (1) $\sin3\alpha=\sin\alpha\cos2\alpha+\cos\alpha\sin2\alpha$

$$=\sin\alpha(1-2\sin^2\alpha)+\cos\alpha(2\sin\alpha\cos\alpha)$$

$$=\sin\alpha-2\sin^3\alpha+2\sin\alpha(1-\sin^2\alpha)=3\sin\alpha-4\sin^3\alpha$$

(2) $\cos3\alpha=\cos\alpha\cos2\alpha-\sin\alpha\sin2\alpha$

$$=\cos\alpha(2\cos^2\alpha-1)-\sin\alpha(2\sin\alpha\cos\alpha)$$

$$=2\cos^3\alpha-\cos\alpha-2\cos(1-\cos^2\alpha)=4\cos^3\alpha-3\cos\alpha$$

12. $\cos\alpha=\frac{1+\sqrt{5}}{4}$, $\sin\alpha=\frac{\sqrt{10-2\sqrt{5}}}{4}$

13. $\tan(\alpha-\beta)=-2\sqrt{3}$

14. $\tan\alpha=\frac{3}{4}\ \rightarrow\ \sin\alpha=\frac{3}{5}$, $\cos\alpha=\frac{4}{5}$

$$\sin2\alpha+\cos2\alpha=2\sin\alpha\cos\alpha+\cos^2\alpha-\sin^2\alpha=2\left(\frac{3}{5}\right)\left(\frac{4}{5}\right)+\left(\frac{4}{5}\right)^2-\left(\frac{3}{5}\right)^2=\frac{31}{25}$$

15. 최솟값 $2-\sqrt{5}$, 최댓값 $2+\sqrt{5}$

16. $y=\cos^2x+4\sin x\cos x-\sin^2x=(\cos^2x-\sin^2x)+2\times2\sin x\cos x$

$$=\cos2x+2\sin2x=\sqrt{5}\sin(2x+\phi),\ \tan\phi=\frac{1}{2}$$

$\therefore$ 최댓값 $\sqrt{5}$, 최솟값 $-\sqrt{5}$, 주기 $\frac{2\pi}{2}=\pi$

17. $y=4\sin x+3\sin x=\sqrt{4^2+3^2}\sin(\theta+\alpha)=5\sin(\theta+\alpha)$

$\therefore$ 최솟값$=-5$, 최댓값$=5$

18. $\sqrt{3}\sin x+\cos y=\sqrt{3}\sin x+\cos\left(\frac{\pi}{2}-x\right)=\sqrt{3}\sin x+\sin x=(\sqrt{3}+1)\sin x$

$\therefore$ 최댓값 $\sqrt{3}+1$, 최솟값 $-(\sqrt{3}+1)$

5.1 연습문제

1. (1) $\frac{1}{\sqrt[6]{2}}$ (2) $2\sqrt{2}$

(3) $\sqrt[8]{6}$ (4) $1 : (7-4\sqrt{3}=(2-\sqrt{3})^2)$

(5) $a^{\frac{17}{24}}$ (6) $a^{\frac{15}{8}}$

(7) $\sqrt{2}a^{\frac{5}{4}}b^{\frac{5}{6}}$ (8) $a^{\frac{7}{6}}b^{\frac{1}{4}}$

2. $\frac{2}{3}=\frac{1}{4}+\frac{a}{4\times 2}$ $\therefore$ $a=\frac{10}{3}$

3. $\left(\frac{1}{2}\right)^{x-2y}=(2)^{-x+2y}=(2^x)^{-1}\cdot(2^y)^2=3^{-1}\cdot 5^2=\frac{25}{3}$

4. 분모와 분자에 각각 a^{-1}을 곱하면 $\frac{a^2-a^{-4}}{1+a^{-2}}=\frac{2^{-1}-2^2}{1+2}=-\frac{7}{6}$

5. $\pm\frac{8\sqrt{5}}{7}$

6. (1) $x^2+x^{-2}=(x+x^{-1})^2-2=7$ (2) $x^4+x^{-4}=(x^2+x^{-2})^2-2=47$

7. 최댓값 47, 최솟값 -2

5.2 연습문제

1. (1) 12 (2) $\frac{19}{6}$ (3) $\frac{1}{3}$

(4) $\frac{5}{2}$ (5) $\frac{1}{2}$ (6) $\frac{7}{2}$

2. $\frac{2+a}{3(1+2a)}$

3. $2a+b-2$

4. $\log_6 12=\dfrac{\log_5 12}{\log_5 6}=\dfrac{\log_5(2^2\times 3)}{\log_5(2\times 3)}=\dfrac{2\log_5 2+\log_5 3}{\log_5 2+\log_5 3}=\dfrac{2a+b}{a+b}$

5. $\dfrac{2}{3}$

6. 10

7. 0.699

8. $2^{\frac{1}{16}}=\sqrt[16]{2}$

9. $\dfrac{1}{2}$

10. $2^{\alpha}+2^{-\alpha}=2^{\log_2(\sqrt{5}-2)}+\dfrac{1}{2^{\log_2(\sqrt{5}-2)}}=(\sqrt{5}-2)+\dfrac{1}{(\sqrt{5}-2)}$

$$=\sqrt{5}-2+\frac{(\sqrt{5}+2)}{(\sqrt{5}-2)(\sqrt{5}+2)}=\sqrt{5}-2+(\sqrt{5}+2)=2\sqrt{5}$$

11. $y=\log_3(x+2)-4 \ \ (x>-2)$

5.3 연습문제

1. (1) $x=-\dfrac{11}{8}$ (2) $x=\dfrac{10}{3}$

(3) $x=\dfrac{1}{2}$ (4) $x=\dfrac{\log 3}{\log 3-\log 2}$

(5) $x=-\dfrac{1}{4}$ (6) $x=-\dfrac{2}{3}$

(7) $x=0, \dfrac{2}{5}$ (8) $x=0, -\dfrac{4}{3}$

(9) $x=2$ (10) $x=1$

2. (1) $x=\dfrac{1}{49}$ (2) $x=2\sqrt{2}$

(3) $x=\dfrac{7}{2}$ (4) $x=2, -7$

(5) $x=\pm\sqrt{3}$ (6) $x=\sqrt{3}$

(7) $x=6$ (8) $x=2+\sqrt{5}$

(9) $x=11$ (10) $x=2, 5$

3. $x=1, -3$: $x^2+2x-2=1$

4. $x=-2$: $3^x=X$로 하면 $X^2+9X-\frac{X}{9}-1=0 \rightarrow 9X^2+80X-9=0$

$$(9X-1)(X+9)=0$$

$$\therefore\ X=\frac{1}{9}\ (\because\ X>0)\quad \therefore\ 3^x=\frac{1}{9}\quad \therefore\ x=-2$$

5. $k=2\sqrt{3}$: 두 근을 α, 3α라 하면 $3^\alpha=k\alpha$, $3^{3\alpha}=k(3\alpha)$

$$\therefore\ 3^{2\alpha}=3\quad \therefore\ \alpha=\frac{1}{2}$$

6. $\log_3\alpha=54$: $\log_3(\log_9 x)=81^{\frac{1}{4}}=3$, $\log_9 x=3^3=27\quad \therefore\ x=9^{27}=3^{54}$

7. $x=1, 2$, $k=-1$: 두 근을 α, 2α라 하면

$$\log_2\alpha=\alpha+k,\quad \log_2 2\alpha=2\alpha+k$$

$$\therefore\ \alpha=1\quad \therefore\ k=-1$$

6.1 연습문제

1. (1) $y'=12x^2+10x$ (2) $y'=-\frac{1}{2x\sqrt{x}}$

(3) $y'=\frac{1}{4\sqrt[4]{x^3}}$ (4) $y'=\frac{3}{2}\sqrt{x}$

(5) $y'=4x^3+3x^2+4x+1$ (6) $y'=\frac{3}{(x+1)^2}$

(7) $y'=4x^3+3x^2+4x+2$ (8) $y'=\frac{-2(x+1)}{(x^2+2x+3)^2}$

(9) $y'=\frac{-x^2+1}{(x^2+1)^2}$ (10) $y'=-\frac{4}{x^3}-\frac{9}{x^4}$

(11) $y'=\frac{6x}{(x^2+1)^2}$ (12) $y'=\frac{2x+1}{(x^2+x+1)^2}$

2. $y=(fgh)'=(fg)'h+(fg)h'=(f'g+fg')h+fgh'=f'gh+fg'h+fgh'$

3. (1) $f'=15x^4+\frac{1}{\sqrt{x}}-\frac{1}{x^2}$ (2) $f'=2-\frac{2}{x\sqrt{x}}$

4. (1) $y'=-\frac{2}{x^3}$, $y''=\frac{6}{x^4}$ (2) $y'=\frac{3}{2}\sqrt{x}$, $y''=\frac{3}{4\sqrt{x}}$

5. $f'=\frac{3}{2}\sqrt{x}+\frac{1}{2\sqrt{x}}-\frac{1}{2x\sqrt{x}}$, $f''=\frac{3}{4\sqrt{x}}-\frac{1}{4x\sqrt{x}}+\frac{3}{4x^2\sqrt{x}}$

$f'''=-\frac{3}{8x\sqrt{x}}+\frac{3}{8x^2\sqrt{x}}-\frac{15}{8x^3\sqrt{x}}$

6. $v(t)=8t+\frac{1}{2\sqrt{t}}$, $a(t)=8-\frac{1}{4t\sqrt{t}}$

7. $f'=12x^3-4 \quad \therefore\ f'(1)=12-4=8$

8. $y'=-\frac{3}{x^2}$이므로 $x=3$에서의 접선의 기울기 $y'=-\frac{1}{3}$ $\therefore$ 접선의 방정식은

$$y=-\frac{1}{3}(x-3)+1=-\frac{1}{3}x+2$$

9. $y'=-2-\frac{1}{x^2}$이므로 $x=1$에서의 접선의 기울기 $y'=-2-1=-3$이고 $x=1$일 때 $y=1$이므로 접선은 점 $(1,1)$을 지난다. $\therefore$ 접선의 방정식은

$$y=-3(x-1)+1=-3x+4$$

10. $y'=\frac{1}{2\sqrt{x}}$이므로 $x=9$에서의 접선의 기울기는 $y'=\frac{1}{2\sqrt{9}}=\frac{1}{6}$이다. 따라서 법선의 기울기는 -6이고, $x=9$일 때 $y=\sqrt{9}=3$이므로 법선은 점 $(9,\ 3)$을 지난다. $\therefore$ 법선의 방정식은 $y=-6(x-9)+3=-6x+57$

11. 점 $(1,-1)$을 지나므로 $a+b=-1$

$x=1$에서의 접선의 기울기가 2이므로 $y'=2ax+b$에서 $2a+b=2 \quad \therefore\ a=3,\ b=-4$

12. 점 $(1,0)$을 지나므로 $y=x^2+ax+b$에 $x=1,\ y=0$을 대입하면

$$0=1+a+b \qquad \cdots ①$$

이고, $y'=(x^2)'+a(x)'+(b)'=2x+a$이므로 $x=1$에서 접선의 기울기는

$$y'=2+a=4 \qquad \cdots ②$$

이다. 식 ①, ②로부터 $a=2,\ b=-3$이다.

13. $f(x)=x^{2010}$이라 하면 $1=f(1)$이므로

$$\lim_{x\to1}\frac{x^{2010}-1}{x-1}=\lim_{x\to1}\frac{f(x)-f(1)}{x-1}=f'(1)$$

이다. 따라서 $f'(x)=2010x^{2009}$이므로 준 식의 값은 $f'(1)=2010$이다.

14. $f(x)=ax^3+bx^2+cx+d$, $f'=3ax^2+2bx+c$, $f''=6ax+2b$, $f'''=6a$이므로

$6a=6,\ 2b=4,\ c=-3,\ d=1 \quad \therefore\ a=1,\ b=2,\ c=-3,\ d=1$

6.2 연습문제

1. (1) $y'=3(x^2+x+1)^2(2x+1)$ (2) $y'=\frac{1}{\sqrt{2x+5}}$

(3) $y'=-\frac{x}{(x^2+1)\sqrt{x^2+1}}$ (4) $y'=\frac{2x+1}{4\sqrt[4]{(x^2+x+5)^3}}$

(5) $y' = \dfrac{-20(2x^3+x)}{(x^4+x^2+1)^{11}}$

(6) $y' = [(x^2+x+2)^{5/2}]' = \dfrac{5}{2}(x^2+x+2)^{3/2}(2x+1)$

(7) $y' = 2x\sqrt{x+1} + x^2 \times \dfrac{1}{2\sqrt{x+1}} = \dfrac{5x^2+4x}{2\sqrt{x+1}}$

(8) $y' = [(\sqrt{x}+1)^{-10}]' = -10(\sqrt{x}+1)^{-11} \times \dfrac{1}{2\sqrt{x}} = \dfrac{-5}{\sqrt{x}(\sqrt{x}+1)^{11}}$

(9) $y' = \dfrac{(x^2+1)^2 - x \times 2(x^2+1) \times 2x}{(x^2+1)^4} = \dfrac{-3x^2+1}{(x^2+1)^3}$

(10) $y' = 2(\sqrt{x^2+1}+x) \times \left(\dfrac{x}{\sqrt{x^2+1}}+1\right) = \dfrac{2(\sqrt{x^2+1}+x)^2}{\sqrt{x^2+1}}$

(11) $y' = 10(\sqrt{x}+1)^9 \times \dfrac{1}{2\sqrt{x}} = \dfrac{5(\sqrt{x}+1)^9}{\sqrt{x}}$

(12) $y' = \dfrac{\sqrt{2x+1} - x \times \dfrac{1}{\sqrt{2x+1}}}{2x+1} = \dfrac{x+1}{(2x+1)\sqrt{2x+1}}$

(13) $y' = 3\left(1-\dfrac{1}{x^2}\right)\left(x+\dfrac{1}{x}\right)^2$

(14) $y' = \dfrac{\dfrac{x}{2\sqrt{x+1}} - \sqrt{x+1}}{x^2} = \dfrac{-x-2}{2x^2\sqrt{x+1}}$

2. (1) $\dfrac{f'(\sqrt{x})}{2\sqrt{x}}$ (2) $2xf'(x^2)$ (3) $\dfrac{f'(x)}{2\sqrt{f(x)+1}}$ (4) $\dfrac{-f'(x)}{[1+f(x)]^2}$

3. $h'(x) = f'[g(x)]g'(x)$ $\therefore h'(1) = f'[g(1)]g'(1) = f'(2)g'(1) = 3 \times 5 = 15$

4. $f'(x) = g'\{2x+g(x)\}[2+g'(x)]$

$\therefore$ $f'(1) = g'\{2+g(1)\}[2+g'(1)] = g'(2-1)[2+g'(1)]$

$= g'(1)[2+g'(1)] = 2 \times (2+2) = 8$

5. $y' = \dfrac{-x}{\sqrt{25-x^2}}$, $x=3$일 때 기울기 $y' = -\dfrac{3}{4}$ $\therefore$ 접선의 방정식은

$$y = -\frac{3}{4}(x-3)+4 = -\frac{3}{4}x + \frac{25}{4}$$

6. $v(t) = \dfrac{\sqrt{t^2+1} - t \times \dfrac{t}{\sqrt{t^2+1}}}{(t^2+1)}$ $\therefore$ $v(1) = \dfrac{\sqrt{2} - \dfrac{1}{\sqrt{2}}}{2} = \dfrac{1}{2\sqrt{2}}$

7. (1) $\dfrac{dx}{dt} = 4t^3+3$, $\dfrac{dy}{dt} = \dfrac{t}{\sqrt{t^2+1}}$ $\therefore$ $\dfrac{dy}{dx} = \dfrac{t}{(4t^3+3)\sqrt{t^2+1}}$

(2) $\frac{dx}{dt}=1-\frac{1}{t^2}=\frac{t^2-1}{t^2}=\frac{(t-1)(t+1)}{t^2}$, $\frac{dy}{dt}=\frac{1}{2\sqrt{t}}-\frac{1}{2t\sqrt{t}}=\frac{t-1}{2t\sqrt{t}}$

$$\therefore \frac{dy}{dx}=\frac{dy/dt}{dx/dt}=\frac{\sqrt{t}}{2(t+1)}$$

(3) $\frac{dx}{dt}=\frac{1-2t^3}{(1+t^3)^2}$, $\frac{dy}{dt}=\frac{2t-t^4}{(1+t^3)^2}$ $\therefore$ $\frac{dy}{dx}=\frac{2t-t^4}{1-2t^3}$

(4) $\frac{dx}{dt}=\frac{-4t}{(1+t^2)^2}$, $\frac{dy}{dt}=\frac{1-t^2}{(1+t^2)^2}$ $\therefore$ $\frac{dy}{dx}=\frac{t^2-1}{4t}$

8. $\frac{dy}{dx}=\frac{4t^3-2t}{3t^2-2}$ $\therefore$ $\left[\frac{dy}{dx}\right]_{t=1}=2$

9. (1) $\frac{2-2x}{2y-3}$ (2) $-\frac{\sqrt{y}}{\sqrt{x}}$

(3) $\frac{y-2x}{2y-x}$ (4) $x^2+y^2=xy$ $\therefore$ $\frac{dy}{dx}=\frac{y-2x}{2y-x}$

(5) $\frac{3-2xy^2}{2x^2y-5}$ (6) $\frac{xy^2-x}{y-x^2y}$

10. $\frac{dy}{dx}=\frac{2x}{3y}$이므로 $x=3$, $y=2$일 때 기울기 $y'=1$ $\therefore$ 접선의 방정식은

$$y=(x-3)+2=x-1$$

11. $\frac{dy}{dx}=\frac{-3x^2+4y}{3y^2-4x}$이므로 $x=2$, $y=2$일 때 기울기 $y'=-1$ $\therefore$ 접선의 방정식은

$$y=-(x-2)+2=-x+4$$

12. $x^2+y^2=R^2$의 양변을 x에 대해 미분하면 $2x+2y\frac{dy}{dx}=0$ $\therefore$ $\frac{dy}{dx}=-\frac{x}{y}$

이므로 점 (x_1, y_1)을 지나는 접선의 기울기는 $a=\left[\frac{dy}{dx}\right]_{(x_1, y_1)}=-\frac{x_1}{y_1}$이다. 따라서 접선의 방정식은 다음과 같다.

$$y=a(x-x_1)+y_1=-\frac{x_1}{y_1}(x-x_1)+y_1$$

위 식의 양변에 y_1을 곱하여 정리하면

$$y_1y=-x_1(x-x_1)+y_1^2=-x_1x+(x_1^2+y_1^2)=-x_1x+R^2$$

$$\therefore x_1x+y_1y=R^2$$

이상에서 점 (x_1, y_1)이 원주상에 있으므로 $x_1^2+y_1^2=R^2$이다.

6.3 연습문제

1. (1) $y' = -3\sin(3x+5)$ (2) $y' = (2x+3)\sec^2(x^2+3x+5)$

(3) $y' = 3\cos 3x \cos 5x - 5\sin 3x \sin 5x$ (4) $y' = -\dfrac{4}{x^2}\cos\dfrac{4}{x}$

(5) $y' = k - k\sec^2 x = k(1-\sec^2 x) = -k\tan^2 x$

(6) $y' = 2\sin x\cos x - 2\sin x = 2\sin x(\cos x - 1)$

(7) $y' = 20\sin^3 5x\cos 5x$

(8) $y' = 4(\sin 2x + \cos 3x)^3(2\cos 2x - 3\sin 3x)$

(9) $y' = 3(-x+\tan x)^2(-1+\sec^2 x) = 3\tan^2 x(-x+\tan x)^2$

(10) $y' = \dfrac{\cos x(1-\cos x) - \sin x(\sin x)}{(1-\cos x)^2} = \dfrac{\cos x - 1}{(1-\cos x)^2} = \dfrac{1}{\cos x - 1}$

(11) $y' = -\dfrac{1}{(x+1)^2}\sin\left(\dfrac{x}{x+1}\right)$

(12) $y' = 4x^3\cos x - x^4\sin x$

(13) $y' = \cos(\cos 2x) \times (-2\sin 2x) = -2\sin 2x\cos(\cos 2x)$

(14) $y' = \dfrac{1+\cos x}{2\sqrt{x+\sin x}}$

2. (1) $y' = \dfrac{1}{\sqrt{4-x^2}}$ (2) $y' = \dfrac{-1}{2\sqrt{x}\sqrt{1-x}}$

(3) $y' = \dfrac{1}{2\sqrt{\sin^{-1}x}\sqrt{1-x^2}}$ (4) $y' = 2x\tan^{-1}x + 1$

(5) $y' = (\cot^{-1}x)' + \left(\cot^{-1}\dfrac{1}{x}\right)' = \dfrac{-1}{1+x^2} + \dfrac{-1}{1+(1/x)^2}\cdot\dfrac{-1}{x^2} = 0$

(6) $y' = \dfrac{-x}{\sqrt{1-x^2}}\sin^{-1}x + 1$

(7) $y' = \dfrac{1}{\sqrt{1-\cos^2 x}}\cdot(-\sin x) = \dfrac{-\sin x}{\sqrt{\sin^2 x}} = \dfrac{-\sin x}{|\sin x|} = \pm 1$

(8) $y' = \dfrac{1}{1+(\sqrt{x^2+2x})^2}\cdot\dfrac{2x+2}{2\sqrt{x^2+2x}} = \dfrac{1}{(x+1)\sqrt{x^2+2x}}$

3. $f'(x) = 4\cos(4x)$, $g'(x) = 4x^3\cos(x^4)$, $h'(x) = 4\sin^3 x\cos x$

4. $y' = \cos\pi x - \pi\sin\pi x$이므로 $x=1$일 때 $y' = -1$ ∴ 직선의 방정식은

$$y = -(x-1) - 1 = -x$$

5. $y = \sin x$의 $4n$계 도함수 $y^{(4n)} = \sin x$ ∴ $y^{(41)} = (\sin x)' = \cos x$

6. $f = \cos x$의 $4n$계 도함수 $f^{(4n)} = \cos x$ ∴ $y^{(5)} = -2^5\sin 2x = -32\sin 2x$

7. $\dfrac{dy}{dx}=\dfrac{dy/d\theta}{dx/d\theta}=\dfrac{2a\sin2\theta}{a(2-2\cos2\theta)}=\dfrac{\sin2\theta}{1-\cos2\theta}=\dfrac{2\sin\theta\cos\theta}{2\sin^2\theta}=\dfrac{\cos\theta}{\sin\theta}=\cot\theta$

8. $v(t)=\dfrac{ds(t)}{dt}=2t+2\cos2t$ $\therefore$ $t=0$에서 속도 $v(0)=2$

9. $v(t)=\dfrac{ds(t)}{dt}=6\cos3t$ $\therefore$ 최대속력 $v_{\max}=6$

10. $\dfrac{dy}{dx}=\dfrac{dy/dt}{dx/dt}=\dfrac{\pi\cos\pi t+(-\pi\cos\pi t+\pi^2 t\sin\pi t)}{-\pi\sin\pi t+(\pi\sin\pi t+\pi^2 t\cos\pi t)}=\dfrac{\sin\pi t}{\cos\pi t}=\tan\pi t$

$$\therefore\ t=\frac{1}{3}\text{일 때 }\frac{dy}{dx}=\tan\frac{\pi}{3}=\sqrt{3}$$

11. $I(t)=Q'(t)=\omega(a\cos\omega t-b\sin\omega t)$

12. $y'=-\sin x+\cos x$이므로 기울기 $a=-\sin0+\cos0=1$이고 접선의 방정식은

$$y=a(x-0)+1=x+1\quad\therefore\ S=\frac{1}{2}\times(1\times1)=\frac{1}{2}$$

13. $y'=\dfrac{1}{1+x^2}$이므로 접선의 기울기 $a=\dfrac{1}{1+1^2}=\dfrac{1}{2}$이다. $y=\tan^{-1}1=\dfrac{\pi}{4}$이므로 곡선상의 접점은 $(1, \pi/4)$이다. 따라서 점 $(1, \pi/4)$를 지나고 기울기가 $\dfrac{1}{2}$인 접선의 방정식은 다음과 같다.

$$y=a(x-x_1)+y_1=\frac{1}{2}(x-1)+\frac{\pi}{4}=\frac{1}{2}x-\frac{1}{2}+\frac{\pi}{4}$$

6.4 연습문제

1. (1) $y'=4e^{4x+1}$ (2) $y'=2xe^{x^2}$ (3) $y'=e^{4/x}\left(1-\dfrac{4}{x}\right)$

(4) $y'=2x3^{x^2}\ln3$ (5) $y'=x^2e^x(3+x)$

(6) $y'=e^{4x}(4\sin5x+5\cos5x)$ (7) $y'=-e^{-x}$

(8) $y'=4\cos4x\,e^{\sin4x}$ (9) $y'=-2^{-x}\ln2$

(10) $y'=\dfrac{e^{2x}(2x-1)}{x^2}$ (11) $y'=e^x3^{-x}(1-\ln3)$

(12) $y'=\dfrac{4k}{(e^{kx}+e^{-kx})^2}$

2. (1) $y'=\ln x+1$ (2) $y'=\dfrac{2}{x}$ (3) $y'=\dfrac{2x}{x^2+3}$

(4) $y'=\dfrac{1}{x\ln x\ln2}$ (5) $y'=\dfrac{1}{2x}$ (6) $y'=\dfrac{1-\ln x^2}{x^2\sqrt{\ln x^2}}$

(7) $y'=\dfrac{\cos x+\sec^2 x}{\sin x+\tan x}$　　(8) $y'=e^{2x}\left(2\ln x+\dfrac{1}{x}\right)$　　(9) $y'=\dfrac{\cos(\ln x)}{x}$

(10) $y'=-\sin[\ln(\sin^2 x)]\cdot\dfrac{2\sin x\cos x}{\sin^2 x}=-2\sin[\ln(\sin^2 x)]\cot x$

3. (1) $e^x+e^y y'=e^{x+y}(1+y'),\ y'=\dfrac{e^x-e^{x+y}}{e^{x+y}-e^y}$

(2) $e^{xy}(y+xy')+e^y y'=1,\ y'=\dfrac{1-ye^{xy}}{e^y+xe^{xy}}$

(3) $e^{x^2 y}(2xy+x^2 y')-e^y y'=1,\ y'=\dfrac{1-2xye^{x^2 y}}{x^2 e^{x^2 y}-e^y}$

(4) $4e^{4y}y'-\dfrac{y'}{y}=1,\ y'=\dfrac{y}{4ye^{4y}-1}$

(5) $e^{xy}(y+xy')-2yy'=-\sin x,\ y'=\dfrac{\sin x+ye^{xy}}{2y-xe^{xy}}$

(6) $2yy'+e^{-xy}(y+xy')=0,\ y'=\dfrac{-ye^{-xy}}{2y+xe^{-xy}}$

(7) $e^{xy}(y+xy')+3-5y'=-\sin y\cdot y',\quad y'=\dfrac{3+ye^{xy}}{5-\sin y-xe^{xy}}$

(8) $2xy+x^2y'-2e^{2x}=\cos y\cdot y',\quad y'=\dfrac{2xy-2e^{2x}}{\cos y-x^2}$

4. $y=a^x$의 양변에 자연로그를 잡으면 $\ln y=\ln a^x=x\ln a$이고, 이 식의 양변을 x에 대해 미분하면 $\dfrac{1}{y}y'=\ln a\quad\therefore\ y'=y\ln a=a^x\ln a$

5. (1) $\ln y=x-\dfrac{1}{4}\ln(x+1),\quad \dfrac{1}{y}y'=1-\dfrac{1}{4(x+1)},\quad y'=\dfrac{(4x+3)e^x}{4(x+1)\sqrt[4]{x+1}}$

(2) $\ln y=2\ln x-\dfrac{1}{3}\ln(1+x),\ \dfrac{1}{y}y'=\dfrac{2}{x}-\dfrac{1}{3(x+1)},\ y'=\dfrac{x(5x+6)}{3\sqrt[3]{1+x}\,(x+1)}$

(3) $\ln y=-\dfrac{3}{2}\ln x-\ln(x+1),\ \dfrac{1}{y}y'=-\dfrac{3}{2x}-\dfrac{1}{x+1},\ y'=\dfrac{-(5x+3)}{2x^2\sqrt{x}\,(x+1)^2}$

(4) $\ln y=\dfrac{3}{2}\ln(x+1)-\dfrac{1}{2}\ln(x+2),\ \dfrac{1}{y}y'=\dfrac{3}{2(x+1)}-\dfrac{1}{2(x+2)}$

$y'=\dfrac{(2x+5)\sqrt{x+1}}{2(x+2)\sqrt{x+2}}$

6. $y'=\dfrac{1+\dfrac{x}{\sqrt{1+x^2}}}{x+\sqrt{1+x^2}}=\dfrac{\dfrac{\sqrt{1+x^2}+x}{\sqrt{1+x^2}}}{x+\sqrt{1+x^2}}=\dfrac{1}{\sqrt{1+x^2}}$

7. $y'=2^x\ln 2$이므로 $x=1$일 때 기울기는 $2\ln 2$이고, 점 $(1,2)$를 지나므로 직선의 방정식은 $y=2\ln 2(x-1)+2$이다.

8. $y_1' = e^x(\cos x - \sin x),\ y_1'' = -2e^x \sin x$

$$\therefore\ y_1'' - 2y_1' + 2y_1 = -2e^x \sin x - 2e^x(\cos x - \sin x) + 2e^x \cos x = 0$$

$y_2' = e^x(\sin x + \cos x),\ y_2'' = 2e^x \cos x$

$$\therefore\ y_2'' - 2y_2' + 2y_2 = 2e^x \cos x - 2e^x(\sin x + \cos x) + 2e^x \sin x = 0$$

9. 점 $P(\pi/8, 0)$을 지나므로 $x = \frac{\pi}{8},\ y = 0$을 대입하면

$$k = \cos^2(x+y) + y = \cos^2\frac{\pi}{8} = \frac{1+\cos\frac{\pi}{4}}{2} = \frac{1+\frac{1}{\sqrt{2}}}{2} = \frac{1+\sqrt{2}}{2\sqrt{2}}$$

$\cos^2(x+y) + y = k$의 양변을 x에 대해 미분하면

$$2\cos(x+y) \cdot [-\sin(x+y)] \cdot (1+y') + y' = 0$$

$$-\sin(2x+2y) \cdot (1+y') + y' = 0 \qquad (\because\ 2\sin A\cos A = \sin 2A)$$

$$\therefore\ y' = \frac{\sin(2x+2y)}{1-\sin(2x+2y)}$$

이고, $x = \frac{\pi}{8},\ y = 0$일 때 기울기는

$$y' = \frac{\sin(\pi/4)}{1-\sin(\pi/4)} = \frac{1/\sqrt{2}}{1-1/\sqrt{2}} = \frac{1}{\sqrt{2}-1} = \sqrt{2}+1$$

이다. 따라서 점 $P(\pi/8, 0)$을 지나고 기울기가 $\sqrt{2}+1$인 접선의 방정식은

$$y = (\sqrt{2}+1)\left(x - \frac{\pi}{8}\right)$$

10. $v(t) = \frac{ds(t)}{dt} = \frac{d}{dt}(e^{-t/4}\cos 2t) = -\frac{1}{4}e^{-t/4}\cos 2t - 2e^{-t/4}\sin 2t$

초기속도 $v(0) = -\frac{1}{4}$

6.5 연습문제

1. (1) $f_x = 1 + 2y,\ f_y = 2x + 3$

(2) $f_x = 2xy + 3y,\ f_y = x^2 + 3x + 12y^2$

(3) $f_x = 3x^2 - y^2 + 2xy^3,\ f_y = -2xy + 3x^2y^2$

(4) $f_x = \frac{2x^2+y^2}{\sqrt{x^2+y^2}},\ f_y = \frac{xy}{\sqrt{x^2+y^2}}$

(5) $f_x = e^{2y},\ f_y = 2xe^{2y}$

(6) $f_x = 2e^{2x+3y},\ f_y = 3e^{2x+3y}$

2. (1) $f_{xx}=0,\ f_{xy}=0,\ f_{yy}=0$

(2) $f_{xx}=2,\ f_{xy}=2,\ f_{yy}=2$

(3) $f_{xx}=e^{x+2y},\ f_{xy}=2e^{x+2y},\ f_{yy}=4e^{x+2y}$

(4) $f_{xx}=y^2e^{xy},\ f_{xy}=(1+xy)e^{xy},\ f_{yy}=x^2e^{xy}$

(5) $f_{xx}=e^x\sin y,\ f_{xy}=e^x\cos y,\ f_{yy}=-e^x\sin y$

(6) $f_{xx}=0,\ f_{xy}=1/y,\ f_{yy}=-x/y^2$

3. (1) $f_x=y+3z,\ f_y=x+2z,\ f_z=3x+2y$

(2) $f_x=\dfrac{2x}{x^2+2y^2+3z^2},\ f_y=\dfrac{4y}{x^2+2y^2+3z^2},\ f_z=\dfrac{6z}{x^2+2y^2+3z^2}$

(3) $f_x=y-2xy^3z^4,\quad f_y=x-3x^2y^2z^4,\ f_z=-4x^2y^3z^3$

(4) $f_x=e^{\frac{y}{z}},\ f_y=xe^{\frac{y}{z}}/z,\ f_z=-xye^{\frac{y}{z}}/z^2$

(5) $f_x=2\cos(2x+3y+4z),\ f_y=3\cos(2x+3y+4z),$

$f_z=4\cos(2x+3y+4z)$

(6) $f_x=\dfrac{1}{2y+3z},\ f_y=-\dfrac{2x}{(2y+3z)^2},\quad f_z=-\dfrac{3x}{(2y+3z)^2}$

4. $f_x=yx^{y-1},\ f_{xx}=y(y-1)x^{y-2}$

5. $$f_x=\frac{1+\dfrac{x}{\sqrt{x^2+y^2}}}{x+\sqrt{x^2+y^2}}=\frac{\dfrac{\sqrt{x^2+y^2}+x}{\sqrt{x^2+y^2}}}{x+\sqrt{x^2+y^2}}=\frac{1}{\sqrt{x^2+y^2}}$$

6. $f_x=ye^{xy}\ln(z^2+1),\ f_y=xe^{xy}\ln(z^2+1),\ f_z=\dfrac{2ze^{xy}}{z^2+1}$

7. $f_x=2\cos(2x+3yz),\ f_{xy}=-6z\sin(2x+3yz),$

$f_y=3z\cos(2x+3yz),\ f_{yz}=3\cos(2x+3yz)-9yz\sin(2x+3yz)$

$f_z=3y\cos(2x+3yz),\ f_{zx}=-6y\sin(2x+3yz)$

8. $$u=\frac{\partial\phi}{\partial x}=\frac{\partial}{\partial x}\left(\frac{x}{x^2+y^2}\right)=\frac{\dfrac{d}{dx}(x)\cdot(x^2+y^2)-x\cdot\dfrac{d}{dx}(x^2+y^2)}{(x^2+y^2)^2}$$

$$=\frac{(x^2+y^2)-x\cdot(2x)}{(x^2+y^2)^2}=\frac{-x^2+y^2}{(x^2+y^2)^2}$$

$$v=\frac{\partial\phi}{\partial y}=\frac{\partial}{\partial y}\left(\frac{x}{x^2+y^2}\right)=\frac{-x\cdot\dfrac{d}{dy}(x^2+y^2)}{(x^2+y^2)^2}\ =\frac{-2xy}{(x^2+y^2)^2}$$

7.1 연습문제

1. (적분상수는 생략함)

(1) x^3

(2) $\frac{1}{5}x^5$

(3) $\frac{2}{15}x^{15}$

(4) $-2x^{-3}=-\frac{2}{x^3}$

(5) $\frac{2}{3}x^{3/2}=\frac{2}{3}x\sqrt{x}$

(6) $\frac{4}{3}x^{3/4}$

(7) $-x^{-9}-x^{-3}=-\frac{1}{x^9}-\frac{1}{x^3}$

(8) $-2x^{-1/2}+\frac{4}{5}x^{5/4}=-\frac{2}{\sqrt{x}}+\frac{4}{5}x\sqrt[4]{x}$

(9) $\frac{2}{7}x^{7/2}+\frac{4}{9}x^{9/4}=\frac{2}{7}x^3\sqrt{x}+\frac{4}{9}x^2\sqrt[4]{x}$

(10) $4e^x+\frac{2^{x+2}}{\ln 2}+3\ln x \quad \left(\int 2^{x+2}dx=\int 2^x 2^2 dx=\frac{2^x}{\ln 2}2^2=\frac{2^{x+2}}{\ln 2}\right)$

(11) $-\cos x+\sin x+\tan x$

(12) $2\sin x+\frac{3}{5}x^5$

(13) $2e^x-3\tan^{-1}x$

(14) $-\cos 2x-\sin 3x$

(15) $\ln x-\frac{4}{\sqrt{x}}$

(16) $2e^x-e^{-x}$

(17) $$\int\left(\sqrt{x^2+1}-\frac{x^2}{\sqrt{x^2+1}}\right)dx=\int\frac{(\sqrt{x^2+1})^2-x^2}{\sqrt{x^2+1}}dx$$
$$=\int\frac{1}{\sqrt{x^2+1}}dx=\sinh^{-1}x$$

2. 적분의 정의 : $\frac{dF(x)}{dx}=f(x) \Leftrightarrow \int f(x)dx=F(x)+C$

$$\therefore\ f(x)=\frac{d}{dx}(x^4+\cos 3x+e^{5x}+C)=4x^3-3\sin 3x+5e^{5x}$$

3. $\int\frac{d}{dx}f(x)dx=f(x)+C$

$\therefore\ g(x)=\int\left[\frac{d}{dx}(\cos^2 x+2\sin x)\right]dx=\cos^2 x+2\sin x+C$

$g(0)=1+0+C=2$이므로 $C=1 \quad \therefore\ g(x)=\cos^2 x+2\sin x+1$

$g(\pi/2)=0+2+1=3$

4. $f(x)=\int\frac{x^2}{x+1}dx-\int\frac{1}{x+1}dx=\int\frac{x^2-1}{x+1}dx=\int\frac{(x-1)(x+1)}{x+1}dx$

$$= \int (x-1)dx = \frac{1}{2}x^2 - x + C$$

$f(0)=2$이므로 $C=2$ $\therefore$ $f(x) = \frac{1}{2}x^2 - x + 2$, $f(1) = \frac{3}{2}$

5. $f(x) = \int (4x^3 - 2x + \sin x)dx = x^4 - x^2 - \cos x + C$

$f(0)=2$이므로 상수 $C=3$ $\therefore$ $f(x) = x^4 - x^2 - \cos x + 3$

6. $v(t) = \int a(t)dt = \int (-g)dt = -gt + v_0$ ($\because$ $v(0) = v_0$)

$s(t) = \int v(t)dt = \int (-gt + v_0)dt = -\frac{1}{2}gt^2 + v_0 t + s_0$ ($\because$ $s(0) = s_0$)

7. $s(t) = \int v(t)dt = \int (4-2t)dt = 4t - t^2 + C$

$t=0$일 때 $s(0)=6$이므로 상수 $C=6$ $\therefore$ $s(t) = 4t - t^2 + 6$

8. $v(t) = \int a(t)dt = \sin t + 2t + 4$ ($\leftarrow v(0)=4$이므로 적분상수 $C=4$)

$s(t) = \int v(t)dt = -\cos t + t^2 + 4t + 2$ ($\leftarrow s(0)=1$ $\therefore$ $C=2$)

9. $f'(x) = \int f''(x)dx = 2\sin x + 3x^2 + x + e^x + C_1$

$f(x) = \int f'(x)dx = -2\cos x + x^3 + \frac{1}{2}x^2 + e^x + C_1 x + C_2$

(C_1, C_2는 임의 상수)

10. $f'(x) = 6x^2 + 3$, $f(x) = 2x^3 + 3x + 4$

7.2 연습문제

1. (1) $\frac{1}{5}(x+1)^5 + C$ (2) $\frac{1}{4}\ln(x^4+1) + C$

(3) $\frac{1}{15}(x^3+1)^5 + C$ (4) $\frac{1}{4}e^{x^4+2} + C$

(5) $\frac{1}{2}\sin(x^2) + C$ (6) $\ln|x + \sin x| + C$

(7) $-\frac{1}{2}\cos(x^2+2x) + C$ (8) $\frac{1}{5}(\ln x)^5 + C$

(9) $\frac{1}{10}(2\sin x + 3)^5 + C$ (10) $2\sin\sqrt{x} + C$

(11) $x^3 = u$로 하면 $3x^2dx = du$이므로 $x^2dx = \frac{1}{3}du$

$$\therefore \int \frac{x^2}{1+x^6}dx = \int \frac{1}{3(1+u^2)}du = \frac{1}{3}\int \frac{1}{1+u^2}du = \frac{1}{3}\tan^{-1}u + C$$

$$= \frac{1}{3}\tan^{-1}(x^3) + C$$

(12) $\int \tan x\, dx = \int \frac{\sin x}{\cos x}dx = \int \frac{-(\cos x)'}{\cos x}dx = -\ln|\cos x| + C$

2. (1) $\frac{1}{a(n+1)}(ax+b)^{n+1} + C$ (2) $\frac{e^{ax+b}}{a} + C$

(3) $\frac{1}{a(1-1/n)}(ax+b)^{1-1/n} + C = \frac{n(ax+b)}{a(n-1)\sqrt[n]{ax+b}} + C$

(4) $\int \sin^2(ax+b)dx = \int \frac{1-\cos[2(ax+b)]}{2}dx$

$$= \frac{1}{2}[x - \frac{1}{2a}\sin\{2(ax+b)\}] + C$$

3. (1) $-\sin(\cos x) + C$ (2) $-2\sqrt{\cos x} + C$

(3) $\int \sin^3 x\, dx = \int \sin^2 x \sin x dx = \int (1-\cos^2 x)\sin x\, dx$

$$= \int \sin x dx - \int \cos^2 x \sin x dx = -\cos x + \frac{1}{3}\cos^3 x + C$$

(4) $\int \sin^4 x dx = \int (\sin^2 x)^2 dx = \int \left(\frac{1-\cos 2x}{2}\right)^2 dx$

$$= \frac{1}{4}\int (1 - 2\cos 2x + \cos^2 2x)dx$$

$$= \frac{1}{4}\int (1 - 2\cos 2x + \frac{1+\cos 4x}{2})dx$$

$$= \frac{1}{8}\int (3 - 4\cos 2x + \cos 4x)dx$$

$$= \frac{1}{8}\left(3x - 2\sin 2x + \frac{1}{4}\sin 4x\right) + C$$

4. (1) $\frac{1}{5}(\tan^{-1}x)^5 + C$ (2) $\frac{1}{3}(\sin^{-1}x)^3 + C$

(3) $-\sin\frac{1}{x} + C$ (4) $2e^{\sqrt{x}} + C$

5. (1) $u = \sec x + \tan x$의 양변을 미분하면

$du = \sec x \tan x\, dx + \sec^2 x\, dx = \sec x(\tan x + \sec x)dx$

(2) $\int \sec x\, dx = \int \frac{\sec x(\sec x + \tan x)dx}{\sec x + \tan x} = \int \frac{1}{u}du = \ln u + C$

$$= \ln|\sec x + \tan x| + C$$

6. $\int (\cos 2x \cos 3x)dx = \frac{1}{2}\int (\cos 5x + \cos x)dx = \frac{1}{2}\left(\frac{1}{5}\sin 5x + \sin x\right) + C$

7. (1) $\tan\theta = \dfrac{x}{3}$ 이므로 피타고라스 정리에 의해 빗변의 길이는 $\sqrt{9+x^2}$

$$\therefore\ \sin\theta = \frac{x}{\sqrt{9+x^2}},\quad \cos\theta = \frac{3}{\sqrt{9+x^2}}$$

(2) $x = 3\tan\theta$ 의 양변을 미분하면 $dx = 3\sec^2\theta\, d\theta$

(3) $x = 3\tan\theta$ 로 치환하면 $dx = 3\sec^2\theta\, d\theta$ 이므로

$$\int \frac{1}{(9+x^2)^{3/2}}dx = \int \frac{3}{(9+9\tan^2\theta)^{3/2}}\sec^2\theta\, d\theta = \int \frac{3\sec^2\theta}{[9(1+\tan^2\theta)]^{3/2}}d\theta$$

$$= \int \frac{3\sec^2\theta}{[9\sec^2\theta)]^{3/2}}d\theta = \int \frac{3\sec^2\theta}{(3\sec\theta)^3}d\theta = \int \frac{1}{9\sec\theta}d\theta$$

$$= \int \frac{\cos\theta}{9}d\theta = \frac{1}{9}\sin\theta + C = \frac{x}{9\sqrt{9+x^2}} + C$$

8. (1) $\dfrac{4}{x^2+2x+5} = \dfrac{4}{(x+1)^2+4} = \dfrac{1}{\left(\dfrac{x+1}{2}\right)^2+1}$

(2) $\displaystyle\int \frac{1}{x^2+1}dx = \tan^{-1}x + C \quad \therefore \int \frac{1}{\left(\dfrac{x+1}{2}\right)^2+1}dx = 2\tan^{-1}\left(\frac{x+1}{2}\right) + C$

7.3 연습문제

1. (1) $\dfrac{xe^{4x}}{4} - \dfrac{e^{4x}}{16} + C$

(2) $(x+1)\ln(x+1) - x + C$

(3) $-\dfrac{x\cos(2x)}{2} + \dfrac{\sin(2x)}{4} + C$

(4) $\dfrac{x\sin(3x)}{3} + \dfrac{\cos(3x)}{9} + C$

(5) $-\dfrac{xe^{-2x}}{2} - \dfrac{e^{-2x}}{4} + C$

(6) $(x+1)e^x + C$

(7) $-\dfrac{\ln x}{x} - \dfrac{1}{x} + C\ :\ \dfrac{1}{x^2} = \left(-\dfrac{1}{x}\right)'$

(8) $\displaystyle I = \int \frac{\ln x}{x}dx = \int (\ln x)'(\ln x)dx = \ln x \cdot \ln x - \int \ln x \cdot (\ln x)' dx$

$$= (\ln x)^2 - \int \frac{\ln x}{x}dx = (\ln x)^2 - I$$

$\therefore\ I = (\ln x)^2 - I$ 이므로 $\displaystyle\int \frac{\ln x}{x}dx = \frac{(\ln x)^2}{2} + C$

(9) $\displaystyle\int x^3 e^{x^2}dx = \int \left(\frac{1}{2}e^{x^2}\right)'(x^2)dx = \frac{1}{2}x^2e^{x^2} - \frac{1}{2}\int e^{x^2}(2x)dx$

$$=\frac{1}{2}x^2e^{x^2}-\frac{1}{2}e^{x^2}+C$$

(10) $\int x^4\ln x dx=\int\left(\frac{1}{5}x^5\right)'\ln x dx=\frac{1}{5}x^5\ln x-\int\left(\frac{1}{5}x^5\right)\frac{1}{x}dx$

$$=\frac{1}{5}x^5\ln x-\frac{1}{25}x^5+C$$

(11) $\int \cos x\ln(\sin x)dx=\int(\sin x)'\ln(\sin x)dx$

$$=\sin x\ln(\sin x)-\int\sin x\cdot\frac{\cos x}{\sin x}dx=\sin x\ln(\sin x)-\int\cos x\, dx$$

$$=\sin x\ln(\sin x)-\sin x+C$$

(12) $\int x\tan^{-1}x dx=\int\left(\frac{1}{2}x^2\right)'\tan^{-1}x dx$

$$=\frac{1}{2}x^2\tan^{-1}x-\frac{1}{2}\int x^2\cdot\frac{1}{x^2+1}dx$$

$$=\frac{1}{2}x^2\tan^{-1}x-\frac{1}{2}\int(1-\frac{1}{x^2+1})dx$$

$$=\frac{1}{2}x^2\tan^{-1}x-\frac{1}{2}(x-\tan^{-1}x)+C$$

(13) $\int x\sinh x\, dx=\int(\cosh x)'x dx=x\cosh x-\int\cosh x(x)'dx$

$$=x\cosh x-\int\cosh x\, dx=x\cosh x-\sinh x+C$$

(14) $\int\cos(\ln x)dx=\frac{1}{2}x[\sin(\ln x)+\cos(\ln x)]+C$

2. $\sqrt{x}=t$로 하여 양변을 미분하면 $\frac{1}{2\sqrt{x}}dx=dt$이므로 $dx=2\sqrt{x}\,dt=2t\,dt$

$$\int\frac{\sin\sqrt{x}}{2}dx=\int\frac{\sin t}{2}\cdot(2tdt)=\int\sin t\cdot t\,dt=\int(-\cos t)'t\,dt$$

$$=-t\cos t-\int(-\cos t)\ (t)'dt=-t\cos t+\int\cos t\,dt$$

$$=-t\cos t+\sin t+C=-\sqrt{x}\cos\sqrt{x}+\sin\sqrt{x}+C$$

3. 문제 2와 같이 $\sqrt{x}=t$로 치환하면 $dx=2t\,dt$

$$\int\frac{e^{\sqrt{x}}}{2}dx=\int\frac{e^t}{2}\cdot(2tdt)=\int e^t\,t\,dt=\int(e^t)'t\,dt$$

$$=e^tt-\int e^t(t)'dt=te^t-\int e^tdt=te^t-e^t+C$$

$$=\sqrt{x}e^{\sqrt{x}}-e^{\sqrt{x}}+C$$

4. $x^2=t$로 하면 $2xdx=dt$

$$\int 2x^3\sin(x^2)dx=\int x^2\sin(x^2)\cdot 2xdx=\int t\sin t\cdot dt=\int t\sin t\,dt$$

$$=\int(-\cos t)'\,t\,dt=-t\cos t-\int(-\cos t)(t)'\,dt$$
$$=-t\cos t+\int\cos t\,dt=-t\cos t+\sin t+C$$
$$=-x^2\cos(x^2)+\sin(x^2)+C$$

5. $\int\sin^{-1}x\,dx=\int(x)'\sin^{-1}x\,dx=x\sin^{-1}x-\int(x)\,(\sin^{-1}x)'\,dx$

$$=x\sin^{-1}x-\int x\cdot\frac{1}{\sqrt{1-x^2}}dx=x\sin^{-1}x-\int\frac{x}{\sqrt{1-x^2}}dx$$
$$=x\sin^{-1}x+\sqrt{1-x^2}+C$$

6. (1) $\int 2x\ln(x^2+3)dx=\int(x^2+3)'\ln(x^2+3)dx$

$$=(x^2+3)\ln(x^2+3)-\int(x^2+3)[\ln(x^2+3)]'\,dx$$
$$=(x^2+3)\ln(x^2+3)-\int(x^2+3)\cdot\frac{2x}{x^2+3}dx$$
$$=(x^2+3)\ln(x^2+3)-\int 2x\,dx$$
$$=(x^2+3)\ln(x^2+3)-x^2+C$$

(2) $\int(2x+1)\ln(x^2+x+1)dx$

$$=\int(x^2+x+1)'\ln(x^2+x+1)dx$$
$$=(x^2+x+1)\ln(x^2+x+1)-\int(x^2+x+1)[\ln(x^2+x+1)]'\,dx$$
$$=(x^2+x+1)\ln(x^2+x+1)-\int(2x+1)\,dx$$
$$=(x^2+x+1)\ln(x^2+x+1)-x^2-x+C$$

7. $\int x\sqrt{x+1}\,dx=\int x\left[\frac{2}{3}(x+1)^{3/2}\right]'dx=\frac{2}{3}x(x+1)^{3/2}-\int\frac{2}{3}(x+1)^{3/2}dx$

$$=\frac{2}{3}x(x+1)^{3/2}-\frac{2}{3}\times\frac{2}{5}(x+1)^{5/2}+C=\frac{2}{15}(3x-2)(x+1)\sqrt{x+1}+C$$

8. $\sqrt{x}=t$로 하면 $dx=2\sqrt{x}\,dt=2tdt$

$$\int\tan^{-1}\sqrt{x}\,dx=\int\tan^{-1}t\,(2tdt)=\int(t^2)'\tan^{-1}t\,dt=t^2\tan^{-1}t-\int\frac{t^2}{t^2+1}dt$$
$$=t^2\tan^{-1}t-\int(1-\frac{1}{t^2+1})dt=t^2\tan^{-1}t-t+\tan^{-1}t+C$$
$$=(x+1)\tan^{-1}\sqrt{x}-\sqrt{x}+C$$

9. $f(x)=\int(xe^x+1)dx=xe^x-e^x+x+C$, $f(0)=1$이므로 $-1+C=1$ $\therefore\ C=2$

$$\therefore\ f(1)=e-e+1+2=3$$

7.4 연습문제

1. (1) $\int\left(x^2+3x+6+\frac{2}{x-1}\right)dx=\frac{1}{3}x^3+\frac{3}{2}x^2+6x+2\ln|x-1|+C$

(2) $\int\left(2x+1+\frac{x+2}{x^2+1}\right)dx=\int\left(2x+1+\frac{x}{x^2+1}+\frac{2}{x^2+1}\right)dx$

$$=x^2+x+\frac{1}{2}\ln(x^2+1)+2\tan^{-1}x+C$$

(3) $\int\left(x+\frac{2x+3}{x^2+2x+5}\right)dx=\int\left[x+\frac{2x+2}{x^2+2x+5}+\frac{1}{(x+1)^2+4}\right]dx$

$$=\frac{1}{2}x^2+\ln(x^2+2x+5)+\frac{1}{2}\tan^{-1}\left(\frac{x+1}{2}\right)+C$$

2. (1) $\int\left(\frac{1}{x+1}-\frac{1}{x+3}\right)dx=\ln|x+1|-\ln|x+3|+C$

(2) $\int\left(\frac{2}{x+2}+\frac{3}{x-3}\right)dx=2\ln|x+2|+3\ln|x-3|+C$

(3) $\int\left(-\frac{2}{x+1}+\frac{3}{x+2}\right)dx=-2\ln|x+1|+3\ln|x+2|+C$

(4) $\int\left(\frac{2}{x}-\frac{4}{x+1}+\frac{2}{x+2}\right)dx=2\ln|x|-4\ln|x+1|+2\ln|x+2|+C$

(5) $\int\left(\frac{1}{x-1}-\frac{1}{x+1}+\frac{1}{x+2}\right)dx=\ln|x-1|-\ln|x+1|+\ln|x+2|+C$

(6) $\int\left(-\frac{1}{x}+\frac{2}{x^2}+\frac{1}{x+1}\right)dx=-\ln|x|-\frac{2}{x}+\ln|x+1|+C$

(7) $\int\left[\frac{1}{x}-\frac{2}{x+1}+\frac{3}{(x+1)^2}\right]dx=\ln|x|-2\ln|x+1|-\frac{3}{x+1}+C$

(8) $\int\left[\frac{1}{2(x-1)}+\frac{1}{2(x+1)}-\frac{1}{(x+1)^2}\right]dx=\frac{1}{2}\ln|x-1|+\frac{1}{2}\ln|x+1|+\frac{1}{x+1}+C$

3. 분모 $x^3+x=x(x^2+1)$에 이차항 (x^2+1)이 포함되어 있으므로 다음과 같이 부분분수로 분해한다.

$$\frac{2x^2+3x+2}{x^3+x}=\frac{2x^2+3x+2}{x(x^2+1)}=\frac{A}{x}+\frac{Bx+C}{x^2+1}=\frac{A(x^2+1)+x(Bx+C)}{x(x^2+1)}$$

첫 번째 식과 마지막 식의 분자를 같게 놓으면

$$2x^2+3x+2=A(x^2+1)+x(Bx+C)=(A+B)x^2+Cx+A$$

가 된다. 여기에서 같은 차수에 대한 양변의 계수를 비교하면

○ x^2의 계수 : $2=A+B$

○ x의 계수 : $3=C$

○ 상수항 : $2=A$

이므로 $A=2$, $B=0$, $C=3$이고, 이 값을 대입하여 적분한다.

$$\int \frac{2x^2+3x+2}{x^3+x}dx = \int \left(\frac{2}{x}+\frac{3}{x^2+1}\right)dx = 2\ln|x|+3\tan^{-1}x+C$$

4. 분모에 이차식의 제곱 $(x^2+1)^2$이 포함되어 있으므로 다음과 같이 부분분수로 분해한다.

$$\frac{-x^3+3x^2-x+2}{x(x^2+1)^2} = \frac{A}{x}+\frac{Bx+C}{x^2+1}+\frac{Dx+E}{(x^2+1)^2}$$
$$= \frac{A(x^2+1)^2+(Bx+C)x(x^2+1)+(Dx+E)x}{x(x^2+1)^2}$$

첫 번째 식과 마지막 식의 분자를 같게 놓으면

$$-x^3+3x^2-x+2 = A(x^2+1)^2+(Bx+C)x(x^2+1)+(Dx+E)x$$
$$=(A+B)x^4+Cx^3+(2A+B+D)x^2+(C+E)x+A$$

가 된다. 여기에서 같은 차수에 대한 양변의 계수를 비교하면

○ x^4의 계수 : $0=A+B$

○ x^3의 계수 : $-1=C$

○ x^2의 계수 : $3=2A+B+D$

○ x의 계수 : $-1=C+E$

○ 상수항 : $2=A$

에서 $A=2$, $B=-2$, $C=-1$, $D=1$, $E=0$이다.

$$\therefore \int \frac{-x^3+3x^2-x+2}{x(x^2+1)^2}dx = \int \left[\frac{2}{x}-\frac{2x+1}{x^2+1}+\frac{x}{(x^2+1)^2}\right]dx$$
$$=\int \left[\frac{2}{x}-\frac{2x}{x^2+1}-\frac{1}{x^2+1}+\frac{x}{(x^2+1)^2}\right]dx$$
$$=2\int \frac{1}{x}dx-\int \frac{2x}{x^2+1}dx-\int \frac{1}{x^2+1}dx+\int \frac{x}{(x^2+1)^2}dx$$
$$=2\ln x-\ln(x^2+1)-\tan^{-1}x-\frac{1}{2(x^2+1)}+C$$

5. $e^x=t$로 하면 $e^x dx=dt$이므로 $dx=dt/t$이고 $e^{2x}=(e^x)^2=t^2$이다.

$$\therefore \int \frac{e^{2x}}{e^{2x}+e^x-2}dx = \int \frac{t^2}{t^2+t-2}\cdot\frac{dt}{t} = \int \frac{t}{t^2+t-2}dt$$
$$=\frac{1}{3}\int\left(\frac{1}{t-1}+\frac{2}{t+2}\right)dt = \frac{1}{3}[\ln(t-1)+2\ln(t+2)]+C$$
$$=\frac{1}{3}[\ln(e^x-1)+2\ln(e^x+2)]+C$$

7.5 연습문제

1. (1) 4 (2) 9 (3) 2 (4) $\frac{2}{\pi}$

(5) $\frac{2}{\pi}$ (6) 1 (7) $mC_p\ln\left(\frac{T_2}{T_1}\right)$ (8) $e-1$

2. (1) $\frac{1}{5}(2^5-1)=\frac{31}{5}$ (2) $\frac{1}{2\times5}(3^5-1)=\frac{121}{5}$

(3) $\left[-\frac{1}{x+1}\right]_0^1=\frac{1}{2}$ (4) $[\sqrt{x+1}]_0^3=\sqrt{4}-\sqrt{1}=1$

(5) $\left[\frac{1}{11}(x-10)^{11}\right]_{10}^{11}=\frac{1}{11}$ (6) $\left[\frac{\sin(\pi x^2)}{\pi}\right]_0^{\frac{1}{2}}=\frac{1}{\pi}\sin\frac{\pi}{4}=\frac{1}{\sqrt{2}\pi}$

(7) $[e^{\sin x}]_0^{\frac{\pi}{2}}=e-1$ (8) $\left[\frac{1}{2}\ln(1+\sin^2 x)\right]_0^{\frac{\pi}{2}}=\frac{\ln2}{2}$

3. (1) 우함수이면 $f(-x)=f(x)$이고, $\int_{-a}^{a}f(x)dx=\int_{-a}^{0}f(x)dx+\int_{0}^{a}f(x)dx$

$x=-t$로 하면, $dx=-dt$이므로

$$\int_{-a}^{0}f(x)dx=\int_{a}^{0}f(-t)(-dt)=-\int_{a}^{0}f(t)dt=\int_{0}^{a}f(t)dt$$

$$\therefore \int_{-a}^{a}f(x)dx=2\int_{0}^{a}f(x)dx$$

(2) 기함수이면 $f(-x)=-f(x)$이고, $\int_{-a}^{a}f(x)dx=\int_{-a}^{0}f(x)dx+\int_{0}^{a}f(x)dx$

$x=-t$로 하면, $dx=-dt$이므로

$$\int_{-a}^{0}f(x)dx=\int_{a}^{0}f(-t)(-dt)=\int_{a}^{0}\{-f(t)\}(-dt)=\int_{a}^{0}f(t)dt$$

$$=-\int_{0}^{a}f(t)dt \quad \therefore \int_{-a}^{a}f(x)dx=0$$

4. $\int_{-2}^{2}(x^3+x+1)\sqrt{4-x^2}\,dx=\int_{-2}^{2}(x^3+x)\sqrt{4-x^2}\,dx+\int_{-2}^{2}\sqrt{4-x^2}\,dx$

$$=0+\int_{-2}^{2}\sqrt{4-x^2}\,dx=\frac{1}{2}(\pi\times2^2)=2\pi$$

5. $\int_{0}^{1}\frac{x^3}{x+1}dx-\int_{1}^{0}\frac{1}{y+1}dy=\int_{0}^{1}\frac{x^3}{x+1}dx+\int_{0}^{1}\frac{1}{x+1}dx=\int_{0}^{1}\frac{x^3+1}{x+1}dx$

$$=\int_{0}^{1}\frac{(x+1)(x^2-x+1)}{x+1}dx=\int_{0}^{1}(x^2-x+1)dx$$

$$=\left[\frac{1}{3}x^2-\frac{1}{2}x+x\right]_0^1=\frac{1}{3}-\frac{1}{2}+1=\frac{5}{6}$$

6. $y=x^2-2x=x(x-2)$이므로 $0<x<2$에서 $y<0$, $x>2$에서 $y>0$

$$\therefore \int_0^3|x^2-2x|dx=-\int_0^2(x^2-2x)dx+\int_2^3(x^2-2x)dx$$

$$=-\left[\frac{x^3}{3}-x^2\right]_0^2+\left[\frac{x^3}{3}-x^2\right]_2^3=\frac{8}{3}$$

7. $\displaystyle\int_{-3}^3\frac{1}{x^2+9}dx=2\int_0^3\frac{1}{x^2+3^2}dx=\frac{2}{3}\left[\tan^{-1}\left(\frac{x}{3}\right)\right]_0^3=\frac{2}{3}(\tan^{-1}1-\tan^{-1}0)$

$$=\frac{2}{3}\left(\frac{\pi}{4}-0\right)=\frac{\pi}{6}$$

8. $\sin x=t$로 하면 $\cos x\,dx=dt$

(1) $\displaystyle\int\cos^3x dx=\int(1-\sin^2x)\cos dx=\int(1-t^2)dt=t-\frac{1}{3}t^3+C$

$$=\sin x-\frac{1}{3}\sin^3x+C \quad \therefore \int_0^{\frac{\pi}{2}}\cos^3x dx=1-\frac{1}{3}=\frac{2}{3}$$

(2) $\displaystyle\int\cos^3x\sin^2x dx=\int(1-\sin^2x)\sin^2x\cos dx=\int(1-t^2)t^2dt$

$$=\int(t^2-t^4)dt=\frac{1}{3}t^3-\frac{1}{5}t^5+C=\frac{1}{3}\sin^3x-\frac{1}{5}\sin^5x+C$$

$$\therefore \int_0^{\frac{\pi}{2}}\cos^3x\sin^2x dx=\frac{1}{3}-\frac{1}{5}=\frac{2}{15}$$

9. $-x^2+4=x+2$에서 교점의 x좌표는 $x=-2,1$이고 $-2<x<1$에서 $-x^2+4>x+2$

$$\therefore S=\int_{-2}^1[(-x^2+4)-(x+2)]dx=\left[-\frac{1}{3}x^3-\frac{1}{2}x^2+2x\right]_{-2}^1=\frac{9}{2}$$

10. 구간 $0\le x\le 1$에서 $e^x>x$ $\quad\therefore\ \displaystyle S=\int_0^1(e^x-x)dx=\left[e^x-\frac{1}{2}x^2\right]_0^1=e-\frac{3}{2}$

11. $y=4x^3-12x^2+8x=4x(x-1)(x-2)$이므로 x축과의 교점은 $x=0,\ 1,\ 2$

$0<x<1$에서 $y>0$, $1<x<2$에서 $y<0$

$$\therefore S=\int_0^1(4x^3-12x^2+8x)dx-\int_1^2(4x^3-12x^2+8x)dx$$

$$=[x^4-4x^3+4x^2]_0^1-[x^4-4x^3+4x^2]_1^2=2$$

12. $y=\sin x$와 $y=\cos x$의 교점은 $\sin x=\cos x$에서 $\tan x=1$이므로 $x=\pi/4$이다. 그래프를 그려보면 $0\le x\le\frac{\pi}{4}$에서 $\cos x\ge\sin x$이므로 면적

$$S=\int_0^{\frac{\pi}{4}}(\cos x-\sin x)dx=[\sin x+\cos x]_0^{\frac{\pi}{4}}=\frac{1}{\sqrt{2}}+\frac{1}{\sqrt{2}}-1=\sqrt{2}-1$$

8.1 연습문제

1. (1) 독립변수 x, 종속변수 y, 상미분방정식
   (2) 독립변수 y, 종속변수 x, 상미분방정식
   (3) 독립변수 x, 종속변수 y, 상미분방정식
   (4) 독립변수 t, x, 종속변수 u, 편미분방정식
   (5) 독립변수 t, 종속변수 V, 상미분방정식
   (6) 독립변수 x, y, z, 종속변수 T, 편미분방정식
2. (1) 1계 1차 선형 (2) 1계 1차 비선형
   (3) 1계 2차 비선형 (4) 1계 1차 비선형
   (5) 2계 1차 선형 (6) 2계 1차 선형
   (7) 2계 1차 비선형 (8) 3계 1차 선형
   (9) 3계 1차 선형 (10) 3계 1차 비선형
3. (1) $y' = Ce^x + 1 = (Ce^x + 1 + x) - x = y - x$
   $y(0) = 3 \rightarrow 3 = C + 0 + 1 \quad \therefore \quad C = 2$
   (2) $y' = -3x^2Ce^{-x^3} = -3x^2y, \ C = 3$
   (3) $y' - y = (2e^{2x} + Ce^x) - (e^{2x} + Ce^x) = e^{2x}$
   $y(0) = 4 \rightarrow 4 = 1 + C \quad \therefore \quad C = 3$
   (4) $y' = -2Ce^{-2x}$이므로 $y' + 2y = -2Ce^{-2x} + 2(Ce^{-2x} + 2) = 4, \ C = 1$
   (5) $y' - y = \dfrac{Ce^{-x}}{(1 + Ce^{-x})^2} - \dfrac{1}{(1 + Ce^{-x})}$
   $= \dfrac{Ce^{-x} - (1 + Ce^{-x})}{(1 + Ce^{-x})^2} = -\dfrac{1}{(1 + Ce^{-x})^2} = -y^2$
   $C = -\dfrac{1}{2}$
4. $\dfrac{dx}{dt} = \omega(-A\sin\omega t + B\cos\omega t), \ \dfrac{d^2x}{dt^2} = \omega^2(-A\cos\omega t - B\sin\omega t)$
   $\therefore \ \dfrac{d^2x}{dt^2} + 9x = (-\omega^2 + 9)(A\cos\omega t + B\sin\omega t) = 0$
   $-\omega^2 + 9 = 0$에서 $\omega = \pm 3$
5. $y' = mx^{m-1}, \ y'' = m(m-1)x^{m-2}$
   $\therefore \ x^2y'' - xy' - 3y = \{m(m-1) - m - 3\}x^m = 0$
   $m(m-1) - m - 3 = m^2 - 2m - 3 = 0, \ (m-3)(m+1) = 0$
   $\therefore \ m = -1, 3$
6. $u(t) = Ae^t + Be^{-3t} + \sin t, \ u'(t) = Ae^t - 3Be^{-3t} + \cos t$

$u(0) = A+B=2,\ u'(0) = A-3B+1=7 \quad \therefore\ A=3,\ B=-1$

$\therefore\ u(t) = 3e^t - e^{-3t} + \sin t$

7. $Q(t) = e^{-t} + e^{-2t}(A\sin 3t + B\cos 3t)$

$Q'(t) = -e^{-t} - e^{-2t}(A\sin 3t + B\cos 3t) + e^{-2t}(3A\cos 3t - 3B\sin 3t)$

$Q(0) = 1+B=2,\ Q'(0) = -1-2B+3A=3 \quad \therefore\ A=2,\ B=1$

$\therefore\ Q(t) = e^{-t} + e^{-2t}(2\sin 3t + \cos 3t)$

8. $x^2 + Cy^2 = 1$의 양변을 x에 대해 미분하면 $2x + 2Cy \times y' = 0$

$C = \dfrac{1-x^2}{y^2}$이므로 $2x + 2\left(\dfrac{1-x^2}{y^2}\right)y \times y' = 0$

$y/2$를 곱하여 정리하면 미분방정식 $(1-x^2)y' + xy = 0$을 구할 수 있다.

9. $x^2 + y^2 = C^2$의 양변을 미분하면 $2xdx + 2ydy = 0 \quad \therefore\ x + yy' = 0$

$y(3) = 4 \ \rightarrow\ 3^2 + 4^2 = R^2 \quad \therefore\ R=5$

10. $2xyy' = 2x(x\sqrt{Cx-1})\left(\sqrt{Cx-1} + \dfrac{Cx}{2\sqrt{Cx-1}}\right) = 2x^2(Cx-1) + Cx^3$

$= 3Cx^3 - 2x^2$

$3y^2 + x^2 = 3(x\sqrt{Cx-1}\,)^2 + x^2 = 3x^2(Cx-1) + x^2 = 3Cx^3 - 2x^2$

$\therefore\ 2xyy' = 3y^2 + x^2$

$y(1) = 2 \ \rightarrow\ 2 = \sqrt{C-1} \quad \therefore\ C=5$

11. $y' + 2y = (-10e^{-2x} + 4x + 2) + 2(5e^{-2x} + 2x^2 + 2x + 1)$

$= 4x^2 + 8x + 4 = 4(x+1)^2$

12. $y' = \pi(-A\sin\pi x + B\cos\pi x)$

$y'' = \pi^2(-A\cos\pi x - B\sin\pi x) = -\pi^2(A\cos\pi x + B\sin\pi x) = -\pi^2 y$

$\therefore\ y'' + \pi^2 y = 0$

8.2 연습문제

1. (1) $y = x^2 + x + C$
(2) $y = Ce^x - 1$
(3) $y = Ce^{x^2} - 1$
(4) $y^2 = 2x + C$
(5) $y = 2\ln|x+1| + C$
(6) $y = \ln|x| - \ln|x+1| + C$
(7) $y = \dfrac{1}{2}\ln(x^2+1) + C$
(8) $y = \ln|x+1| - \ln|x+2| + C$
(9) $y = 2\tan x + C \ \left(\dfrac{1}{\cos^2 x} = \sec^2 x\right)$
(10) $y = -e^{-x} + C$

(11) $\cos x + \sin y = C$ (12) $y = 2\tan^{-1}x + C$

2. (1) $y = 2e^{-5x}$ (2) $y = 3e^{-x^2}$

(3) $y = \frac{5}{2}e^{-2x} + \frac{3}{2}$ (4) $y = \frac{\pi}{2\cos x}$

(5) $y = 4e^{x^2}$ (6) $y = \frac{6}{x}$

(7) $y = \frac{(x+1)^2}{(x-1)^2}$ (8) $e^{2y} - 2\sin x = 1$

† (4)번 문제에서 $\int \frac{\sin x}{\cos x}dx = -\ln|\cos x| + C$

(7)번 문제에서 $\frac{2}{x^2-1} = \frac{1}{x-1} - \frac{1}{x+1}$

(8)번 문제의 해를 양함수 형태로 쓰면 $y = \frac{1}{2}\ln|2\sin x + 1|$

3. (1) $y = x^2\sqrt{x} + 5x + 3$ (2) $y = \frac{1}{3}x^3 - \frac{1}{2}x^2 + 2x - \frac{5}{6}$

(3) $y = \frac{x^4}{24} - \frac{2}{3}x + \frac{5}{8} + \frac{1}{2}\ln x$ (4) $u(t) = -t^3 - 2\cos t + t + 3$

(5) $u(y) = \frac{\Delta P}{2\mu L}(y^2 - H^2)$

8.3 연습문제

1. (1) 동차 (2) 비동차 (3) 비동차 (4) 동차 (5) 동차 (6) 동차

2. (1) $y = x\ln|x| + Cx$ (2) $4x^2 + y^2 = Cx^4$

(3) $\ln|x| + e^{-\frac{y}{x}} = C$ (4) $y = \frac{x}{-\ln|x| + C}$

(5) $\ln|x| + 2\sin\frac{y}{x} = C$ (6) $x^2 + y^2 = Ce^{2\tan^{-1}\left(\frac{y}{x}\right)}$

3. $y = x\tan(\ln|x| + C)$

4. $x^2 + y^2 = 5x$

5. $\ln|x| = \frac{x^2}{x^2-y^2} - 1 = \frac{y^2}{x^2-y^2}$ $\quad \therefore\ (x^2-y^2)\ln|x| = y^2$

6. $y = 2x^{\frac{2}{3}} - x$

7. 주어진 방정식은 $2xy\frac{dy}{dx} = x^2 + 3y^2$. $y = ux$로 치환하면 $dy = udx + xdu$이다. 준 식의 양변을

x^2으로 나누고 변수를 분리하여 적분한다.

$$2\left(\frac{y}{x}\right)\frac{dy}{dx}=1+3\left(\frac{y}{x}\right)^2 \rightarrow 2udy=(1+3u^2)dx \rightarrow 2u(udx+xdu)=(1+3u^2)dx$$

$$2xudu=(u^2+1)dx \rightarrow \frac{2u}{u^2+1}du=\frac{1}{x}dx$$

$$\int\frac{2u}{u^2+1}du=\int\frac{1}{x}dx \quad \therefore \ \ln(u^2+1)=\ln x+C'$$

$$u^2+1=Cx \rightarrow y^2+x^2=Cx^3(\text{일반해})$$

$y(1)=1$을 적용하면 $C=2$이므로 구하는 해는 $x^2+y^2=2x^3$이다.

8.4 연습문제

1. (1) $du=2xy^3dx+3x^2y^2dy$
   (2) $du=8xdx+18ydy$
   (3) $du=\sin(y^2)dx+2xy\cos(y^2)dy$
   (4) $du=\left(y+\dfrac{2x}{x^2+y^2}\right)dx+\left(x+\dfrac{2y}{x^2+y^2}\right)dy$
2. (1) $(2x-2y)dx+(-2x+3y^2)dy=0$
   (2) $\cos 3y\,dx-3x\sin 3y dy=0$
   (3) $(2xe^{x^2}-y)dx+(-x+2y)dy=0$
   (4) $3x^2\sin(y^2)dx+(-\sin y+2x^3y\cos y^2)dy=0$
3. (1) $x^2-y^2=C$ (2) $x\ln y=C$
   (3) $y=Ce^{2x}$ (4) $x^2\sin y=C$
   (5) $x^2+y\sin x-y^3=C$
4. (1) $x-2xy+3y=9$ (2) $x^3+2x-x^2y=1$
   (3) $\sin y+x^2\cos 2y=1$ (4) $x^2\ln x-2xy+y^2=3$
   (5) $xe^x+2xe^y=3e$
5. $k=2,\ \dfrac{1}{2}x^2+2xy+\dfrac{3}{2}y^2=C$
6. (1) $x^{a+1}y^{b+1}=C$ (2) $x^2(y^2+y^3)=C$
   (3) $x+\ln|xy|=C$ (4) $x\sin(x+y)=C$
   (5) $\sin x\cos 2y=C$
7. (1) $F=x^2,\ x^3y^2=C$ (2) $F=y^2,\ x^2y^3=C$
   (3) $F=x,\ x^2\sin y-x^3=C$ (4) $F=y,\ y^2\cos x+y^4=C$

(5) $F=x,\ x^2+x^3(1+\cos y)=C$

8. $\sin(x+y)dx+y^3+y^2+y+\sin(x+y)=C$

9. $R(y)=\dfrac{1}{P}\left(\dfrac{\partial Q}{\partial x}-\dfrac{\partial P}{\partial y}\right)=\dfrac{1}{e^{x+y}+ye^y}\left[e^y-\left(e^{x+y}+e^y+ye^y\right)\right]=-1$

$F(y)=e^{-y},\ (e^x+y)dx+(x-e^{-y})dy=0$

$u=e^x+xy+e^{-y}=C,\ y(0)=0\ \rightarrow\ C=2\ \therefore\ u=e^x+xy+e^{-y}=2$

10. (1) $d(ye^{-2x})=0\ \therefore\ ye^{-2x}=C\ \rightarrow\ y=Ce^{2x}=5e^{2x}$

(2) $\dfrac{\partial M}{\partial y}=e^y-e^x,\ \dfrac{\partial N}{\partial x}=e^y-e^x\ \therefore\ \dfrac{\partial M}{\partial y}=\dfrac{\partial N}{\partial x}$ (완전미분방정식)

$u=xe^y-ye^x=C,\ y(0)=2\ \rightarrow\ C=2\ \therefore\ xe^y-ye^x=-2$

(3) $\dfrac{\partial M}{\partial y}=e^{x+y}-1,\ \dfrac{\partial N}{\partial x}=e^{x+y}+xe^{x+y}\ \therefore\ \dfrac{\partial M}{\partial y}\neq\dfrac{\partial N}{\partial x}$

완전미분방정식이 아니다.

$$R(x)=\frac{1}{Q}\left(\frac{\partial P}{\partial y}-\frac{\partial Q}{\partial x}\right)=\frac{1}{xe^{x+y}+1}\left[\left(e^{x+y}-1\right)-\left(e^{x+y}+xe^{x+y}\right)\right]=-1$$

$F(x)=e^{\int R(x)dx}=e^{-x}$을 주어진 미분방정식에 곱하면 완전미분방정식이 된다.

$$(e^y-ye^{-x})dx+(xe^y+e^{-x})dy=0$$

$$u=xe^y+ye^{-x}=C,\ y(0)=3\ \rightarrow\ C=3\quad\therefore\ xe^y+ye^{-x}=3$$

8.5 연습문제

1. (1) $y=Ce^{\frac{5}{2}x^2}$

(2) $y=Ce^{x^3}$

(3) $y=\dfrac{3}{2}+Ce^{-2x}$

(4) $y=e^{-x}(2x+C)$

(5) $y=\dfrac{x^2}{3}+\dfrac{C}{x}$

(6) $y=\dfrac{x^4}{2}+Cx^2$

(7) $y=e^{kx}(x+C)$

(8) $y=\dfrac{1}{2k}e^{kx}+Ce^{-kx}$

(9) $y=\dfrac{C}{\sqrt{x^2+1}}$

(10) $y=x-1+Ce^{-x}$

(11) $y=e^x(e^x+C)$

(12) $v(t)=\dfrac{g}{k}+Ce^{-kt}$

2. (1) $y=3e^x-2$

(2) $y=x(\ln x-1)$

(3) $y=\dfrac{1}{3}(x^4-x)$

(4) $y=2x-2+3e^{-x}$

(5) $y=(x^2-2x+2)-e^{-x}$

(6) $y=2e^x-(x^2+2x+2)$

(7) $y=x^3+2x^2$

(8) $y=\frac{1}{2}(1-e^{-x^2})$

(9) $y=2-e^{-3x}$

(10) $y=\frac{1}{6}(e^{4x}+5e^{-2x})$

(11) $y=x^{-2}+3x^{-3}$

(12) $y=(x^2+2)e^{1/x}$

(8)번 문제에서 $\int(xe^{x^2})dx=\frac{1}{2}e^{x^2}$

3. (1) $y=3e^{-\frac{1}{2}\cos 2x}$

(2) $y=(1-e^{-x})\cos x$

(3) $y=\frac{x}{3}(\sin 3x-1)$

(4) $y=5\cos x-2\cos^2 x$

† $\int \tan x dx=\ln|\sec x|$, $\sec x=\frac{1}{\cos x}$, $\sin 2x=2\sin x\cos x$

(5) $y=-\frac{1}{2}x^3\cos 2x+\frac{1}{4}x^2\sin 2x+\frac{\pi}{2}x^2$

(6) $y=\cos 2x+2\sin 2x-e^{-x}$

† 부분적분법으로 $\int e^x\cos 2x dx$를 구한다.

9.1 연습문제

1. (1) $y_1=e^{4x}$은 해이다. $y_2=e^{-x}$는 해가 아니다.

(2) $y_1=e^x$은 해이다. $y_2=e^{3x}$는 해가 아니다.

(3) $y_1=e^{x/2}$, $y_2=e^{2x}$ 모두 해이다.

(4) $y_1=\cos 3x$은 해이다. $y_2=\sin 2x$는 해가 아니다.

(5) $y_1=e^x\cos x$, $y_2=e^x\sin x$ 모두 해이다.

(6) $y_1=e^x$는 해이다.

(7) $y_1=x^4$는 해이다.

(8) $y_1=\sqrt{x}$는 해가 아니다.

2. (1) 일차독립

(2) 일차종속

(3) 일차독립

(4) 일차독립

(5) 일차독립

(6) $y_2=\ln x^3=3\ln x$: 일차종속

(7) $y_1=\sin(x+\pi/2)=\cos x$, $y_2=2\cos(-x)=2\cos x$ ∴ 일차종속

(8) $(\ln 2x)' = 1/x$, $(\ln 3x)' = 1/x$ $\quad \therefore \quad W = \begin{vmatrix} \ln 2x & \ln 3x \\ 1/x & 1/x \end{vmatrix} \neq 0$: 일차독립

3. (1) $y = e^x - e^{-x}$

(2) $y = -e^x + e^{2x}$

(3) $y = \cos 2x + \frac{1}{2}\sin 2x$

(4) $y = e^x - xe^x$

(5) $y = e^x \cos 2x + \frac{1}{2}e^x \sin 2x$

4. (1) $y_p = x$

(2) $y_p = x - \frac{1}{3}$

(3) $y_p = -2x + 1$

5. $A = 2$, $B = -3$, $y_p = 2\cos x - 3\sin x$

6. Y_1, Y_2는 $y_1 = e^x$, $y_2 = e^{-x}$의 선형조합이므로 방정식에 대입해보면 모두 해가 된다.

7. (1) $y_1 = x$, $y_1' = 1$, $y_1'' = 0$, $y_2 = x\ln x$, $y_2' = \ln x + 1$, $y_2'' = 1/x$을 방정식에 대입해보면 y_1, y_2는 모두 방정식을 만족한다. 일반해 $y = c_1 x + c_2 x\ln x$

(2) $y_1 = x^2$, $y_1' = 2x$, $y_1'' = 2$, $y_2 = x^2\ln x$, $y_2' = 2x\ln x + x$, $y_2'' = 2\ln x + 3$을 방정식에 대입해보면 y_1, y_2는 모두 방정식을 만족한다. 일반해 $y = c_1 x^2 + c_2 x^2 \ln x$

8. (1) $y' = c_1 e^x - c_2 e^{-x} + \frac{2}{3}e^{2x}$, $y'' = c_1 e^x + c_2 e^{-x} + \frac{4}{3}e^{2x}$

$$\therefore \quad y'' - y = \left(c_1 e^x + c_2 e^{-x} + \frac{4}{3}e^{2x}\right) - \left(c_1 e^x + c_2 e^{-x} + \frac{1}{3}e^{2x}\right) = e^{2x}$$

(2) $y' = -c_1 \sin x + c_2 \cos x + \frac{1}{2}\sin x + \frac{1}{2}x\cos x$

$$y'' = -c_1 \cos x - c_2 \sin x + \cos x - \frac{1}{2}x \sin x$$

$$y'' + y = \left(-c_1 \cos x - c_2 \sin x + \cos x - \frac{1}{2}x\sin x\right) + \left(c_1 \cos x + c_2 \sin x + \frac{1}{2}x \sin x\right)$$

$$= \cos x$$

9.2 연습문제

1. (1) $y = c_1 e^{-2x} + c_2 e^{4x}$

(2) $y = c_1 e^x + c_2 e^{-6x}$

(3) $y = c_1 e^{(2+\sqrt{2})x} + c_2 e^{(2-\sqrt{2})x}$

(4) $y = A\cos\sqrt{5}\,x + B\sin\sqrt{5}\,x$

(5) $y = c_1 e^{-2x} + c_2 e^{10x}$

(6) $y = c_1 e^{-x/4} + c_2 e^{x/4}$

(7) $y = (c_1 + c_2 x)e^{5x}$

(8) $y = (c_1 + c_2 x)e^{-\sqrt{3}x}$

(9) $y = c_1 e^{x/2} + c_2 e^{-3x/2}$

(10) $y = e^{3x}(A\cos x + B\sin x)$

(11) $y = e^{-2x}(A\cos\sqrt{3}x + B\sin\sqrt{3}x)$

(12) $y = e^{-x}(A\cos\pi x + B\sin\pi x)$

(13) $y = (c_1 + c_2 x)e^{-kx}$

(14) $y = e^{x}(A\cos\omega x + B\sin\omega x)$

2. (1) $y = e^{3x} + e^{-5x}$

(2) $y = e^{4x} + 2e^{-3x}$

(3) $y = 2e^{2x} + e^{-2x}$

(4) $y = [3 + (2 - 3\sqrt{3})x]e^{\sqrt{3}x}$

(5) $y = \sqrt{2}e^{(1+\sqrt{2})x} - \sqrt{2}e^{(1-\sqrt{2})x}$

(6) $y = (1 + 3x)e^{-2x}$

(7) $y = e^{-2x}(\cos 3x + 2\sin 3x)$

(8) $y = \cos(3\pi x) - \dfrac{1}{3\pi}\sin(3\pi x)$

(9) $y = \dfrac{1}{4}e^{(k+2)x} - \dfrac{1}{4}e^{(k-2)x}$

(10) $y = e^{x}\left(\cos 2\pi x + \dfrac{1}{2\pi}\sin 2\pi x\right)$

(11) $\theta(t) = \dfrac{\pi}{4}\cos 4t + \dfrac{\pi}{24}\sin 4t$

3. (1) $y = 2\cos 2x + 3\sin 2x$

(2) $y = 2e^{-x}\cos x$

(3) $y = e^{1-x}\sin\pi x$

9.3 연습문제

1. (1) $y = c_1 e^{-2x} + c_2 e^{2x} + 4x$

(2) $y = (c_1 + c_2 x)e^{-x} + 2x^2 - 1$

(3) $y = c_1 e^{-x} + c_2 e^{-4x} + e^{x}$

(4) $y = e^{2x}(A\cos 2x + B\sin 2x) + \sin x$

(5) $y = c_1 e^{-2x} + c_2 e^{2x} + xe^{2x}$

(6) $y = c_1 e^{x} + c_2 e^{2x} + \dfrac{e^{x}}{2}(\cos x - \sin x)$

(7) $y = (c_1 + c_2 x)e^{x} + x^2 e^{x}$

(8) $y = e^{x}(A\cos x + B\sin x) + xe^{x}\sin x$

(9) $y = c_1 e^{-2x} + c_2 e^{x} + \dfrac{1}{3}xe^{x} - \dfrac{1}{2}e^{-x}$

2. (1) $y = e^{2x} + 2e^{-2x} - 3x$

(2) $y = -28e^{2x} + 23e^{3x} - 4x + 5$

(3) $y = 2e^{x} - e^{-3x} + xe^{x}$

(4) $y = (-2 + 3x)e^{x} + x^2 + 3x + 4$

(5) $y = 2\cos 2x + 3\sin 2x + \cos x$

(6) $y = 2\cos x - 2\sin x + e^{2x} + x - 1$

(7) $y = e^{-x}(2\cos x + 3\sin x) + x - 1$

(8) $y = -2\cos\pi x - \sin\pi x + \ln x$

(9) $y = \dfrac{e^{-x}}{51}(-54\cos 3x - 22\sin 3x) + \dfrac{1}{17}(18\cos x + 4\sin x)$

9.4 연습문제

1. (1) $y = A\cos(\sqrt{2}x) + B\sin(\sqrt{2}x) + 3x$
   (2) $y = c_1e^{-2x} + c_2e^{4x} - 2e^x$
   (3) $y = (c_1 + c_2x)e^{-2x} + 2x - 2$
   (4) $y = c_1e^{-x} + c_2e^{-2x} + \cos x + 3\sin x$
   (5) $y = c_1e^{-x} + c_2e^{-2x} + 2x^2 - 1$
   (6) $y = (c_1 + c_2x)e^{-x} + 2\cos x - 3\sin x$
   (7) $y = c_1e^x + c_2e^{-5x} + 2xe^x$
   (8) $y = A\cos 2x + B\sin 2x + 2x\sin 2x$
   (9) $y = c_1e^{-x} + c_2e^{-2x} - 5xe^{-2x}$
   (10) $y = e^{-x}(A\cos\sqrt{3}x + B\sin\sqrt{3}x) + x^2 - x + e^{-x}$
   (11) $y = c_1e^{2x} + c_2e^{3x} + 2\cos 4x - \sin 4x$
   (12) $y = c_1e^{-3x} + c_2e^x - 2xe^{-x}$
   (13) $y = (c_1 + c_2x)e^{-2x} + e^x + \cos 2x$
   (14) $y = c_1e^{-x} + c_2e^{3x} + 2xe^{3x} - 9x^2 + 12x - 14$
   (15) $y = (c_1 + c_2x)e^x + 4x^2e^x + 3$
   (16) $y = c_1e^x + c_2e^{2x} + e^x(\cos x - \sin x)$
   (17) $y = e^{2x}(A\cos 3x + B\sin 3x) + 2e^x\sin x$
2. (1) $y = -7e^{2x} + 5e^{3x} + 2$
   (2) $y = -2e^x + 3e^{2x} + e^{-x}$
   (3) $y = 2\cos 4x + \sin 4x + 2x$
   (4) $y = \frac{3}{2}\sin 2x - \sin 3x$
   (5) $y = (\frac{1}{2}x^2 + 3x)e^x$
   (6) $y = \frac{1}{8}(x + 2)\sin 4x$
   (7) $y = \cos x + \frac{3}{2}\sin x - \frac{1}{2}x\cos x$
   (8) $y = -4 + 2e^{-x} + 2e^x + 3\sin x + 4x$
   (9) $y = -e^{-2x}(\cos 2x + 3\sin 2x) + \cos 2x + 2\sin 2x$
   (10) $y = (2 + 5x)e^{-2x} + 3x^2e^{-2x}$

3. 특성방정식 $\lambda^2+1=0$에서 $\lambda=\pm i$이므로 제차방정식의 해는

$$u_h = A\cos t + B\sin t$$

(1) $\omega \neq 1$: $u_p = D\cos\omega t + E\sin\omega t$로 하면

$u_p' = \omega(-D\sin\omega t + E\cos\omega t)$, $u_p'' = -\omega^2(D\cos\omega t + E\sin\omega t)$

$u_p'' + u_p = -\omega^2(D\cos\omega t + E\sin\omega t) + (D\cos\omega t + E\sin\omega t) = \cos\omega t$

$\therefore\ D = \dfrac{1}{1-\omega^2}$, $E = 0$

일반해 $u = u_h + u_p = A\cos t + B\sin t + \dfrac{1}{1-\omega^2}\cos\omega t$

$u(0)=0$으로부터 $A = -\dfrac{1}{1-\omega^2}$, $u'(0)=0$으로부터 $B=0$

$\therefore\ u(t) = \dfrac{1}{1-\omega^2}(-\cos t + \cos\omega t)$

(2) $\omega = 1$: 미분방정식은 $u'' + u = \cos t$

$u_p = t(D\cos t + E\sin t)$로 하여 특수해를 구한다.

$u_p' = D(\cos t - t\sin t) + E(\sin t + t\cos t)$

$u_p'' = D(-\sin t - \sin t - t\cos t) + E(\cos t + \cos t - t\sin t)$

$= D(-2\sin t - t\cos t) + E(2\cos t - t\sin t)$

$u_p'' + u_p = D(-2\sin t - t\cos t) + E(2\cos t - t\sin t) + t(D\cos t + E\sin t)$

$= D(-2\sin t) + E(2\cos t) = \cos t$

$\therefore\ D=0$, $E = \dfrac{1}{2}$

일반해 $u = u_h + u_p = A\cos t + B\sin t + \dfrac{1}{2}t\sin t$

$u(0)=0$으로부터 $A=0$, $u'(0)=0$으로부터 $B=0$

$\therefore\ u(t) = \dfrac{1}{2}t\sin t$

9.5 연습문제

1. (1) $y = A\cos x + B\sin x + \sin x\ln|\sin x| - x\cos x$

(2) $y = A\cos 2x + B\sin 2x + \dfrac{1}{4}\cos 2x\ln|\cos 2x| + \dfrac{1}{2}x\sin 2x$

(3) $y = A\cos 3x + B\sin 3x + \dfrac{1}{9}\sin 3x\ln|\sin 3x| - \dfrac{1}{3}x\cos 3x$

(4) $y=(c_1+c_2x)e^{-x}-e^{-x}\cos x$

(5) $y=(c_1+c_2x)e^{-x}+xe^{-x}(\ln|x|-1)$

(6) $y=(c_1+c_2x)e^{2x}+xe^{2x}(\ln|x|-1)$

(7) $y=(c_1+c_2x)e^{x}-e^{x}(\ln|x|+1)$

(8) $y=(c_1+c_2x)e^{x}+x^5e^{x}$

(9) $y=e^x(A\cos x+B\sin x)+e^x\cos x\ln|\cos x|+xe^x\sin x$

(10) $y=e^x(A\cos x+B\sin x)+e^x\sin x\ln|\sin x|-xe^x\cos x$

(11) $y=e^x(A\cos 2x+B\sin 2x)+\dfrac{1}{4}e^x\sin 2x\ln|\sin 2x|-\dfrac{1}{2}xe^x\cos 2x$

(12) $y=e^x(A\cos 2x+B\sin 2x)+\dfrac{1}{4}e^x\cos 2x\ln|\cos 2x|+\dfrac{1}{2}xe^x\sin 2x$

(13) $y=(c_1+c_2x)e^x-e^x\left(\dfrac{x^2}{2}\ln x-\dfrac{x^2}{4}\right)+xe^x(x\ln x-x)$

$=(c_1+c_2x)e^x+x^2e^x\left(\dfrac{1}{2}\ln x-\dfrac{3}{4}\right)$

† $\int \ln x dx=x\ln x-x,\ \int x\ln x dx=\dfrac{x^2}{2}\ln x-\dfrac{x^2}{4}$

(14) $y=(c_1+c_2x)e^{-3x}-e^{-3x}\ln(1+x^2)+2xe^{-3x}\tan^{-1}x$

(15) $y=e^{-x}(A\cos x+B\sin x)-e^{-x}\sec x+2e^{-x}\sin x\tan x$

$=e^{-x}(A\cos x+B\sin x)-e^{-x}\left(\dfrac{\cos 2x}{\cos x}\right)$ $(\because\ 1-2\sin^2 x=\cos 2x)$

(16) $y=(c_1+c_2x)e^x-e^x\ln(1+x^2)+2xe^x\tan^{-1}x$

2. (1) 특성방정식 $\lambda^2-2\lambda+1=(\lambda-1)^2=0$이 중근 $\lambda=1$을 가지므로 제차방정식의 일반해는 다음과 같다.

$$y_h=(c_1+c_2x)e^x \quad \cdots ②$$

(2) (1)에서 제차방정식의 기저는 e^x, xe^x이다. 여기에서 $y_1=e^x$, $y_2=xe^x$으로 하면

$$W=y_1y_2'-y_2y_1'=e^x\times(e^x+xe^x)-xe^x\times(e^x)=e^{2x}$$

이고, $r=15\sqrt{x}e^x$이므로 식 $y''-2y'+y=15\sqrt{x}e^x$의 특수해는

$$y_{p1}(x)=-y_1\int\frac{y_2r}{W}dx+y_2\int\frac{y_1r}{W}dx$$

$$=-e^x\int\frac{xe^x\times(15\sqrt{x}e^x)}{e^{2x}}dx+xe^x\int\frac{e^x\times(15\sqrt{x}e^x)}{e^{2x}}dx$$

$$=-e^x\int 15x\sqrt{x}dx+xe^x\int 15\sqrt{x}dx$$

$$=-e^x\frac{15}{1+3/2}x^{1+3/2}+xe^x\frac{15}{1+1/2}x^{1+1/2}$$

$$=-6e^x x^{5/2}+10xe^x x^{3/2}$$

$$=4x^{5/2}e^x \qquad \cdots③$$

(3) $y''-2y'+y=x$의 특수해를 $y_{p2}=Ax+B$로 하면 $y_{p2}{}'=A$, $y_{p2}{}''=0$이고 이들을 방정식에 대입하면

$$0-2\times A+(Ax+B)=x$$

$$\therefore\ Ax+(-2A+B)=x$$

에서 양변의 계수를 비교하면 $A=1$, $B=2$이다. 따라서 특수해는 다음과 같다.

$$y_{p2}=x+2 \qquad \cdots④$$

(4) 위의 (1), (2), (3)의 결과로부터 식 ①의 일반해는 다음과 같다.

$$y=y_h+y_{p1}+y_{p2}=(c_1+c_2x)e^x+4x^{5/2}e^x+x+2 \qquad \cdots⑤$$

† 식이 복잡할 때 선형방정식 $y''+p(x)y'+q(x)y=r(x)$에서는 우변 $r(x)$의 항들을 분리하여 각각에 대해 미정계수법과 아울러 매개변수 변화법을 적용하여 해를 구한 후, 이들을 합하여 원 방정식의 해를 편리하게 구할 수 있다. 이것을 중첩의 원리(principle of superposition)라 한다.

공식

1. 삼각함수

1.1 기본 공식

1. $\sin(-\theta) = -\sin\theta$
2. $\cos(-\theta) = \cos\theta$
3. $\tan(-\theta) = -\tan\theta$
4. $\cos\left(\frac{\pi}{2}-\theta\right) = \sin\theta$
5. $\sin\left(\frac{\pi}{2}-\theta\right) = \cos\theta$
6. $\csc\theta = \frac{1}{\sin\theta}$
7. $\sec\theta = \frac{1}{\cos\theta}$
8. $\cot\theta = \frac{1}{\tan\theta}$
9. $\tan\theta = \frac{\sin\theta}{\cos\theta}$
10. $\cot\theta = \frac{\cos\theta}{\sin\theta}$
11. $\sin^2\theta + \cos^2\theta = 1$
12. $1+\tan^2\theta = \sec^2\theta$
13. $1+\cot^2\theta = \csc^2\theta$

1.2 덧셈 정리

1. $\sin(x+y) = \sin x\cos y + \cos x\sin y$
2. $\sin(x-y) = \sin x\cos y - \cos x\sin y$
3. $\cos(x+y) = \cos x\cos y - \sin x\sin y$
4. $\cos(x-y) = \cos x\cos y + \sin x\sin y$
5. $\tan(x+y) = \frac{\tan x + \tan y}{1-\tan x\tan y}$
6. $\tan(x-y) = \frac{\tan x - \tan y}{1+\tan x\tan y}$

1.3 배각 공식

1. $\sin 2x = 2\sin x\cos x$
2. $\cos 2x = \cos^2 x - \sin^2 x = 1-2\sin^2 x = 2\cos^2 x - 1$
3. $\tan 2x = \frac{2\tan x}{1-\tan^2 x}$
4. $\sin 3x = 3\sin x - 4\sin^3 x$
5. $\cos 3x = -3\cos x + 4\cos^3 x$

1.4 반각 공식

1. $\sin^2\frac{x}{2} = \frac{1-\cos x}{2}$
2. $\cos^2\frac{x}{2} = \frac{1+\cos x}{2}$
3. $\tan^2\frac{x}{2} = \frac{1-\cos x}{1+\cos x}$

1.5 곱을 합으로 고치는 공식

1. $\sin x \cos y = \frac{1}{2}[\sin(x+y)+\sin(x-y)]$

2. $\cos x \sin y = \frac{1}{2}[\sin(x+y)-\sin(x-y)]$

3. $\cos x \cos y = \frac{1}{2}[\cos(x+y)+\cos(x-y)]$

4. $\sin x \sin y = -\frac{1}{2}[\cos(x+y)-\cos(x-y)]$

1.6 합을 곱으로 고치는 공식

1. $\sin x + \sin y = 2\sin\frac{x+y}{2}\cos\frac{x-y}{2}$

2. $\sin x - \sin y = 2\cos\frac{x+y}{2}\sin\frac{x-y}{2}$

3. $\cos x + \cos y = 2\cos\frac{x+y}{2}\cos\frac{x-y}{2}$

4. $\cos x - \cos y = -2\sin\frac{x+y}{2}\sin\frac{x-y}{2}$

1.7 삼각함수 합성

1. $A\cos x + B\sin x = \sqrt{A^2+B^2}\sin(x\pm\delta)$, $\tan\delta = \pm\frac{A}{B}$ (복호동순)

2. $A\cos x + B\sin x = \sqrt{A^2+B^2}\cos(x\pm\delta)$, $\tan\delta = \mp\frac{B}{A}$ (복호동순)

2. 미분

2.1 일반 공식

1. $\frac{d}{dx}(C)=0$ (C는 상수)

2. $\frac{d}{dx}(x^p)=px^{p-1}$ (p는 실수)

3. $\frac{d}{dx}[Cf(x)]=Cf'(x)$ (C는 상수)

4. $\frac{d}{dx}[f(x)\pm g(x)]=f'(x)\pm g'(x)$ (복호동순)

5. $\frac{d}{dx}[f(x)g(x)]=f'(x)g(x)+f(x)g'(x)$

6. $\frac{d}{dx}\left[\frac{f(x)}{g(x)}\right]=\frac{f'(x)g(x)-f(x)g'(x)}{[g(x)]^2}$

7. $\frac{du}{dx}=\frac{du}{dy}\cdot\frac{dy}{dx}$ (Chain rule, 연쇄법칙)

2.2 지수함수, 로그함수

1. $\frac{d}{dx}(e^x)=e^x$

2. $\frac{d}{dx}(a^x)=a^x\ln a$

3. $\frac{d}{dx}(\ln x)=\frac{1}{x}$

4. $\frac{d}{dx}(\log_a x)=\frac{1}{x\ln a}$

2.3 삼각함수

1. $\frac{d}{dx}(\sin x)=\cos x$

2. $\frac{d}{dx}(\cos x)=-\sin x$

3. $\frac{d}{dx}(\tan x)=\sec^2 x$

4. $\frac{d}{dx}(\cot x)=-\csc^2 x$

5. $\frac{d}{dx}(\sec x)=\sec x\tan x$

6. $\frac{d}{dx}(\csc x)=-\csc x\cot x$

3. 적분

3.1 일반 공식

1. $\int(u\pm v)dx=\int udx\pm\int vdx$

2. $\int Cudx=C\int udx$ (C는 상수)

3. $\int u'vdx=uv-\int uv'dx$ 또는 $\int vdu=uv-\int udv$ (부분적분법)

4. $\int F[u(x)]dx=\int F(w)\frac{dw}{w'}$, $w=u(x)$, $w'=\frac{dw}{dx}$

3.2 기본형

1. $\int kdx=kx+C$ (k, C는 상수)

2. $\int x^n dx=\frac{1}{n+1}x^{n+1}+C$ $(n\neq-1)$

3. $\int\frac{1}{x}dx=\ln|x|+C$

4. $\int a^x dx = \frac{a^x}{\ln a} + C \quad (a>0,\ a \neq 1)$

5. $\int e^x dx = e^x + C$

6. $\int \sin dx = -\cos x + C$

7. $\int \cos x dx = \sin x + C$

8. $\int \sec x\, dx = \ln|\sec x + \tan x| + C$

9. $\int \tan x dx = -\ln|\cos x| + C$

10. $\int \csc x\, dx = \ln|\csc x - \cot x| + C$

11. $\int \cot x dx = \ln|\sin x| + C$

12. $\int \sec^2 x dx = \tan x + C$

13. $\int \csc^2 x dx = -\cot x + C$

14. $\int \sec x \tan x dx = \sec x + C$

15. $\int \csc x \cot x dx = -\csc x + C$

16. $\int \frac{1}{\sqrt{a^2 - x^2}} dx = \sin^{-1}\left(\frac{x}{a}\right) + C$

17. $\int \frac{1}{a^2 + x^2} dx = \frac{1}{a}\tan^{-1}\left(\frac{x}{a}\right) + C$

18. $\int \frac{1}{x\sqrt{x^2 - a^2}} dx = \frac{1}{a}\sec^{-1}\left(\frac{x}{a}\right) + C$

19. $\int \frac{1}{x^2 - a^2} dx = \frac{1}{2a}\ln\left|\frac{x-a}{x+a}\right| + C$

20. $\int \frac{1}{\sqrt{x^2 - a^2}} dx = \ln(x + \sqrt{x^2 - a^2}) + C' = \cosh^{-1}\left(\frac{x}{a}\right) + C$

21. $\int \frac{1}{\sqrt{x^2 + a^2}} dx = \ln(x + \sqrt{x^2 + a^2}) + C' = \sinh^{-1}\left(\frac{x}{a}\right) + C$

3.3 지수함수, 로그함수

1. $\int \ln x dx = x\ln x - x + C$

2. $\int \frac{1}{x\ln x} dx = \ln|\ln x| + C$

3. $\int (\ln x)^2 dx = x(\ln x)^2 - 2x\ln x + 2x + C$

4. $\int x\ln x\, dx = \frac{1}{2}x^2\ln x - \frac{x^2}{4} + C$

5. $\int xe^x dx = e^x(x-1) + C$

6. $\int x^2 e^x dx = e^x(x^2 - 2x + 2) + C$

7. $\int xe^{ax} dx = \frac{1}{a^2}(ax-1)e^{ax} + C$

8. $\int x^n e^{ax} dx = \frac{1}{a}x^n e^{ax} - \frac{n}{a}\int x^{n-1}e^{ax} dx + C$

9. $\int x^n \ln x dx = \frac{x^{n+1}}{(n+1)^2}[(n+1)\ln x - 1] + C$

10. $\int (\ln x)^n dx = x(\ln x)^n - n\int (\ln x)^{n-1} dx + C$

11. $\int e^{ax}\sin bx dx = \frac{e^{ax}}{a^2 + b^2}(a\sin bx - b\cos bx) + C$

12. $\int e^{ax}\cos bx\,dx = \frac{e^{ax}}{a^2+b^2}(a\cos bx + b\sin bx) + C$

3.4 삼각함수

1. $\int \sin^2 x\,dx = \frac{1}{2}x - \frac{1}{4}\sin 2x + C$

2. $\int \tan^2 x\,dx = \tan x - x + C$

3. $\int \cos^2 x\,dx = \frac{1}{2}x + \frac{1}{4}\sin 2x + C$

4. $\int \cot^2 x\,dx = -\cot x - x + C$

5. $\int \sin^n x\,dx = -\frac{1}{n}\sin^{n-1}x\cos x + \frac{n-1}{n}\int \sin^{n-2}x\,dx$

6. $\int \cos^n x\,dx = \frac{1}{n}\cos^{n-1}x\sin x + \frac{n-1}{n}\int \cos^{n-2}x\,dx$

7. $\int x\sin x\,dx = \sin x - x\cos x + C$

8. $\int x\cos x\,dx = \cos x + x\sin x + C$

9. $\int x^n\sin x\,dx = -x^n\cos x + n\int x^{n-1}\cos x\,dx$

10. $\int x^n\cos x\,dx = x^n\sin x - n\int x^{n-1}\sin x\,dx$

3.5 쌍곡선함수

1. $\int \sinh x\,dx = \cosh x + C$

2. $\int \cosh x\,dx = \sinh x + C$

3. $\int \tanh x\,dx = \ln(\cosh x) + C$

4. $\int \coth x\,dx = \ln|\sinh x| + C$

5. $\int \operatorname{sech} x\,dx = \tan^{-1}|\sinh x| + C$

6. $\int \operatorname{csch} x\,dx = \ln\left|\tanh\frac{1}{2}x\right| + C$

7. $\int \operatorname{sech}^2 x\,dx = \tanh x + C$

8. $\int \operatorname{csch}^2 x\,dx = -\coth x + C$

찾아보기

인 지

쉽게 배우는 **공학수학**

지은이 유주식
펴낸이 조경희
펴낸곳 경문사
펴낸날 2021년 4월 1일 1판 1쇄
등 록 1979년 11월 9일 제1979-000023호
주 소 04057, 서울특별시 마포구 와우산로 174
전 화 (02)332-2004 팩스 (02)336-5193
이메일 kyungmoon@kyungmoon.com

값 26,000원

ISBN 979-11-6073-437-9